普通高等教育系列教材
吉林大学本科“十三五”规划教材

理论力学（Ⅰ）

主编 黎晓鹰 程 飞
参编 王 敏 刘 坤
裴春艳 丛颖波

机械工业出版社

《理论力学（Ⅰ）》包括绪论、静力学基本知识、力系的简化、力系的平衡、摩擦、点的运动学和刚体的简单运动、点的合成运动、刚体的平面运动、动力学基础、动量定理和动量矩定理、动能定理、达朗贝尔原理、虚位移原理。每章都配有大量例题和习题，较详细的习题解答在《理论力学（Ⅱ）》中给出。

本书内容新颖，概念清晰，理论严谨，论述和编排上有独特的风格，重视培养工科学生的自然哲学思维方式和应用力学知识解决工程实际问题的能力，适用于工科机械、建筑、土木、水利、航空和航天等各专业理论力学课程教学，也可作为有关工程技术人员的实用参考书。

本书配有供教师使用的多媒体课件、期末考试试卷、教案及大纲等丰富的教学资源，教师可在机械工业出版社教育服务网（www.cmpedu.com）上注册后免费下载。

图书在版编目（CIP）数据

理论力学．Ⅰ/黎晓鹰，程飞主编．—北京：机械工业出版社，2022.7（2025.1 重印）

普通高等教育系列教材

ISBN 978-7-111-70751-6

Ⅰ.①理…　Ⅱ.①黎…②程…　Ⅲ.①理论力学-高等学校-教材　Ⅳ.①O31

中国版本图书馆 CIP 数据核字（2022）第 079796 号

机械工业出版社（北京市百万庄大街 22 号　邮政编码 100037）

策划编辑：张金奎　　责任编辑：张金奎

责任校对：陈　越　张　薇　封面设计：王　旭

责任印制：单爱军

北京虎彩文化传播有限公司印刷

2025 年 1 月第 1 版第 3 次印刷

184mm×260mm・16.25 印张・396 千字

标准书号：ISBN 978-7-111-70751-6

定价：49.90 元

电话服务　　网络服务

客服电话：010-88361066　　机　工　官　网：www.cmpbook.com

010-88379833　　机　工　官　博：weibo.com/cmp1952

010-68326294　　金　书　网：www.golden-book.com

封底无防伪标均为盗版　　机工教育服务网：www.cmpedu.com

前　言

本书贯彻习近平总书记关于教育的重要论述和党的教育方针，坚持为党育人、为国育才的初心使命，紧密围绕立德树人根本任务，构建“全员育人、全程育人、全方位育人”工作体系，从教学目标、教学内容、教学计划的宏观设定以及具体教学手段、教学技巧的微观设计两个层面，指导教师将价值观引导于知识传授和能力培养之中，帮助学生塑造正确的世界观、人生观、价值观，切实提升人才培养质量。

理论力学是一门体系完整的独立学科，也称经典力学，是大部分工程技术科学的基础，也是工科院校多门后续课程的理论基础。为进一步提高教学质量，编者在吉林大学理论力学教研室 2005 年编写的《理论力学》的基础上，吸取了许多兄弟院校教材的精华，总结了编者多年的教学经验编写了本书。本书注重培养学生将实际工程问题抽象简化为力学模型和进行力学计算的能力。

《理论力学（Ⅰ）》为基础部分（第 1 章 静力学基本知识、第 2 章 力系的简化、第 3 章 力系的平衡、第 4 章 摩擦、第 5 章 点的运动学和刚体的简单运动、第 6 章 点的合成运动、第 7 章 刚体的平面运动、第 8 章 动力学基础、第 9 章 动量定理和动量矩定理、第 10 章 动能定理、第 11 章 达朗贝尔原理、第 12 章 虚位移原理），《理论力学（Ⅱ）》为专题部分（第 1 章 动力学普遍方程和拉格朗日方程、第 2 章 刚体的空间运动和陀螺近似理论、第 3 章 机械振动的基本理论、第 4 章 碰撞）和部分习题参考解答及答案。

本书采取整体讨论、分头执笔、最后集中定稿的编写方式。《理论力学（Ⅰ）》第 1~4 章由程飞编写，第 5~7 章由黎晓鹰编写，第 8 章和第 11 章由刘坤编写，第 9 章和第 10 章由裴春艳编写，第 12 章由丛颖波编写；《理论力学（Ⅱ）》第 1 章由丛颖波编写，第 2~4 章由王敏编写，各章参考解答或答案由对应内容的编写人员完成。最后由王敏统稿。

本书在编写过程中得到了吉林大学力学系全体同仁的支持，在此表示感谢。本书自始至终得到了吉林大学教务处和教材建设委员会的关怀，被立项为吉林大学本科“十三五”规划教材，并得到了吉林大学教材建设基金的资助，在此深表谢意。限于编者水平，书中难免有疏漏和欠妥之处，希望广大读者批评指正。

吉林大学理论力学教研室

2021 年 9 月于吉林大学

主要符号表

$\boldsymbol{a}$：加速度
$\boldsymbol{a}_a$：绝对加速度
$\boldsymbol{a}_C$：科氏加速度
$\boldsymbol{a}_e$：牵连加速度
$\boldsymbol{a}_n$：法向加速度
$\boldsymbol{a}_r$：相对加速度
$\boldsymbol{a}_t$：切向加速度
$\boldsymbol{g}$：重力加速度
$\boldsymbol{i}$：x 轴单位矢量
$\boldsymbol{j}$：y 轴单位矢量
$\boldsymbol{k}$：z 轴单位矢量
l：长度
m：质量
O：坐标系原点
r：半径
$\boldsymbol{r}$：矢径
R：半径
s：弧坐标
t：时间
$\boldsymbol{v}$：速度
$\boldsymbol{v}_a$：绝对速度
$\boldsymbol{v}_C$：质心速度
$\boldsymbol{v}_e$：牵连速度
$\boldsymbol{v}_r$：相对速度
x，y，z：直角坐标
α：角加速度
φ，θ：角度坐标
ω：角速度
A：面积，振幅
F_I：惯性力
F_{IC}：科氏惯性力
F_{Ie}：牵连惯性力
$\boldsymbol{I}$：冲量
J_z：对轴 z 的转动惯量
J_{xy}：对轴 x、y 的惯性积
J_C：对质心 C 的转动惯量
ρ_z：对轴 z 的回转半径
k：刚度系数，恢复系数
L：拉格朗日函数
L_O：对点 O 的动量矩
L_C：对质心 C 的动量矩
M_I：惯性力偶
$\boldsymbol{p}$：动量
P：功率
q：载荷集度，广义坐标
Q：流量，广义力
γ：比重
T：动能，周期
V：体积，势能
W：力的功
ω_n：固有频率
λ：频率比
ξ：阻尼比
β：动力放大系数
η：隔振系数
δ：变分

目　录

第1篇　静　力　学

第2篇 运 动 学

第3篇 动 力 学

绪　论

0.1 理论力学的研究对象和内容

理论力学是研究物体机械运动一般规律的科学。

运动是物质的固有属性，大至宇宙，小至基本粒子，无不处在不断的运动变化之中，没有不运动的物质，也不能离开物质谈运动。物质的运动有多种形式，从简单的位置变动到复杂的思维活动，呈现出多种多样的运动形态，如天体的运动，车辆、飞机、机器等的运动，发热发光等物理现象，化合与分解等化学变化，生命的生长过程以及社会现象等，这一切都是物质运动的不同表现。对各种物质和各种运动形式以及它们之间的相互转化规律的研究，形成了许多科学的分支。机械运动是指物体在空间的位置随时间的变化过程。机器上工件的旋转移动，飞机、舰艇、车辆的运动，地球围绕太阳的公转和本身的自转，地震时地壳的振动，空气相对飞机等的运动，地层中石油的流动等都是机械运动的现象。对各种不同形态的机械运动的研究产生了不同的力学分支。理论力学是研究机械运动的最普遍和最基本规律的科学。因此，理论力学既是各门力学学科的基础，又是各门与机械运动密切联系的工程技术学科的基础。

理论力学原是物理学的一个独立的分支，但它的内容远远超过了物理学中力学的内容。理论力学不仅要建立与力学有关的各种基本概念与理论，而且要求能运用理论知识去解决某些工程实际问题。理论力学所研究的力学规律仅限于经典力学范畴，一般认为，经典力学是以牛顿定律为基础建立起来的力学理论。它仅适用于运动速度远小于光速的宏观物体的运动。绝大多数工程实际问题都属于这个范围。至于速度接近于光速的宏观物体和微观粒子的运动，则分别是相对论和量子力学研究的范畴。

理论力学的研究内容由三部分组成：静力学、运动学和动力学。

静力学：研究力系的简化以及物体在力系作用下的平衡规律，即物体平衡时作用力所应满足的条件。

运动学：从几何观点研究物体的运动（如轨迹、速度、加速度），而不研究引起运动的物理原因。

动力学：研究物体的运动与作用于物体的力之间的关系。

静力学可视为动力学的一种特殊情况，但由于工程技术发展的需要，静力学积累了丰富的内容而成为一个相对独立的组成部分。

0.2 理论力学的研究方法

通过实践发现、证实和发展真理是任何一门科学研究和发展所遵循的客观规律。

理论力学的形成和发展同样遵循着“实践—理论—实践”的辩证认识论的过程。观察和实验是理论力学发展的基础。通过观察和实验，经过分析、归纳和综合，人们可从复杂的自然现象中，突出影响事物发展的主要因素，并且能够定量地测定各个因素间关系，概括形成理论，并且又经过反复实践，得到证实和发展，总结出力学的最基本的规律。

抽象化方法是形成和建立力学概念和理论的重要方法，也是理论力学研究中普遍采用的方法。任何实际的自然现象和问题都与周围事物有很复杂的联系，人们在研究复杂的客观事物时，必将观察到各种复杂的相关因素，抓住事物本质性的因素，撇开一些影响不大的因素，抽象为对自然界和工程技术中复杂的实际研究对象合理简化的力学模型。当然，对同一对象根据研究问题的性质不同，可抽象成完全不同的力学模型。抽象方法，一方面简化了所研究的问题，另一方面又更深刻地反映了事物的本质。

数学演绎和逻辑推理是建立力学理论的关键步骤，也在理论力学中占据了重要的地位。在观察和实验的基础上，经过抽象化建立了力学模型，而后用数学演绎和逻辑推理的方法，得出定理、定律和结论，或者对在实际中尚未见到的现象做出预测。反过来再应用这些概念、理论和结论去指导实践，解决实际问题。现代计算机的出现，为数学在力学中的应用提供了更为有效的工具，使得许多复杂的力学问题得到令人满意的解决。当然，并不是一切力学问题都可以用数学演绎法来解决，现代力学的研究需要实验、理论与计算等各方面有机地配合。可见，不论演绎过程如何严格，所导出的一切结论都必须经受实践的检验才能被认为是正确的结论。

0.3 学习理论力学的目的和方法

理论力学是研究力学中最普遍和最基本的规律，同时又与工程实际有着密切关系的一门技术基础课。有些工程实际问题，可以直接应用理论力学的概念、理论和结论去解决；有些比较复杂的工程实际问题，则需要理论力学和其他专门知识共同解决。因此学习理论力学将为解决工程实际问题打下一定的理论基础。

学习理论力学的另一个重要的目的，就是为一些后续课程的学习打下基础，如材料力学、机械原理、机械零件、结构力学、弹塑性力学、流体力学、飞行力学、振动理论和断裂力学等许多技术基础课程和专业课题，都要用到理论力学的知识。此外，随着科学技术的迅速发展，理论力学除了向纵深发展形成许多力学学科以外，还越来越多地横向渗入到其他学科而形成新的边缘学科，如地质力学、生物力学、化学流体力学、物理力学和爆炸力学等。因此，学习理论力学将为其他课程的学习和探索新的科学领域奠定基础。

理论力学是理论严谨、概念抽象和系统性较强的一门技术基础课。因此，准确理解和掌握基本概念，熟悉基本定理和公式，并能正确、灵活应用是学好理论力学的关键。为了加深对概念和理论的理解，必须独立完成足够数量的习题，这是达到本门课程要求的重要环节。解题时必须运用所学的概念和理论，有理有据地按步骤进行，力求做到融会贯通，深化认识，达到应有的学习效果。

Part I

第 1 篇

静力学

静力学研究物体在力系作用下的平衡规律，或者说研究物体平衡时作用在其上的力系所应满足的条件。

静力学的研究对象是刚体，因此，静力学又称为刚体静力学。所谓刚体，是指质点系中各质点间的距离保持不变，即刚体不变形。事实上，物体在受力时都会产生不同程度的变形，但如果变形很小，不影响所研究问题的性质，就可以忽略变形，将其视为刚体。所谓质点，是指具有一定质量而其形状和大小可以忽略不计的物体。所谓质点系，是指多个质点组成的系统。这种经过抽象化而形成的理想模型，可使问题的研究大为简化，也更深刻地反应了事物的本质。

在静力学中，我们将研究以下三个问题。

（1）物体的受力分析

确定研究物体受力个数、各力的作用位置与方向，并画出受力图。

（2）力系的等效替换和简化

力系是指作用在物体上的一组力。如果两个力系使刚体产生相同的运动状态变化，则这两个力系互为等效力系。一个力系用其等效力系来代替，称为力系的等效替换。用一个简单力系等效替换一个复杂力系，称为力系的简化。如果一个力和一个力系等效，则称这个力是该力系的合力。

（3）刚体在各种力系作用下的平衡条件及其应用

平衡是物体机械运动的一种特殊状态。若物体相对惯性参考系处于静止或做匀速直线运动，则称该物体平衡。工程实际中大多数问题可把固连于地球的参考系近似地认为是惯性参考系。

物体受到力系作用时，在一般情况下，其运动状态将发生改变。如果作用在物体上的力系满足一定条件，即可使物体保持平衡，这种条件称为力系的**平衡条件**。满足平衡条件的力系称为**平衡力系**。在刚体静力学中，力系的平衡与物体的平衡为同一概念。

静力学的理论与方法在工程实际中有着广泛的应用，它是机械零件、工程结构静力计算及设计的理论基础。另外，静力学中建立的概念和理论又是学习动力学和某些后续课程（如材料力学、结构力学、机械原理和机械零件等）的基础。

第1章 静力学基本知识

1.1 力的概念

人们通过长期的生活与生产实践，从感性认识到理性认识逐步形成了力的概念。力是物体间的相互作用，这种作用使物体的运动状态和形状发生改变。例如，人用手推车、蒸汽推动汽缸内的活塞运动，手和车、蒸汽与活塞之间有相互作用；锻锤冲击工件，锻锤和工件之间也有相互作用。引起车、活塞机械运动状态改变和工件变形的这种作用就是力。

物体间相互作用力的形式多种多样，但大体上可以分为两类：一类是两个物体直接接触而产生的，如地面对汽车的支承力和摩擦力等；另一类是超距离的（非接触），如地球对物体的引力（重力）、天体之间的万有引力、电磁力等。

力使物体运动状态发生改变的效应称为外效应，而使物体形状发生改变的效应则称为内效应，通常这两种效应同时发生。实践表明，力对物体的作用效应，由力的大小、方向和作用点来确定，这三者称为力的三要素。

力的大小表示物体之间机械作用的强度，可通过力的运动效应或变形效应来度量，在静力学中常用测力器的弹性变形来测量。在国际单位制中，力的单位是牛顿（N）或千牛顿（kN），$1kN=10^3N$。

力的方向表示物体之间机械作用的方向。力的方向包括力作用的方位和指向。

力的作用点是物体间作用位置的抽象化。力的作用位置，一般来说并不是一个点，而是物体的某一部分面积或体积，前者如相互接触两物体之间的压力，后者如物体的重力，这种分布于物体表面或体积的力称为分布力。当作用面积很小时则可将其近似地看成作用在一个点上，这种力称为集中力，此点称为力的作用点。通过力的作用点并沿力的方向的直线（图1-1上的虚线），称为力的作用线。

力是矢量，记作 $\boldsymbol{F}$。可以用一有向线段表示力的三要素，如图1-1所示。线段的长度 $|AB|$ 按一定的比例尺表示力的大小，线段的起点或终点表示力的作用点，线段 AB 所在的直线（图1-1上的虚线）表示力的作用线。如不指明作用点，单一的矢量符号 $\boldsymbol{F}$ 仅能表明力的大小和方向，称为力矢量。作用点固定的矢量称为定位矢量，力是定位矢量。本书用黑体字母表示矢量，用对应的普通字母表示矢量的大小。

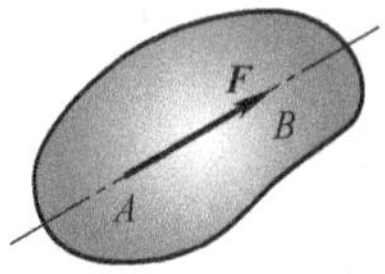

图 1-1

1.2 静力学公理

公理是人们在生活与生产实践中长期观察所总结出的结论，可以认为它是真理而不需证明，在一定范围内它正确反映了事物最基本、最普遍的客观规律。静力学公理是静力学全部理论的基础。

公理 1　力的平行四边形法则

作用在物体上同一点的两个力可以合成为一个合力，合力也作用于该点，其大小和方向由这两个力矢为边所构成的平行四边形的对角线确定。如图 1-2a 所示，$\boldsymbol{F}_R$ 为 $\boldsymbol{F}_1$ 和 $\boldsymbol{F}_2$ 的合力。此法则是矢量最基本的运算法则——加法法则，矢量 $\boldsymbol{F}_R$ 称为矢量 $\boldsymbol{F}_1$ 与 $\boldsymbol{F}_2$ 的矢量和或几何和。用式子表示为

$$\boldsymbol{F}_R=\boldsymbol{F}_1+\boldsymbol{F}_2 \tag{1-1}$$

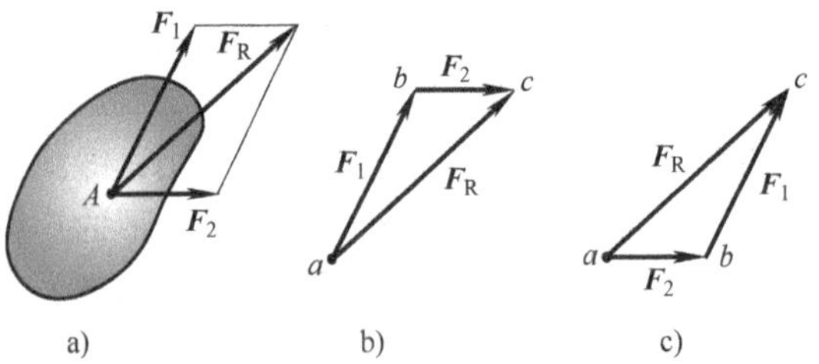

图　1-2

也可将 $\boldsymbol{F}_1$、$\boldsymbol{F}_2$ 首尾相接，由始点到终点的矢量即为和矢量 $\boldsymbol{F}_R$（图 1-2b、c），此法则称为力三角形法则。

这条公理既是力的合成法则，也是力的分解法则。同时，它也是复杂力系简化的基础。

公理 2　二力平衡条件

作用在刚体上的两个力，使刚体处于平衡的充要条件是：这两个力大小相等，方向相反，且作用在同一条直线上。如图 1-3 所示，以矢量式表示为

$$\boldsymbol{F}_1=-\boldsymbol{F}_2 \tag{1-2}$$

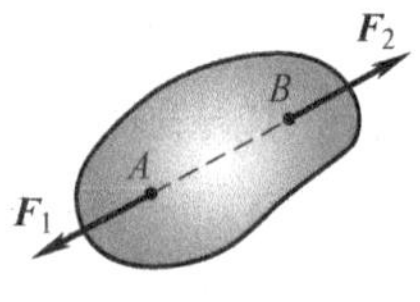

图　1-3

显然，满足二力平衡条件的力系是最简单的平衡力系。

工程中把忽略自重，仅在两点受力而平衡的杆件或构件称为二力杆或二力构件，根据公理 2 可知，此二力构件所受的两个力必大小相等，方向相反，且沿两个受力点的连线。

公理 3　加减平衡力系原理

在作用于刚体的已知力系中，加上或去掉任意的平衡力系，并不改变原力系对刚体的作用。这条公理是研究力系等效替换的重要依据。

公理 4　作用和反作用定律

任何两个物体间的相互作用力，总是大小相等、方向相反、沿同一条作用线，分别作用在这两个物体上。

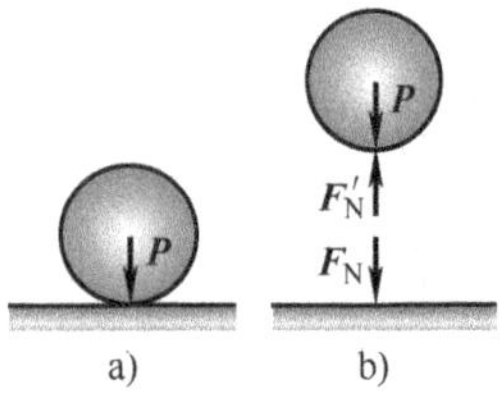

图　1-4

如图 1-4a 所示，重为 $\boldsymbol{P}$ 的球放在支承面上。此球给支承面的

作用力为 $\boldsymbol{F}_N$，支承面同时给球一反作用力 $\boldsymbol{F}'_N$，且有 $\boldsymbol{F}_N=-\boldsymbol{F}'_N$，分别作用在支承面和小球上，如图 1-4b 所示。同时，小球受地球引力 $\boldsymbol{P}$ 作用，与其相应的反作用力则作用在地球上。

公理 5　刚化原理

变形体在某一力系作用下处于平衡，如将此变形体刚化为刚体，则平衡状态不变。

此公理表明，当变形体处于平衡时，必然满足刚体的平衡条件。因此，可将刚体的平衡条件应用到变形体静力学中去。但应注意，刚体的平衡条件，对变形体而言只是必要条件，而不是充分条件。如图 1-5 所示，如将变形后平衡的绳子换成刚杆，其平衡状态不变；反之，如刚杆在压力下处于平衡，将其换成绳子，则平衡状态必然破坏。从上述公理出发，通过数学演绎的方法，可以推导出下面的两个结论。

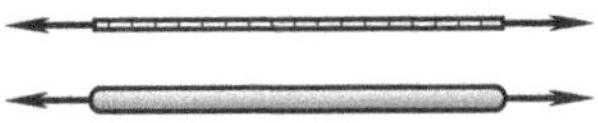

图　1-5

（1）力的可传性

作用于刚体上某点的力，可以沿其作用线移至刚体内任一点，而不改变它对刚体的作用。

证明：如图 1-6a 所示，力 $\boldsymbol{F}$ 作用于刚体上的点 A。根据加减平衡力系原理，可在力的作用线上任意选取一点 B，并加上两个互相平衡的力 $\boldsymbol{F}_1$ 和 $\boldsymbol{F}_2$，且令 $\boldsymbol{F}=\boldsymbol{F}_2=-\boldsymbol{F}_1$，如图 1-6b 所示。由于 $\boldsymbol{F}$ 和 $\boldsymbol{F}_1$ 也是一个平衡力系，可以减去，剩下作用于点 B 的力 $\boldsymbol{F}_2$（图 1-6c）仍与原力 $\boldsymbol{F}$ 等效，即力 $\boldsymbol{F}$ 沿作用线从点 A 移到了点 B，而作用效应不变。

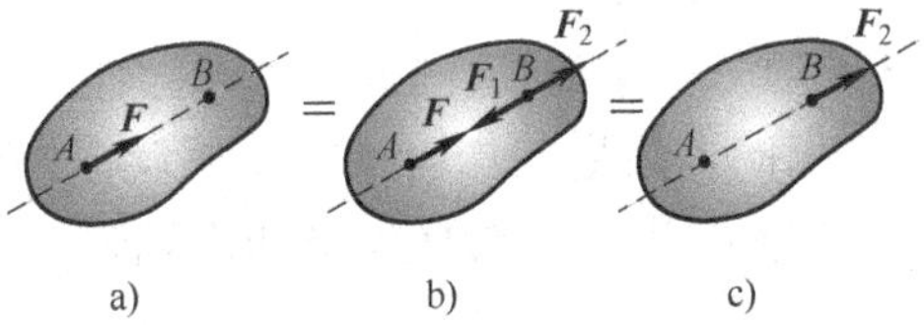

图　1-6

力的可传性表明，力对刚体的作用效应与力的作用点在作用线上的位置无关。这样，作用于刚体上的力的三要素为：大小、方向和作用线。沿作用线可任意滑动的矢量称为滑动矢量，作用于刚体上的力是滑动矢量。

（2）三力平衡汇交定理

当刚体受三个力而处于平衡时，若其中两个力的作用线汇交于一点，则第三个力的作用线必交于同一点，且三个力的作用线在同一平面内。

证明：设有三个力 $\boldsymbol{F}_1$、$\boldsymbol{F}_2$、$\boldsymbol{F}_3$ 分别用作于刚体的 A、B 和 C 三点，且 $\boldsymbol{F}_1$ 与 $\boldsymbol{F}_2$ 的作用线汇交于点 O（图 1-7），由力的可传性和力的平行四边形法则可得 $\boldsymbol{F}_1$ 与 $\boldsymbol{F}_2$ 之合力 $\boldsymbol{F}_R$，此时 $\boldsymbol{F}_3$ 与 $\boldsymbol{F}_R$ 平衡，由二力平衡公理，$\boldsymbol{F}_3$ 与 $\boldsymbol{F}_R$ 必共线，即 $\boldsymbol{F}_3$ 过汇交点 O，$\boldsymbol{F}_3$ 必位于 $\boldsymbol{F}_1$、$\boldsymbol{F}_2$ 所在的平面，三力共面。

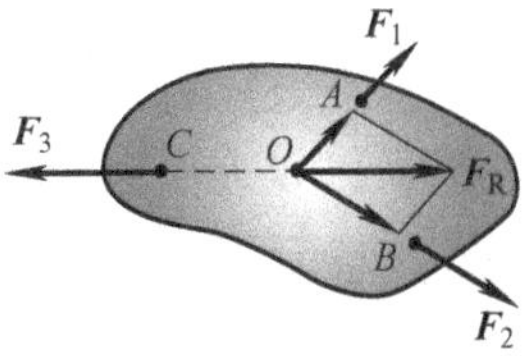

图　1-7

1.3　力矩及其计算

1. 力对点之矩

力对刚体的作用效应使刚体的运动状态发生改变，包括平移和转动，力对刚体的平移效应可用力矢量来度量，而力对刚体的转动效应可用力对点之矩（力矩）来度量，即力对点之矩（力矩）是使物体绕某点转动效应的度量。

设平面上作用一力 $\boldsymbol{F}$，点 O 为同平面上一点，称为矩心，h 为矩心 O 点到力 $\boldsymbol{F}$ 作用线的垂直距离，称为力臂（图 1-8）。把力的大小 F 和力臂 h 的乘积，冠以表示转向的正负号，称为力对点 O 之矩，简称力矩。用符号 $M_O(\boldsymbol{F})$ 或 M_O 表示为

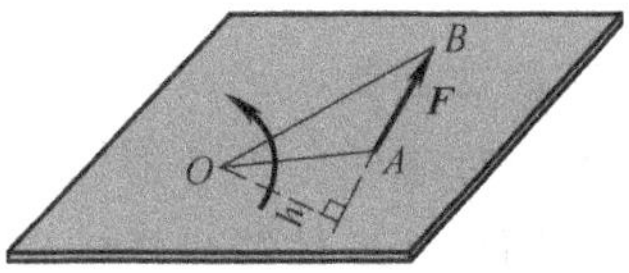

图 1-8

$$M_O(\boldsymbol{F})=\pm Fh$$

在平面情况下，力对点之矩是一代数量，它的大小等于力的大小和力臂的乘积。它的正负号这样规定：力使物体绕矩心逆时针转向取正号，反之取负号。

力矩的国际单位为 N · m 或 kN · m。如图 1-8 所示，力对点 O 之矩的大小也可用三角形 AOB 面积的两倍表示，即

$$M_O(\boldsymbol{F})=\pm 2S_{\triangle AOB} \tag{1-3}$$

力对点之矩的矢量表示。在空间情况下，如图 1-9 所示的变速杆，矩心和力所决定的平面可以有不同的方位。因此，力使物体绕点转动的效应由力矩的大小、力与矩心所确定平面的方位及在此平面内力矩的转向三个要素所决定，用代数量已无法概括这三要素，而必须用矢量表示。

力 $\boldsymbol{F}$ 对 O 之矩矢记为 $\boldsymbol{M}_O(\boldsymbol{F})$。矢量的长度表示力矩的大小；矢量的方位与该力作用线和矩心 O 所决定的平面的法线相同；矢量的指向按右手螺旋法则确定，即以右手的四指表示力矩的转向，拇指的指向即矢量的指向，或从矢量的末端来看力矩作用面，力 $\boldsymbol{F}$ 使物体绕矩心 O 做逆时针转动，如图 1-10 所示。

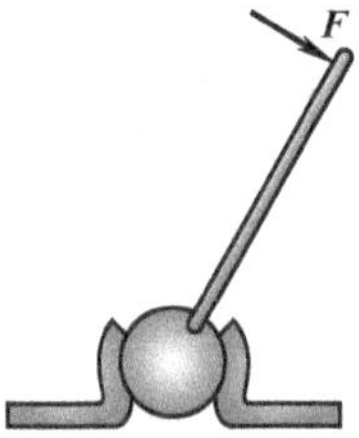

图 1-9

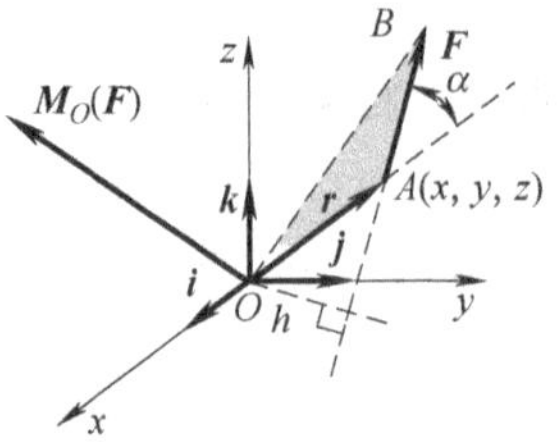

图 1-10

力对点之矩的矢积表达式。如图 1-10 所示，如以 $\boldsymbol{r}$ 表示力 $\boldsymbol{F}$ 的作用点 A 相对于矩心 O 的矢径，以 α 表示力 $\boldsymbol{F}$ 与矢径 $\boldsymbol{r}$ 正向间的夹角，则力 $\boldsymbol{F}$ 对矩心 O 点之矩矢可用 $\boldsymbol{r}$ 与力 $\boldsymbol{F}$ 的矢量积来表示，即

$$\boldsymbol{M}_O(\boldsymbol{F})=\boldsymbol{r}\times\boldsymbol{F} \tag{1-4}$$

因为根据矢量积的定义，由 $\boldsymbol{r}\times\boldsymbol{F}$ 所决定的矢量其方位和指向与力矩矢量相同，其大小与力矩的大小相等，即

$$|\boldsymbol{r}\times\boldsymbol{F}|=rF\sin\alpha=Fh$$

综上所述，在空间情况下，力对点之矩等于力的作用点相对于矩心的矢径与该力的矢量积。力矩矢量 $\boldsymbol{M}_O(\boldsymbol{F})$ 的大小和方向都与矩心 O 的位置有关，因而力对点之矩是一个定位矢量，必须画在矩心上。

力对点之矩的解析表示式。如图 1-10 所示，以矩心 O 为原点建立空间直角坐标系，设力 $\boldsymbol{F}$ 作用点 A 的坐标为（x，y，z），力 $\boldsymbol{F}$ 在三个坐标轴上的投影分别为 F_x、F_y、F_z，则矢径 $\boldsymbol{r}$ 和力 $\boldsymbol{F}$ 的解析式分别为

$$\boldsymbol{r}=x\boldsymbol{i}+y\boldsymbol{j}+z\boldsymbol{k}$$

$$\boldsymbol{F}=F_x\boldsymbol{i}+F_y\boldsymbol{j}+F_z\boldsymbol{k}$$

将其代入式（1-4），即得力 $\boldsymbol{F}$ 对点 O 之矩的解析表达式为

$$\boldsymbol{M}_O(\boldsymbol{F})=\boldsymbol{r}\times\boldsymbol{F}=\begin{vmatrix}\boldsymbol{i} & \boldsymbol{j} & \boldsymbol{k}\\ x & y & z\\ F_x & F_y & F_z\end{vmatrix} \tag{1-5}$$

$$=(yF_z-zF_y)\boldsymbol{i}+(zF_x-xF_z)\boldsymbol{j}+(xF_y-yF_x)\boldsymbol{k}$$

各坐标单位矢量 $\boldsymbol{i}$、$\boldsymbol{j}$、$\boldsymbol{k}$ 前面的系数，分别表示力矩矢量 $\boldsymbol{M}_O(\boldsymbol{F})$ 在三个坐标轴上的投影，即

$$\left.\begin{aligned}[\boldsymbol{M}_O(\boldsymbol{F})]_x&=yF_z-zF_y\\ [\boldsymbol{M}_O(\boldsymbol{F})]_y&=zF_x-xF_z\\ [\boldsymbol{M}_O(\boldsymbol{F})]_z&=xF_y-yF_x\end{aligned}\right\} \tag{1-6}$$

上式又称为力矩矢量在坐标轴上投影的解析表达式。

例 1-1　求图 1-11 所示结构中 $\boldsymbol{F}$ 对 O 点之矩。已知 $F=400\text{N}$，尺寸见图。

解： 力 $\boldsymbol{F}$ 与点 O 在图示同一平面内，由点 O 至力 $\boldsymbol{F}$ 的作用线引垂线得力臂（图 1-11b）

$$d=(0.12\text{m}-0.04\text{m}\tan30°)\cos30°=0.08392\text{m}$$

力 $\boldsymbol{F}$ 对 O 点的力矩为顺时针转向，故

$$M_O(\boldsymbol{F})=-Fd=-400\times0.08392\text{N}\cdot\text{m}=-33.57\text{N}\cdot\text{m}$$

本题也可用力对点之矩的解析法求解：$\boldsymbol{F}=F_x\boldsymbol{i}+F_y\boldsymbol{j}=346.4\text{N}\boldsymbol{i}+200\text{N}\boldsymbol{j}$，力 $\boldsymbol{F}$ 作用点 A 的矢径 $\boldsymbol{r}=0.04\text{m}\boldsymbol{i}+0.12\text{m}\boldsymbol{j}$，$\boldsymbol{M}_O(\boldsymbol{F})=\boldsymbol{r}\times\boldsymbol{F}=(0.04\text{m}\boldsymbol{i}+0.12\text{m}\boldsymbol{j})\times(346.4\text{N}\boldsymbol{i}+200\text{N}\boldsymbol{j})=-33.57\text{N}\cdot\text{m}\boldsymbol{k}$，根据右手螺旋法则，力矩为顺时针转向。

讨论： 据力的可传性，将力 $\boldsymbol{F}$ 沿作用线滑移至点 B，如图 1-11c 所示，计算力 $\boldsymbol{F}$ 对 O 点之矩，比较计算结果。

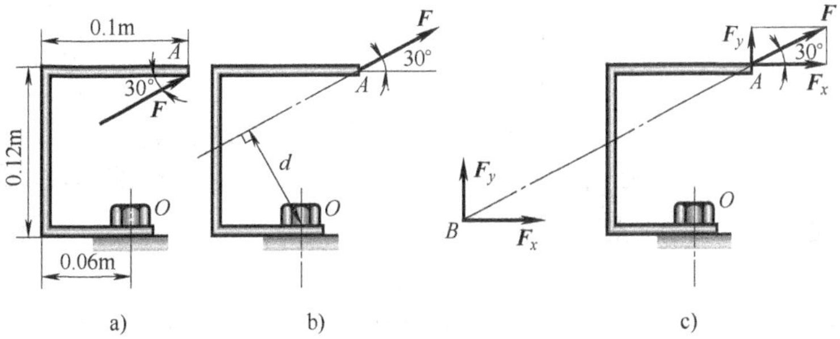

图　1-11

---

2. 力对轴之矩

在工程实践中，经常遇到结构（刚体）绕定轴转动的情形，为了度量力对绕定轴转动刚体的作用效应，我们必须了解力对轴之矩的概念。

如图 1-12 所示，在门上作用一力 $\boldsymbol{F}$，使其绕固定门轴 z 转动，研究力对轴的转动效应。现将力 $\boldsymbol{F}$ 分解为平行于 z 轴的分力 $\boldsymbol{F}_z$ 和垂直于 z 轴的分力 $\boldsymbol{F}_{xy}$，因力 $\boldsymbol{F}_z$ 与 z 轴平行，所以力 $\boldsymbol{F}_z$ 不会使门绕 z 轴转动，故此分力对 z 轴的矩为零，只有分力 $\boldsymbol{F}_{xy}$才能使其绕 z 轴转动，用 $M_z(\boldsymbol{F})$ 表示力 $\boldsymbol{F}$ 对 z 轴的矩，点 O 为平面 Oxy 与 z 轴的交点，h 为力臂。因此，力 $\boldsymbol{F}$ 对 z 轴的矩就是分力 $\boldsymbol{F}_{xy}$对点 O 的矩，即

$$M_z(\boldsymbol{F}) = M_O(\boldsymbol{F}_{xy}) = \pm F_{xy}h = \pm 2S_{\triangle OAB} \qquad (1\text{-}7)$$

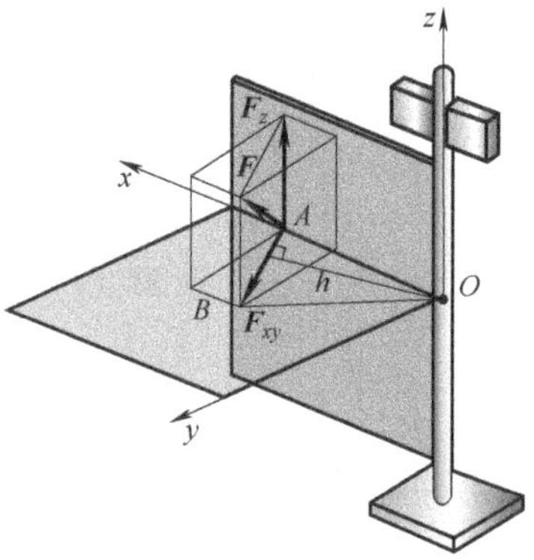

图 1-12

由此可知，力对轴的矩是力使刚体绕此轴转动效应的度量，是一个代数量，其绝对值等于这个力在垂直于该轴的平面上的投影对于这个平面与该轴的交点的矩。其正负号按下法确定：从 z 轴正端来看，若力的这个投影使物体绕该轴按逆时针转向转动，则取正号，反之取负号。也可按右手螺旋法则来确定其正负号。

根据上述定义可知，力对轴的矩为零的条件是：

1）若力的作用线与轴平行，则 $\boldsymbol{F}_{xy}$ 等于零，故力对轴的矩为零。

2）若力的作用线与轴相交，则 h 等于零，故力对轴的矩也为零。

这两种情况可概括为：当力的作用线与轴共面时，力对该轴的矩等于零。

力对轴的矩可用解析式表示。如图 1-13 所示，作直角坐标系 $Oxyz$，设力 $\boldsymbol{F}$ 的作用点 A 的坐标为（x，y，z），它在坐标轴上的投影为 F_x、F_y、F_z，由力对轴的矩定义，可得力 $\boldsymbol{F}$ 对坐标轴 Ox、Oy、Oz 的矩分别为

$$\left.\begin{aligned} M_x(\boldsymbol{F}) &= yF_z - zF_y \\ M_y(\boldsymbol{F}) &= zF_x - xF_z \\ M_z(\boldsymbol{F}) &= xF_y - yF_x \end{aligned}\right\} \qquad (1\text{-}8)$$

3. 力对点之矩与力对通过该点的轴之矩的关系

式（1-6）表示力 $\boldsymbol{F}$ 对 O 点之矩在过 O 点的直角坐标系三个轴的投影。对比式（1-6）和式（1-8）可得

$$\left.\begin{aligned} [\boldsymbol{M}_O(\boldsymbol{F})]_x &= M_x(\boldsymbol{F}) \\ [\boldsymbol{M}_O(\boldsymbol{F})]_y &= M_y(\boldsymbol{F}) \\ [\boldsymbol{M}_O(\boldsymbol{F})]_z &= M_z(\boldsymbol{F}) \end{aligned}\right\} \qquad (1\text{-}9)$$

式（1-9）说明：力对点之矩矢在通过该点的轴上的投影等于力对该轴的矩。

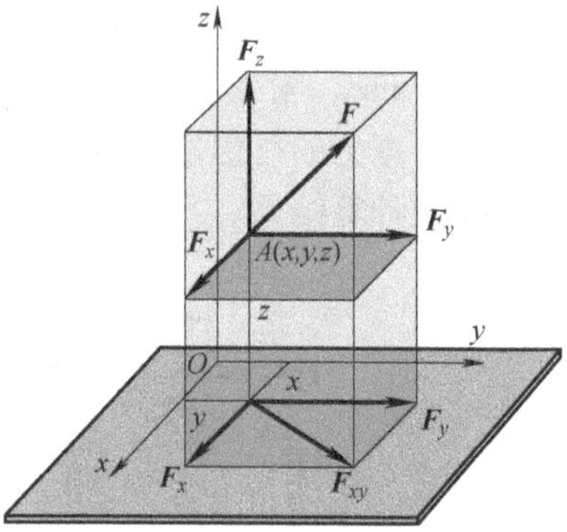

图 1-13

例 1-2　直角曲杆 $OABC$ 的 O 端为固定端，C 端受到水平力 $\boldsymbol{F}$ 的作用，如图 1-14 所示。已知 $F=100\text{N}$，$a=2\text{m}$，$b=1.5\text{m}$，$c=1.35\text{m}$。试求 $\boldsymbol{F}$ 对固定端 O 点之矩 $\boldsymbol{M}_O(\boldsymbol{F})$。

解：作直角坐标系 $Oxyz$，先求出力 $\boldsymbol{F}$ 对三个坐标轴的矩。由于力 $\boldsymbol{F}$ 与 x 轴平行，所以有

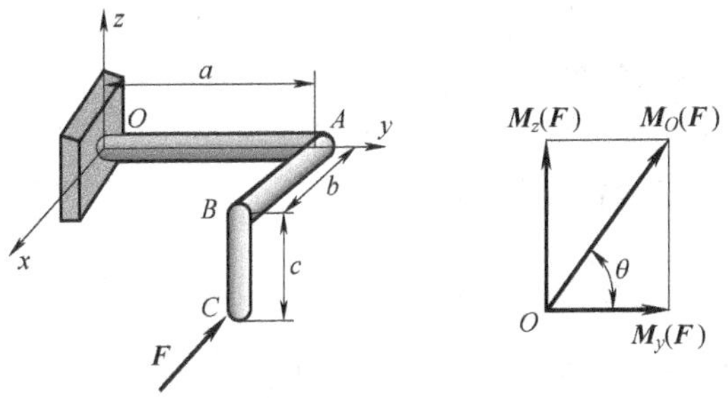

图 1-14

$$M_x(\boldsymbol{F})=0$$
$$M_y(\boldsymbol{F})=Fc=135\text{N}\cdot\text{m}$$
$$M_z(\boldsymbol{F})=Fa=200\text{N}\cdot\text{m}$$

根据力对点之矩与力对轴之矩的关系

$$M_y(\boldsymbol{F})=[M_O(\boldsymbol{F})]_y$$
$$M_z(\boldsymbol{F})=[M_O(\boldsymbol{F})]_z$$

又因为力矩矢量 $\boldsymbol{M}_O(\boldsymbol{F})$ 在 Oyz 平面上，则

$$|\boldsymbol{M}_O(\boldsymbol{F})|=\sqrt{[M_y(\boldsymbol{F})]^2+[M_z(\boldsymbol{F})]^2}=236\text{N}\cdot\text{m}$$

$$\tan\theta=\frac{M_z(\boldsymbol{F})}{M_y(\boldsymbol{F})}=1.48,\quad \theta\approx 56°$$

例 1-3 正方体的边长 $a=0.2\text{m}$，沿对角线作用一力 $\boldsymbol{F}$，如图 1-15 所示，其大小以对角线 AB 的长度表示，每 1m 代表 1000N。求力 $\boldsymbol{F}$ 对 x、y、z 轴的矩。

解：取直角坐标系如图 1-15 所示，则力 $\boldsymbol{F}$ 的作用点 A 的坐标为（0.2，0，0），力 $\boldsymbol{F}$ 在三个坐标轴上的投影为

$$F_x=-10\sqrt{3}a\times\frac{a}{\sqrt{3}a}=-200\text{N}$$

$$F_y=10\sqrt{3}a\times\frac{a}{\sqrt{3}a}=200\text{N}$$

$$F_z=10\sqrt{3}a\times\frac{a}{\sqrt{3}a}=200\text{N}$$

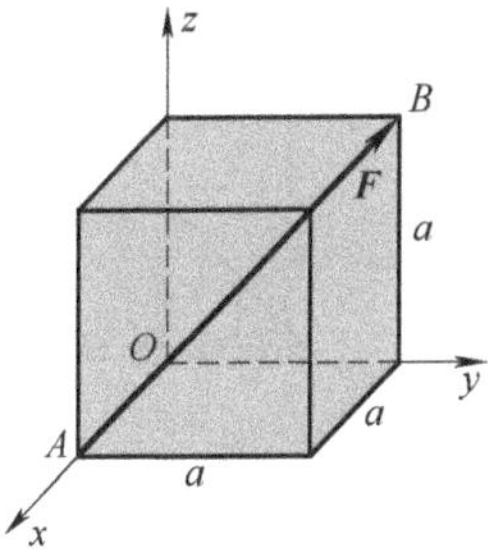

图 1-15

则

$$M_x(\boldsymbol{F})=yF_z-zF_y=0$$
$$M_y(\boldsymbol{F})=zF_x-xF_z=-40\text{N}\cdot\text{m}$$
$$M_z(\boldsymbol{F})=xF_y-yF_x=40\text{N}\cdot\text{m}$$

1.4 力偶及力偶矩

作用于同一物体上的大小相等、方向相反且不共线的两个力组成的力系称为力偶（图 1-16）。力偶（$\boldsymbol{F}$，$\boldsymbol{F}'$）的两个力所在的平面称为力偶作用面，两力作用线之间的垂直

距离 d 称为力偶臂。

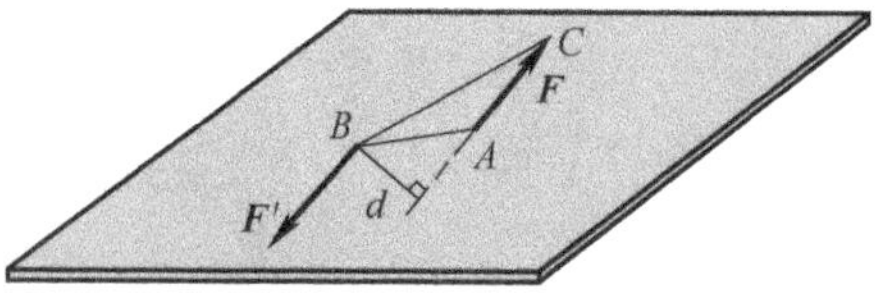

图 1-16

力偶在工程实际中是经常遇到的，如驾驶人用两手驾驶汽车时作用在转向盘上的力；用两个手指头拧动水龙头的力；旋紧钟表发条所加的力等都可近似看成是力偶。

实践经验表明，力偶对自由体作用的结果是使物体绕质心转动（利用后续动力学中的定理可证）。例如，小船在湖面上漂浮时，双桨反向均匀用力划动，相当于有一力偶作用在小船上，小船会在原地旋转。力偶作用于物体所产生的转动效应是两个力共同作用的结果。

（1）力偶矩矢

对于空间情况，力偶对刚体的转动效应由力偶矩的大小、力偶作用面的方位和力偶在作用面内的转向决定。这三个因素称为力偶三要素。我们可以用一个矢量 $\boldsymbol{M}$ 将这三个要素表示出来：矢量 $\boldsymbol{M}$ 的方位与力偶的作用面的法线方位相同（图 1-17），矢量的长度表示力偶矩的大小，矢量 $\boldsymbol{M}$ 的指向与力偶转向的关系服从右手螺旋法则。这个矢量 $\boldsymbol{M}$ 称为力偶矩矢。因此，力偶对刚体的转动效应用力偶矩矢来度量。

如从点 B 至点 A 引矢量 $\boldsymbol{r}_{BA}$，表示点 A 相对于点 B 的位置矢径（图 1-18），则力偶矩矢量 $\boldsymbol{M}$ 可以表示为 $\boldsymbol{r}_{BA}$ 与 $\boldsymbol{F}$ 的矢量积，即

$$\boldsymbol{M}=\boldsymbol{r}_{BA}\times\boldsymbol{F} \tag{1-10}$$

很容易看出，矢量积 $\boldsymbol{r}_{BA}\times\boldsymbol{F}$ 的模与力偶矩的大小相等，即

$$|\boldsymbol{r}_{BA}\times\boldsymbol{F}|=r_{BA}F\sin\alpha=Fd$$

矢量积 $\boldsymbol{r}_{BA}\times\boldsymbol{F}$ 的方向与力偶矩矢的方向一致。式（1-10）表明：力偶矩矢等于力偶中一个力对另一个力作用线上任意点之矩矢。

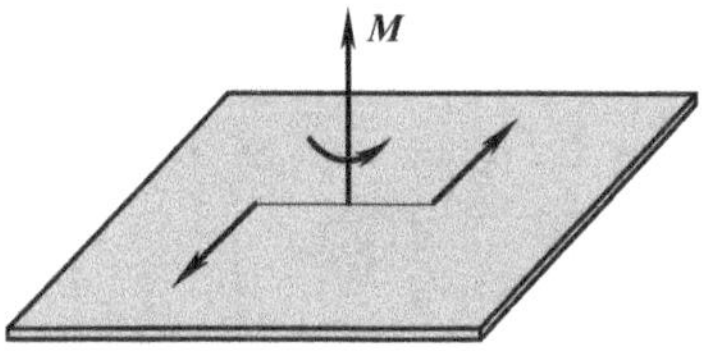

图 1-17

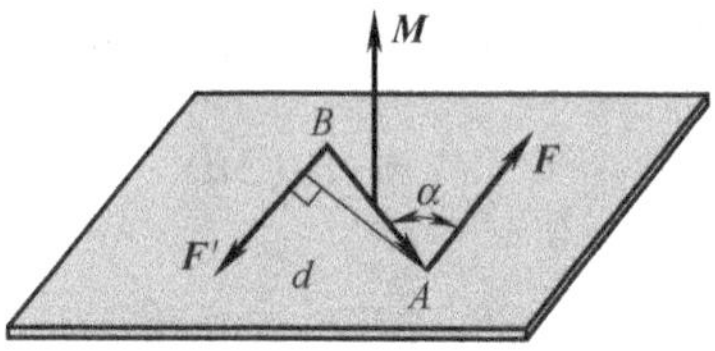

图 1-18

（2）力偶的性质

性质 1　力偶无合力

设有两个反向平行力 $\boldsymbol{F}_1$ 与 $\boldsymbol{F}_2$ 分别作用在刚体上点 A 和点 B，并且有 $F_1>F_2$（图 1-19）。可以证明，它们可以合成为一合力 $\boldsymbol{F}_\mathrm{R}$，其大小为

$$F_\mathrm{R}=F_1-F_2$$

方向与 $\boldsymbol{F}_1$ 的方向相同，作用在力 $\boldsymbol{F}_1$ 的外侧，有外力关系

$$\frac{AC}{CB}=\frac{F_2}{F_1}$$

或

$$AC=\frac{F_2}{F_\mathrm{R}}AB \tag{1-11}$$

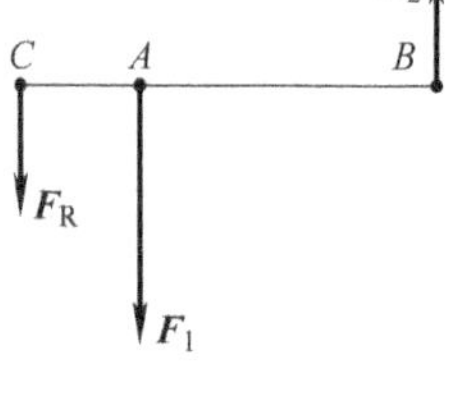

图 1-19

但对于力偶来说，$F_1=F_2$，故

$$F_R=0,\quad AC=\infty$$

这说明力偶不可能合成为一个力。力偶既然不能用一个力来等效代替，那么力偶也不能用一个力来平衡。

性质 2　力偶的两个力对任一点的矩矢之和等于力偶矩矢。

证明：设有一力偶（$\boldsymbol{F}$，$\boldsymbol{F}'$）作用在刚体上，自任一点 O 至 $\boldsymbol{F}$ 与 $\boldsymbol{F}'$ 的作用点 A、B 引矢径 $\boldsymbol{r}_A$ 和 $\boldsymbol{r}_B$，如图 1-20 所示。由式（1-10）有

$$\boldsymbol{M}_O(\boldsymbol{F})+\boldsymbol{M}_O(\boldsymbol{F}')=\boldsymbol{r}_A\times\boldsymbol{F}+\boldsymbol{r}_B\times\boldsymbol{F}'$$

因为 $\boldsymbol{F}=-\boldsymbol{F}'$，所以

$$\boldsymbol{M}_O(\boldsymbol{F})+\boldsymbol{M}_O(\boldsymbol{F}')=(\boldsymbol{r}_A-\boldsymbol{r}_B)\times\boldsymbol{F}=\boldsymbol{r}_{BA}\times\boldsymbol{F}=\boldsymbol{M}\tag{1-12}$$

式（1-12）表明：力偶的两个力对任意点的力矩矢之和恒等于力偶矩矢，而与矩心的位置无关。

性质 3　作用于刚体上的力偶，在不改变它对刚体效应的条件下，可以转移到其作用面内任意位置，并保持其转向和力偶的大小不变。

根据这个性质可知，在保持力偶的转向及其矩大小不变的条件下，力偶可在其作用面内任意转移，或同时改变力和力偶臂的大小，而不改变它对刚体的作用，因此，力偶对刚体的作用和力偶在作用面内的具体位置无关。这样，可以用一个标有力偶矩大小的弧形箭头表示力偶，箭头的指向表示力偶的转向，如图 1-21 所示。

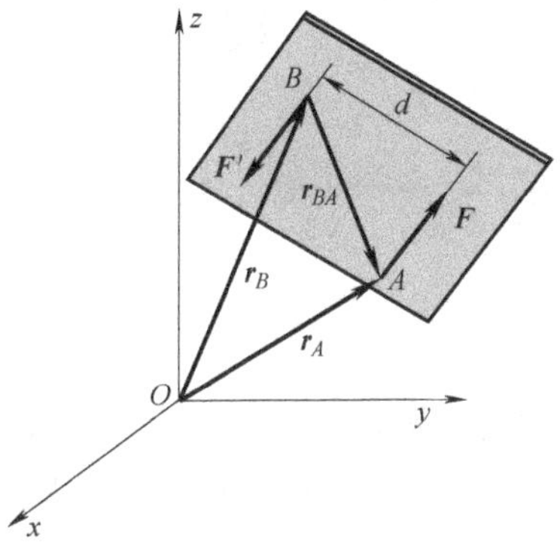

图　1-20

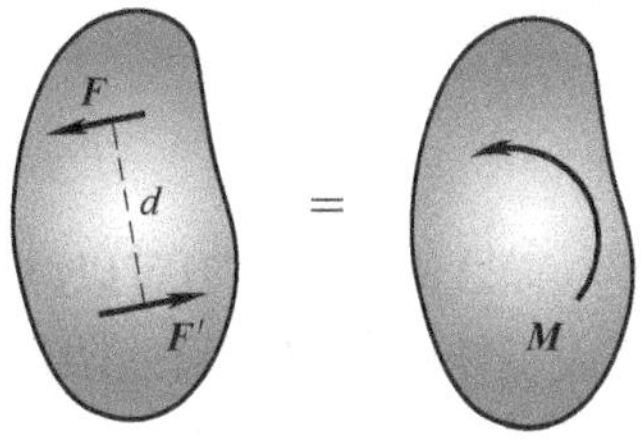

图　1-21

性质 4　作用于刚体的力偶，在不改变它对刚体作用效应的条件下，可以转移到与其作用面平行的任何平面内。

由于力偶可以在其作用面内任意转移，其作用面又可以平移，所以，只要保持其大小和方向不变，力偶矩矢不仅可以滑动，还可以平行移动。由此可以得出结论：（1）力偶矩矢是自由矢量；（2）力偶矩矢相等的力偶等效。

1.5 约束和约束力

力学中将研究的物体分为自由体与非自由体。位移不受到任何限制的物体称为自由体，

如在空中飞行的炮弹、人造卫星等。位移受到预先给定的限制的物体称为非自由体，如列车受到铁轨限制，只能沿轨道运动；轮轴支承在轴承上，只能绕轴线转动等。在静力学中，我们把限制非自由体某些位移的周围物体称为约束。上例中轨道是列车的约束，轴承是轴的约束。当物体在约束限制的运动方向上有运动趋势时，就会受到约束的阻碍，这种阻碍作用就是约束作用于物体上的力，称为约束力。由于约束力的产生是被动的，因而其大小是未知的，约束力的方向总是与该约束所能够阻碍的运动方向相反。除约束力外，物体上受到的各种载荷，如重力、风力、液体的压力等，这些力的大小和方向通常是预先给定的，这种力称为主动力。

下面介绍几种工程中常见的典型约束，并说明如何根据实际约束的结构形式和表面物理性质确定这些约束的约束力方向。

1.5.1 柔索约束

工程中用的传动带、链条和钢索等均属此类约束。由于它们被视为绝对柔软且不计自重，因而本身只能承受拉力（图 1-22b），所以它给被约束物体的约束力也只能是拉力（图 1-22c），即柔索对物体的约束力，作用在接触点，方向沿着柔索背离被约束物体。

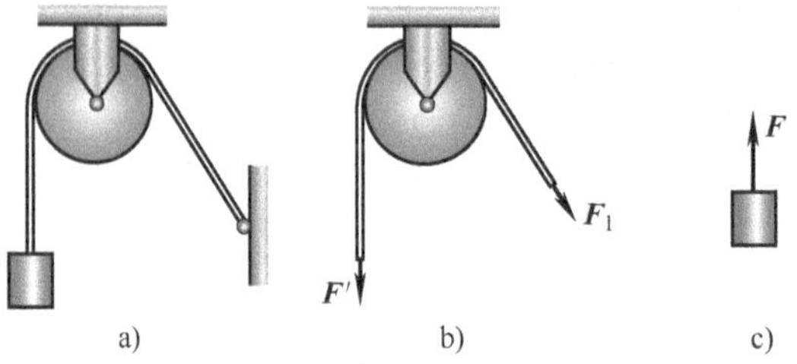

图 1-22

1.5.2 光滑面约束

若物体接触面之间的摩擦力可以略去不计，则认为接触面是光滑的。这类约束不能限制物体沿约束表面切线的位移，只能限制物体沿接触面公法线方向指向约束内部的位移。所以，光滑面约束对被约束物体的约束力，作用在接触点处，其方向沿接触面在该点的公法线，并指向被约束物体，如图 1-23a 所示的 $\boldsymbol{F}_B$ 和如图 1-23b 所示的 $\boldsymbol{F}_A$ 与 $\boldsymbol{F}_B$。

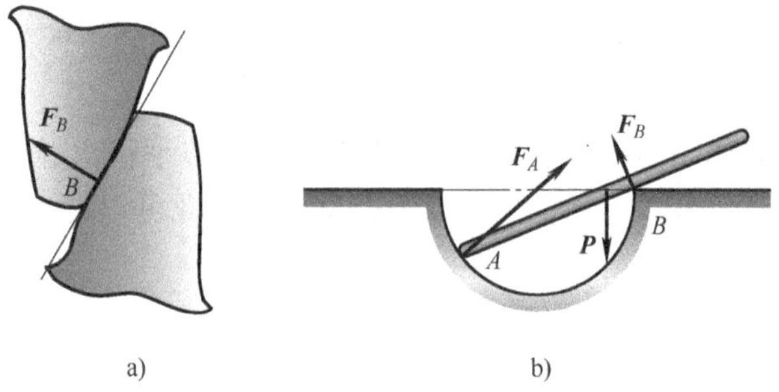

图 1-23

1.5.3　光滑铰链约束

1. 圆柱铰链和固定铰链支座

圆柱铰链由圆柱销钉将两个钻有相同直径销孔的构件连接在一起构成，如图 1-24a 所示，其简化符号如图 1-24b 所示。如果将其中一个构件固定在地面或机架上，则这种约束称为固定铰链支座（图 1-25a），其简化符号如图 1-25b 所示。

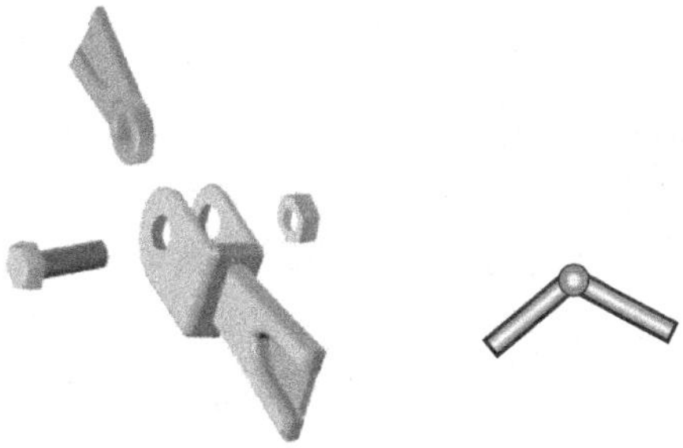

a)　　b)

图　1-24

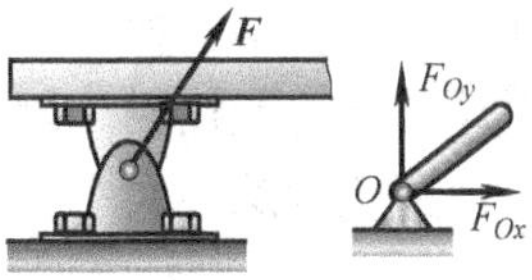

a)　　b)

图　1-25

物体的运动受到销钉的限制，只能绕销钉轴线相对转动，而不能沿销钉径向做相对移动。由于销钉与构件是光滑圆柱面接触，故销钉的约束力 $\boldsymbol{F}$ 必沿接触面的公法线方向（图 1-26a），但因接触点 C 的位置不能预先确定，因此约束力方向也不能事先确定。所以，**圆柱铰链对物体的约束力，在垂直于轴线的平面内，通过铰链中心，方向不定。**通常用过铰心的两个大小未知的正交分力 $\boldsymbol{F}_{Ox}$、$\boldsymbol{F}_{Oy}$ 表示（图 1-26b）。

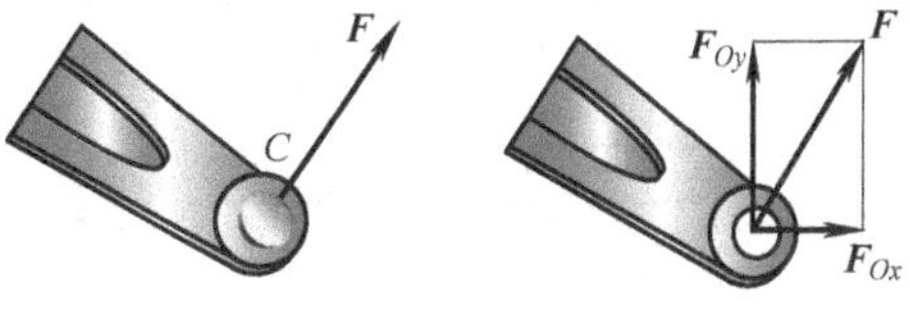

a)　　b)

图　1-26

为方便起见，对圆柱铰链连接的两个构件分别进行受力分析时，认为销钉与其中某一构件一起构成另一构件的约束。只有在需要分析销钉受力时，才把销钉分离出来单独研究。

2. 向心轴承

轴承是工程中常见的约束，无论轴颈用向心滑动轴承支承（图 1-27a），或用向心滚动轴承支承（图 1-27b），均与固定铰链支座有相同的约束性质，其约束力也可以用两个正交分力来表示。图 1-27c 所示为其简化符号。

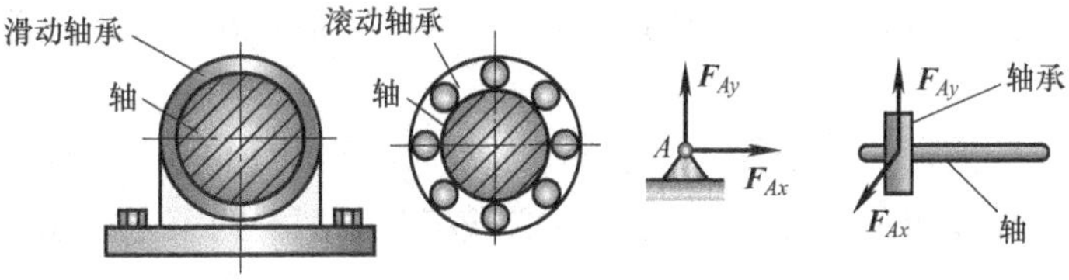

a)　　b)　　c)

图　1-27

1.5.4 辊轴支座约束

如图 1-28a 所示，在铰链支座下面装有若干刚性滚子，即构成辊轴支座或滚动铰链支座，其简化符号如图 1-28b 所示。这种约束不能限制物体沿光滑支承面运动，约束力 $\boldsymbol{F}$ 只能沿光滑支承面的法线方向，并通过铰链中心。根据不同的滚子结构，辊轴支座的约束力可以指向或背离物体。桥梁、屋顶等结构常采用此种支座，以便适应结构的伸缩变化。

1.5.5 光滑球铰链约束

固连于一物体的球嵌入另一物体的球窝内就构成了光滑球铰链约束（图 1-29a），若其中一个固定在地面或机架上，则称为固定球铰支座，其简化符号如图 1-29b 所示。被约束物体可以绕球心相对转动，但不能离开球心向任何方向移动。由于球和球窝间有一定间隙，故二者为光滑球面上的点接触，但接触点不可预知，故球铰链对物体的约束力过球心，大小、方向不定。通常用过球心大小未知的三个正交分力 $\boldsymbol{F}_{Ox}$、$\boldsymbol{F}_{Oy}$、$\boldsymbol{F}_{Oz}$表示。

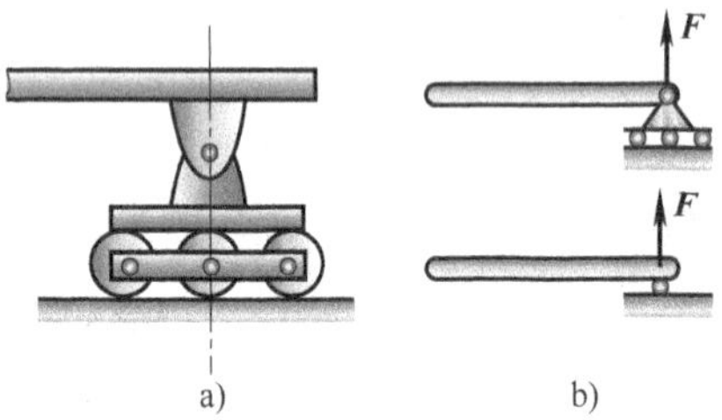

图 1-28

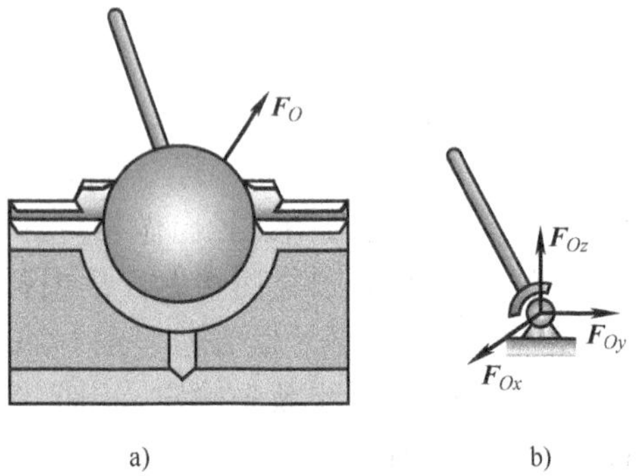

图 1-29

1.6 物体的受力分析和受力图

在研究物体受力与运动变化关系或平衡规律之前，必须分析物体的受力情况。这就需要适当地选取某些物体作为研究对象。为清晰起见，设想把它从周围的约束中分离出来，单独画出其简图，称为取分离体。然后考察它受了几个力，以及每个力的作用位置和方向，这个分析研究对象受力的过程，称为物体的受力分析。之后在分离体简图上画上其所受的全部主动力和约束力，就得到研究对象的受力图，它形象地表明了所研究物体的受力情况。

正确地进行受力分析和画出受力图是解决力学问题的前提和关键。画受力图时，应注意如下事项：

1）对象明确，分离彻底。根据问题的要求，研究对象可以是一个物体或几个相联系的物体组成的物体系统。在明确研究对象之后，必须将其周围的约束全部解除，单独画出它的简单图形。

2）力不能凭空产生，有力必有施力物体。

3）根据每个约束单独作用时，由该约束本身的特性确定约束力的方向。

4）不画内力，只画外力。内力是所取研究对象内部各物体间的相互作用力；外力是研究对象以外的物体对研究对象的作用力。内力按作用和反作用定律成对出现，由公理 5 可知，物体系统平衡时，可以刚化为一个刚体，将成对的内力除去，不影响系统的平衡。

5）物体之间的相互作用力应满足作用和反作用定律。

例 1-4 重为 P 的均质圆柱，由杆 AB、绳索 BC 与墙壁支承，如图 1-30a 所示。各处摩擦及杆重均略去不计，试分别画出圆柱和杆 AB 的受力图。

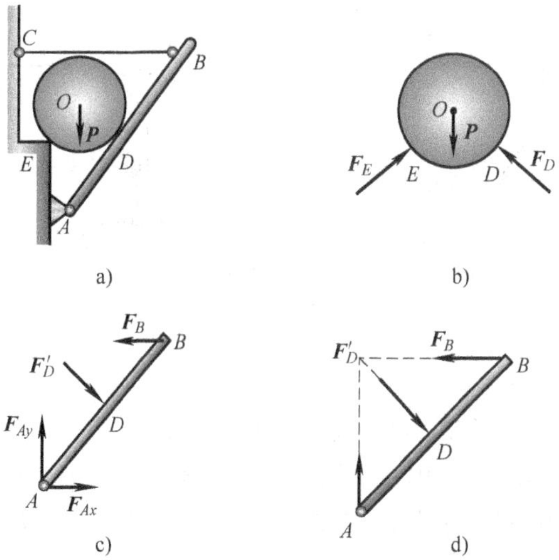

图 1-30

解：1）以圆柱体为研究对象。

2）取分离体，画出分离体简图。

3）画主动力与约束力。圆柱体所受主动力为地球引力 $\boldsymbol{P}$。由于在 D、E 两处分别受来自杆和墙的光滑面约束，故在 D 处受杆法向约束力 $\boldsymbol{F}_D$ 的作用，在 E 处受墙的法向约束力 $\boldsymbol{F}_E$ 的作用，它们都沿着对应点接触面的公法线方向，指向圆柱中心。如图 1-30b 所示即为其受力图。

再以杆 AB 为研究对象，画出其分离体简图。杆在 A 处受固定铰链支座约束力作用，其大小、方向不定，可用两个大小未知的正交分力 $\boldsymbol{F}_{Ax}$ 和 $\boldsymbol{F}_{Ay}$ 表示；在 B 处受绳索拉力 $\boldsymbol{F}_B$ 作用；在 D 处受圆柱体法向约束力 $\boldsymbol{F}'_D$ 作用，此力与圆柱体受力 $\boldsymbol{F}_D$ 互为作用力与反作用力，有关系式 $\boldsymbol{F}_D=-\boldsymbol{F}'_D$。如图 1-30c 所示为其受力图。

由于 AB 是在三个力作用下处于平衡，故也可按三力平衡汇交定理确定 $\boldsymbol{F}_A$ 的方向。杆 AB 的受力图也可像如图 1-30d 所示的画法。

顺便指出，有些约束力，根据约束性质，只能确定其作用点和作用线的方位，至于指向，可先任意假设，以后可通过平衡条件计算确定。

例 1-5 如图 1-31a 所示，三角形平板上刻有滑槽，DE 杆上固结有销子 C，销子放在滑槽中，与滑槽为光滑接触。作用力 $\boldsymbol{F}$ 水平，略去各构件重量。A、D 处为固定铰链支座，E 处为辊轴支座。试分别画出板、杆以及整体的受力图。

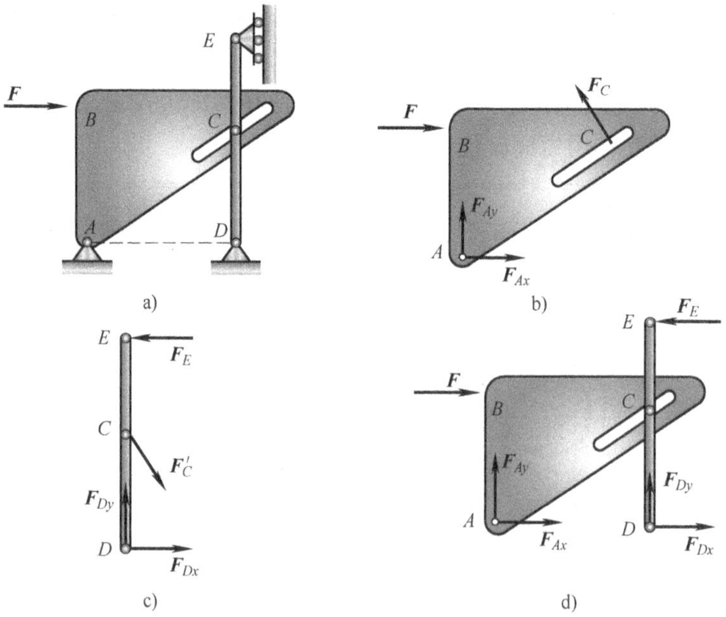

图 1-31

解：1）以三角形平板为研究对象，画分离体图。板在 B 点受主动力 $\boldsymbol{F}$ 作用；在 C 点受圆柱销钉 C 的光滑面约束力 $\boldsymbol{F}_C$ 作用，作用线沿两接触面在 C 点处的公法线方向，由于销钉和滑槽之间有一定的间隙，故二者只能单侧接触，画受力图时可假定其指向；在 A 处受固定铰链支座约束力 $\boldsymbol{F}_{Ax}$ 和 $\boldsymbol{F}_{Ay}$ 作用。受力图如图 1-31b 所示。

2）以杆 DE 为研究对象，解除其约束，画出分离体图。于分离体图上，在 D 点画上固定铰链支座约束力 $\boldsymbol{F}_{Dx}$、$\boldsymbol{F}_{Dx}$；在 C 点画上三角板的法向约束力 $\boldsymbol{F}'_C$，图中 $\boldsymbol{F}_C$ 与 $\boldsymbol{F}'_C$ 应满足作用力与反作用力关系；在 E 点画上辊轴支座约束力 $\boldsymbol{F}_E$，该力垂直于支承面过铰心 E。即得如图 1-31c 所示受力图。

3）以整体为研究对象，画分离体图。这时，研究对象内部各物体之间相互作用力，即三角平板与销钉 C 之间的相互作用力为内力，不画。整体受的外力有：主动力 $\boldsymbol{F}$，固定铰链支座约束力 $\boldsymbol{F}_{Ax}$、$\boldsymbol{F}_{Ay}$ 和 $\boldsymbol{F}_{Dx}$、$\boldsymbol{F}_{Dx}$，辊轴支座约束力 $\boldsymbol{F}_E$。受力图如图 1-31d 所示。

讨论：由本题可见，内外力的区分不是绝对的，只有相对于某一确定的研究对象才有意义。

例 1-6　承重框架如图 1-32a 所示。物重 P，各构件重量略去不计。A、C 处均为固定铰链支座。（1）分别画构件 BC、AB、重物和滑轮，以及销钉 B 的受力图；（2）画滑轮、重物和销钉组合体的受力图；（3）画滑轮、重物、销钉和构件 AB 组合体的受力图。

解：1）以构件 BC 为研究对象，画分离体图。BC 在 B 端直接和销钉接触，受来自销钉的圆柱铰链约束力；在 C 点受固定铰链支座的约束力。由于不计自重，所以 BC 是只在两个力作用下处于平衡的二力构件。由二力平衡条件，可以确定此二约束力必沿 B、C 铰链中心的连线，且等值、反向，分别用 $\boldsymbol{F}_B$ 与 $\boldsymbol{F}_C$ 表示，有 $\boldsymbol{F}_B=-\boldsymbol{F}_C$，指向可以假定。图 1-32b 为其受力图。

2）构件 AB 也是二力构件，其受力图如图 1-32c 所示，其中 $\boldsymbol{F}_{B1}$ 是销钉的作用力。

3）以滑轮和重物为研究对象，画分离体图。其上受有主动力 $\boldsymbol{P}$ 作用，所受的约束力有：绳子的拉力 $\boldsymbol{F}$，销钉的约束力 $\boldsymbol{F}_{Bx}$ 和 $\boldsymbol{F}_{By}$，图 1-32d 为其受力图。

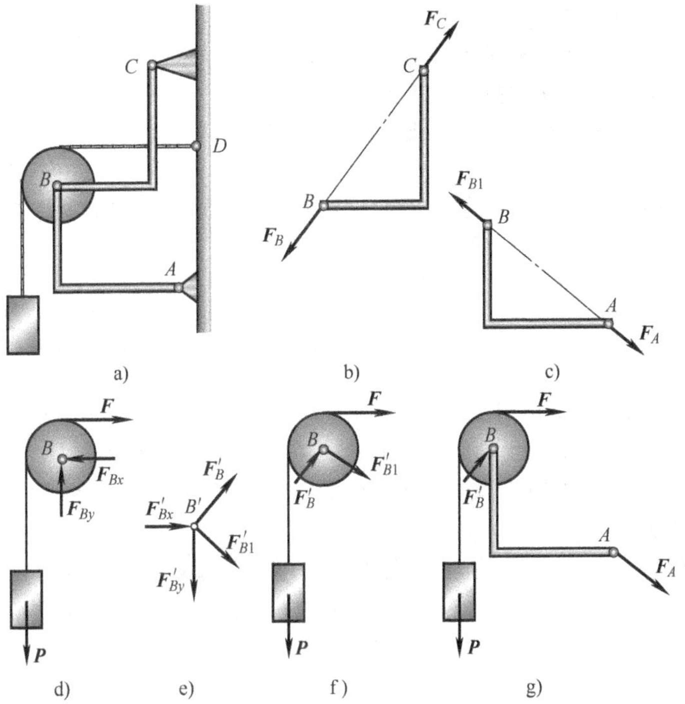

图 1-32

4）以销钉 B 为研究对象，画分离体图。销钉受来自构件 AB、BC 和滑轮在点 B 处的反作用力 $\boldsymbol{F}'_{B1}$、$\boldsymbol{F}'_B$、$\boldsymbol{F}'_{Bx}$ 和 $\boldsymbol{F}'_{By}$，受力如图 1-32e 所示。

5）以滑轮、重物和销钉组合体为研究对象，画分离体图。由于滑轮与销钉 B 之间的相互作用力为内力，不画。此系统所受的外力有：重力 $\boldsymbol{P}$，绳子的拉力 $\boldsymbol{F}$，构件 BC、AB 给销钉的反作用力 $\boldsymbol{F}'_B$、$\boldsymbol{F}'_{B1}$，受力如图 1-32f 所示。

6）以滑轮（含重物）、销钉和构件 AB 为研究对象，其受力图如图 1-32g 所示。

讨论：识别出二力构件可使问题大为简化。此题若没能识别出 BC 与 AB 为二力构件，读者可自行画出其受力图，并与本题加以对比。

思 考 题

1-1 两个力矢量 $\boldsymbol{F}_1$ 与 $\boldsymbol{F}_2$ 相等，这两个力对刚体的作用是否相等。

1-2 说明下列式子的意义和区别。(1) $\boldsymbol{F}_1=\boldsymbol{F}_2$；(2) $F_1=F_2$；(3) 力 $\boldsymbol{F}_1$ 等于力 $\boldsymbol{F}_2$。

1-3 能否说合力一定比分力大，为什么？

1-4 二力平衡条件与作用和反作用定律有何异同？

1-5 力的五个基本性质中，哪些性质只适用于刚体？为什么？

1-6 如图 1-33 所示，已知 $F_1 = 100\text{N}$，$F_2 = 50\text{N}$，试用几何法求合力。并由所得结果看合力是否一定比分力大。

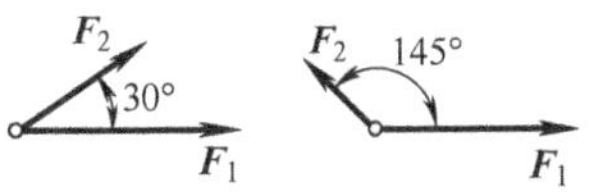

图 1-33

1-7 计算力对点之矩时，矩心是否一定是转轴或固定点。在什么情况下力对点之矩等于零。

1-8 试比较力矩与力偶矩二者的异同。

1-9 试证明力偶的两力作用对作用面之内任意点之矩的代数和等于力偶矩。

1-10 约束力的方向与主动力的作用方向有无关系。

1-11 n 个平面杆件用同一销子铰接在一起，试分析拆开后，将出现多少未知约束力。

1-12 如图 1-34 所示，力 $\boldsymbol{P}$ 作用在销钉 C 上，试问销钉 C 对杆 AC 的作用力与销钉 C 对杆 BC 的作用力是否等值、反向、共线？为什么？

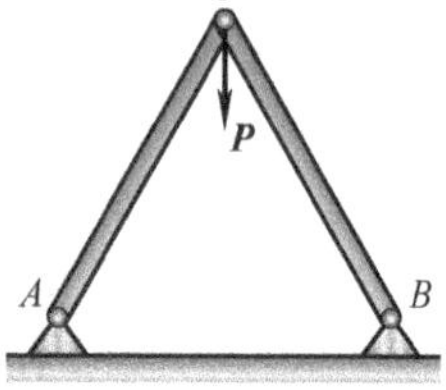

图 1-34

习 题

1-1 如题 1-1 图所示，在 $\triangle ABC$ 平面内作用力偶（$\boldsymbol{F}$，$\boldsymbol{F}'$），其中力 $\boldsymbol{F}$ 位于 BC 边上，$\boldsymbol{F}'$ 作用于 A 点。已知 $OA=a$，$OB=b$，$OC=c$，试求此力偶之力偶矩矢及其在三个坐标轴上的投影。

1-2 位于 Oxy 平面内之力偶中的一力作用于（2，2）点，投影为 $F_x=1$，$F_y=-5$，另一力作用于（4，3）点。试求此力偶之力偶矩。

1-3 如题 1-3 图所示，与圆盘垂直的轴 OA 位于 Oyz 平面内，圆盘边缘一点 B 作用有切向力 $\boldsymbol{F}$。试求力 $\boldsymbol{F}$ 在各直角坐标轴上的投影，并分别用代数法和矢量法求力 $\boldsymbol{F}$ 对 x、y、z 三轴，OA 轴及 O 点之矩。

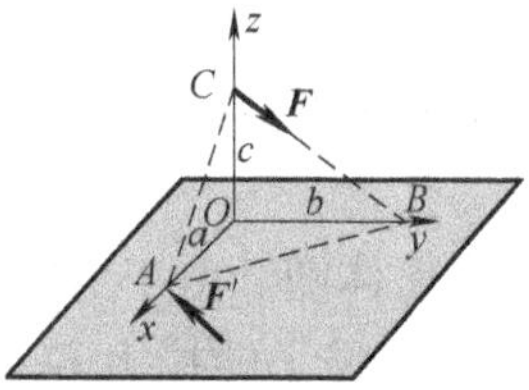

题 1-1 图

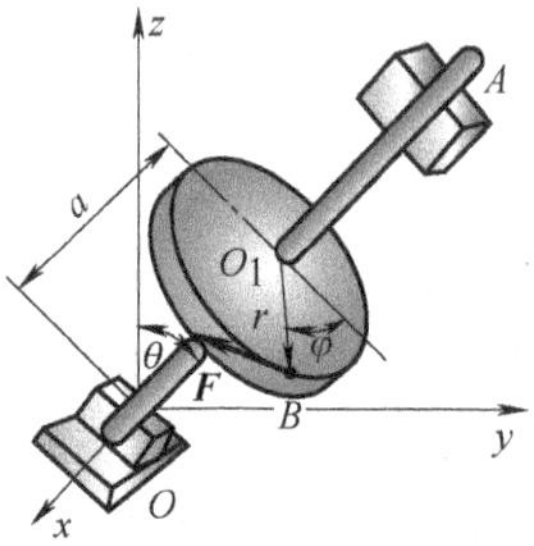

题 1-3 图

下列习题中假定接触处都是光滑的，物体的重量除图上已注明者外，均略去不计。

1-4 试改正题 1-4 图受力图中的错误。

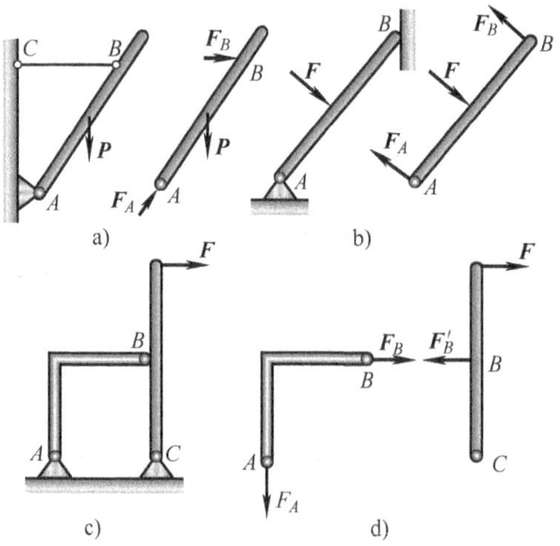

题 1-4 图

1-5　画出题 1-5 图指定物体的受力图。

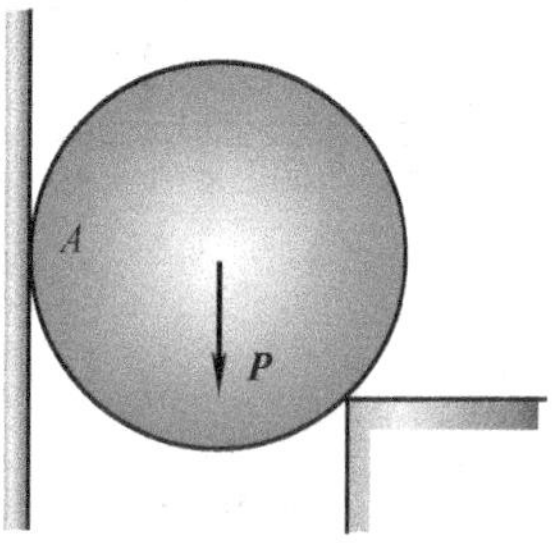

a) 圆柱*A*

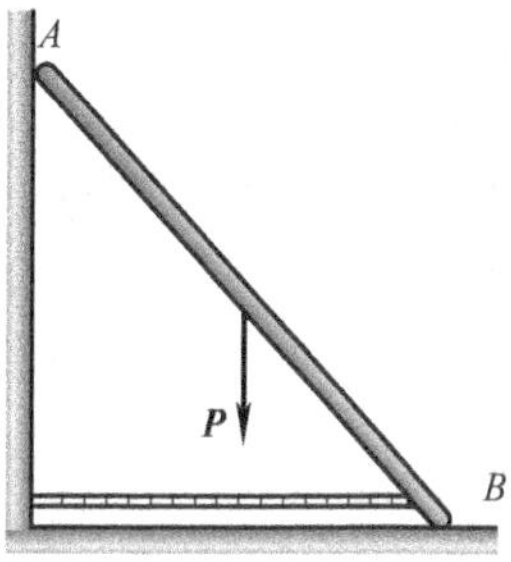

b) 杆 *AB*

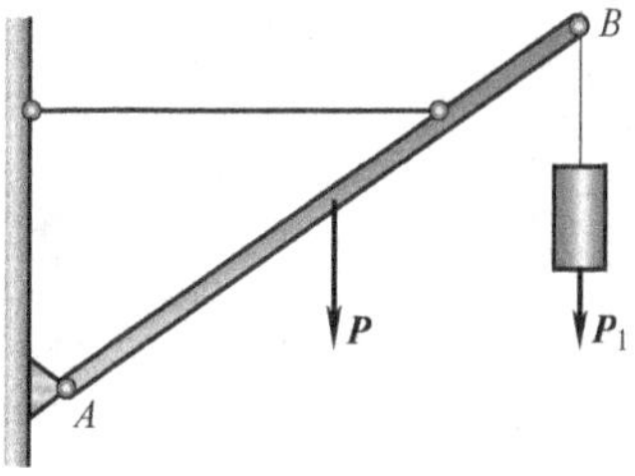

c) 起重杆 *AB*

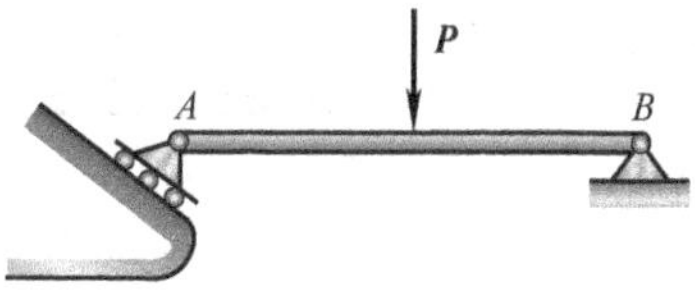

d) 杆 *AB*

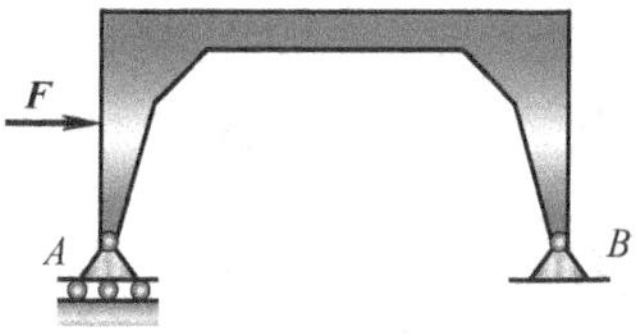

e) 刚架

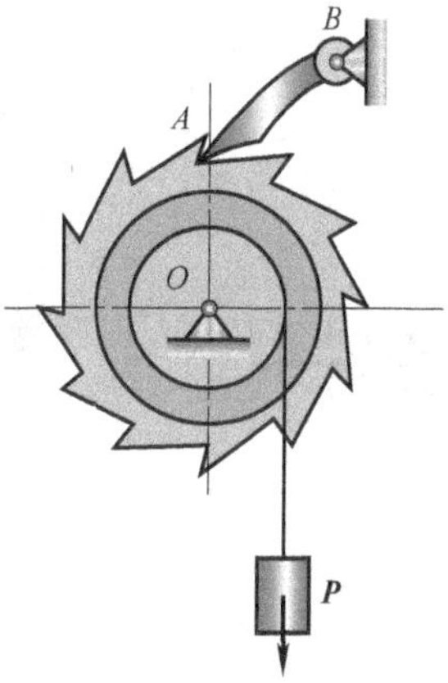

f) 棘轮 O

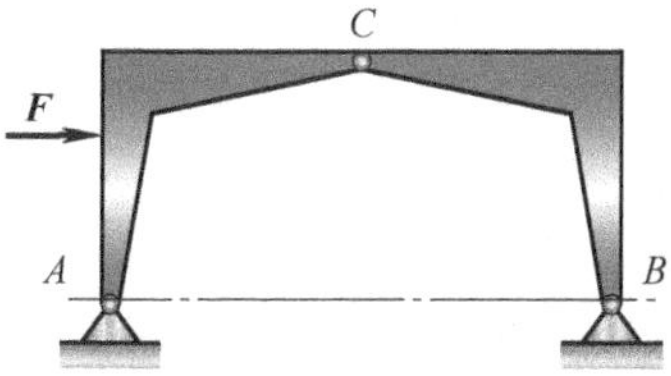

g) 构件 ***AC***

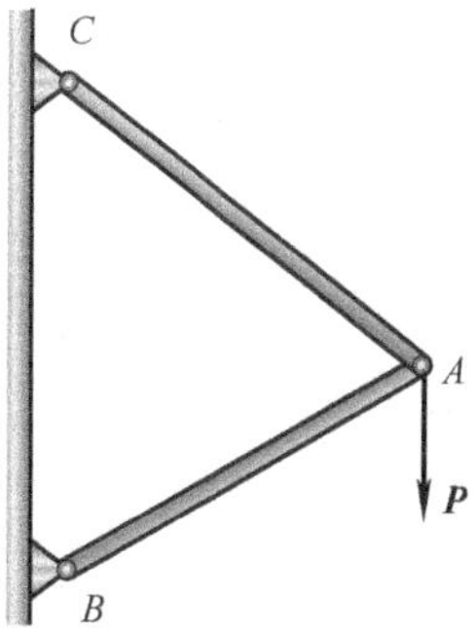

h) 销钉 ***A***

题 1-5 图

1-6　画出题 1-6 图物体系统中指定物体的受力图。

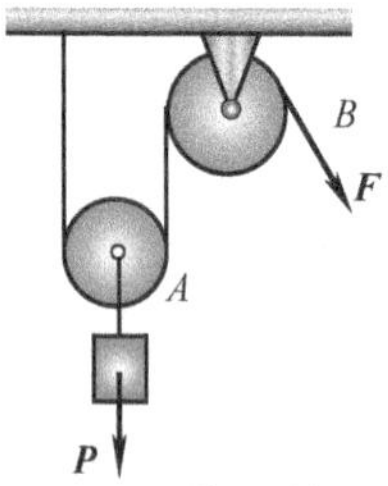

a) 轮A，轮B

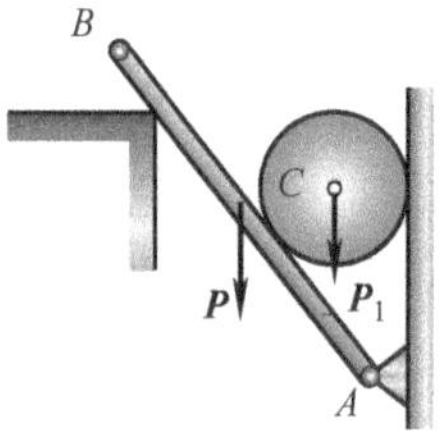

b) 杆AB，轮C

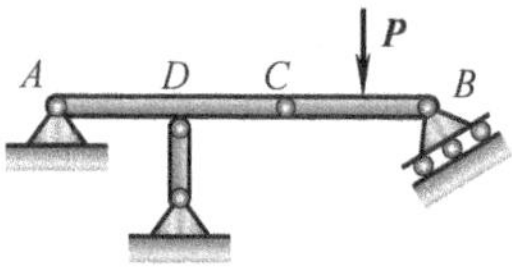

c) 梁AC，梁CB

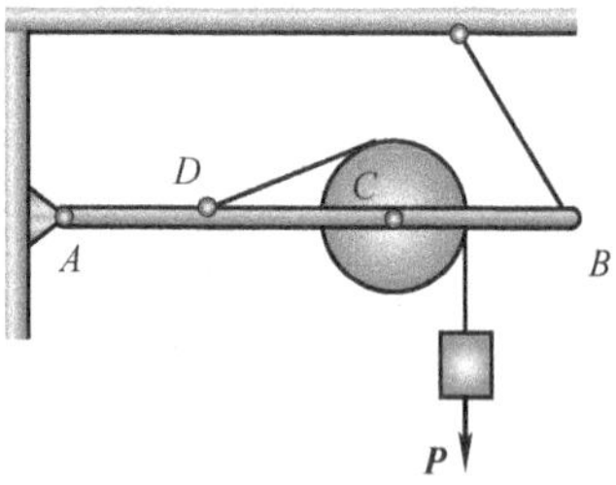

d) 轮C，杆AB

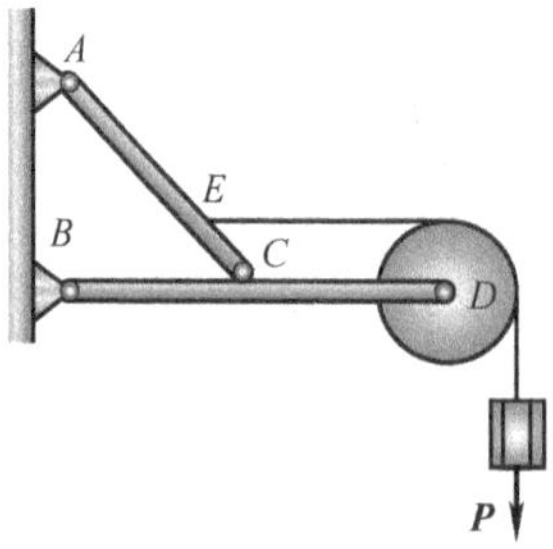

e) BD杆连同滑轮D，杆AC

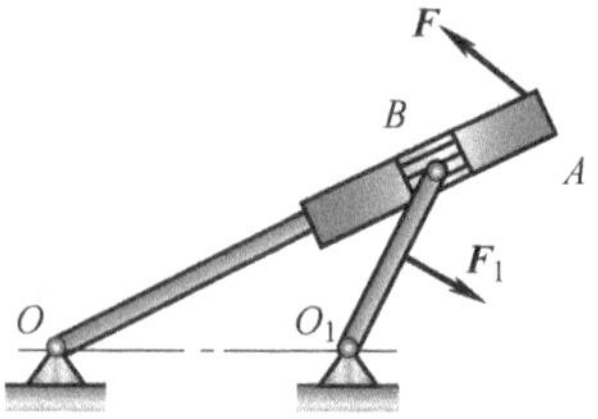

f) 杆O_1B连同滑块，摇杆OA

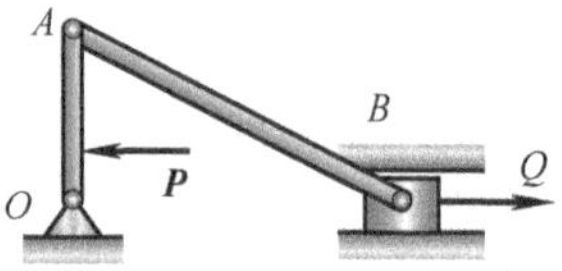

g) 曲杆OA，滑块B

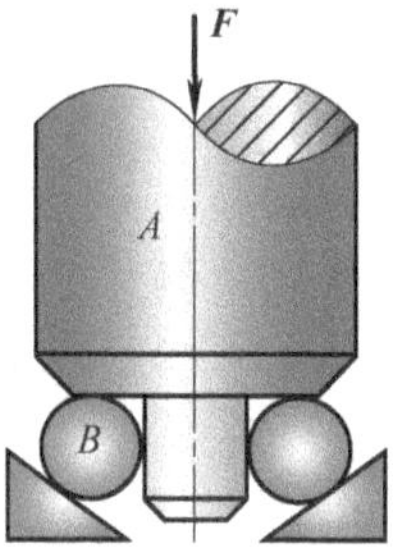

h) 构件A，B

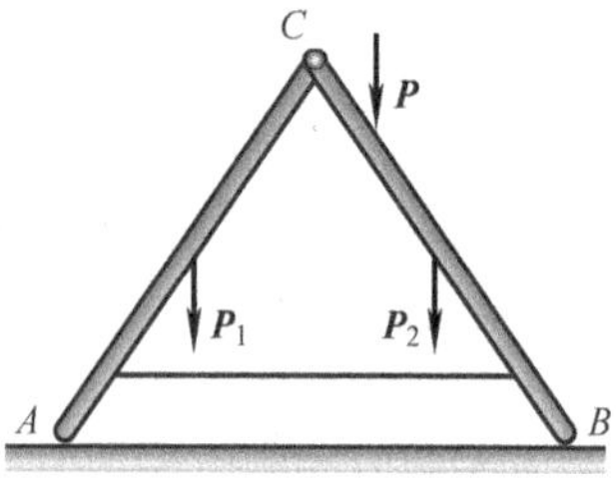

i) AC部分，BC部分，折梯整体

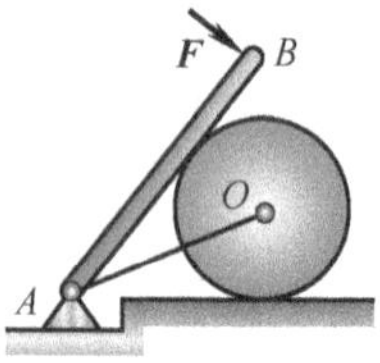

j) 杆AB(不带销钉)，轮子，
杆AB和销钉组合体

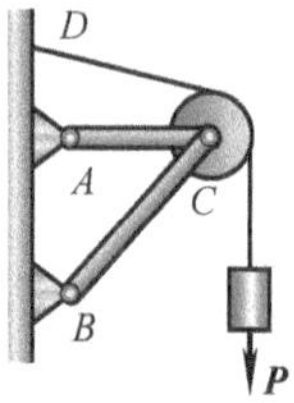

k) 杆AC，杆BC，轮子(均不带销钉)，
杆AC、轮子与销钉的组合体

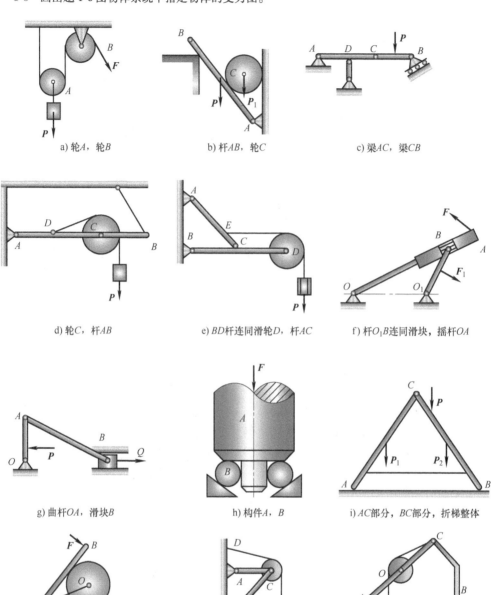

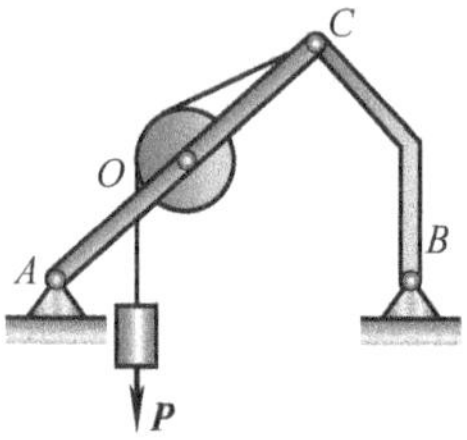

l) AC和滑轮重物组合(不含销钉C)，
杆BC，销钉C，整体

题 1-6 图

第2章 力系的简化

作用于物体上的力系是按照力的作用线在空间位置的分布而分类的。各力的作用线在同一平面内的力系称为平面力系，在空间分布的力系称为空间力系。若各力的作用线汇交于一点称为汇交力系，互相平行称为平行力系，否则称为任意力系。本章首先研究汇交力系与力偶系的简化，然后再推导任意力系的简化结果。

2.1 汇交力系

2.1.1 几何法——力多边形法

设作用于刚体上汇交于 O 点的力系为 $\boldsymbol{F}_1$、$\boldsymbol{F}_2$、$\boldsymbol{F}_3$、$\boldsymbol{F}_4$，如图 2-1a 所示。现在将此力系合成。首先，将各力沿其作用线滑移至交点 O（图 2-1b），据力的可传性原理，该共点力系与原力系等效。然后，连续应用力三角形法则，将这些力依次相加，便可求出合力的大小和方向。为此，从任意点出发，先将 $\boldsymbol{F}_1$ 与 $\boldsymbol{F}_2$ 合成，求得它们的合力矢 $\boldsymbol{F}_{R1}$，然后将 $\boldsymbol{F}_{R1}$ 与 $\boldsymbol{F}_3$ 合成得 $\boldsymbol{F}_{R2}$，最后再将 $\boldsymbol{F}_{R2}$ 与 $\boldsymbol{F}_4$ 合成，即得该力系的合力矢 $\boldsymbol{F}_R$（图 2-1c）。合力的作用线显然过汇交点 O，如图 2-1d 所示。

从图 2-1c 可以看出，作图时可不画 $\boldsymbol{F}_{R1}$ 与 $\boldsymbol{F}_{R2}$，只要将各力矢首尾相接，画一个开口的

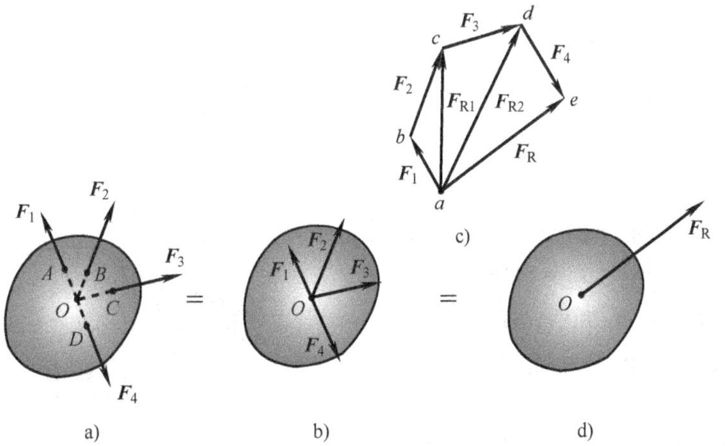

图 2-1

多边形 $abcde$，连接第一个力 $\boldsymbol{F}_1$ 的起点 a 和最后一个力 $\boldsymbol{F}_4$ 的终点 e 所得的矢量 $\boldsymbol{r}_{ae}$，即是合力 $\boldsymbol{F}_R$。由各分力矢与合力矢构成的多边形称为力多边形。表示合力矢的边 ae 称为力多边形的封闭边。这种用力多边形求合力 $\boldsymbol{F}_R$ 的作图规则称为力多边形法则，这种方法称为几何法。

推广到由任意多个力 $\boldsymbol{F}_1$，$\boldsymbol{F}_2$，…，$\boldsymbol{F}_n$ 组成的汇交力系，可得如下结论：在一般情况下，汇交力系合成的结果是一个合力，合力的作用线通过力系的汇交点，合力的大小和方向由力多边形的封闭边表示，即等于力系中各力的矢量和。用矢量式表示为

$$\boldsymbol{F}_R=\boldsymbol{F}_1+\boldsymbol{F}_2+\cdots+\boldsymbol{F}_n=\sum_{i=1}^{n}\boldsymbol{F}_i \tag{2-1}$$

或简写成

$$\boldsymbol{F}_R=\sum\boldsymbol{F}_i$$

从理论上讲，无论是平面汇交力系还是空间汇交力系，都可以用几何法求合力，但由于空间汇交力系的力多边形是一个空间多边形，采用几何法并不方便，因此在实际问题中，一般采用解析法。

2.1.2 解析法

汇交力系各力 $\boldsymbol{F}_i$ 和合力 $\boldsymbol{F}_R$ 在直角坐标系中的解析表达式为

$$\boldsymbol{F}_i=F_{ix}\boldsymbol{i}+F_{iy}\boldsymbol{j}+F_{iz}\boldsymbol{k}$$
$$\boldsymbol{F}_R=F_{Rx}\boldsymbol{i}+F_{Ry}\boldsymbol{j}+F_{Rz}\boldsymbol{k}$$

代入式（2-1），等号两端同一单位矢量的系数应相等，即

$$F_{Rx}=\sum F_{ix},\quad F_{Ry}=\sum F_{iy},\quad F_{Rz}=\sum F_{iz} \tag{2-2}$$

这表明：汇交力系的合力在某轴上的投影等于各力在同一轴上的投影的代数和，称为合力投影定理。上述定理还可推广到其他矢量合成上，可以统称为合矢量投影定理。应用这一定理，得到汇交力系合力的大小和方向余弦：

$$\left.\begin{aligned}&F_R=\sqrt{F_{Rx}^2+F_{Ry}^2+F_{Rz}^2}\\&\cos(\boldsymbol{F}_R,\boldsymbol{i})=\frac{F_{Rx}}{F_R},\quad\cos(\boldsymbol{F}_R,\boldsymbol{j})=\frac{F_{Ry}}{F_R},\quad\cos(\boldsymbol{F}_R,\boldsymbol{k})=\frac{F_{Rz}}{F_R}\end{aligned}\right\} \tag{2-3}$$

合力作用线过汇交点。

解析法是利用力在坐标轴上的投影求合力的方法，故也称投影法。

例 2-1　如图 2-2 所示，作用于吊环螺钉上的四个力 $\boldsymbol{F}_1$、$\boldsymbol{F}_2$、$\boldsymbol{F}_3$ 和 $\boldsymbol{F}_4$ 构成平面汇交力系。已知各力的大小和方向为 $F_1=360\text{N}$，$\alpha_1=60°$；$F_2=550\text{N}$，$\alpha_2=0°$；$F_3=380\text{N}$，$\alpha_3=30°$；$F_4=300\text{N}$，$\alpha_4=70°$。试用解析法求合力的大小和方向。

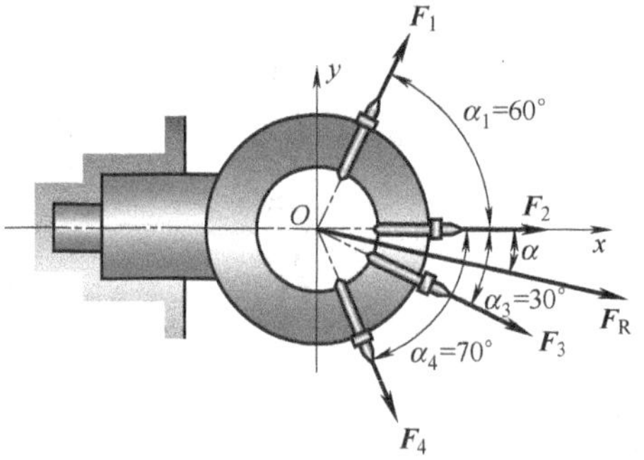

图　2-2

解：选取图示坐标系 Oxy。由式（2-2）和式（2-3）有

$$F_{Rx}=F_{1x}+F_{2x}+F_{3x}+F_{4x}$$
$$=F_1\cos\alpha_1+F_2\cos\alpha_2+F_3\cos\alpha_3+F_4\cos\alpha_4$$
$$=(360\cos60°+550\cos0°+380\cos30°+300\cos70°)\text{N}=1162\text{N}$$
$$F_{Ry}=F_{1y}+F_{2y}+F_{3y}+F_{4y}$$
$$=F_1\sin\alpha_1+F_2\sin\alpha_2-F_3\sin\alpha_3-F_4\sin\alpha_4=-160\text{N}$$

合力的大小和方向分别为

$$F_R=\sqrt{F_{Rx}^2+F_{Ry}^2}=\sqrt{(1162)^2+(-160)^2}\text{N}=1173\text{N}$$

由 $\tan\alpha=|F_{Ry}/F_{Rx}|=|-160/1162|=0.138$，得 $\alpha\approx8°$。

由于 F_{Rx} 为正，F_{Ry} 为负，故合力 $\boldsymbol{F}_R$ 在第四象限，指向如图 2-2 所示。

2.2 力偶系

设刚体上作用力偶矩矢 $\boldsymbol{M}_1$，$\boldsymbol{M}_2$，$\boldsymbol{M}_3$，…，$\boldsymbol{M}_n$，这种由若干个力偶组成的力系，称为力偶系。根据力偶的等效性，保持每个力偶矩矢大小、方向不变，可将各力偶矩矢移至同一点，则刚体所受的力偶系与前面介绍的汇交力系在矢量形式上无任何差别，都是共点矢量的合成问题。则根据汇交力系合成的结果可知，**力偶系合成的结果为一合力偶，其力偶矩 $\boldsymbol{M}$ 等于各力偶矩的矢量和**，即

$$\boldsymbol{M}=\sum\boldsymbol{M}_i \tag{2-4}$$

合力偶矩矢在各直角坐标轴上的投影为

$$M_x=\sum M_{ix},\quad M_y=\sum M_{iy},\quad M_z=\sum M_{iz} \tag{2-5}$$

合力偶矩矢的大小和方向余弦分别为

$$\left.\begin{aligned}&M=\sqrt{M_x^2+M_y^2+M_z^2}\\&\cos(\boldsymbol{M},\boldsymbol{i})=\frac{M_x}{M},\quad\cos(\boldsymbol{M},\boldsymbol{j})=\frac{M_y}{M},\quad\cos(\boldsymbol{M},\boldsymbol{k})=\frac{M_z}{M}\end{aligned}\right\} \tag{2-6}$$

对平面力偶系 M_1，M_2，…，M_n，合成结果为该力偶系所在平面的一个力偶，合力偶矩 M 为

$$M=\sum M_i \tag{2-7}$$

例 2-2　长方体上作用三个力偶，如图 2-3 所示。求此力偶系之合力偶。已知 $F_1=F_1'=3\text{kN}$，$F_2=F_2'=5\text{kN}$，$F_3=F_3'=2\text{kN}$。

解：各力偶的力偶矩为

$$\boldsymbol{M}_1=\boldsymbol{M}(\boldsymbol{F}_1,\boldsymbol{F}_1')=3\times4\boldsymbol{i}=12\boldsymbol{i}(\text{kN}\cdot\text{m})$$
$$\boldsymbol{M}_2=\boldsymbol{M}(\boldsymbol{F}_2,\boldsymbol{F}_2')=-5\times2\boldsymbol{j}=-10\boldsymbol{j}(\text{kN}\cdot\text{m})$$
$$\boldsymbol{M}_3=\boldsymbol{M}(\boldsymbol{F}_3,\boldsymbol{F}_3')=\boldsymbol{r}\times\boldsymbol{F}_3=(3\boldsymbol{i}+4\boldsymbol{j}-2\boldsymbol{k})\times(-2\boldsymbol{j})$$
$$=-4\boldsymbol{i}-6\boldsymbol{k}(\text{kN}\cdot\text{m})$$

合力偶之力偶矩为

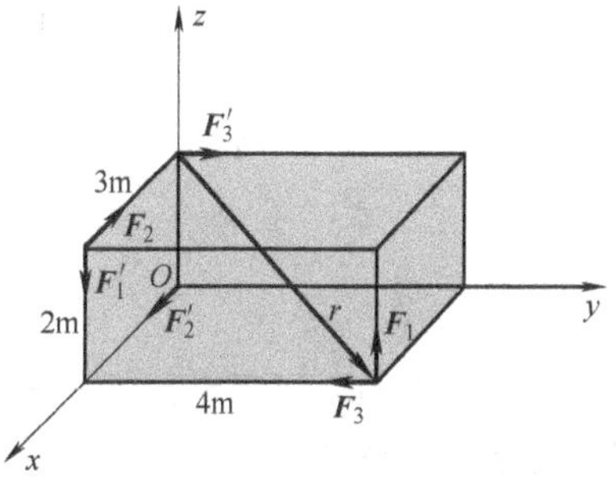

图　2-3

$$M=\sum M_i=8i-10j-6k(\text{kN}\cdot\text{m})$$

其大小和方向为

$$M=\sqrt{8^2+(-10)^2+(-6)^2}\text{kN}\cdot\text{m}=10\sqrt{2}\text{kN}\cdot\text{m}$$

$$\cos(M,i)=\frac{8}{10\sqrt{2}}=\frac{2\sqrt{2}}{5}$$

$$\cos(M,j)=\frac{-10}{10\sqrt{2}}=-\frac{\sqrt{2}}{2}$$

$$\cos(M,k)=\frac{-6}{10\sqrt{2}}=-\frac{3\sqrt{2}}{10}$$

2.3 任意力系

2.3.1 力的平移定理

与力偶不同，力是滑移矢量而不是自由矢量，其作用线若是平行移动，它对刚体的作用效应就会改变。力的平移定理讨论在等效的前提下，当力的作用线在刚体上平行移动时，所必须附加的条件。

如图 2-4a 所示，力 $\boldsymbol{F}$ 作用于刚体的点 A。在刚体上任取一点 O，$\boldsymbol{r}$ 为点 O 至 A 的矢径。又在点 O 加上一对平衡力 $\boldsymbol{F}'$ 与 $\boldsymbol{F}''$并令力矢 $\boldsymbol{F}'=-\boldsymbol{F}''=\boldsymbol{F}$，如图 2-4b 所示。此三力矢可看成是过 O 点的 $\boldsymbol{F}'$力与力偶（$\boldsymbol{F}$，$\boldsymbol{F}''$）所构成，其力偶矩矢为

$$\boldsymbol{M}=\boldsymbol{r}\times\boldsymbol{F}=\boldsymbol{M}_O(\boldsymbol{F})$$

它垂直于 O 点与原力 $\boldsymbol{F}$ 作用线所在的平面，如图 2-4c 所示。

上述过程均为等效替换，从而得出力的平移定理：作用于刚体上的力向其他点平移时，必须增加一个附加力偶，其力偶矩等于原力对平移点之矩。

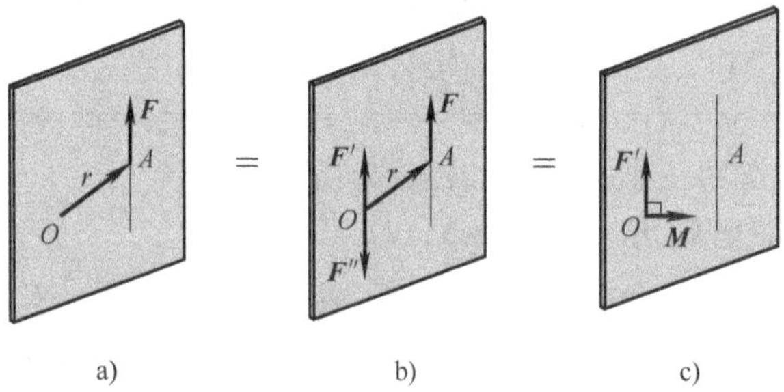

图 2-4

上述过程的逆过程也是成立的，即当一个力与一个力偶矩矢垂直时，该力和力偶也可以用一力来等效替换。

力的平移定理不仅是力系向一点简化的理论依据，而且也是分析力对物体作用效应的一个重要方法。例如，用丝锥攻丝时，必须双手握扳手，而且用力要相等。如只在扳手的一端

B 加力 $\boldsymbol{F}$（图 2-5a），由力的平移定理知，这与作用在点 C 的一个力 $\boldsymbol{F}'$ 和一个力偶 M 等效（图 2-5b）。这个力偶可以使丝锥转动，但力 $\boldsymbol{F}'$ 却使丝锥弯曲，影响加工精度甚至将丝锥折断。又如立柱受偏心压力 $\boldsymbol{F}$ 作用（图 2-6a），将其向轴线平移后可看出，力 $\boldsymbol{F}'$ 使立柱受压，附加力偶 M 则使立柱受到弯曲作用（图 2-6b）。

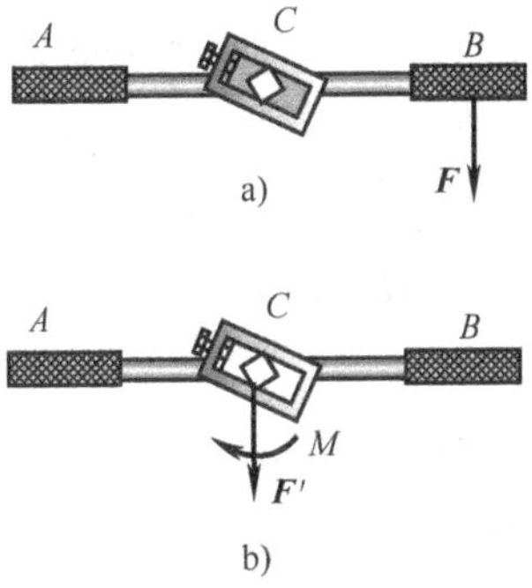

图　2-5

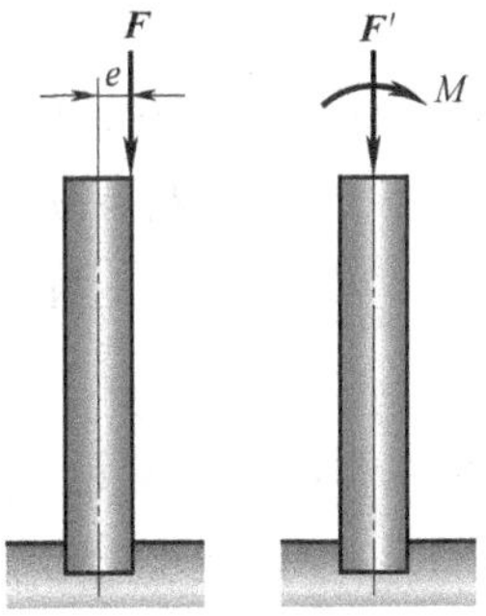

图　2-6

2.3.2　空间任意力系向一点的简化

首先介绍力系的主矢和主矩，它是决定空间力系对刚体作用效应的两个基本物理量。主矢与主矩：原力系各力的矢量和称为力系的主矢，以 $\boldsymbol{F}'_R$ 表示，有

$$\boldsymbol{F}'_R = \sum \boldsymbol{F}_i \tag{2-8}$$

应该注意，主矢不是一个力，是一个只有大小和方向的矢量。

原力系各力对空间任意点 O 力矩的矢量和称为该力系对点 O 的主矩，以 $\boldsymbol{M}_O$ 表示，有

$$\boldsymbol{M}_O = \sum \boldsymbol{M}_O(\boldsymbol{F}_i) \tag{2-9}$$

由定义可知，力系对不同点的主矩是不相同的，故凡提到力系的主矩时，必须用角标注明矩心的位置。

设在刚体上作用有空间任意力系 $\boldsymbol{F}_1$，$\boldsymbol{F}_2$，…，$\boldsymbol{F}_n$（图 2-7a）。在空间任选一点 O，称为简化中心。应用力的平移原理，将力系中各力平移至点 O，并附加相应的力偶，于是得到与原力系等效的两个基本力系：汇交于 O 点的汇交力系（$\boldsymbol{F}'_1$，$\boldsymbol{F}'_2$，…，$\boldsymbol{F}'_n$），以及一个由附加力偶组成的力偶系，其矩分别为 $\boldsymbol{M}_1$，$\boldsymbol{M}_2$，…，$\boldsymbol{M}_n$（图 2-7b）。所得汇交力系中的各力分别与原力系中各相应的力矢量相等，即

$$\boldsymbol{F}'_1 = \boldsymbol{F}_1, \boldsymbol{F}'_2 = \boldsymbol{F}_2, \cdots, \boldsymbol{F}'_n = \boldsymbol{F}_n$$

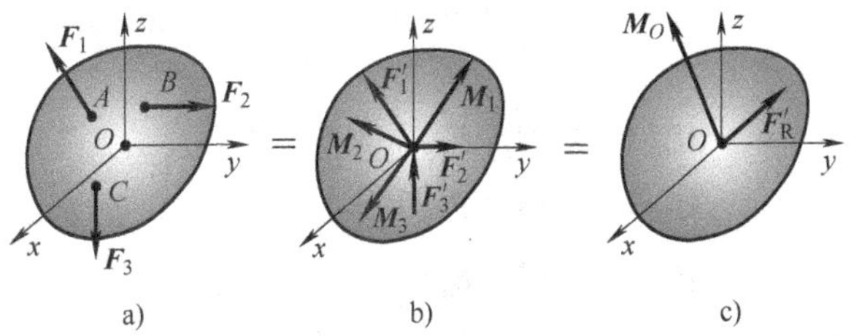

图　2-7

它们可以进一步合成为作用于简化中心 O 的合力 $\boldsymbol{F}'_{\mathrm{R}}$(图 2-7c)，其大小和方向等于作用于点 O 各力的矢量和，因而也等于原力系各力的矢量和，即

$$\boldsymbol{F}'_{\mathrm{R}}=\boldsymbol{F}'_1+\boldsymbol{F}'_2+\cdots+\boldsymbol{F}'_n=\boldsymbol{F}_1+\boldsymbol{F}_2+\cdots+\boldsymbol{F}_n=\sum \boldsymbol{F}_i \tag{2-10}$$

所得力偶系中各附加力偶的力偶矩矢，分别等于原力系中各力对简化中心 O 之矩，即

$$\boldsymbol{M}_1=\boldsymbol{M}_O(\boldsymbol{F}_1),\quad \boldsymbol{M}_2=\boldsymbol{M}_O(\boldsymbol{F}_2),\cdots,\boldsymbol{M}_n=\boldsymbol{M}_O(\boldsymbol{F}_n)$$

它们可以进一步合成为一个合力偶，该合力偶的矩矢 $\boldsymbol{M}_O$ 等于各附加力偶矩矢的矢量和，因而也等于原力系中各力对简化中心 O 力矩的矢量和，即

$$\begin{aligned}\boldsymbol{M}_O&=\boldsymbol{M}_1+\boldsymbol{M}_2+\cdots+\boldsymbol{M}_n\\&=\boldsymbol{M}_O(\boldsymbol{F}_1)+\boldsymbol{M}_O(\boldsymbol{F}_2)+\cdots+\boldsymbol{M}_O(\boldsymbol{F}_n)\\&=\sum \boldsymbol{M}_O(\boldsymbol{F}_i)\end{aligned} \tag{2-11}$$

综上所述，可以得出如下结论：在一般情况下，空间任意力系向任一点 O 简化，可得到一个力和一个力偶，该力的大小和方向等于力系的主矢，作用在简化中心 O；该力偶的力偶矩矢等于力系对简化中心的主矩。

从以上讨论不难看出，空间力系的主矢与简化中心的位置无关，而主矩则随所取的简化中心位置的变化而变化。

如果通过简化中心作直角坐标系 $Oxyz$，则力系的主矢和主矩可用解析式表示。如用 $F'_{\mathrm{R}x}$、$F'_{\mathrm{R}y}$、$F'_{\mathrm{R}z}$ 和 F_x、F_y、F_z 分别表示主矢 $\boldsymbol{F}'_{\mathrm{R}}$ 和原力系中任一力 $\boldsymbol{F}$ 在坐标轴上的投影，则

$$\left.\begin{aligned}F'_{\mathrm{R}x}&=\sum F_{ix}\\F'_{\mathrm{R}y}&=\sum F_{iy}\\F'_{\mathrm{R}z}&=\sum F_{iz}\end{aligned}\right\} \tag{2-12}$$

即力系的主矢在坐标轴上的投影等于力系中各力在同一轴上投影的代数和。由此可得主矢的大小和方向为

$$\left.\begin{aligned}&F'_{\mathrm{R}}=\sqrt{(\sum F_{ix})^2+(\sum F_{iy})^2+(\sum F_{iz})^2}\\&\cos(\boldsymbol{F}'_{\mathrm{R}},\boldsymbol{i})=\frac{\sum F_{ix}}{F'_{\mathrm{R}}}\\&\cos(\boldsymbol{F}'_{\mathrm{R}},\boldsymbol{j})=\frac{\sum F_{iy}}{F'_{\mathrm{R}}}\\&\cos(\boldsymbol{F}'_{\mathrm{R}},\boldsymbol{k})=\frac{\sum F_{iz}}{F'_{\mathrm{R}}}\end{aligned}\right\} \tag{2-13}$$

同样，如用 $\boldsymbol{M}_{Ox}$、$\boldsymbol{M}_{Oy}$、$\boldsymbol{M}_{Oz}$ 分别表示主矩在 x、y、z 轴上的投影。根据力对点之矩与力对轴之矩间的关系，得

$$\left.\begin{aligned}M_{Ox}&=[\sum \boldsymbol{M}_O(\boldsymbol{F}_i)]_x=\sum M_x(\boldsymbol{F}_i)\\M_{Oy}&=[\sum \boldsymbol{M}_O(\boldsymbol{F}_i)]_y=\sum M_y(\boldsymbol{F}_i)\\M_{Oz}&=[\sum \boldsymbol{M}_O(\boldsymbol{F}_i)]_z=\sum M_z(\boldsymbol{F}_i)\end{aligned}\right\} \tag{2-14}$$

即力系对 O 点的主矩在坐标轴上的投影等于力系中各力对同一轴的矩的代数和。由此可得力系对 O 点主矩的大小和方向为

$$\left.\begin{aligned}&|M_O|=\sqrt{[\sum M_x(F_i)]^2+[\sum M_y(F_i)]^2+[\sum M_z(F_i)]^2}\\&\cos(M_O,i)=\frac{\sum M_x(F_i)}{M_O}\\&\cos(M_O,j)=\frac{\sum M_y(F_i)}{M_O}\\&\cos(M_O,k)=\frac{\sum M_z(F_i)}{M_O}\end{aligned}\right\}\tag{2-15}$$

应用任意力系向一点简化的理论，可以说明固定端约束力的表示方法。某物体受到约束的固结作用，在空间各个方向上的平移都受到限制的同时，也限制其转动，这类约束称为固定端约束。如深埋在地里的电线杆，紧固在刀架上的车刀，都受到固定端约束，既不能平移，也不能转动，如图 2-8a、b 所示，其简图如图 2-8c 所示。它的约束力是一个任意分布的约束力系，如图 2-8d 所示。为了考察这一约束力系的作用，将其向物体与固定端相连的 A 点简化，得到力 $\boldsymbol{F}_A$ 与力偶 $\boldsymbol{M}_A$，如图 2-8e 所示，其大小、方向均未知。通常，用正交分解的方法，得到作用于 A 点的三个大小未知的约束力 $\boldsymbol{F}_{Ax}$、$\boldsymbol{F}_{Ay}$、$\boldsymbol{F}_{Az}$ 与三个大小未知的约束力偶 $\boldsymbol{M}_{Ax}$、$\boldsymbol{M}_{Ay}$、$\boldsymbol{M}_{Az}$。图 2-8f 是空间固定端约束简图及其约束力的画法。

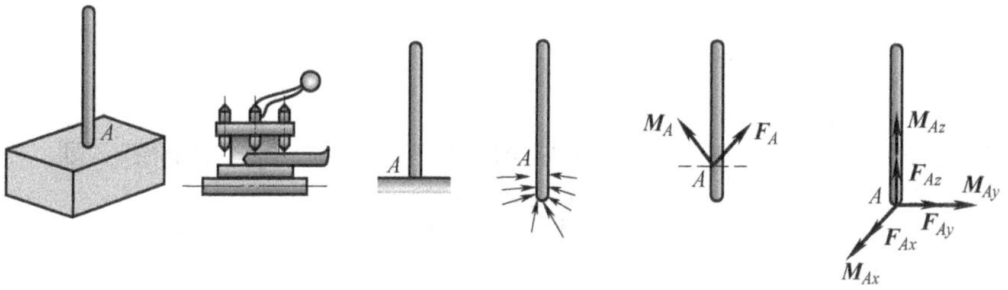

a)　b)　c)　d)　e)　f)

图 2-8

对于平面问题，固定端约束限制物体在此平面内的平移，以及绕垂直此平面的任意轴的转动，因此，它只有两个大小未知的约束力、一个大小未知的约束力偶，如图 2-9 所示，约束力偶为代数量。

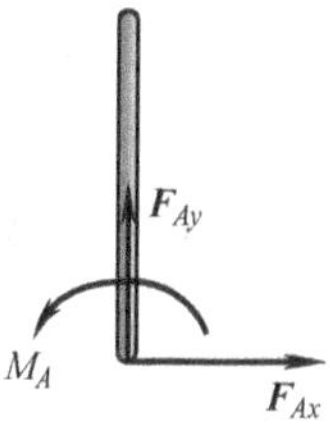

图 2-9

2.3.3 力系的简化结果

空间任意力系向一点简化可能出现下列四种情况，即（1）$\boldsymbol{F}'_R=0$，$\boldsymbol{M}_O\neq0$；（2）$\boldsymbol{F}'_R\neq0$，$\boldsymbol{M}_O=0$；（3）$\boldsymbol{F}'_R\neq0$，$\boldsymbol{M}_O\neq0$；（4）$\boldsymbol{F}'_R=0$，$\boldsymbol{M}_O=0$。现分别加以讨论。

（1）空间任意力系简化为一合力偶的情形

当空间任意力系向任一点简化时，若主矢 $\boldsymbol{F}'_R=0$，而主矩 $\boldsymbol{M}_O\neq0$，这时得一力偶。显然，该力偶与原力系等效，即原力系合成为一合力偶，这合力偶矩矢等于原力系对简化中心的主矩。由于力偶矩矢量与矩心位置无关，因此，在这种情况下，主矩与简化中心位置无关。

（2）空间任意力系简化为一合力的情形·合力矩定理

当空间任意力系向任一点简化时，若主矢 $\boldsymbol{F}'_{\mathrm{R}} \neq 0$，而主矩 $\boldsymbol{M}_O = 0$，这时得一力。显然，该力与原力系等效，即原力系合成为一合力，合力的作用线通过简化中心 O，其大小和方向等于原力系的主矢。

若空间任意力系向一点简化的结果为主矢 $\boldsymbol{F}'_{\mathrm{R}} \neq 0$，又主矩 $\boldsymbol{M}_O \neq 0$，且 $\boldsymbol{F}'_{\mathrm{R}} \perp \boldsymbol{M}_O$（图 2-10a）。这时，力 $\boldsymbol{F}'_{\mathrm{R}}$和力偶矩矢为 $\boldsymbol{M}_O$ 的力偶（$\boldsymbol{F}''_{\mathrm{R}}$，$\boldsymbol{F}_{\mathrm{R}}$）在同一平面内（图 2-10b），如平面力系简化结果那样，可将力 $\boldsymbol{F}'_{\mathrm{R}}$与力偶（$\boldsymbol{F}''_{\mathrm{R}}$，$\boldsymbol{F}_{\mathrm{R}}$）进一步合成，得作用于点 O'的一个力 $\boldsymbol{F}_{\mathrm{R}}$（图 2-10c）。此力即为原力系的合力，其大小和方向等于原力系的主矢，即

$$\boldsymbol{F}_{\mathrm{R}} = \sum \boldsymbol{F}_i$$

其作用线离简化中心 O 的距离为

$$d = \frac{|M_O|}{F_{\mathrm{R}}}$$

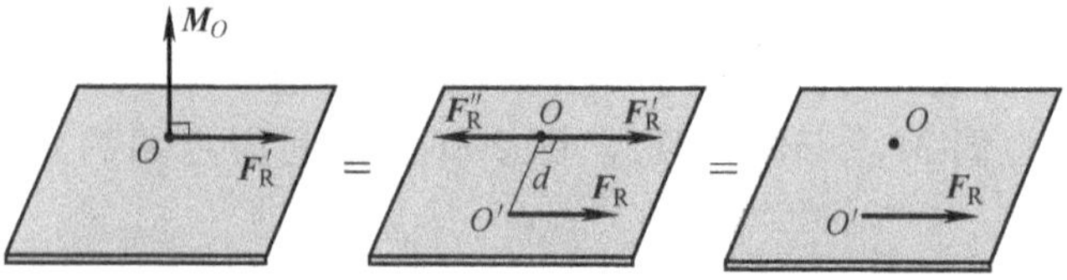

图 2-10

由图 2-10b 可知，力偶（$\boldsymbol{F}''_{\mathrm{R}}$，$\boldsymbol{F}_{\mathrm{R}}$）的矩 $\boldsymbol{M}_O$ 等于合力 $\boldsymbol{F}_{\mathrm{R}}$ 对点 O 的矩，即

$$\boldsymbol{M}_O = \boldsymbol{M}_O(\boldsymbol{F}_{\mathrm{R}})$$

又根据式（2-9）有

$$\boldsymbol{M}_O = \sum \boldsymbol{M}_O(\boldsymbol{F}_i)$$

故得关系式

$$\boldsymbol{M}_O(\boldsymbol{F}_{\mathrm{R}}) = \sum \boldsymbol{M}_O(\boldsymbol{F}_i) \tag{2-16}$$

即空间任意力系的合力对于任一点的矩等于各分力对同一点的矩的矢量和。这就是空间任意力的合力矩定理。

根据力对点的矩与力对轴的矩的关系，把式（2-16）投影到通过点 O 的任一轴上，可得

$$M_z(\boldsymbol{F}_{\mathrm{R}}) = \sum M_z(\boldsymbol{F}_i) \tag{2-17}$$

即空间任意力系的合力对于任一轴的矩等于各分力对同一轴的矩的代数和。

（3）空间任意力系简化为力螺旋的情形

如果空间任意力系向一点简化后，主矢和主矩都不等于零，而 $\boldsymbol{F}'_{\mathrm{R}}$平行 $\boldsymbol{M}_O$，这种结果称为力螺旋，如图 2-11 所示。所谓力螺旋就是由一力和一力偶组成的力系，其中的力垂直于力偶的作用面。例如，钻孔时的钻头对工件的作用以及拧木螺钉时旋具对螺钉的作用都是力螺旋。

力螺旋是由静力学的两个基本要素——力和力偶组成的最简单的力系，不能再进一步合

成。力偶的转向和力的指向符合右手螺旋法则的称为右螺旋（图2-11a），否则称为左螺旋（图2-11b）。力螺旋的力作用线称为该力螺旋的**中心轴**。在上述情形下，中心轴通过简化中心。

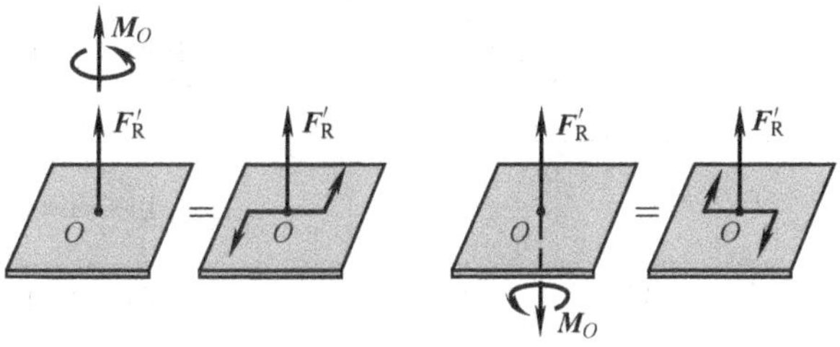

图 2-11

如果 $F_R' \neq 0$，$M_O \neq 0$，同时两者既不平行，又不垂直，如图2-12a所示。此时可将 M_O 分解为两个分力偶 M_O'' 和 M_O'，它们分别垂直于 F_R' 和平行于 F_R'，如图2-12b所示，则 M_O'' 和 F_R' 可用作用于点 O' 的力 F_R 来代替。由于力偶矩矢是自由矢量，故可将 M_O' 平行移动，使之与 F_R 共线。这样便得一力螺旋，其中心轴不在简化中心 O，而是通过另一点 O'，如图2-12c所示。O、O' 两点间的距离为

$$d=\frac{|M_O''|}{F_R'}=\frac{M_O\sin\alpha}{F_R'}$$

可见，**一般情形下空间任意力系可合成为力螺旋**。

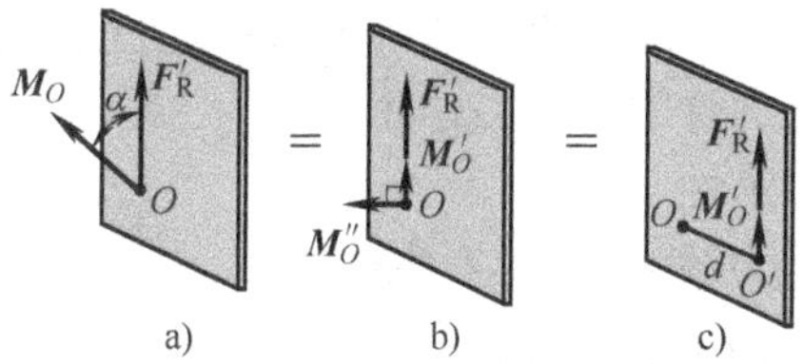

图 2-12

（4）空间任意力系简化为平衡的情形

当空间任意力系向任一点简化时，若主矢 $F_R'=0$，主矩 $M_O=0$，这是空间任意力系平衡的情形。

2.3.4 平面任意力系的简化

平面任意力系的简化是空间力系简化的一种特殊情形，而且 $F_R' \perp M_O$。在平面力系中，力偶的方向垂直于该力系所在的平面，只有逆时针、顺时针两种转向，因此可视为代数量。主矢、主矩可表示为

$$\left.\begin{aligned}F_R'&=\sum F_i\\ M_O&=\sum M_O(F_i)\end{aligned}\right\} \tag{2-18}$$

所以，力系的最终简化结果只有平衡、合力偶和合力三种情形（表2-1）。

表 2-1　力系简化结果

<table>
<tr><th colspan="3">力系向任一点 O 简化的结果</th><th rowspan="2">力系简化的最后结果</th><th rowspan="2">说　明</th></tr>
<tr><th>主矢</th><th colspan="2">主矩</th></tr>
<tr><td rowspan="2">$F'_R=0$</td><td colspan="2">$\boldsymbol{M}_O=0$</td><td>平衡</td><td>平衡力系</td></tr>
<tr><td colspan="2">$\boldsymbol{M}_O\neq0$</td><td>合力偶</td><td>此时主矩与简化中心位置无关</td></tr>
<tr><td rowspan="4">$F'_R\neq0$</td><td colspan="2">$\boldsymbol{M}_O=0$</td><td>合力</td><td>合力作用线通过简化中心</td></tr>
<tr><td rowspan="3">$\boldsymbol{M}_O\neq0$</td><td>$\boldsymbol{F}'_R\perp\boldsymbol{M}_O$</td><td>合力</td><td>合力作用线离简化中心距离 $d=\dfrac{|M_O|}{F'_R}$</td></tr>
<tr><td>$\boldsymbol{F}'_R/\!/\boldsymbol{M}_O$</td><td>力螺旋</td><td>力螺旋的中心轴通过简化中心</td></tr>
<tr><td>$\boldsymbol{F}'_R$与$\boldsymbol{M}_O$ 夹角 α</td><td>力螺旋</td><td>力螺旋的中心轴离简化中心距离 $d=\dfrac{M_O\sin\alpha}{F'_R}$</td></tr>
</table>

例 2-3　为校核重力坝的稳定性，需要确定在坝体截面上所受主动力的合力作用线，并限制它与坝底水平线的交点 K 距离坝底左端点 O 不超过坝底横向尺寸$\dfrac{2}{3}$，即 $OK\leqslant\dfrac{2}{3}b$，如图 2-13 所示。重力坝取 1m 长度，坝底尺寸 $b=18$m，坝高 $H=36$m，坝体斜面倾角 $\alpha=70°$。已知坝身自重 $W=9.0\times10_3$kN，左侧水压力 $P=4.5\times10_3$kN，右侧水压力 $Q=180$kN，力 Q 作用线过 E 点。各力作用位置的尺寸 $a=6.4$m，$h=10$m，$c=12$m。试求坝体所受主动力的合力、合力作用线至 O 点的距离 d 并判断坝体的稳定性。

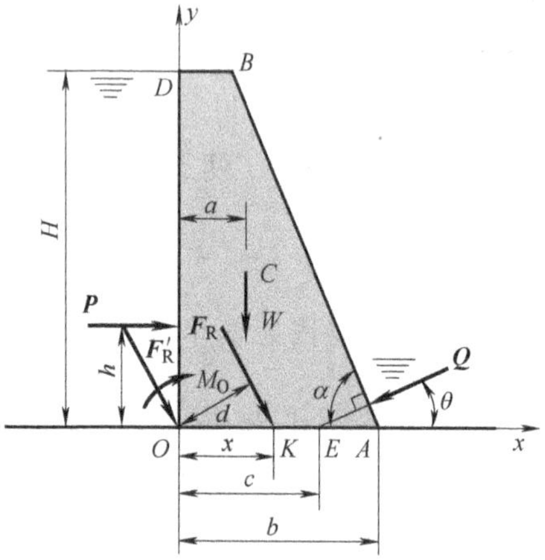

图　2-13

解：选 O 为简化中心，建立图示坐标系 Oxy。图中 $\theta=90°-\alpha=20°$。力系的主矢 $\boldsymbol{F}'_R$与主矩 $\boldsymbol{M}_O$ 分别为

$$F'_{Rx}=\sum F_{ix}=P-Q\cos\theta=4.331\times10^3\text{kN}$$

$$F'_{Ry}=\sum F_{iy}=-W-Q\sin\theta=-9.062\times10^3\text{kN}$$

$$F'_R=\sqrt{F'^2_{Rx}+F'^2_{Ry}}=1.004\times10^4\text{kN}$$

$$\varphi=\arctan\frac{F'_{Ry}}{F'_{Rx}}=-64°27'$$

$$M_O=\sum M_O(\boldsymbol{F}_i)=-Ph-Wa-Qc\sin\theta=-1.033\times10^5\text{kN}\cdot\text{m}$$

所以，力系的合力 $\boldsymbol{F}_R=\boldsymbol{F}'_R$。合力作用线至 O 点的距离 d 为

$$d=\frac{|M_O|}{F'_R}=10.289\text{m}$$

由此可得，合力作用线与坝底交点 K 至坝底左端点 O 的距离 $OK=11.40\text{m}<2b/3=12\text{m}$。该重力坝的稳定性满足设计要求。

2.4 平行力系与重心

2.4.1 平行力系的简化·平行力系的中心

平行力系是任意力系的一种特殊情况，其简化结果可以从任意力系的简化结果直接得到。由于平行力系的主矢 $\boldsymbol{F}'_R$ 与主矩 $\boldsymbol{M}_O$ 互相垂直，所以，平行力系简化的最后结果只有平衡、合力偶和合力三种情况。在研究平行力系对物体的作用时，不但应知道力系合力的大小，而且还应求出合力的确定的作用点，平行力系合力的作用点称为平行力系的中心。

在图 2-14 所示的平行力系中，任一力 $\boldsymbol{F}_i$ 作用点的矢径为 $\boldsymbol{r}_i$，合力 $\boldsymbol{F}_R$ 作用点 C 之矢径为 $\boldsymbol{r}_C$。根据合力矩定理得

$$\boldsymbol{r}_C \times \boldsymbol{F}_R = \sum (\boldsymbol{r}_i \times \boldsymbol{F}_i)$$

取力作用线的某一方向为正向，单位矢量 $\boldsymbol{e}$，则 $\boldsymbol{F}_R = F_R\boldsymbol{e}$，$\boldsymbol{F}_i = F_i\boldsymbol{e}$，于是有

$$(F_R\boldsymbol{r}_C - \sum F_i\boldsymbol{r}_i) \times \boldsymbol{e} = 0$$

考虑到单位矢量 $\boldsymbol{e}$ 不为零，可得

$$F_R\boldsymbol{r}_C - \sum F_i\boldsymbol{r}_i = 0$$

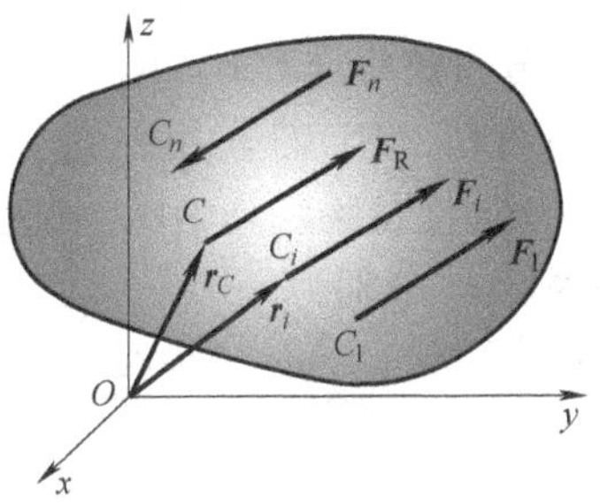

图 2-14

于是有

$$\boldsymbol{r}_C = \frac{\sum F_i\boldsymbol{r}_i}{F_R} = \frac{\sum F_i\boldsymbol{r}_i}{\sum F_i} \tag{2-19}$$

投影式为

$$x_C = \frac{\sum F_i x_i}{\sum F_i}, \quad y_C = \frac{\sum F_i y_i}{\sum F_i}, \quad z_C = \frac{\sum F_i z_i}{\sum F_i} \tag{2-20}$$

式（2-19）、式（2-20）分别为合力作用点的矢径方程和坐标方程。

例 2-4　分布载荷作用在图 2-15a 所示梁的轴线上，分布载荷的大小用载荷集度表示，其单位为 N/m。载荷按载荷函数 $q(x) = 60x^2$(N/m) 分布。求作用在梁上分布载荷合力的大小和作用位置。

解：此处载荷集度沿梁长度方向按抛物线变化，是一个非均匀分布的平面平行力系。取坐标系 Axy 如图 2-15a 所示。

在距点 A 为 x 处取一微段 dx，在此微段上载荷为

$$dF = q(x)dx = 60x^2dx$$

以 A 为简化中心，设力系的主矢为 $\boldsymbol{F}'_R$，则有

$$F'_{Rx} = 0$$

$$F'_{Ry} = -\int_0^2 60x^2dx = -60\left[\frac{x^3}{3}\right]_0^2 = -160\text{N}$$

力系的主矩为

$$M_A = \sum M_A(\boldsymbol{F}_i) = -\int_0^2 x60x^2dx = -60\left[\frac{x^4}{4}\right]_0^2 = -240\text{N}\cdot\text{m}$$

故分布载荷合力 $\boldsymbol{F}_R$ 的方向与分布力的方向相同，其大小为

$$F_R=|F'_{Ry}|=160\text{N}$$

合力作用点至 A 点的距离 x_C 可由式（2-20）求得（图 2-15b）

$$x_C=\frac{\sum F_i x_i}{\sum F_i}=\frac{M_A}{F'_R}$$

可得

$$x_C=\frac{240}{160}\text{m}=1.5\text{m}$$

分布载荷合力 $\boldsymbol{F}_R$ 的大小恰好等于抛物线图下的面积，$\boldsymbol{F}_R$ 的作用线过其形心。因为若设图 2-15a 之抛物线高为 a，长为 b，其面积 S 与形心坐标 x_C 分别为

$$S=\frac{ab}{3}=\frac{240\times 2}{3}\text{m}^2=160\text{m}^2$$

$$x_C=\frac{3b}{4}=\frac{3}{4}\times 2\text{m}=1.5\text{m}$$

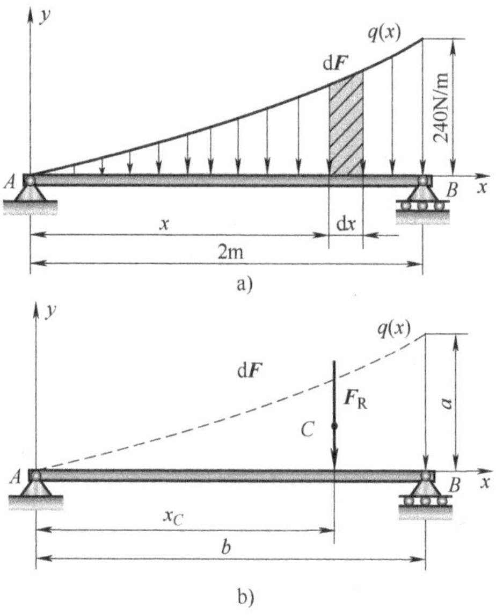

图 2-15

当载荷分布为矩形、三角形或其他图形时，这些载荷也可以简化为一个合力，合力的大小等于载荷分布下的面积，合力作用线过其形心。读者可自己证明之。

2.4.2 物体的重心

如图 2-16 所示，取固连于物体的直角坐标系 $Oxyz$，将物体分成许多微小部分，每一微小部分的体积为 ΔV_i，所受的重力为 $\boldsymbol{P}_i$，其作用点为 $M_i(x_i,\ y_i,\ z_i)$。如前所述，此平行力系的合力 $\boldsymbol{P}$ 就是整个物体所受的重力，其大小为

$$P=\sum P_i \tag{2-21}$$

称为物体的重量，此平行力系的中心 C 称为物体的重心。

必须指出：物体的重心在物体内占有确定的位置，与该物体在空间的位置无关。根据平行力系中心公式（2-19），可得重心的矢径为

$$\boldsymbol{r}_C=\frac{\sum P_i \boldsymbol{r}_i}{\sum P_i} \tag{2-22}$$

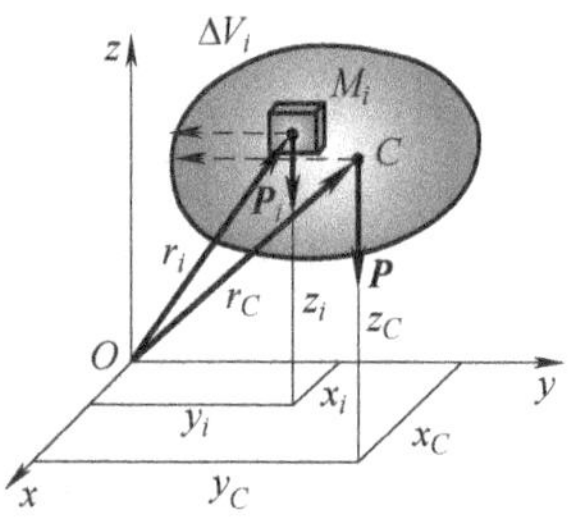

图 2-16

由式（2-20）可得物体的重心坐标公式为

$$x_C=\frac{\sum P_i x_i}{\sum P_i},\quad y_C=\frac{\sum P_i y_i}{\sum P_i},\quad z_C=\frac{\sum P_i z_i}{\sum P_i} \tag{2-23}$$

均质物体的重心就是几何中心，通常也称为形心。

凡具有对称面、对称轴或对称中心的简单形式的均质物体，其重心一定在它的对称面、对称轴或对称中心上。表 2-2 列出了几种常用的简单形体的重心。

表 2-2　简单形体重心表

图　　形		重心位置
三角形	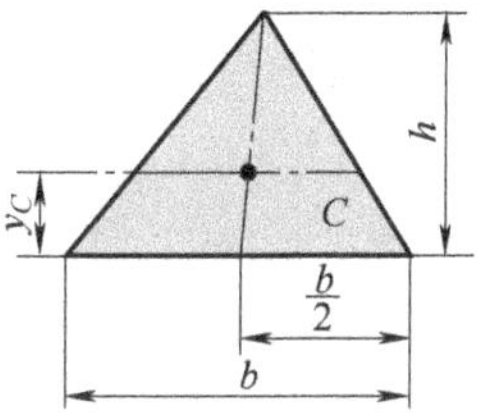	在中线的交点 $y_C=\frac{1}{3}h$
梯形	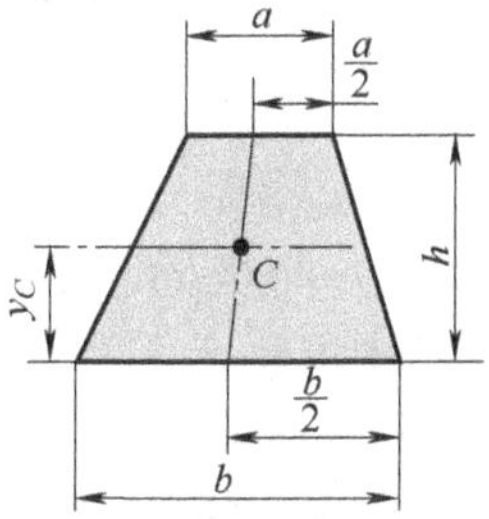	$y_C=\frac{h(2a+b)}{3(a+b)}$
扇形	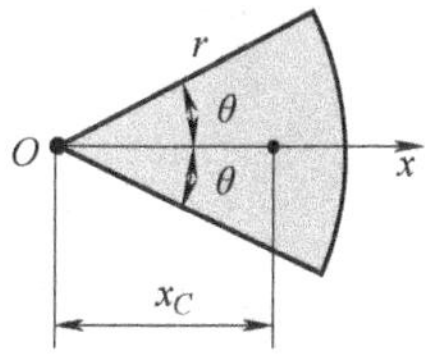	$x_C=\frac{2}{3}\frac{r\sin\theta}{\theta}$ 对于半圆弧 $\theta=\frac{\pi}{2}$，则 $x_C=\frac{4r}{3\pi}$
抛物线面	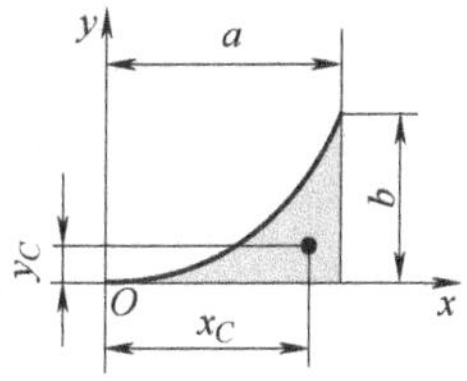	$x_C=\frac{3}{4}a$ $y_C=\frac{3}{10}b$
半圆球	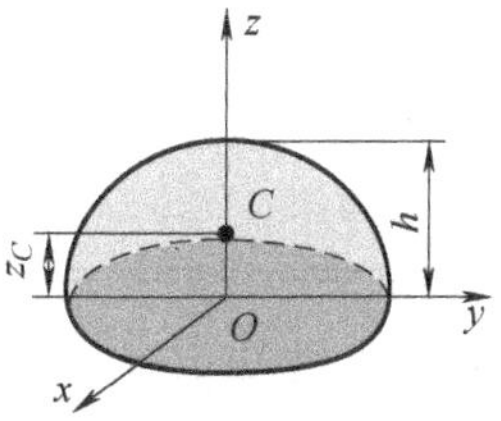	$z_C=\frac{3}{8}r$
正圆锥体	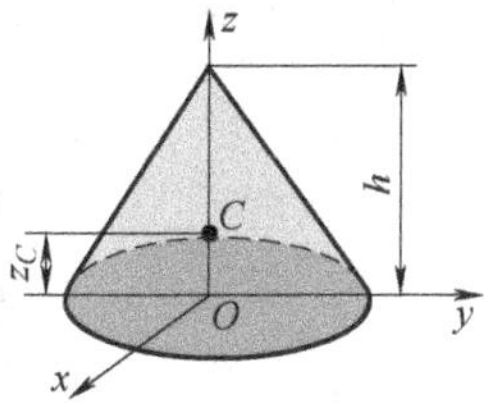	$z_C=\frac{1}{4}h$

（续）

图　形	重心位置
正角锥体 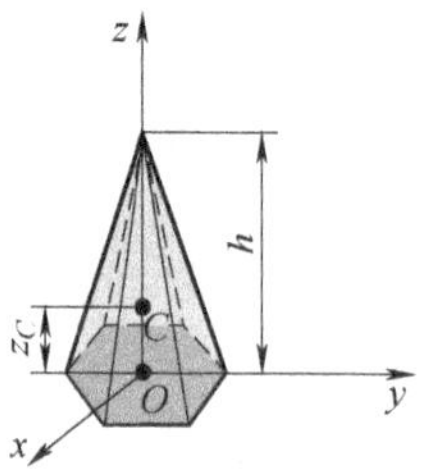	$z_C=\frac{1}{4}h$

求重心位置的方法很多，下面介绍常用的几种方法。

（1）求积分法

对均质物体，当分割成微小部分的体积（或面积、弧长）与坐标的函数关系式易于写出时，可将基本公式（2-23）化为一重积分或多重积分的形式求解。

例 2-5　试求如图 2-17 所示半径为 R、圆心角为 2α 的均质圆弧线的重心。

解：取中心角的平分线为 y 轴。由于对称关系，把圆弧分成无数无穷小的线素（可看成直线段），其重心在线素的中心。

于是有

$$y_C=\frac{\int_L y\mathrm{d}l}{L}=\frac{\int_{-\alpha}^{\alpha}R\cos\theta R\mathrm{d}\theta}{R\cdot 2\alpha}$$

$$=\frac{R^2\int_{-\alpha}^{\alpha}\cos\theta\mathrm{d}\theta}{2R\alpha}=\frac{2R^2\sin\alpha}{2R\alpha}=\frac{R\sin\alpha}{\alpha}$$

当 $\alpha=\frac{\pi}{2}$ 即半圆弧时，重心坐标 $y_C=\frac{2R}{\pi}$。

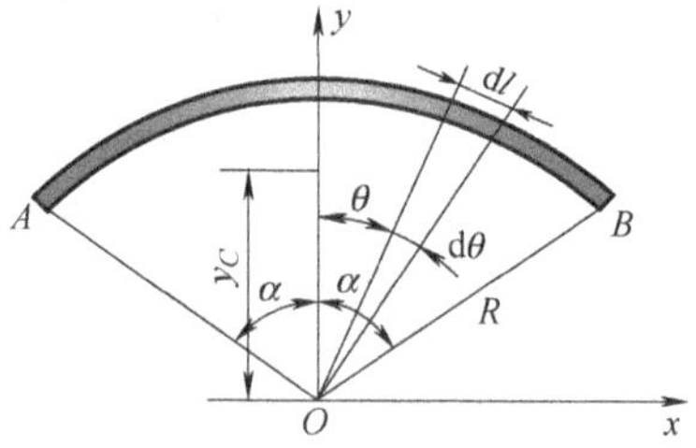

图　2-17

（2）组合法

在计算较复杂形体的重心时，可将该物体看成由几个简单形状的物体组合而成，而这些物体的重心是已知的，则整个物体的重心可由式（2-23）求出。

例 2-6　试求图 2-18 所示相切的两个均质圆盘的重心，已知 $R=10\mathrm{cm}$，$r=5\mathrm{cm}$。

解：取两圆连心线为 y 轴，两圆切点为坐标原点 O，如图 2-18 所示。将两圆重心坐标分别设为 y_1、y_2，因为

$$y_1=R=10\mathrm{cm},\quad y_2=-r=-5\mathrm{cm}$$

于是，整体图形重心坐标为

$$y_C=\frac{S_1y_1+S_2y_2}{S_1+S_2}=\frac{10^2\pi\times10+5^2\pi\times(-5)}{10^2\pi+5^2\pi}=7\mathrm{cm}$$

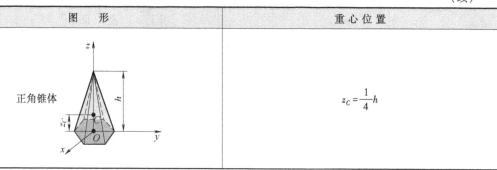

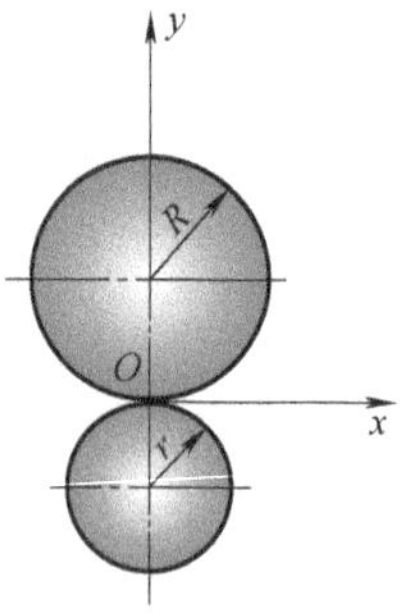

图　2-18

且对称轴为 y 轴，有 $x_C=0$。

（3）实验法

对于形状复杂不易计算或质量不均质的物体可用实验法测重心，常用悬挂法和称重法。

思 考 题

2-1 已知 $\boldsymbol{F}_1$、$\boldsymbol{F}_2$、$\boldsymbol{F}_3$、$\boldsymbol{F}_4$ 的作用线汇交于一点，其力多边形如图 2-19 所示，试问此两种力多边形的意义有何不同？

2-2 用解析法求平面汇交力系的合力时，若取不同的直角坐标系，所求得的合力是否相同，为什么？

2-3 如图 2-20 所示，计算力 $\boldsymbol{F}$ 对 A 点之矩。

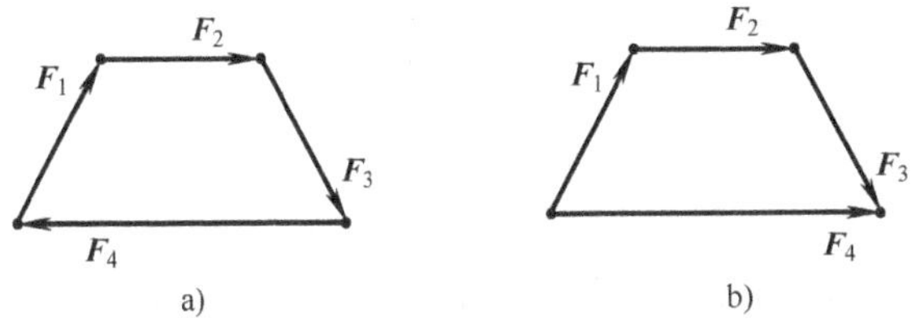

图 2-19

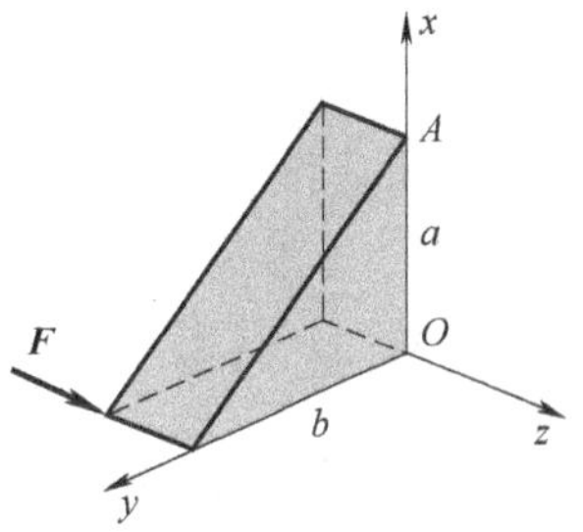

图 2-20

2-4 试用力的平移定理说明：如图 2-21 所示两种情况在轴承 A 和 B 处的约束力有何不同？设 $F'=F''=F/2$，轮的半径均为 R。

2-5 力系如图 2-22 所示。且 $F_1=F_2=F_3=F_4$。问力系向点 A 和 B 简化的结果是什么？二者是否等效？

2-6 说明力系简化时以下概念的异同：所得汇交力系的合力、力系的合力、力系的主矢。

2-7 设有一个力 $\boldsymbol{F}$，试问在什么情况下有：（1）$F_x=0$，$M_x(\boldsymbol{F})=0$；（2）$F_x=0$，$M_x(\boldsymbol{F})\neq 0$；（3）$F_x\neq 0$，$M_x(\boldsymbol{F})\neq 0$。

2-8 如图 2-23 所示，在正方体的顶角 A 和 B 处，分别作用力 $\boldsymbol{F}_1$ 和 $\boldsymbol{F}_2$，求此两力在 x、y、z 轴上的投影和对 x、y、z 轴的矩。

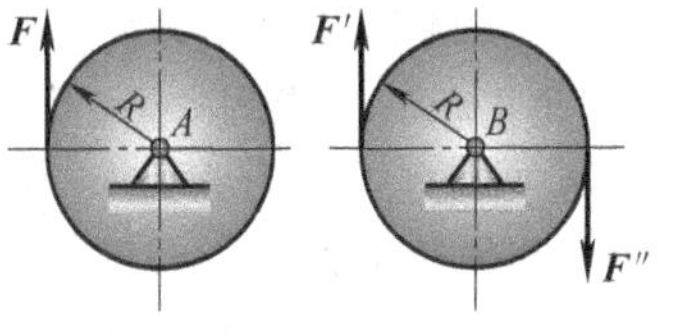

图 2-21

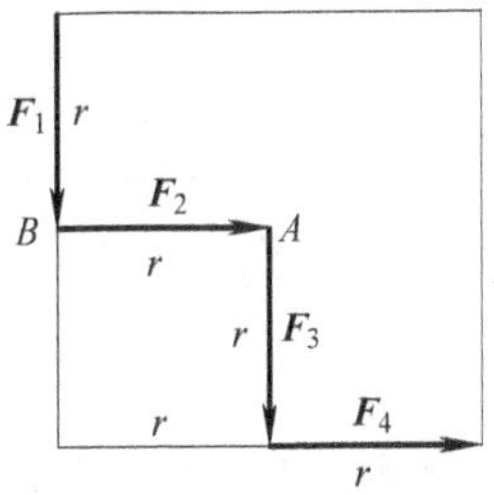

图 2-22

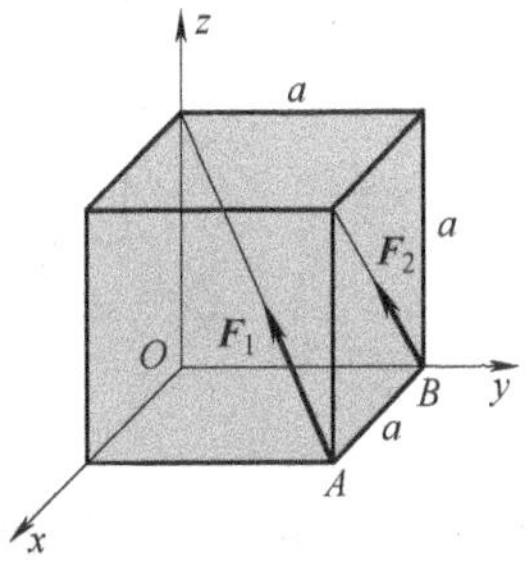

图 2-23

习题

2-1 三力作用在正方形上，各力的大小、方向及位置如题2-1图所示，试求合力大小、方向及位置。分别以O点及A点为简化中心，讨论选不同的简化中心对结果是否有影响。

2-2 已知四力$\boldsymbol{F}_1$、$\boldsymbol{F}_2$、$\boldsymbol{F}_3$、$\boldsymbol{F}_4$的投影F_x、F_y及其作用点的坐标x、y如题2-2表所示。试向坐标原点简化此力系，并求合力作用线方程。表中力的单位为kN，坐标值的单位为m。

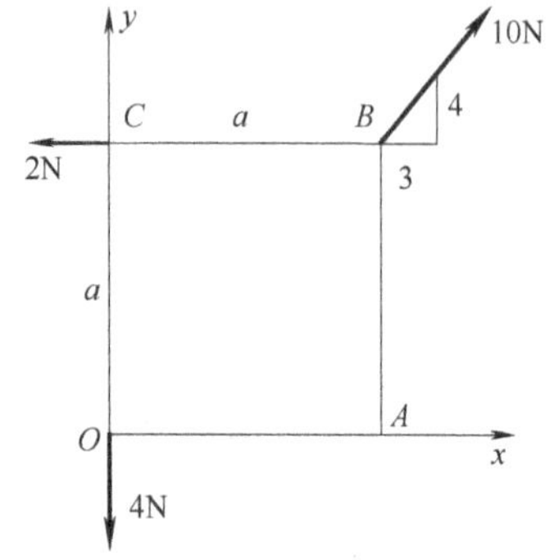

题2-1图

题2-2表

	F_1	F_2	F_3	F_4
F_x	1	−2	3	−4
F_y	4	1	−3	−3
x	2	−2	3	−4
y	1	−1	−3	−6

2-3 如题2-3所示等边三角形ABC，边长为l，现在其三顶点沿三边作用三个大小相等的力F，求此力系的简化结果。

2-4 沿着直棱柱的棱边作用五个力，如题2-4图所示。已知$F_1=F_3=F_4=F_5=F$，$F_2=\sqrt{2}F$，$OA=OC=a$，$OB=2a$。求此力系的简化结果。

2-5 如题2-5图所示力系中，已知$F_1=F_4=100\text{N}$，$F_2=F_3=100\sqrt{2}\text{N}$，$F_5=200\text{N}$，$a=2\text{m}$，求此力系的简化结果。

2-6 长方体棱长分别为$a=1\text{m}$，$b=2\text{m}$，$c=2\text{m}$。在四个顶点O、B、C、E上作用四个力，$F_1=30\text{N}$，$F_2=10\text{N}$，$F_3=20\text{N}$，$F_4=20\text{N}$，方向如题2-6图所示。求此力系的简化结果。

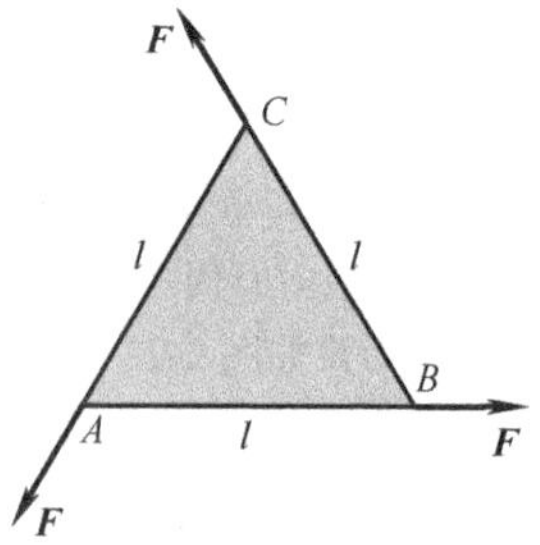

题2-3图

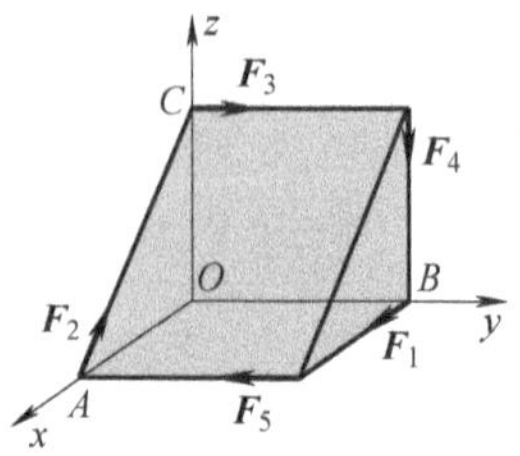

题2-4图

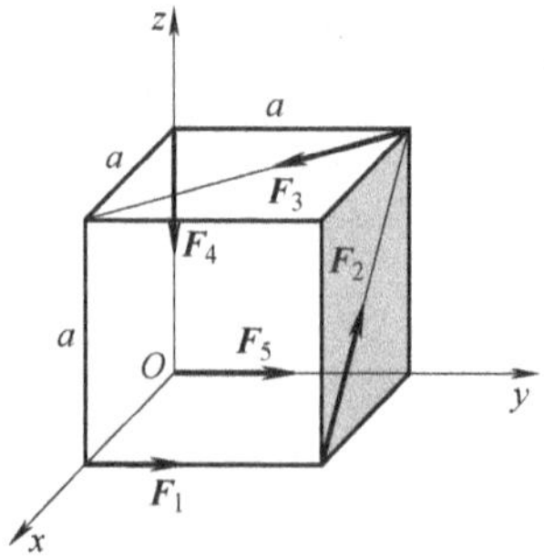

题2-5图

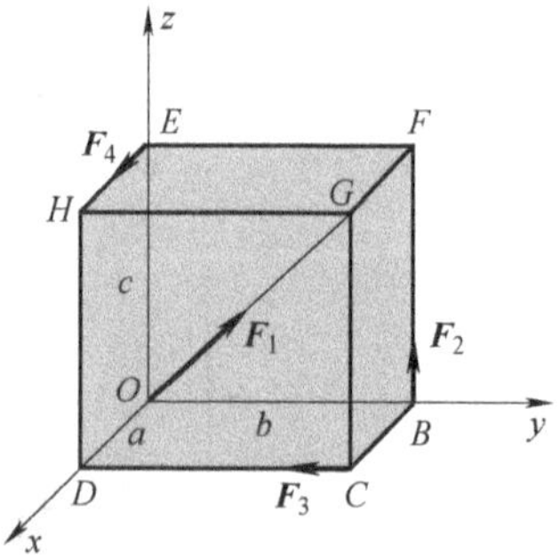

题2-6图

2-7 如题2-7图所示，A、B、C、D均为滑轮，绕过B、D两滑轮的绳子两端的拉力$F_1=F_2=400\text{N}$，绕过A、C两滑轮的绳子两端的拉力$F_3=F_4=300\text{N}$。试求此两力偶的合力偶矩的大小和转向。滑轮大小忽略不计。

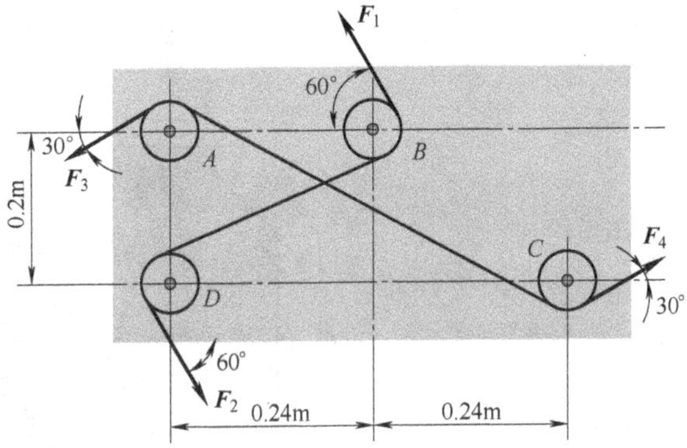

题 2-7 图

2-8　化简力系 $\boldsymbol{F}_1(P,2P,3P)$、$\boldsymbol{F}_2(3P,2P,P)$，此二力分别作用在点 $A_1(a,0,0)$，$A_2(0,a,0)$。

2-9　求如题 2-9 图所示平行力系合力的大小和方向，并求平行力系中心。图中每格代表 1m。

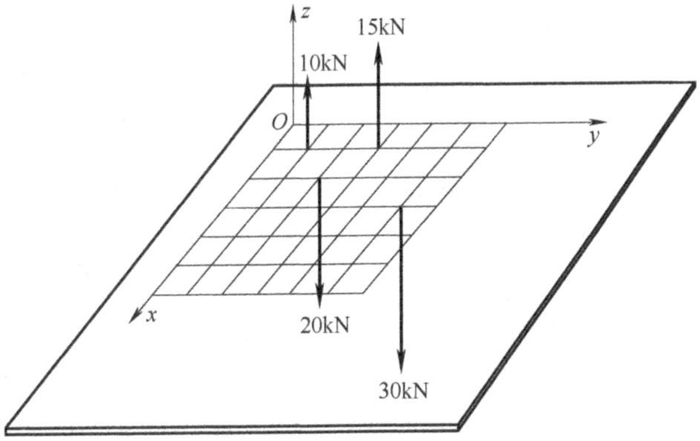

题 2-9 图

2-10　将题 2-9 图中 15kN 的力改为 40kN，其余条件不变。力系合成结果及平行力系中心将如何？

2-11　用积分法求题 2-11 图所示正圆锥曲面的重心。

2-12　求如题 2-12 图所示图形之重心，图中单位为 m。

2-13　求如题 2-13 图所示由正方形 *OBDE* 切去扇形 *OBE* 所剩图形的重心。

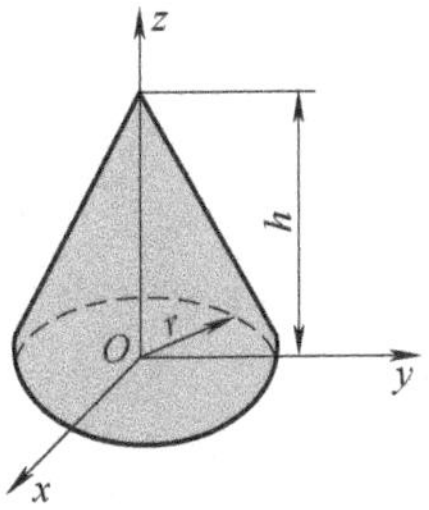

题 2-11 图

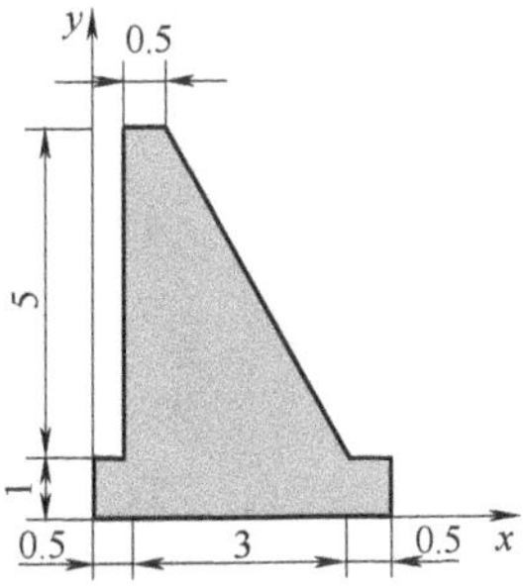

题 2-12 图

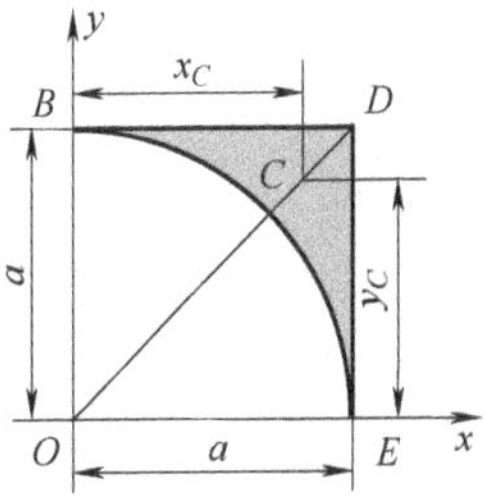

题 2-13 图

2-14　如题 2-14 图所示，由正圆柱和半球所组成的物体内挖去一正圆锥，求剩余部分物体的重心。

2-15 已知如题2-15图所示均质长方体长为a，宽为b，高为h，放在水平面上，今过AB边并垂直AD-HE切削去锲块$ABA'B'EF$，试求能使剩余部分保持平衡而不倾倒所能切削的$A'E(=B'F)$最大长度。

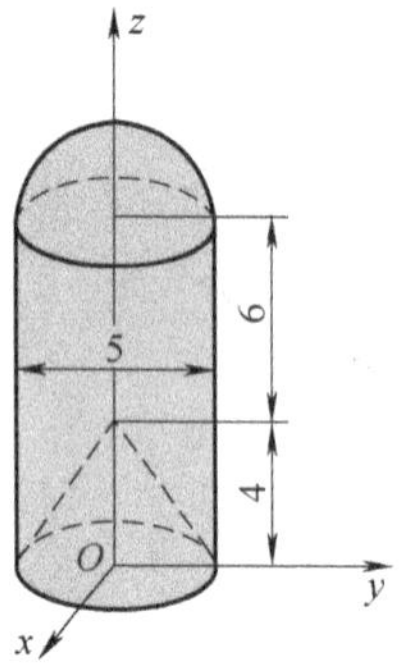

题2-14图

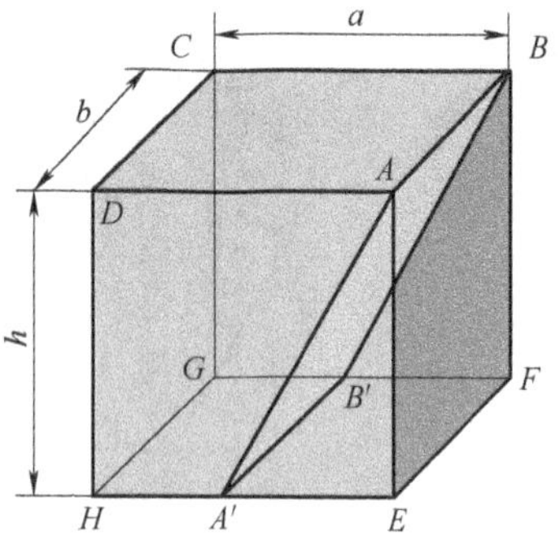

题2-15图

第3章 力系的平衡

力系的平衡是静力学的核心内容。根据第2章力系的简化结果，可以得到力系的平衡条件和相应的平衡方程。本章首先研究平面力系的平衡问题，然后再研究空间力系的平衡问题。

3.1 平面力系的平衡条件与平衡方程

如果平面力系的主矢、主矩均为零，即 $\boldsymbol{F}'_{\mathrm{R}}=0$，$\boldsymbol{M}_O=0$，表明汇交于简化中心 O 的平面汇交力系是平衡的，平面力偶系也是平衡的，这就保证了与它们等效的平面力系是平衡的。这是平面力系平衡的充分条件。注意到，一个力、一个力偶都是最简单的力学量，一个力与一个力偶不能互相平衡，那么如果平面力系是平衡的，此力系的主矢、对任意点的主矩都必须等于零，这是平面力系平衡的必要条件。由此可知，平面力系平衡的必要与充分条件是：力系的主矢 $\boldsymbol{F}'_{\mathrm{R}}$ 和对任意点的主矩 $\boldsymbol{M}_O$ 均等于零。即

$$\boldsymbol{F}'_{\mathrm{R}}=0,\quad \boldsymbol{M}_O=0 \tag{3-1}$$

将式（2-18）的第一式向正交坐标轴 x、y 上投影，得 $F'_{\mathrm{R}x}=\sum F_x$，$F'_{\mathrm{R}y}=\sum F_y$，则

$$F'_{\mathrm{R}}=\sqrt{\left(\sum F_{ix}\right)^2+\left(\sum F_{iy}\right)^2}$$

由式（3-1）得

$$\left.\begin{aligned}\sum F_{ix}&=0\\ \sum F_{iy}&=0\\ \sum M_O(\boldsymbol{F}_i)&=0\end{aligned}\right\} \tag{3-2}$$

式（3-2）表明：平面力系各力在任意正交轴上投影的代数和等于零，对任一点之矩的代数和也等于零。

式（3-2）中的三个方程是相互独立的。运用它可以求解出也只能求解出该力系中的三个未知量。在这三个方程中，前两个是投影方程，第三个是力矩方程。在求解具体问题时，正交坐标轴可以任意选取，一般应让尽可能多的未知力与坐标轴垂直，使投影方程中的未知力的数目最少。力矩方程的矩心在平面内也可以任意选取，可选在研究对象的内部或外部的任何地方。如果将矩心选在两未知力作用线的交点上，则可直接求出第三个未知量。

方程组（3-2）称为平面任意力系平衡方程的基本形式，除此之外，还有其他两种形式。

（1）二力矩形式的平衡方程

$$\left.\begin{aligned}\sum F_{ix}&=0\\ \sum M_A(\boldsymbol{F}_i)&=0\\ \sum M_B(\boldsymbol{F}_i)&=0\end{aligned}\right\}\tag{3-3}$$

其中，力矩中心 A、B 的连线不与 Ox 轴垂直。

（2）三力矩形式的平衡方程

$$\left.\begin{aligned}\sum M_A(\boldsymbol{F}_i)&=0\\ \sum M_B(\boldsymbol{F}_i)&=0\\ \sum M_C(\boldsymbol{F}_i)&=0\end{aligned}\right\}\tag{3-4}$$

其中，A、B、C 三点不在一条直线上。

下面证明式（3-3）作为平衡条件的充要性。

先证必要性，当力系平衡时，由平面任意力系的平衡条件，必有力系的主矢 $\boldsymbol{F}'_R=\sum\boldsymbol{F}_i=0$，力系的主矩 $\boldsymbol{M}_O=\sum\boldsymbol{M}_O(\boldsymbol{F}_i)=0$，因此对任意点的力矩为 0，式（3-3）成立；再证明充分性，在式（3-3）中，如二、三两式满足，则力系不可能简化为力偶，只可能简化为作用线过 A、B 两点的合力（图 3-1）或者平衡力。而当进一步满足 $\sum F_{ix}=0$ 时，力系如有合力，此合力只能与 x 轴垂直，由附加条件，A、B 两点连线不能与 x 轴垂直。显然，不可能存在一个既通过 A、B 两点又与 x 轴相垂直的合力，故该力系是平衡的。

同理，也可以证明式（3-4）的充要性，读者可参照上述证明自行完成。

平面汇交力系、平面力偶系和平面平行力系等特殊平面力系的平衡条件及平衡方程可以从平面力系的平衡条件及平衡方程中导出。

根据 2.1 节力系简化的几何法理论，平面汇交力系的合力是其力多边形的封闭边。因此，平面汇交力系平衡的几何条件为力多边形自行封闭。按一定比例画出平面汇交力系所对应的力多边形，并以力多边形的自行封闭为条件进行求解，可解出该力系的两个未知量。

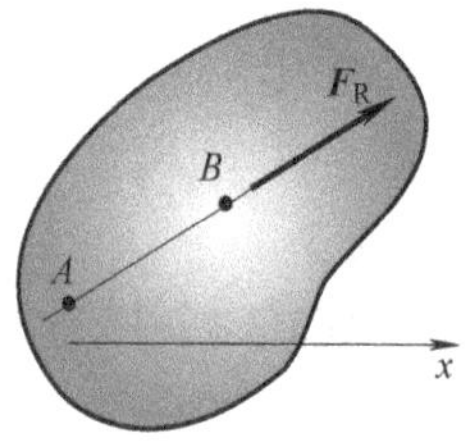

图 3-1

例 3-1 如图 3-2a 所示的小型回转起重机，自重 $G=5\text{kN}$，起吊物块的重量 $P=10\text{kN}$。求轴承 A、B 处的约束力。

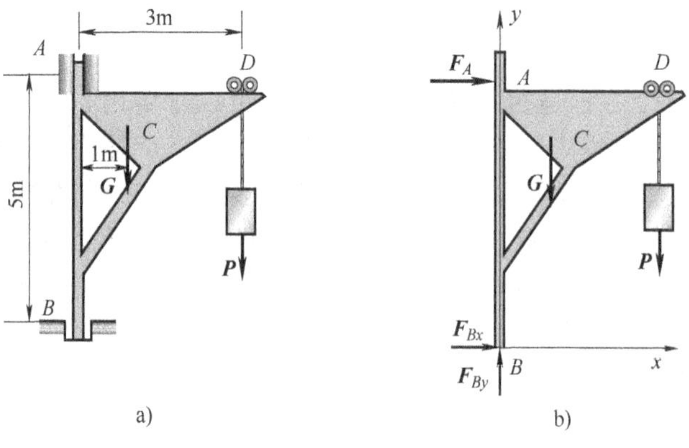

图 3-2

解：取起重机连同物块为研究对象。由于主动力 $\boldsymbol{P}$、$\boldsymbol{G}$ 在起重机的同一平面内，颈轴承的约束力 $\boldsymbol{F}_A$ 沿轴承径向；枢轴承 B 的约束力用两个正交分力 $\boldsymbol{F}_{Bx}$、$\boldsymbol{F}_{By}$ 表示，受力图如图 3-2b 所示。这是一个平面力系，未知量为 F_A、F_{Bx}、F_{By}。取坐标系，列出平衡方程，即

$$\sum M_B(\boldsymbol{F}_i)=0,\quad -F_A\times5-G\times1-P\times3=0$$

$$F_A=-\frac{G+3P}{5}=-7\text{kN}$$

$$\sum F_{ix}=0,\quad F_{Bx}+F_A=0$$

$$F_{Bx}=7\text{kN}$$

$$\sum F_{iy}=0,\quad F_{By}-G-P=0$$

$$F_{By}=G+P=15\text{kN}$$

F_A 为负值，说明画受力图时假设的 F_A 方向与实际方向相反。

例 3-2 如图 3-3a 所示的水平梁 AB，A 端为固定铰链支座，B 端为一辊轴支座。梁长 $4a$，重 P，重心在梁中点 C。在梁的 AC 段上受均布载荷作用，载荷集度为 q，在梁的 BC 段上受力偶作用，力偶矩 $M=Pa$。试求 A 和 B 处的支座约束力。

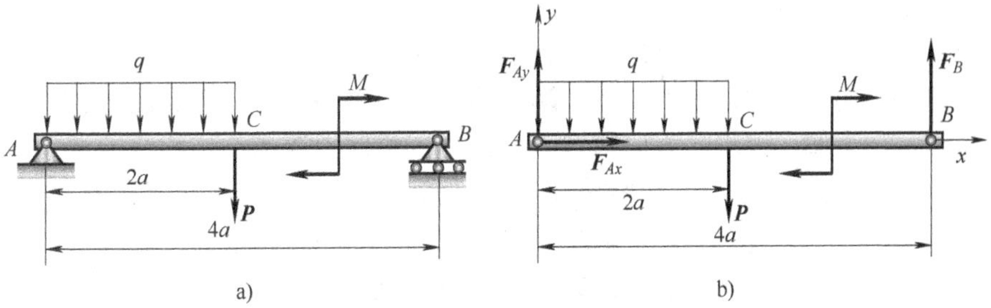

图 3-3

解：选梁 AB 为研究对象。

受力分析：它所受的主动力有集度为 q 的均布载荷，重力 $\boldsymbol{P}$ 和矩为 M 的力偶。受的约束力有铰链 A 的约束力 $\boldsymbol{F}_{Ax}$ 和 $\boldsymbol{F}_{Ay}$，辊轴支座约束力 $\boldsymbol{F}_B$，其受力如图 3-3b 所示。

取坐标系如图 3-3b 所示，列出平衡方程组

$$\sum F_{ix}=0,\quad F_{Ax}=0 \tag{a}$$

$$\sum F_{iy}=0,\quad F_{Ay}-q\cdot2a-P+F_B=0 \tag{b}$$

$$\sum M_A(\boldsymbol{F}_i)=0,\quad F_B\cdot4a-M-P\cdot2a-q\cdot2a\cdot a=0 \tag{c}$$

由上三式可解得

$$F_{Ax}=0,\quad F_{Ay}=\frac{P}{4}+\frac{3}{2}qa,\quad F_B=\frac{3}{4}P+\frac{1}{2}qa$$

讨论：这里独立的平衡方程只有三个，下面增写的力矩方程虽然不是独立的，但可校核上面计算的结果。例如，以 B 点为矩心，有

$$\sum M_B(\boldsymbol{F}_i)=0,\quad -F_{Ay}\cdot4a+q\cdot2a\cdot3a+P\cdot2a-M=0$$

将解得结果代入上式中有

$$-\left(\frac{P}{4}+\frac{3}{2}a\right)\cdot4a+q\cdot2a\cdot3a+P\cdot2a-M=0$$

如上式不满足，说明计算结果有误。

列平衡方程时，应注意力偶的两力在任一轴上的投影之和恒等于零，对任一点取矩之和恒等于力偶矩。

例 3-3 立柱的 A 端是固定端约束，所受的载荷如图 3-4a 所示。求固定端的约束力。

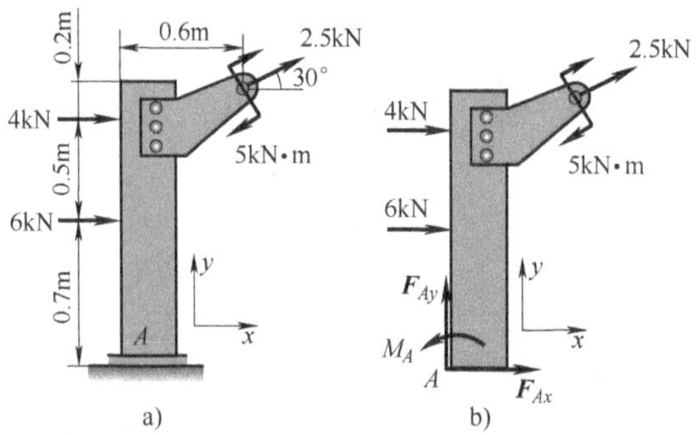

图 3-4

解：选立柱为研究对象。

受力分析：立柱除受图示给定的已知力外，还受固定端的约束力。

在主动力是平面力系的情况下，固定端的约束力是平面任意力系，将它们向 A 点简化，得到一个力和一个力偶，大小、方向和转向都未知，将此力用两个正交分力 $\boldsymbol{F}_{Ax}$ 和 $\boldsymbol{F}_{Ay}$ 表示，而力偶矩设为 M_A，力柱的受力图如图 3-4b 所示，取坐标系如图所示，列出平衡方程

$$\sum F_{ix}=0,\quad 4\text{kN}+6\text{kN}+2.5\text{kN}\cos30°+F_{Ax}=0$$

$$\sum F_{iy}=0,\quad 2.5\text{kN}\sin30°+F_{Ay}=0$$

$$\sum M_A(\boldsymbol{F}_i)=0,\quad -4\text{kN}\times1.2\text{m}-6\text{kN}\times0.7\text{m}-5\text{kN}\cdot\text{m}-2.5\text{kN}\cos30°\times1.4\text{m}+2.5\text{kN}\sin30°\times0.6\text{m}+M_A=0$$

由上面三式解得

$$F_{Ax}=-12.2\text{kN},\quad F_{Ay}=-1.25\text{kN},\quad M_A=16.3\text{kN}\cdot\text{m}$$

例 3-4 行走式起重机如图 3-5a 所示。已知轨距 $b=3\text{m}$，起重机重 $P_1=500\text{kN}$，其作用线至右轨距离 $e=1.5\text{m}$，起吊最大载荷 $P_{max}=210\text{kN}$，其作用线至右轨距离 $l=10\text{m}$，按设计要求，每个轨道的约束力不得小于 50kN。求使起重机正常工作的平衡重 P_2 之值。设其作用线至左轨距离 $a=6\text{m}$。

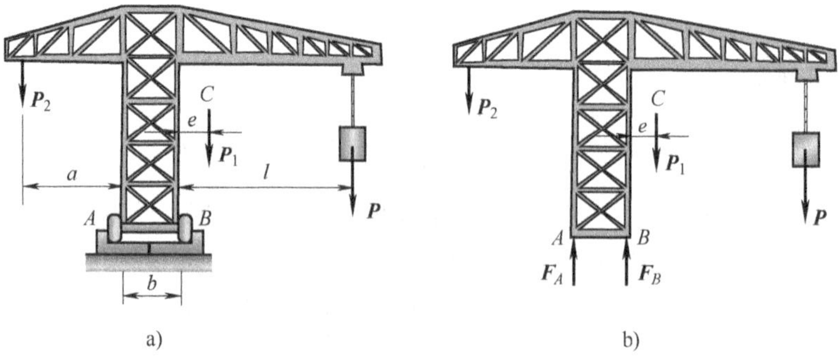

图 3-5

解：起重机的平衡问题是平行力系的典型题目。与一般的平衡问题不同，起重机有向左和向右倾倒的两种趋势。根据题意，在这两种趋势下，每个轨道的约束力均不得小于50kN。满载时，考虑A处约束力$F_A \geqslant 50$kN，可求出平衡重P_2的最小值；当空载时，考虑B处约束力$F_B \geqslant 50$kN，可求出P_2的最大值。于是，保持起重机正常工作的P_2值应在上述两个范围之间。

选取起重机为研究对象，受力图如图3-5b所示，为一平行力系，分别考虑下面两种情况。

（1）满载，保证起重机不会向右倾翻的条件为

$$\sum M_B(\boldsymbol{F}_i)=0, P_2(a+b)-F_A b-P_1 e-Pl=0$$

又

$$F_A \geqslant 50$$

解得

$$P_2 \geqslant \frac{P_1 e+Pl+50b}{a+b}=333.3\text{kN}$$

（2）空载，保证起重机不会向左倾翻的条件为

$$\sum M_A(\boldsymbol{F}_i)=0, \quad P_2 a+F_B b-P_1(b+e)=0$$

又

$$F_B \geqslant 50$$

解得

$$P_2 \leqslant \frac{P_1(b+e)-50b}{a}=350.0\text{kN}$$

因此，使起重机正常工作的平衡重P_2之值为

$$333.3\text{kN} \leqslant P_2 \leqslant 350.0\text{kN}$$

现将解平面力系平衡问题的方法和步骤归纳如下：

1）根据问题条件和要求，选取研究对象。

2）分析研究对象的受力情况，画受力图。画出研究对象所受的全部主动力和约束力。

3）根据受力类型列出平衡方程。平面一般力系只有三个独立平衡方程。为计算简捷，应选取适当的坐标系和矩心，以使方程中未知量最少。

4）求未知量。校核和讨论计算结果。

3.2 物体系统的平衡·静定和超静定问题

3.1节中的平衡方程是对一个刚体建立的，工程实际中还经常遇到多个相联系的物体所组成的系统的平衡问题。

物体系统平衡，是指组成该系统的每一个物体都处于平衡。因此，对于每一个物体，如受平面任意力系作用，均可写出三个独立的平衡方程。如系统由n个物体组成，则共有$3n$个独立的平衡方程。若作用在物体上的是平面汇交力系或平面力偶系，则系统的平衡方程数目还会相应减少。如外部约束力和内部约束力的未知量数不超过独立平衡方程数目，应用刚

体的平衡条件可以求出全部未知量，这类平衡问题称为静定问题。反之，若未知约束力数目多于独立平衡方程数目，未知量不能由静力平衡条件全部确定，这类平衡问题称为超静定问题。

问题是静定的或是超静定的，与物体所受的约束程度有关。在平面内任一自由刚体能做三个独立运动：沿两个互相垂直方向的平行移动和绕任一点的转动，我们称此刚体有三个自由度。如图 3-6a 所示梁 AB，在点 A 受铰链约束，就只能绕点 A 转动，即只有一个自由度，如果再在 B 处增加一辊轴支座，物体既不能移动，也不能转动，自由度为零。这种恰好限制刚体运动的约束，也是确保物体平衡所需要的最少约束，这种情形称为完全约束。在平面情况下，完全约束有三个未知力，平面任意力系可提供三个独立平衡方程，因而问题是静定的（图 3-6a、c）。在工程实际中，考虑物体的变形，为了提高结构的坚固性，常在完全约束的刚体上再增加约束，这种情形称为多余约束。多余约束的约束力数目多于独立平衡方程数，故问题是超静定的（图 3-6b、d）。对于超静定问题，必须考虑物体因受力而产生的变形，写出变形协调方程之后才能求得全部未知量。理论力学中只研究静定问题，超静定问题将在材料力学和结构力学等课程中研究。

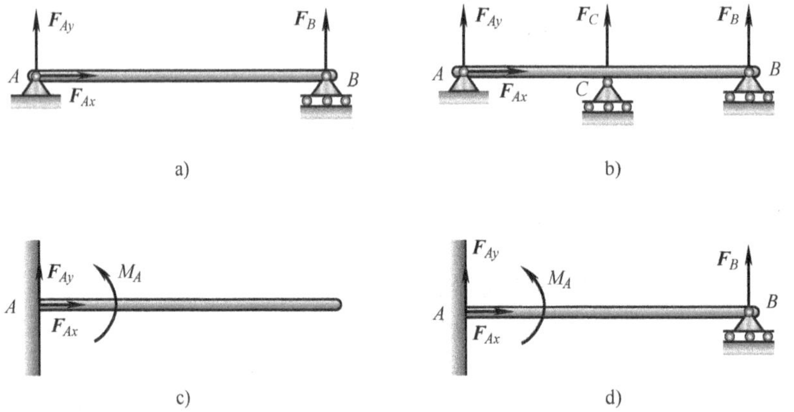

图 3-6

对于自由度未被完全限制的物体（或系统），它们仅在特殊力系作用下才有可能平衡，此时可列独立平衡方程数目超过未知约束力的数目，多余的方程用来确定平衡时主动力间的关系或求平衡位置。

在求解物体系统的平衡问题时，由于系统结构和连接的复杂性，往往取一次研究对象不能全部解得所求的未知量。研究对象的选取不同，解题的繁简程度有时相差很大，因此，恰当地选择研究对象，是求解物体系统平衡问题的关键。但由于实际问题的多样性，又很难有一成不变的方法，大体上有以下几个原则可以遵循：

1）系统内有 n 个物体，可取 n 次研究对象，最多列 $3n$ 个独立的平衡方程。

可以逐个选取每个物体为研究对象，也可以选取某些物体的组合或整个系统为对象。不论以哪个（些）物体为研究对象，应取分离体并画其受力图。

2）如果以整个系统为对象能求出部分或全部外约束力，应先取整体为研究对象。注意以整体为对象时不画内力。

3）如需将系统拆开时，应恰当地选取某些物体的组合为研究对象，以尽量少暴露不需求的未知内力。将系统拆开后，注意物体之间的相互作用要符合作用力与反作用力性质。

4）将系统拆开后，先从受有已知力的物体入手，所选研究对象未知力数目最好不超过可列独立平衡方程数。在列平衡方程时，应恰当选择矩心或投影轴，使得一个方程求解一个未知量，避免解联立方程组。

例 3-5　结构如图 3-7a 所示。绳子跨过滑轮，其端点受一大小为 2000N 的水平力 $\boldsymbol{F}$ 作用，不计各件自重，求杆 AC 在 B 处受力。

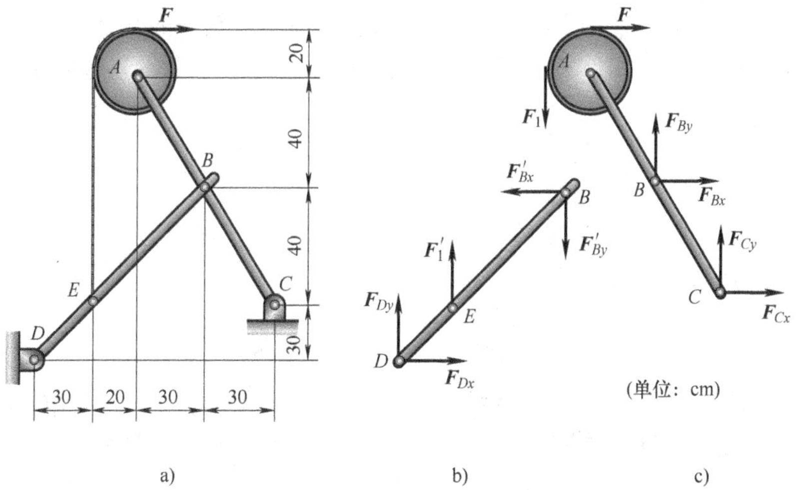

图　3-7

解：杆 AC 在 B 处受系统内 BD 杆的作用力，欲求此内力，须将系统拆开，才能把内力暴露出来求解。

1）先选 AC 和滑轮的组合体为研究对象。注意 AC 与滑轮在 A 处的相互作用力为内力，不画。其受力图如图 3-7c 所示。F_{Cx}、F_{Cy} 为不需求的未知力，故以点 C 为矩心，列出平衡方程：

$$\sum M_C(\boldsymbol{F}_i)=0,\quad -F\cdot 100-F_{Bx}\cdot 40-F_{By}\cdot 30+F_1\cdot 80=0 \tag{a}$$

2）再以杆 BD 为研究对象。其受力图如图 3-7b 所示。以 D 点为矩心，列出平衡方程：

$$\sum M_D(\boldsymbol{F}_i)=0,\quad F'_{Bx}\cdot 70-F'_{By}\cdot 80+F'_1\cdot 30=0 \tag{b}$$

注意到 $F'_{Bx}=F_{Bx}$，$F'_{By}=F_{By}$，$F'_1=F_1=F$，联立式（a）与（b）解得

$$F_{Bx}=-943.40\text{N},\quad F_{By}=-75.47\text{N}$$

讨论：将系统拆开后，销钉 B 可以放在 AC 上，也可以放在 BD 上，问此两种情况下 AC 在 B 处受力是否相同，为什么？

例 3-6　结构如图 3-8a 所示，不计各构件重量。物重 P，用绳子挂在销钉 C 上。求支座 A 的约束力以及 AB 与 AC 在 A 处受力。

解：对整个系统而言，支座 A 的约束力是外力，而 AB 与 AC 在 A 端受销钉 A 的约束力是内力，因而本题既求外力又求内力。

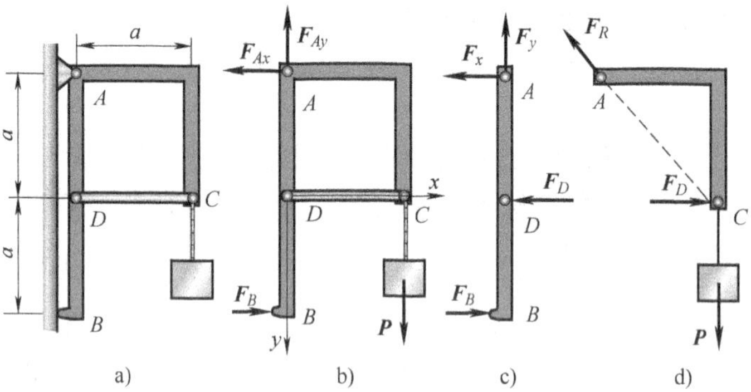

图 3-8

1）选整体为研究对象。除主动力 $\boldsymbol{P}$ 以外，A 处受支座给销钉的约束力 $\boldsymbol{F}_{Ax}$、$\boldsymbol{F}_{Ay}$ 作用，B 处受光滑表面约束力 $\boldsymbol{F}_B$ 作用，共有三个未知量，受力如图 3-8b 所示，选坐标如图，列平衡方程，有

$$\sum F_{ix}=0,\qquad -F_{Ax}+F_B=0 \tag{a}$$

$$\sum F_{iy}=0,\qquad -F_{Ay}+P=0 \tag{b}$$

$$\sum M_A(\boldsymbol{F}_i)=0,\quad -P\cdot a+F_B\cdot 2a=0 \tag{c}$$

由以上三个方程，可解得

$$F_{Ax}=\frac{P}{2},\quad F_{Ay}=P,\quad F_B=\frac{P}{2}$$

2）取 AB 为研究对象。在 A 端受销钉 A 的约束力 $\boldsymbol{F}_x$、$\boldsymbol{F}_y$ 作用，由于 DC 是二力杆，故在 D 处所受的约束力沿 DC 连线方向，受力如图 3-8c 所示，列平衡方程：

$$\sum F_{iy}=0,\qquad F_y=0 \tag{d}$$

$$\sum M_D(\boldsymbol{F}_i)=0,\quad F_x\cdot a+F_B\cdot a=0 \tag{e}$$

由式（e）得

$$F_x=-F_B=-\frac{P}{2}$$

3）再以 AC、销钉 C 及重物的组合体为研究对象。由于 AC 为二力构件，故 AC 在 A 端所受销钉 A 的约束力 $\boldsymbol{F}_{\mathrm{R}}$ 必沿 AC 连线方向。其受力如图 3-8d 所示，列平衡方程：

$$\sum F_{iy}=0,\quad F_{\mathrm{R}}\sin 45°-P=0$$

解得 AC 在 A 端受力为

$$F_{\mathrm{R}}=\sqrt{2}P$$

所得结果表明，在 A 处支座给销钉的力，以及 AC 和 AB 在 A 端所受销钉的作用力，无论大小和方向均不相同，故如果销钉连接三个或多个物体，必须指明销钉放在哪个物体上。

例 3-7 如图 3-9a 所示，水平梁由 AC 和 CD 两部分组成，它们在 C 处用铰链相连。梁的 A 端固定在墙上，在 B 处受辊轴支座支撑。梁受线性分布载荷作用，其最大载荷集度 $q=\frac{2P}{a}$。力 $\boldsymbol{P}$ 作用在销钉 C 上。试求 A 和 B 处的约束力。

解： 本题要求系统的外约束力

1）选整体为研究对象。其受力如图 3-9b 所示。三角形分布载荷的合力大小等于三角形面积，即 $F=\frac{1}{2}\cdot 2a\cdot \frac{2P}{a}=2P$，合力作用线到点 B 的距离为$\frac{2a}{3}$。按图示坐标列写平衡方程，有

$$\sum F_{ix}=0, F_{Ax}=0 \tag{a}$$

$$\sum F_{iy}=0, F_{Ay}-F+F_B-P=0 \tag{b}$$

$$\sum M_A(\boldsymbol{F}_i)=0, M_A-P\cdot 2a-F\cdot\left(a+\frac{4}{3}a\right)+F_B\cdot 3a=0 \tag{c}$$

以上三个方程包含四个未知量，需再选一次研究对象，解出 F_{Ay}、F_B 或 M_A 三者中的任何一个即可。

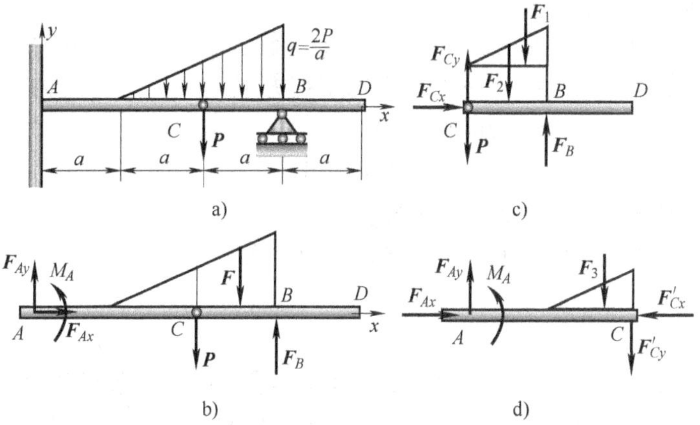

图 3-9

2）选 DC 与销钉 C 的组合体为对象（图 3-9c）。与图 3-9d 比较，它所受的未知约束力最少，计有 $\boldsymbol{F}_{Cx}$、$\boldsymbol{F}_{Cy}$与 $\boldsymbol{F}_B$。其上作用的梯形分布载荷可看作是矩形载荷和三角形载荷的叠加，它们的合力大小分别为 $F_2=\frac{P}{a}\cdot a=P$，$F_1=\frac{1}{2}\cdot\frac{P}{a}\cdot a=\frac{1}{2}P$。列写平衡方程：

$$\sum M_C(\boldsymbol{F}_i)=0,\quad -F_2\cdot\frac{a}{2}-F_1\frac{2}{3}a+F_B\cdot a=0 \tag{d}$$

解得

$$F_B=\frac{5}{6}P$$

将其代入式（b）与式（c），解得

$$F_{Ay}=\frac{13P}{6},\quad M_A=\frac{25Pa}{6}$$

3.3 平面简单桁架的内力计算

桁架是由直杆彼此在端部连接而成、受力后几何形状不变的结构，在桥梁、建筑、航空及起重机械方面有着广泛的应用。

若桁架所有杆件的轴线都在同一平面内，则称为平面桁架。桁架中各杆轴线的交点称为节点。

本节只研究平面简单桁架。这种桁架是以三角形框架为基础，每增加一个节点需增加两根杆件，如图 3-10 所示。

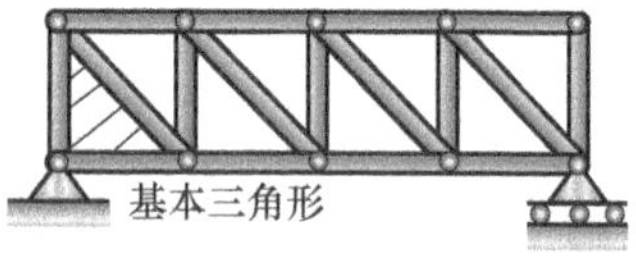

图 3-10

为了简化平面桁架的内力计算，工程中采用以下几个假设：

1）各杆在端点彼此以光滑铰链连接。

2）各杆轴线都是直线，并通过铰心。

3）杆件重量不计。外载荷都作用在节点上，且各力作用线都在桁架平面内。

根据上述假设，桁架的各个杆件都是二力杆。因此，每个节点都受平面汇交力系作用。如构成桁架的节点数为 n，可列出 $2n$ 个独立的平衡方程。而 m 个杆的内力与支承的三个约束力相加，共有 $m+3$ 各未知量，如满足关系

$$2n=m+3 \tag{3-5}$$

则问题是静定的。平面简单桁架是静定桁架。

下面介绍两种计算桁架内力的方法：节点法和截面法。

3.3.1 节点法

一般先求出桁架的支座约束力。然后由未知量不多于两个的节点开始，逐一研究每一个节点的平衡，运用平面汇交力系的平衡条件，求出各杆的内力。现举例说明如下：

例 3-8 如图 3-11a 所示为一平面桁架，求各杆的内力。

解： 由于节点 E 仅连接两根杆件且有已知载荷作用，故无须先求支座约束力。可先从节点 E 入手，应用节点法求出全部杆件的内力。为方便起见，设各杆均受拉力。

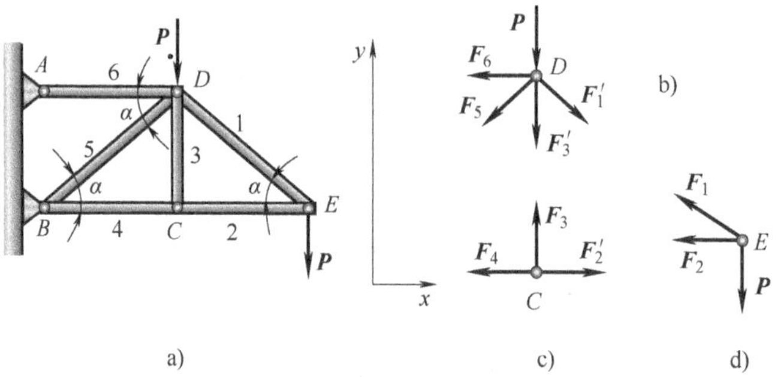

图 3-11

1）先取节点 E 为研究对象。销钉 E 除受主动力 $\boldsymbol{P}$ 作用外，还受 1、2 两根二力杆的约束力 $\boldsymbol{F}_1$、$\boldsymbol{F}_2$ 作用，受力如图 3-11d 所示。按图示坐标列平衡方程，有

$$\sum F_{ix}=0,\quad -F_1\cos\alpha-F_2=0 \tag{a}$$

$$\sum F_{iy}=0,\quad F_1\sin\alpha-P=0 \tag{b}$$

联立上两式解得

$$F_1=\frac{P}{\sin\alpha},\quad F_2=-P\cot\alpha$$

2）取节点 C 为研究对象。销钉 C 受 2、3、4 各杆的约束力分别为 $\boldsymbol{F}_2'$、$\boldsymbol{F}_3$、$\boldsymbol{F}_4$。因为 $F_2'=F_2$，故此节点只有两个未知量。受力如图 3-11c 所示。列平衡方程：

$$\sum F_{ix}=0,\quad -F_4+F_2'=0 \tag{c}$$

$$\sum F_{iy}=0,\quad F_3=0 \tag{d}$$

由式（c）得

$$F_4=F_2'=F_2=-P\cot\alpha$$

3）取节点 D 为研究对象。销钉 D 受 1、3、5、6 四杆的约束力分别为 $\boldsymbol{F}_1'$、$\boldsymbol{F}_3'$、$\boldsymbol{F}_5$、$\boldsymbol{F}_6$，受力图如图 3-11b 所示。其中 $F_1'=F_1=\frac{P}{\sin\alpha}$，$F_3'=F_3=0$。列平衡方程：

$$\sum F_{ix}=0,\quad -F_6-F_5\cos\alpha+F_1'\cos\alpha=0 \tag{e}$$

$$\sum F_{iy}=0,\quad -P-F_5\sin\alpha-F_1'\sin\alpha=0 \tag{f}$$

解得

$$F_5=-\frac{2P}{\sin\alpha},\quad F_6=3P\cot\alpha$$

因假设各杆都受拉力，解出 F_1 与 F_6 为正值，F_2、F_4、F_5 为负值，故杆 1 与杆 6 受拉力，杆 2、4、5 受压力。杆 3 内力等于零，称为零力杆。

3.3.2　截面法

如果只需求出个别几根杆的内力，则宜采用截面法。一般也先求出支座约束力，然后选择适当截面，设想将桁架截开为两部分，取其中一部分为研究对象，求出被截杆件的内力。因为平面任意力系的平衡方程只有三个，故一次被截断的杆件数不应超过三根。对于某些复杂的桁架，有时需要多次使用截面法或综合应用截面法和节点法才能求解。具体解法见例 3-9。

例 3-9　求如图 3-12a 所示屋顶桁架杆 11 的内力，已知 $F=10\text{kN}$，底部 6 根杆等长。

解：1）先以整体为研究对象求支座约束力。受力如图 3-12b 所示。按图示坐标列平衡方程：

$$\sum F_{ix}=0,\quad F_{Ax}=0 \tag{a}$$

$$\sum M_B(\boldsymbol{F}_i)=0,\quad 8F+16F+20F-24F_{Ay}=0 \tag{b}$$

由式（b）解得

$$F_{Ay}=18.33\text{kN}$$

2）用截面 I-I 将 8、9、10 三杆截断，取桁架左半段为研究对象，设三杆均受拉力，受力图如图 3-12c 所示。列平衡方程：

$$\sum M_D(\boldsymbol{F}_i)=0,\quad -6F_8\cdot\cos\alpha-12F_{Ay}+4F+8F=0 \tag{c}$$

解得

$$F_8=-18.63\text{kN}$$

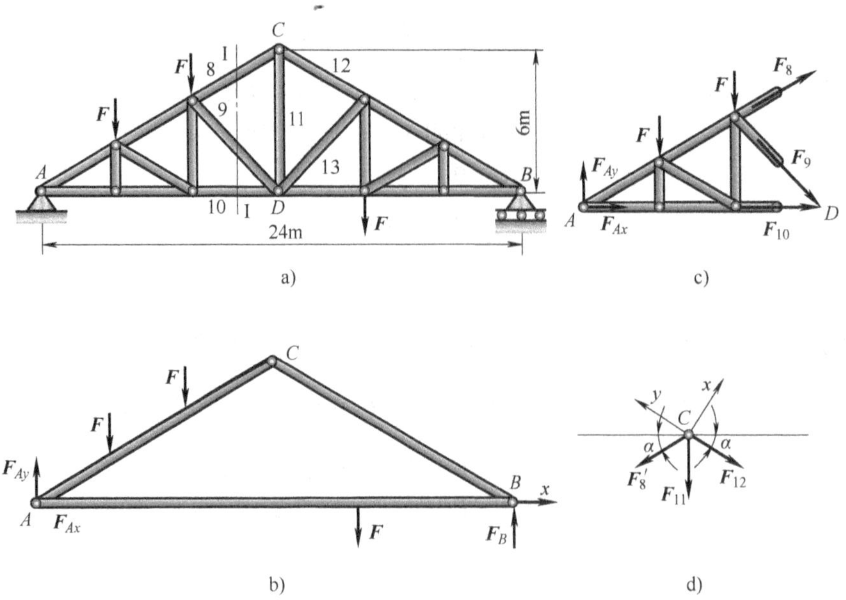

图 3-12

3）再取节点 C 为研究对象。受力图如图 3-12d 所示。按图示坐标列平衡方程：

$$\sum F_{ix}=0,\quad -F_8'\cdot\sin 2\alpha-F_{11}\cdot\cos\alpha=0 \tag{d}$$

代入 $F_8'=F_8=-18.63\text{kN}$，得

$$F_{11}=-F_8\cdot 2\sin\alpha=-(-18.63\text{kN})\times 2\times 0.4472=16.66\text{kN}$$

3.4 空间力系的平衡

3.4.1 空间力系的平衡条件和平衡方程

根据第 2 章力系的简化结果，如果原力系的主矢、主矩均为零，即 $\boldsymbol{F}_R'=0$，$\boldsymbol{M}_O=0$，表明汇交于简化中心 O 的空间汇交力系、空间力偶系都是平衡的，这是空间力系平衡的充分条件。如果空间力系是平衡的，那么它既不能合成一个力，也不能合成一个力偶或力螺旋，因此力系的主矢、主矩都要等于零，这是空间力系平衡的必要条件。由此可知，空间力系平衡的必要与充分条件为：力系的主矢 $\boldsymbol{F}_R'$和对任意点的主矩 $\boldsymbol{M}_O$ 均等于零。即

$$\boldsymbol{F}_R'=0,\quad \boldsymbol{M}_O=0$$

或

$$\sum \boldsymbol{F}_i=0,\quad \sum \boldsymbol{M}_O(\boldsymbol{F}_i)=0$$

在简化中心建立一直角坐标系 $Oxyz$，将上式分别沿 x、y、z 轴分解，即

$$(\sum F_{ix})\boldsymbol{i}+(\sum F_{iy})\boldsymbol{j}+(\sum F_{iz})\boldsymbol{k}=0$$

$$\left(\sum M_x(\boldsymbol{F}_i)\right)\boldsymbol{i}+\left(\sum M_y(\boldsymbol{F}_i)\right)\boldsymbol{j}+\left(\sum M_z(\boldsymbol{F}_i)\right)\boldsymbol{k}=0$$

从而

$$\left.\begin{aligned}\sum F_{ix}&=0\\ \sum F_{iy}&=0\\ \sum F_{iz}&=0\\ \sum M_x(\boldsymbol{F}_i)&=0\\ \sum M_y(\boldsymbol{F}_i)&=0\\ \sum M_z(\boldsymbol{F}_i)&=0\end{aligned}\right\} \tag{3-6}$$

这就是空间力系的平衡方程，它表明：空间力系各力在任意直角坐标系中的三个轴上的投影的代数和分别等于零，各力对此三轴之矩代数和也分别等于零。

方程组（3-6）中的 6 个方程是相互独立的。运用它，可解 6 个未知量。在求解具体问题时，直角坐标系的三个轴在空间的方向可以任意选取，尽量让更多的未知力与坐标轴平行、相交，以易于列出平衡方程、其所含未知量最少为宜。

方程组（3-6）是空间力系平衡方程的基本形式，它有三个力的投影方程与三个力对轴的力矩方程。

空间汇交力系、空间平行力系与空间力偶系都是特殊的空间力系，它们的独立平衡方程都是三个，而且可以从空间力系平衡方程（3-6）中引导出来。例如，在空间汇交力系中，将简化中心 O 选在力系的汇交点上，方程组（3-6）中的三个力矩方程将恒等于零，只剩下 $\sum F_x=0$，$\sum F_y=0$，$\sum F_z=0$ 三个投影式了。其他情形请读者自行推导。

3.4.2 空间力系的平衡问题

空间力系平衡问题的求解方法与平面力系相同。一个空间力系可以且只可以建立 6 个独立的平衡方程，运用它可以解出此力系中的 6 个未知量。在求解空间力系平衡问题时，经常选用合适的直角坐标系来列基本形式的平衡方程组（3-6），除此以外，在具体问题中，不一定使三个投影轴或矩轴垂直，矩轴和投影轴也不一定重合。不过，任意列出 6 个平衡方程以后，要判断它们是否都是独立的，往往是比较复杂的问题。如果能够选取合适的矩轴或投影轴，做到每列出一个平衡方程，即可解出一个未知量，那么所列出的这种平衡方程就是独立的，而且在求解过程中，还可以避免解联立方程组。例 3-11 属于这种情形。

空间力系的平衡问题也有静定与超静定之分。在理论力学中，只讨论静定问题。

对于空间力系的平衡问题，求解的基本步骤仍然是首先确定研究对象，再画受力图，列方程并求解。举例说明如下：

例 3-10 架空电缆的角柱 AB 铅直立于地面上，B 端视为空间球铰链，A 端连接两根电缆并由两根绳索 AC、AD 支持。两电缆水平且互成直角，其拉力 $F_1=F_2=F$，如图 3-13a 所示。设一根电缆与 CBA 平面所成的角度为 φ，如图 3-13b 所示，求角柱与两绳索所受的力，并讨论 φ 角的适用范围。角柱的重量不计。

解：AB 为二力杆。选 A 点为研究对象，受力图如图 3-13c 所示。A 点受空间汇交力系作用，待求量为 F_{AB}、F_{AC}、F_{AD}共三个，可解。建立坐标系 $Bxyz$。

$$\sum F_{ix}=0,\quad -F_{AD}\cos 60°+F_1\cos(\varphi-90°)-F_2\cos(180°-\varphi)=0$$

$$F_{AD}=2F(\sin\varphi+\cos\varphi) \tag{a}$$

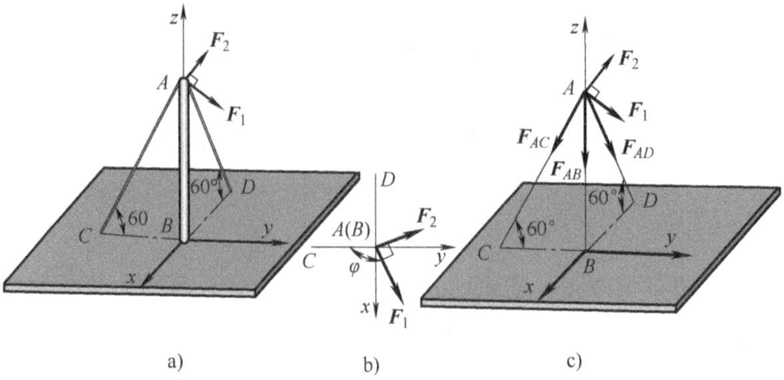

a)　　b)　　c)

图　3-13

$$\sum F_{iy}=0,\quad -F_{AC}\cos60°+F_1\sin(\varphi-90°)+F_2\sin(180°-\varphi)=0$$

$$F_{AC}=2F(\sin\varphi-\cos\varphi) \tag{b}$$

$$\sum F_{iz}=0,\quad -F_{AB}-F_{AC}\sin60°-F_{AD}\sin60°=0$$

$$F_{AB}=-2\sqrt{3}F\sin\varphi$$

F_{AB}为负值表明角柱受压力。

φ 角取值应使两拉索所受的力不能是压力，由式（a）、式（b）得

$$F_{AC}=2F(\sin\varphi-\cos\varphi)\geqslant0,\quad \sin\varphi\geqslant\cos\varphi$$

$$F_{AD}=2F(\sin\varphi+\cos\varphi)\geqslant0,\quad \sin\varphi+\cos\varphi\geqslant0$$

化简得

$$-45°\leqslant\varphi\leqslant135° \tag{c}$$

$$45°\leqslant\varphi\leqslant225° \tag{d}$$

同时满足式（c）、式（d），则有

$$45°\leqslant\varphi\leqslant135° \tag{e}$$

事实上，由图 3-13b 看出，为使 F_{AC}，F_{AD}的大小均不小于零，$\boldsymbol{F}_1$，$\boldsymbol{F}_2$ 之合力应在第一象限内，由此可知 $45°\leqslant\varphi\leqslant135°$。

例 3-11　边长为 a，重 P 的等边三角形 ABC 用六根杆支撑，其中 1、2、3 杆铅直，4、5、6 杆与水平面成 30°角，杆端铰接，如图 3-14a 所示。今在三角平板内作用一力偶 M，不计杆重，求各杆内力。

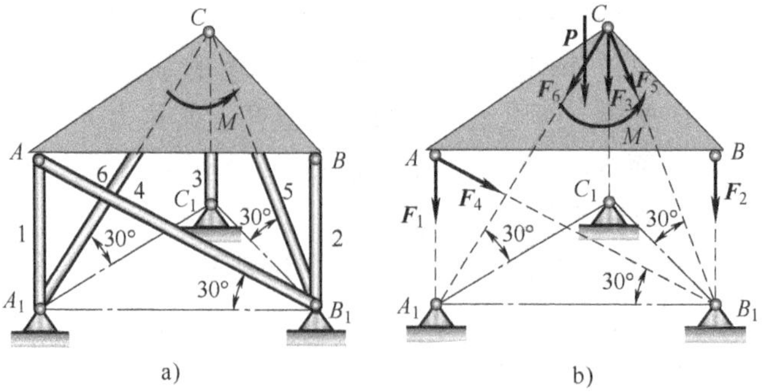

a)　　b)

图　3-14

解： 各杆均为二力杆，取三角形平板为研究对象。设各杆内力均为拉力，受力图如图3-14b所示，力系为空间力系，共有6个未知量，可解。不论列什么样的投影方程均含有一个以上的未知力，而直线AC、A_1B_1都有5个力通过它们。因此，以它们为矩轴，可直接求出F_2、F_3；此外直线A_1A、B_1B、C_1C则都有F_1、F_2、F_3三力与之平行，还有两个力通过它们，因此，以它们为矩轴，可直接求出F_5、F_6、F_4；最后，以BC为矩轴，可求出F_1。具体求法如下：

$$\sum M_{AC}(\boldsymbol{F}_i)=0,\quad -F_2\cdot a\sin60°-P\frac{1}{3}a\sin60°=0$$

得

$$F_2=-\frac{1}{3}P\text{（受压）}$$

$$\sum M_{A_1B_1}(\boldsymbol{F}_i)=0,\quad -F_3\cdot a\sin60°-P\frac{1}{3}a\sin60°=0$$

得

$$F_3=-\frac{1}{3}P\text{（受压）}$$

$$\sum M_{A_1A}(\boldsymbol{F}_i)=0,\quad -F_5\cos30°\cdot a\sin60°+M=0$$

得

$$F_5=\frac{4M}{3a}\text{（受拉）}$$

$$\sum M_{B_1B}(\boldsymbol{F}_i)=0,\quad F_6\cos30°\cdot a\sin60°+M=0$$

得

$$F_6=-\frac{4M}{3a}\text{（受压）}$$

$$\sum M_{C_1C}(\boldsymbol{F}_i)=0,\quad F_4\cos30°\cdot a\sin60°+M=0$$

得

$$F_4=-\frac{4M}{3a}\text{（受压）}$$

$$\sum M_{BC}(\boldsymbol{F}_i)=0,\quad -(F_1+F_4\cos30°)\cdot a\sin60°-P\cdot\frac{1}{3}a\sin60°=0$$

得

$$F_1=\frac{2M}{3a}-\frac{1}{3}P$$

思 考 题

3-1 判断如图3-15a、b所示的两个力系能否平衡？它们的三力都汇交于一点，且各力都不等于零。

3-2 用解析法求解平面汇交力系的平衡问题，x轴与y轴是否一定要互相垂直？当x轴与y轴不垂直时，建立的平衡方程

$$\sum F_{ix}=0,\quad \sum F_{iy}=0$$

能满足力系的平衡条件吗？

3-3 力偶是否可用一个力来平衡？为什么图 3-16 所示轮子上的力偶（矩为 M）似乎与重物的重力 $\boldsymbol{P}$ 相平衡呢？

3-4 在刚体上 A、B、C、D 四点作用两个平面力偶（$\boldsymbol{F}_1$，$\boldsymbol{F}_1'$）和（$\boldsymbol{F}_2$，$\boldsymbol{F}_2'$），如图 3-17 所示，其力多边形封闭。试问刚体是否平衡？

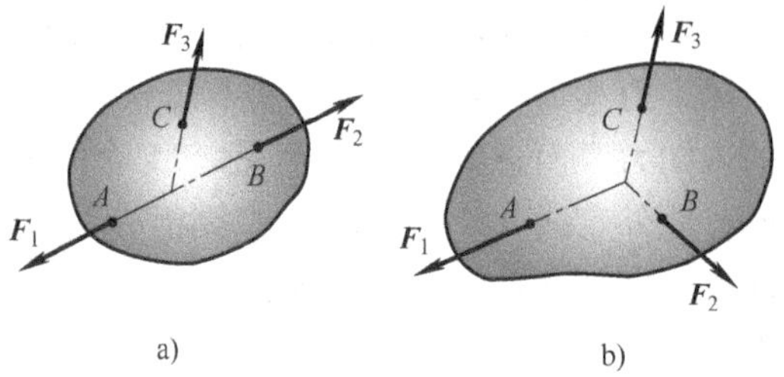

图 3-15

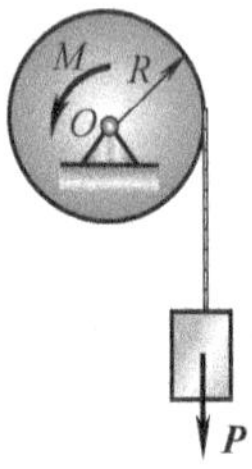

图 3-16

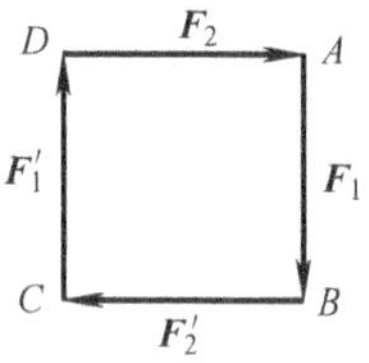

图 3-17

3-5 在图 3-18 所示各图中，力或力偶对点 A 的矩都相等，问它们引起的支座约束力是否相同？

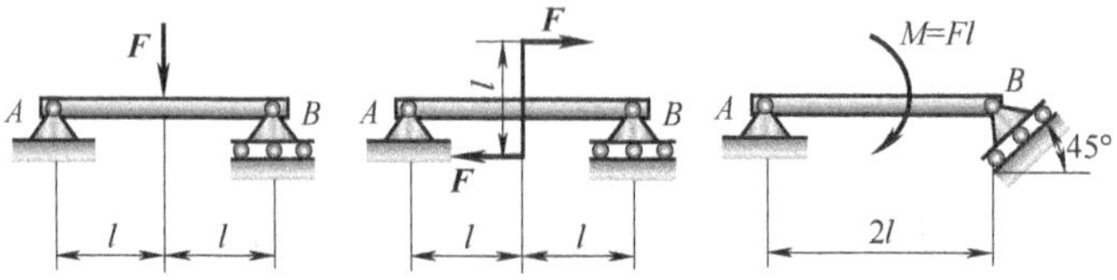

图 3-18

3-6 如图 3-19 所示，轴 AB 上作用一主动力偶，矩为 M_1，齿轮的啮合半径 $R=2r$。问当研究轴 AB 和 CD 的平衡问题时，(1) 能否根据力偶矩是自由矢量为理由，将作用在轴 AB 上的矩为 M_1 的力偶搬移到轴 CD 上？(2) 若在轴 CD 上作用矩为 M_2 的力偶使两轴平衡，问两力偶的矩的大小是否相等？为什么？

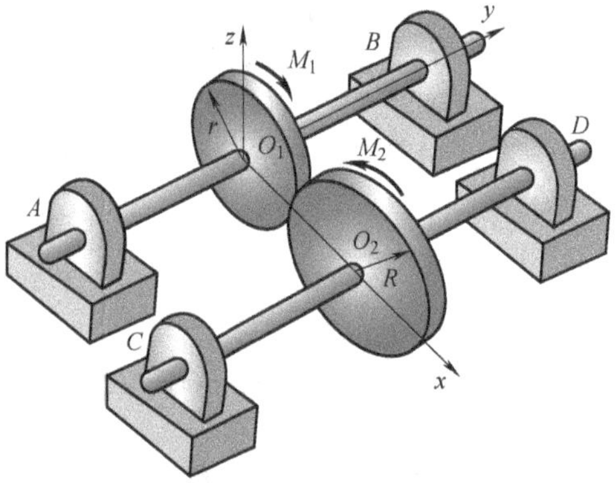

图 3-19

3-7 在刚体上 A、B、C 三点分别作用三个力 $\boldsymbol{F}_1$、$\boldsymbol{F}_2$、$\boldsymbol{F}_3$，各力的方向如图 3-20 所示，大小恰好与 $\triangle ABC$ 的边长成比例。问该力系是否平衡？为什么？

3-8 如图 3-21 所示某一平面平行力系，若满足 $\sum F_x=0$ 及 $\sum F_y=0$，问此力系是否平衡？为什么？

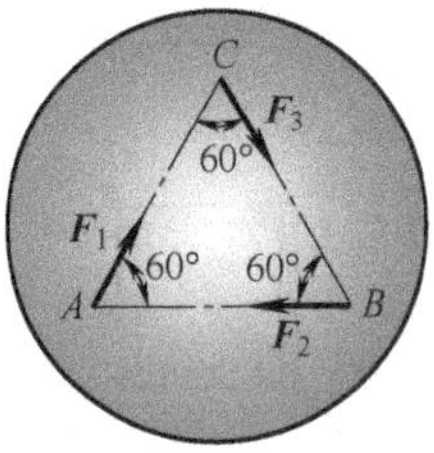

图　3-20

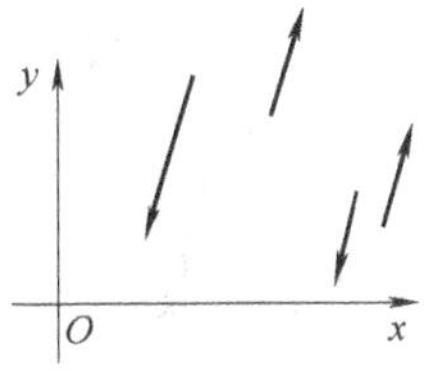

图　3-21

3-9　某平面力系向 A 点简化，得到一个力 $\boldsymbol{F}_R$ 和矩为 M_A 的力偶，B 为平面内任一点，试证明 A、B 两点的主矩之间有以下关系式：

$$M_B = M_A + M_B(\boldsymbol{F}_R)$$

在什么情况下，力系向不同点简化所得主矩相同。

3-10　说明力系简化时以下概念的异同：所得汇交力系的合力、力系的合力、力系的主矢。

3-11　图示三铰拱，在构件 BC 上分别作用一矩为 M 的力偶（见图 3-22a）或力 $\boldsymbol{F}$（见图 3-22b）。当求铰链 A、B、C 的约束力时，能否将力偶或力 $\boldsymbol{F}$ 分别移到构件 AC 上？为什么？

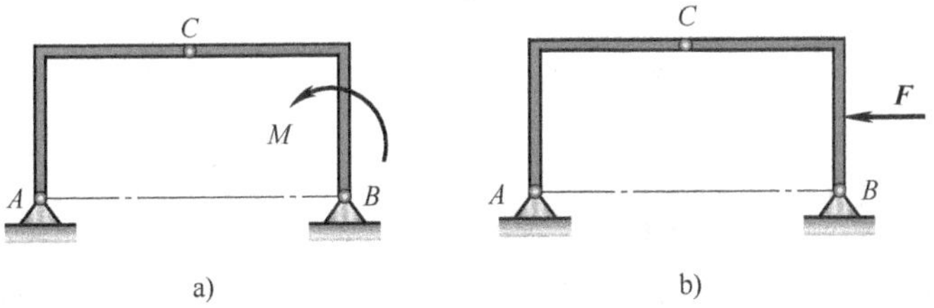

图　3-22

3-12　怎样判断静定和超静定问题？如图 3-23 所示的三种情形中哪些是静定问题，哪些是超静定问题？为什么？

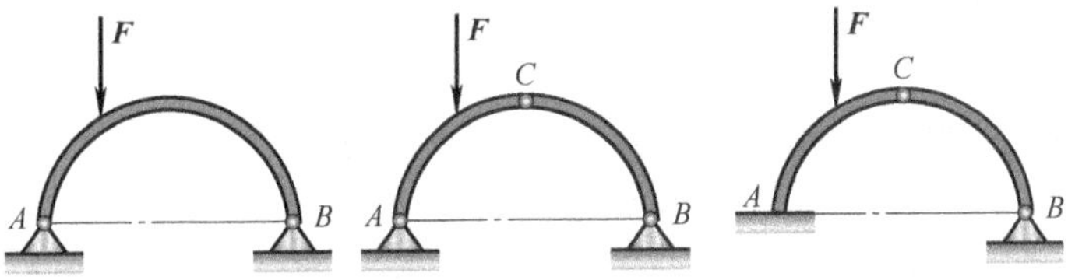

图　3-23

3-13　图 3-24 表示一桁架中杆件铰接的几种情况。设图 3-24a、c 的节点上没有载荷作用。图 3-24b 的节点 B 上受到外力 $\boldsymbol{F}$ 作用，该力作用线沿水平杆。问以上 7 根杆件中哪些杆的内力一定等于零？为什么？

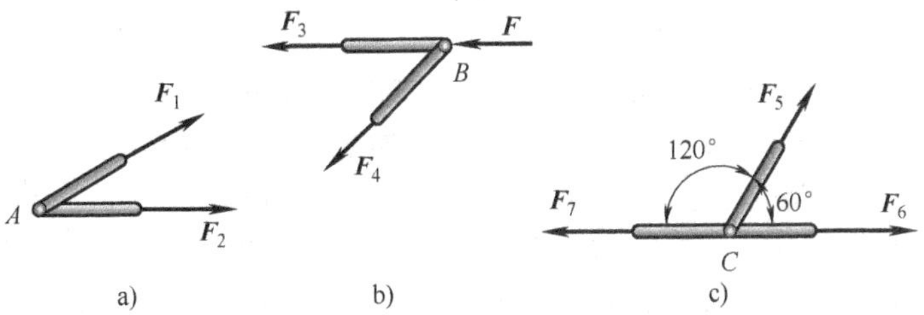

图　3-24

3-14 用上题的结论，能否直接找出如图 3-25 所示桁架中的零力杆？

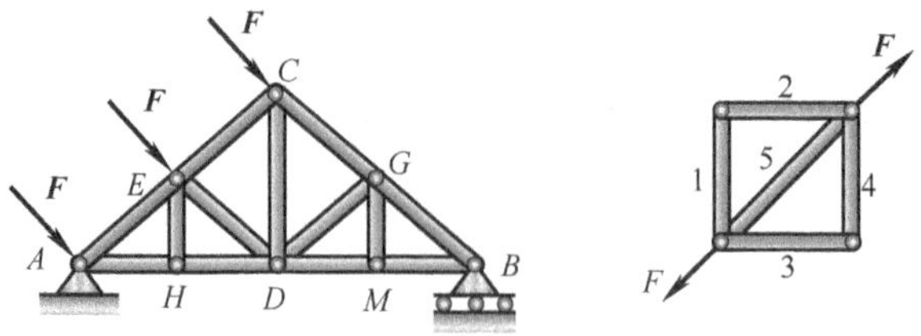

图 3-25

习题

3-1 如题 3-1 图所示，简易起重机用钢丝绳吊起重量 $P=2\text{kN}$ 的重物。不计杆件自重、摩擦及滑轮大小，A、B、C 三处简化为铰链连接，试求杆 AB 和 AC 所受的力。

3-2 如题 3-2 图所示，均质杆 AB 重为 P、长为 l，两端置于互相垂直的两光滑斜面上。已知一斜面与水平成角 α，求平衡时杆与水平所成的角 φ 及距离 OA。

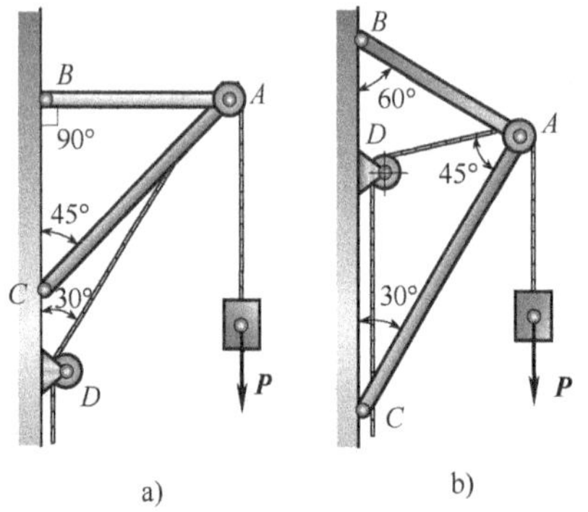

题 3-1 图

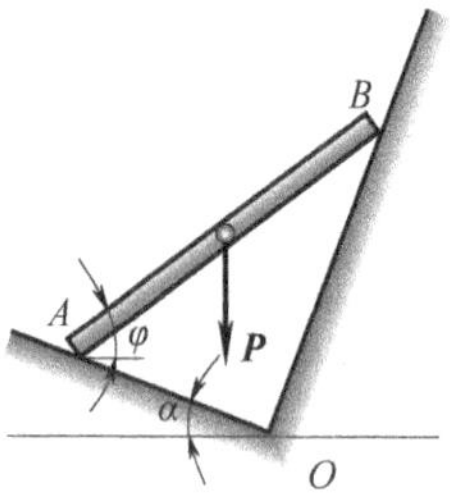

题 3-2 图

3-3 构件的支承及载荷情况如题 3-3 图所示，求支座 A、B 的约束力。

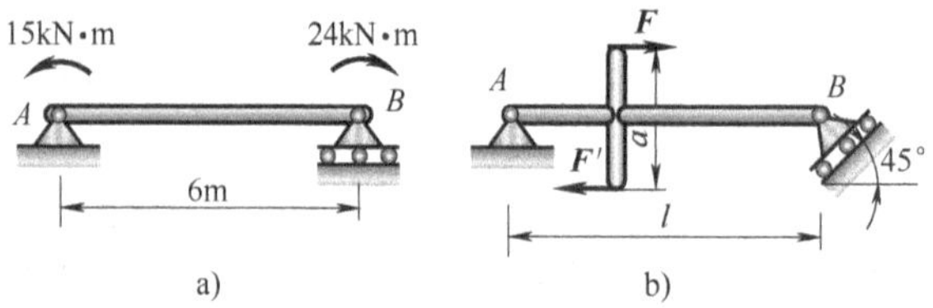

题 3-3 图

3-4 如题 3-4 图所示为炼钢电炉的电极提升装置。设电极 HI 与支架总重 P，重心在 C 点，支架上三个导轮 A、B、E 可沿固定立柱滚动，提升钢丝绳系在 D 点。求电极被支架缓慢提升时钢丝绳的拉力及 A、B、E 三处的约束力。

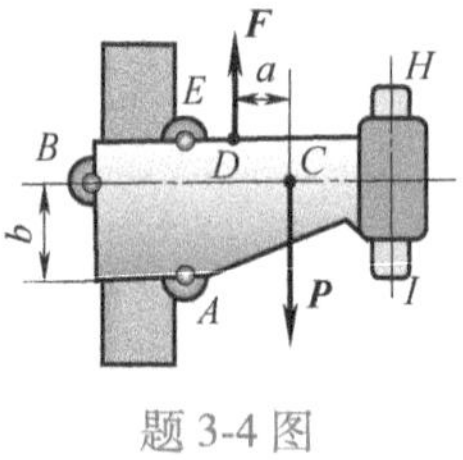

题 3-4 图

3-5 杆 AB 重为 P、长为 $2l$，置于水平面与斜面上，其上端系一绳子，绳子绕过滑轮 C 吊起一重物 P_1，如题 3-5 图所示。各处摩擦均不计，求杆平衡时的 P_1 值及 A、B 两处的约束力。α、β 均为已知。

3-6　在大型水工试验设备中，采用尾门控制下游水位，如题 3-6 图所示。尾门 AB 在 A 端用铰链支承，B 端系以钢索 BE，绞车 E 可以调节尾门 AB 与水平线的夹角 θ，因而也就可以调节下游的水位。已知 $\theta=60°$，$\varphi=15°$，设尾门 AB 长度为 $a=1.2\text{m}$，宽度 $b=1.0\text{m}$，重 $P=800\text{N}$。求 A 端约束力和钢索拉力。

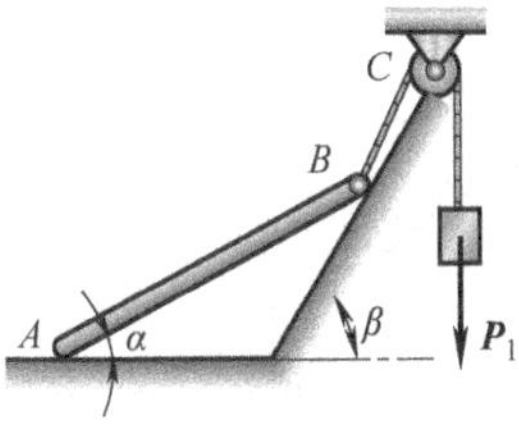

题 3-5 图

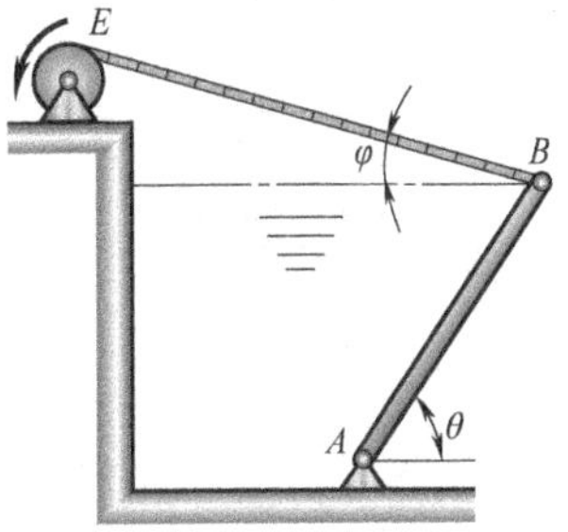

题 3-6 图

3-7　重物悬挂如题 3-7 图所示，已知 $P=1.8\text{kN}$，其他重量不计，求铰链 A 的约束力和杆 BC 所受的力。

3-8　求题 3-8 图所示各物体的支座约束力，长度单位为 m。

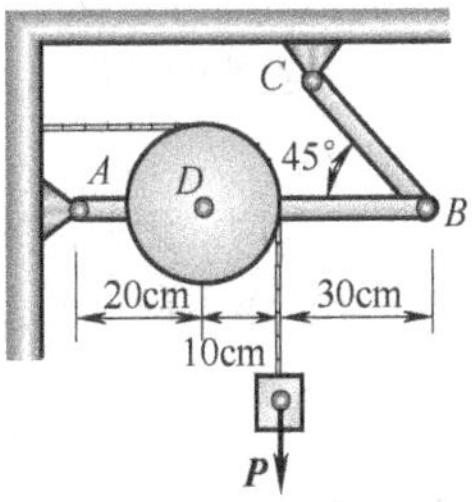

题 3-7 图

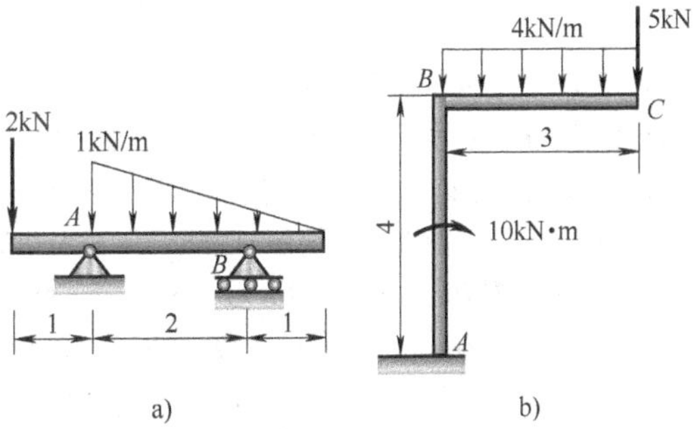

题 3-8 图

3-9　如题 3-9 图所示铁路起重机，除平衡重 P_1 外的全部重量为 $P_2=500\text{kN}$，重心在两铁轨的对称平面内，最大起重量为 200kN。为保证起重机在空载和最大载荷时都不致倾倒，求平衡重 P_1 及距离 x。

3-10　如题 3-10 图所示飞机起落架。设地面作用于轮子的支反力 $\boldsymbol{F}$ 是铅直方向，大于等于 30kN。试求铰链 A 和 B 的约束力，起落架本身重量忽略不计。

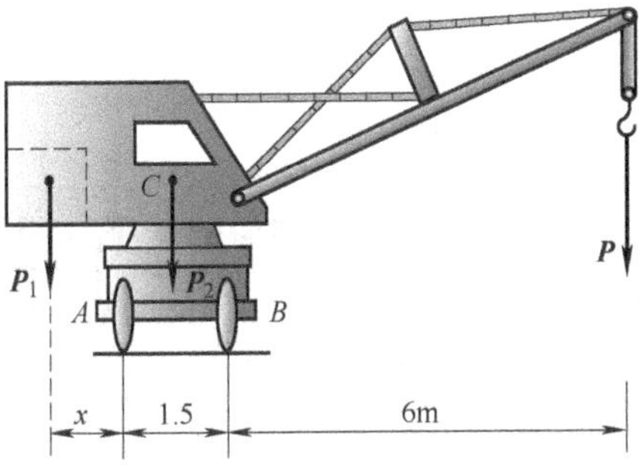

题 3-9 图

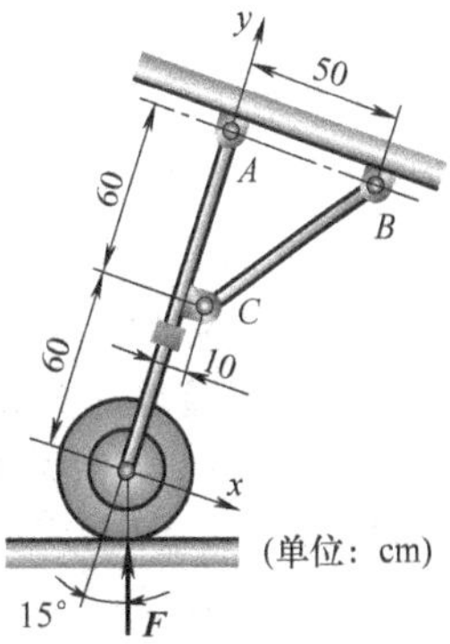

题 3-10 图

3-11　如题 3-11 图所示为一火箭发射架。火箭重量 $P=1.5\text{kN}$，重心在 C 点。火箭被发射架撑臂 AB 上的油缸推举到图示发射的位置。发射架的重量 $P_1=8\text{kN}$，重心在 C' 点。C、C'、A 三点在一直线上，且与梁 DE 垂直。当 DE 在图示位置时，求油缸的推力和 E 铰的约束力。

3-12 如题 3-12 图所示，在水平放置的直角三角板 ABC 上，作用着力偶矩 $M=2\text{N}\cdot\text{m}$ 的力偶和垂直于 BC 边的力 $\boldsymbol{F}$。已知 $F=40\text{N}$，$AB=10\text{cm}$，$AC=20\text{cm}$，$BD=DC$，不计自重，试求各杆受力。

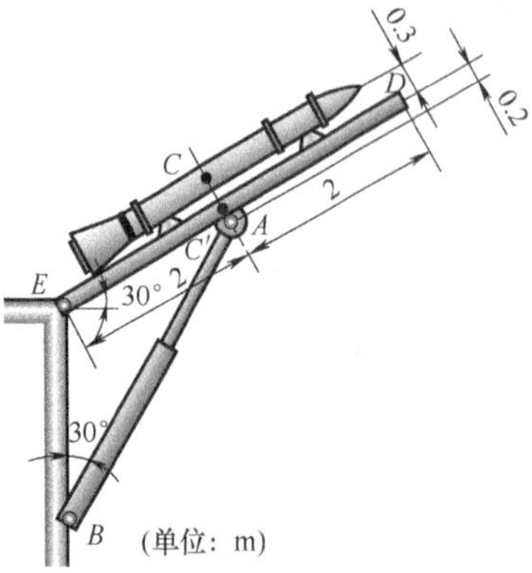

题 3-11 图

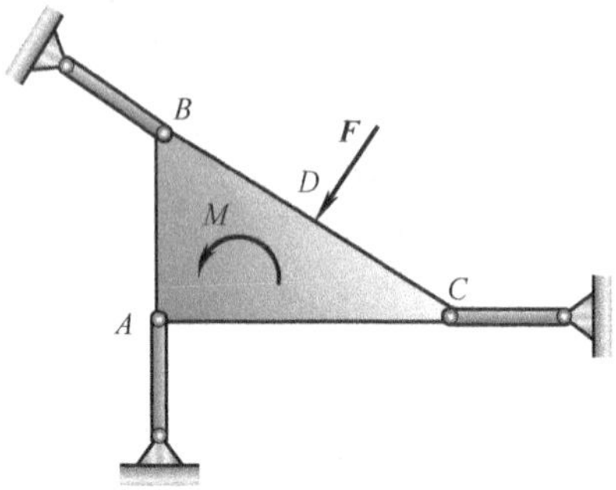

题 3-12 图

3-13 如题 3-13 图所示，飞机机翼上安装一台动力装置，作用在机翼 OA 上的气动力按梯形分布：$q_1=600\text{N/cm}$，$q_2=400\text{N/cm}$，机翼重 $P_1=45000\text{N}$，动力装置重 $P_2=20000\text{N}$，发动机螺旋桨的反作用力偶矩 $M=18000\text{N}\cdot\text{m}$。求机翼处于平衡状态时，机翼根部固定端 O 受的力。尺寸单位为 cm。

3-14 如题 3-14 图所示曲轴冲床简图，由轮Ⅰ、连杆 AB 和冲头 B 组成。A、B 两处为铰链连接。$OA=R$，$AB=l$。忽略摩擦和物体的自重，当 OA 在水平位置、冲压力为 $\boldsymbol{F}$ 时，求：(1) 作用在轮Ⅰ上的力偶矩 M；(2) 轴承 O 处的约束力；(3) 连杆 AB 受的力；(4) 冲头给导轨的侧压力。

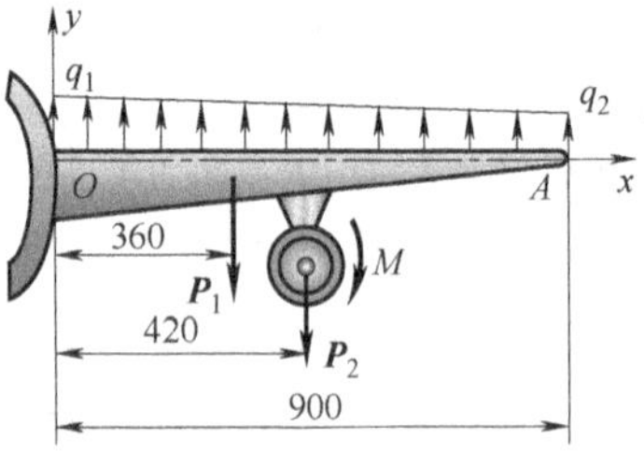

题 3-13 图

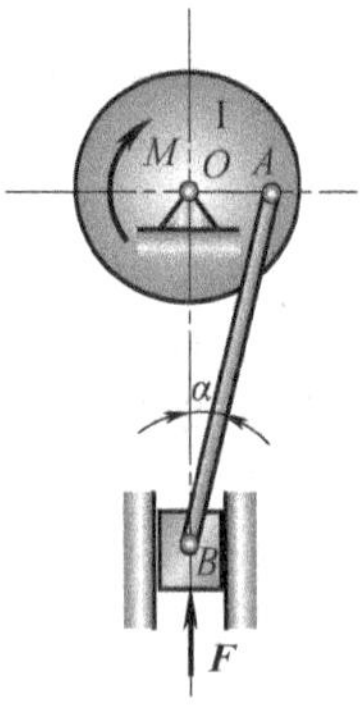

题 3-14 图

3-15 如题 3-15 图所示汽车台秤简图。BCF 为整体台面，杠杆可绕 O 轴转动，B、C、D 均为铰链，DC 杆处于水平位置。试求平衡时砝码的重量 P_1 与被称汽车重量 P_2 的关系。

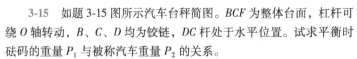

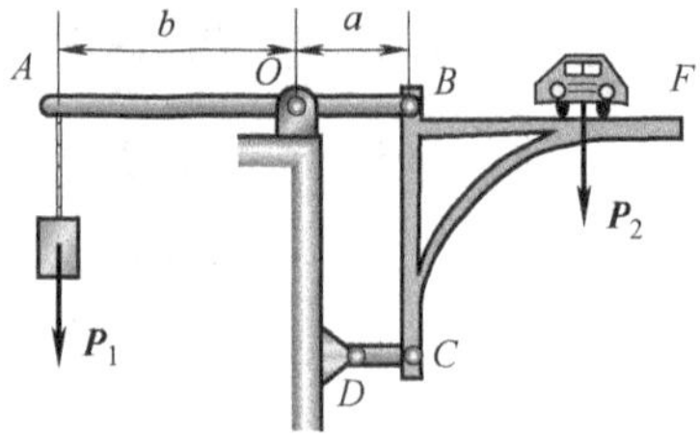

题 3-15 图

3-16 如题 3-16 图所示，组合梁由 AC 和 DC 两段铰接构成，起重机放在梁上。已知起重机重 $P_1=50\text{kN}$，重心在铅直线 EC 上，起重载荷 $P_2=10\text{kN}$。如不计梁重，求支座 A、B、D 处的约束力。

3-17 由 AC 和 CD 构成的组合梁通过铰链 C 连接。它的支承和受力如题 3-17 图所示。已知均布载荷集度 $q=10\text{kN/m}$，力偶矩 $M=40\text{kN}\cdot\text{m}$，不计梁重。求支座 A、B、D 的约束力和铰链 C 处所受的力。

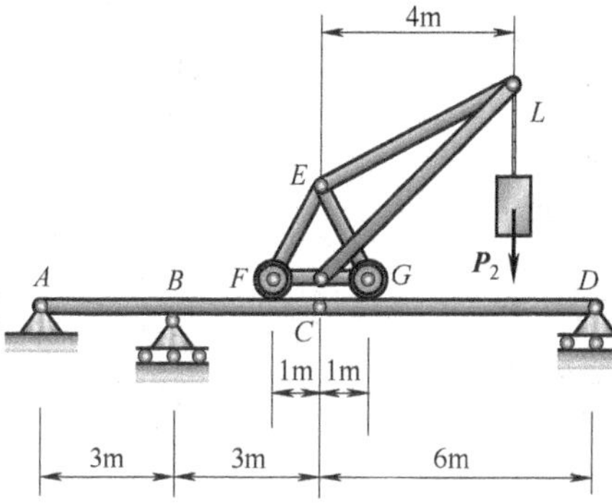

题 3-16 图

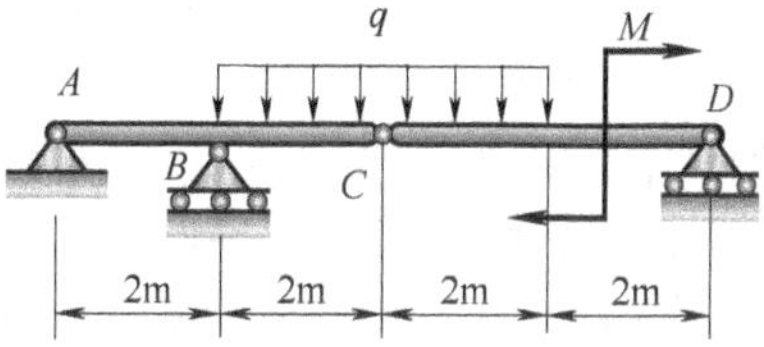

题 3-17 图

3-18　如题 3-18 图所示，无底的圆柱形空筒放在光滑的固定面上，内放两个重球，设每个球重为 P，半径为 r，圆筒的半径为 R。若不计各接触面的摩擦及圆筒厚度，求圆筒不致翻倒的最小重量 $P_{\min}$。

3-19　构架 ABC 由三杆 AB、AC 和 DF 组成，如题 3-19 图所示。杆 DF 上的销子 E 可在杆 AC 的槽内滑动。求在水平杆 DF 的一端作用铅直力 $\boldsymbol{F}$ 时杆 AB 上的点 A、D 和 B 所受的力。

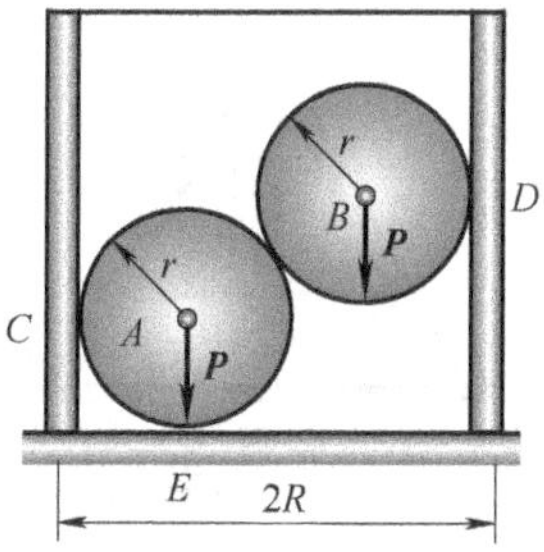

题 3-18 图

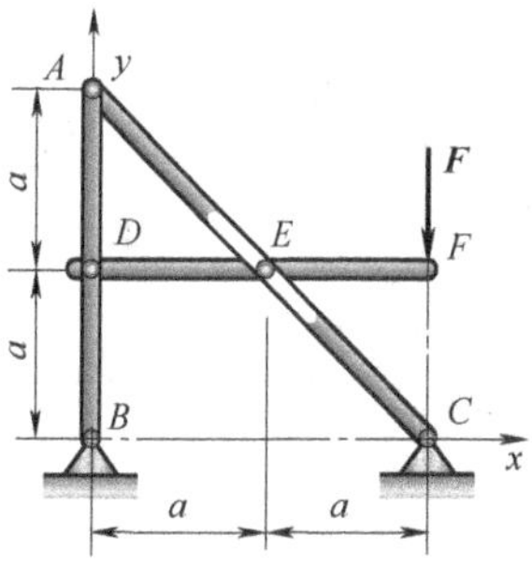

题 3-19 图

3-20　承重构架如题 3-20 图所示，A、D、E 均为铰链，各杆件和滑轮的重量略去不计，试求 A、D、E 点的约束力，长度单位为 mm。

3-21　如题 3-21 图所示，一构架由杆 AB 和 BC 所组成。载荷 $P=20\text{kN}$，已知 $AD=DB=1\text{m}$，$AC=2\text{m}$，滑轮半径均为 30cm，各构件自重不计，求 A 和 C 处的约束力。

3-22　物体重 P 为 1200N，由三杆 AB、BC 和 CE 所组成的构架和滑轮 E 支持，如题 3-22 图所示，不计杆和滑轮的重量，求支承 A 和 B 处的约束力，以及杆 BC 的内力。

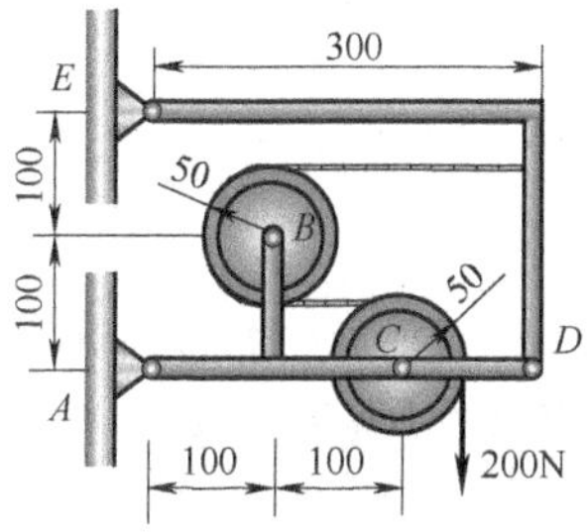

题 3-20 图

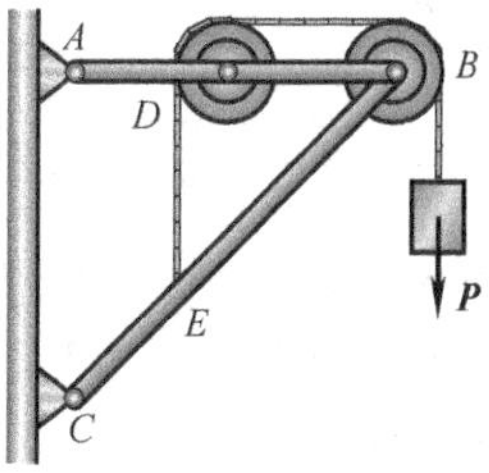

题 3-21 图

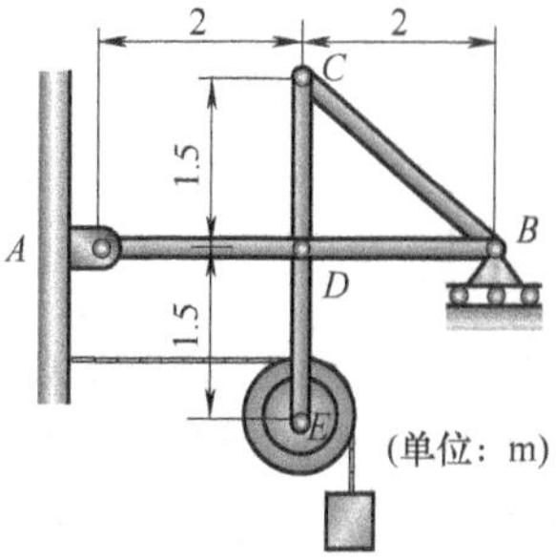

题 3-22 图

3-23 如题 3-23 图所示，直角弯杆 $ABCD$ 与直杆 DE 及 EC 铰接，作用在 DE 杆上的力偶矩 $M=40\text{kN}\cdot\text{m}$，不计各杆件自重，不考虑摩擦，尺寸如图。求支座 A、B 处的约束力及 EC 杆受力。

3-24 如题 3-24 图所示刚体系统中，$AB=l$，$BC=CD=a$，$\alpha=60°$，$\boldsymbol{F}_1$、$\boldsymbol{F}_2$ 分别为已知的铅垂与水平主动力，M 为已知主动力偶矩。不计各杆自重，求固定端 D 处的约束力。

3-25 如题 3-25 所示，折梯由两个相同的部分 AC 和 BC 构成，这两部分各重 100N，在 C 点用铰链连接，并用绳子在 D、E 点互相连接。梯子放在光滑的水平地板上。现销钉 C 上悬挂 $P=500\text{N}$ 的重物。已知 $AC=BC=4\text{m}$，$DC=EC=3\text{m}$，$\angle CAB=60°$。求 AC、BC 在 C 处受力。

3-26 如题 3-26 图所示绳子一端系于销钉 B 上，绕过滑轮后，另一端受一大小为 $F=1200\text{N}$ 的拉力。求构件 $ABCD$ 在 B 处所受的约束力。不计各件自重。

3-27 如题图 3-27 图所示，求 CE 杆在 D 端受的约束力（重物质量 60kg）。各件自重略去不计。

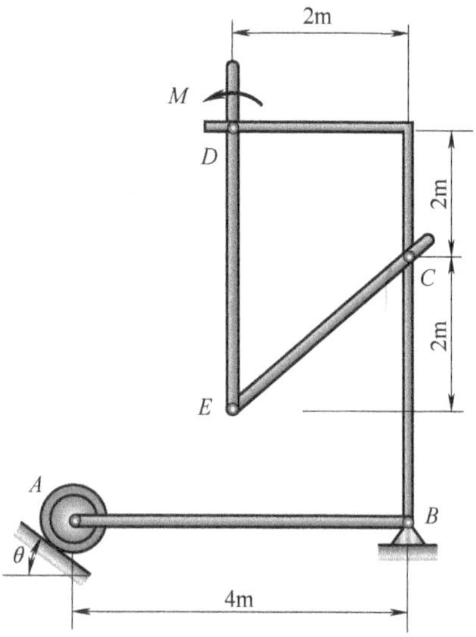

题 3-23 图

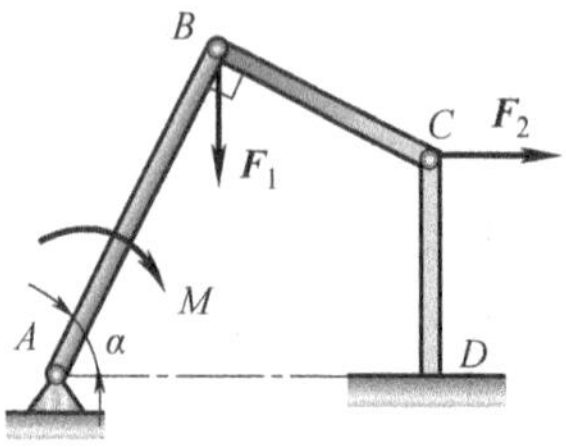

题 3-24 图

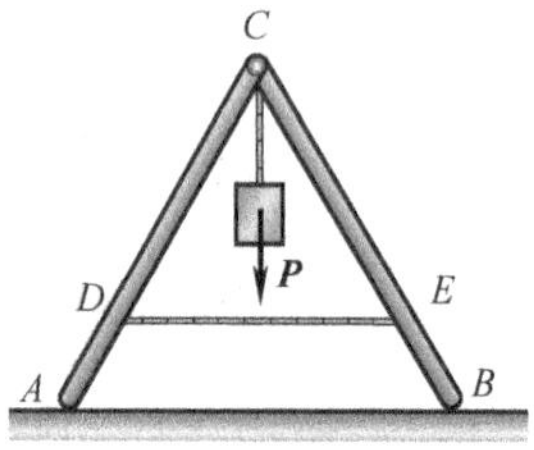

题 3-25 图

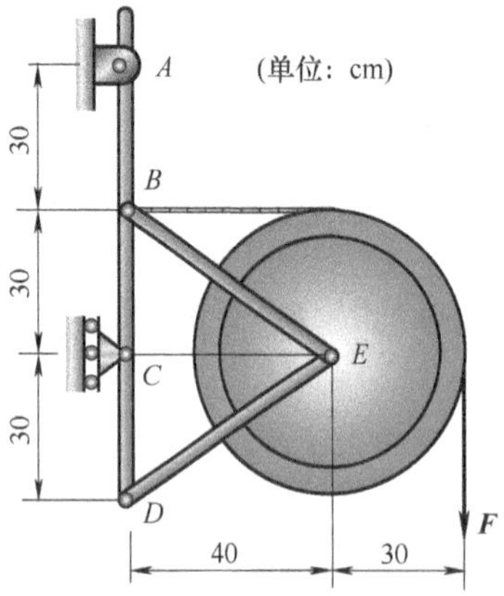

题 3-26 图

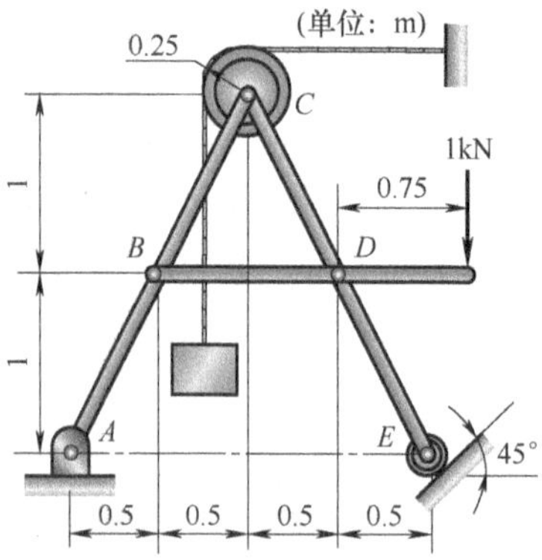

题 3-27 图

3-28 AB、AC、AD、BC 四杆连接如题 3-28 图所示。在水平杆 AB 上作用一铅垂向下的力 $\boldsymbol{F}$。试证：不论力 $\boldsymbol{F}$ 在 AB 杆上作用点的位置如何变化，竖直杆 AC 受到的力保持不变，且其大小等于 F。已知 A、C、E 为光滑铰链，B、D 处为光滑接触，各杆重量不计。

3-29 如题 3-29 图所示，用三根杆连接成一构架，各连接点均为铰链，各接触表面均为光滑表面。图中尺寸单位为 m。求铰链 D 受的力。

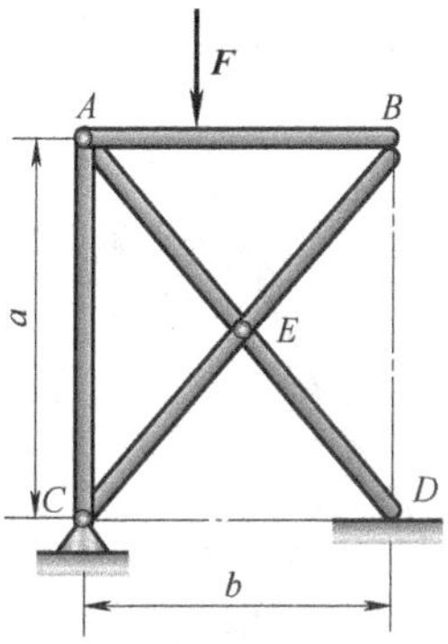

题 3-28 图

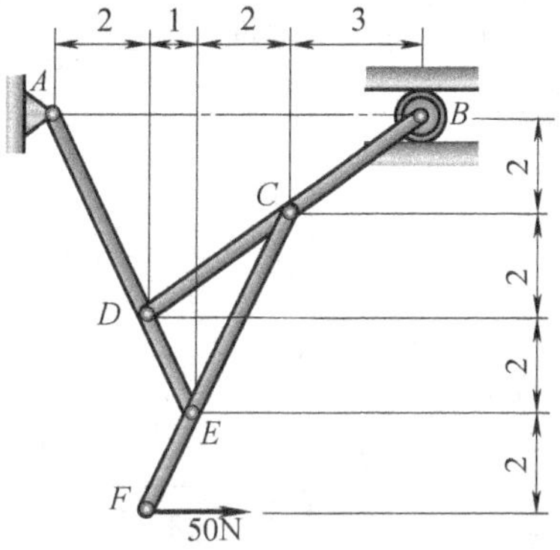

题 3-29 图

3-30 如题 3-30 图所示，*AB*、*BC*、*CD* 三根等长、等重的匀质杆与铅垂墙壁连接成正方形 *ABCD*，用柔绳 *EF* 拉住。已知 *E*、*F* 分别为 *AB*、*BC* 杆之中点，各杆重为 *P*，试以最少的平衡方程求柔索 *EF* 的拉力。

3-31 如题 3-31 图所示构架的 *AC* 杆上，作用着力偶矩为 *M* 的力偶；在 *CD* 杆与 *BD* 杆的中点各作用着铅垂力 $\boldsymbol{F}_1$ 和水平力 $\boldsymbol{F}_2$。不计各杆重，尺寸如图，试以最少的平衡方程求出 *AD* 杆所受的力。

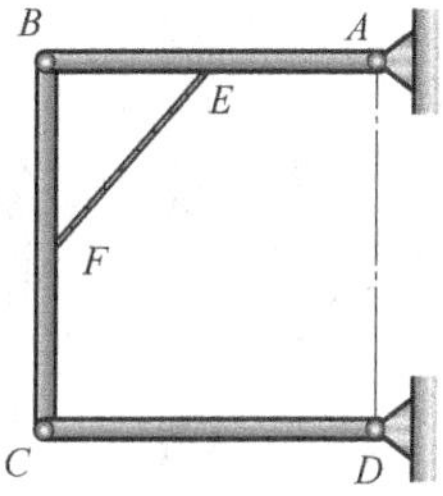

题 3-30 图

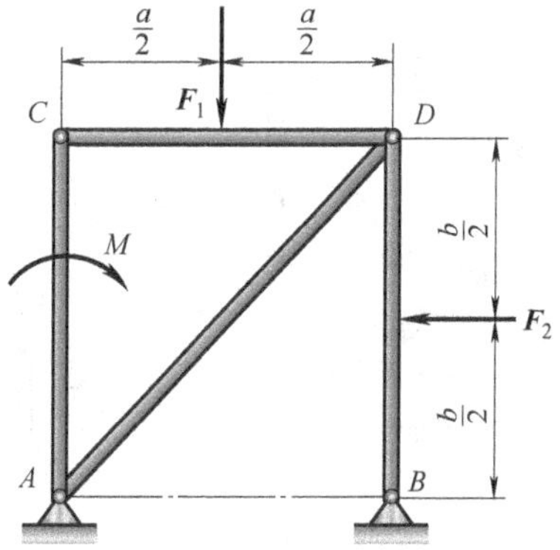

题 3-31 图

3-32 如题 3-32 图所示一轧钳，设钳柄上手的握力为 $\boldsymbol{F}_1$。求轧钳对工件的作用力 $\boldsymbol{F}_2$，并讨论尺寸 *c* 有无影响。图中 *a*、*b* 均已知。

3-33 如题 3-33 图所示，构架由梁 *ABC*、梁 *CDE* 与三根杆铰接而成，*A* 为插入端。均布载荷集度为 *q*，集中载荷 ***P*** 作用在销钉 *C* 上，力偶作用在 *E* 端，其矩为 *M*。不计各件自重。求 *A* 处的约束力。

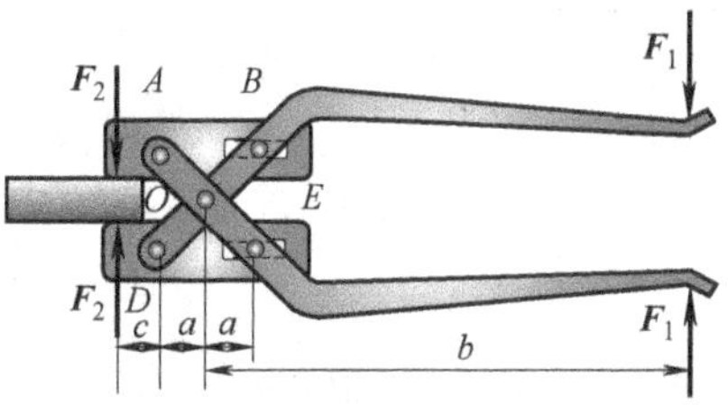

题 3-32 图

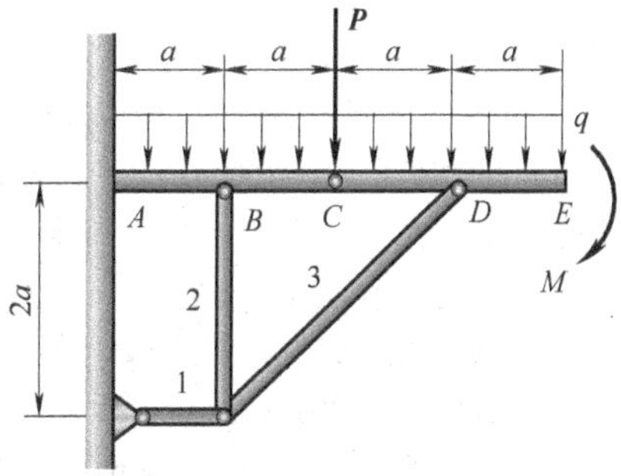

题 3-33 图

3-34 平面桁架的载荷如题3-34图所示。求各杆的内力。

3-35 平面桁架的支座和载荷如题3-35图所示。*ABC*为等边三角形，*E*、*F*为两腰中点，又$AD=DB$。求*CD*杆的内力$\boldsymbol{F}$。

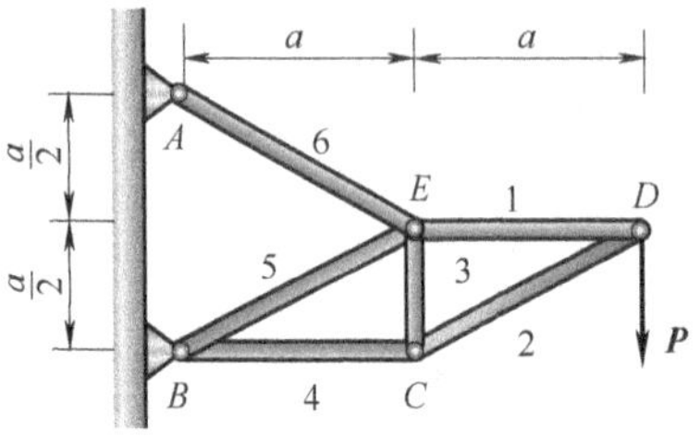

题3-34图

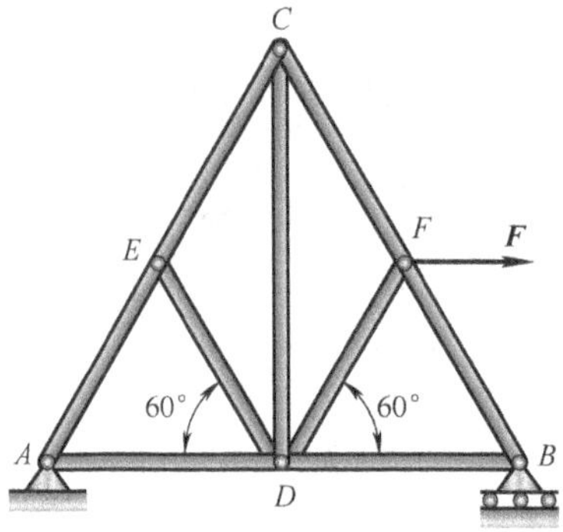

题3-35图

3-36 平面桁架的支座和载荷如题3-36图所示，求1、2和3杆的内力。

3-37 平面桁架的支座和载荷如题3-37图所示，已知：$F_1=10\text{kN}$，$F_2=F_3=20\text{kN}$，试求桁架6、7、9、10各杆的内力。

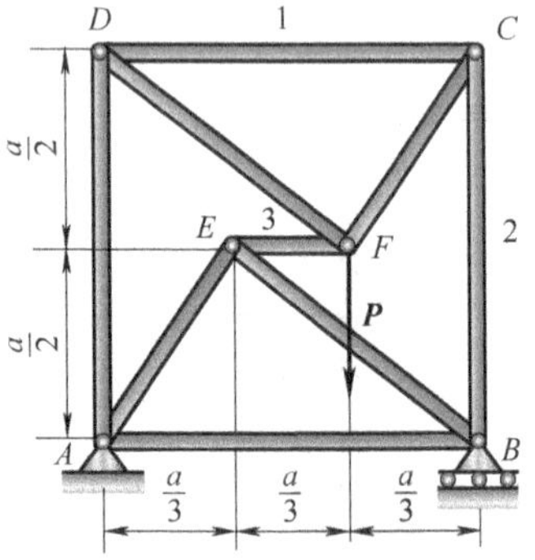

题3-36图

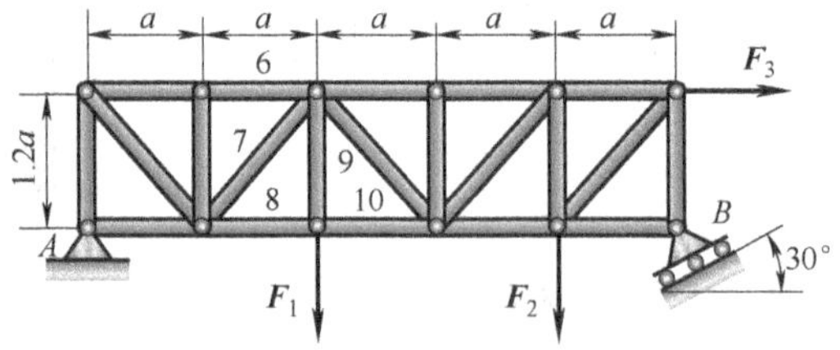

题3-37图

3-38 图示空间构架由三根直杆组成，在*D*端用球铰连接，如题3-38图所示，*A*、*B*和*C*端则用球铰链固定在水平地板上。如果挂在*D*端的物重$P=10\text{kN}$，求铰链*A*、*B*和*C*的约束力。各杆重量不计。

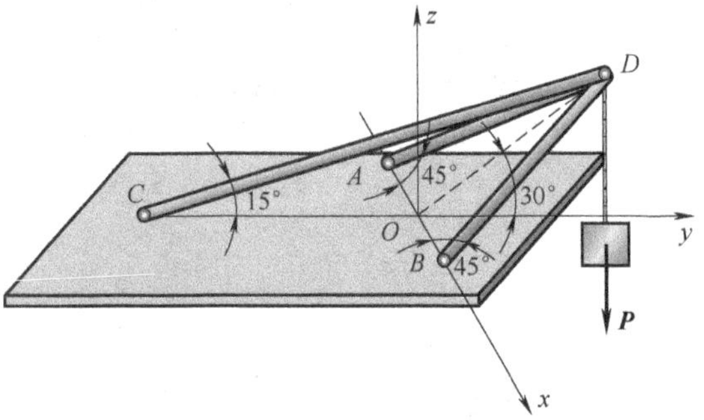

题3-38图

3-39 如题3-39图所示，水平传动轴装有两个带轮*C*和*D*，可绕*AB*轴转动。带轮的半径各为$r_1=200\text{mm}$和$r_2=250\text{mm}$，带轮与轴承间的距离为$a=c=500\text{mm}$，两带轮间的距离为$b=1000\text{mm}$。套在轮*C*上的传动带是水平的，其拉力为$F_1=2F_2=5000\text{N}$；套在轮*D*上的传动带与铅直线成角$\alpha=30°$，其拉力为$F_3=2F_4$。求在平衡情况下，拉力$\boldsymbol{F}_3$和$\boldsymbol{F}_4$的值，并求传动带拉力所引起的轴承约束力。

3-40 如题3-40图所示，均质杆*AB*的两端各用长*l*的绳吊住，绳的另端分别系在*C*和*D*两点上。杆长$AB=CD=2r$，杆重*P*。设将杆绕铅直轴线转过α角，求使杆在此位置保持平衡所需的力偶矩*M*以及绳内的拉力*F*。

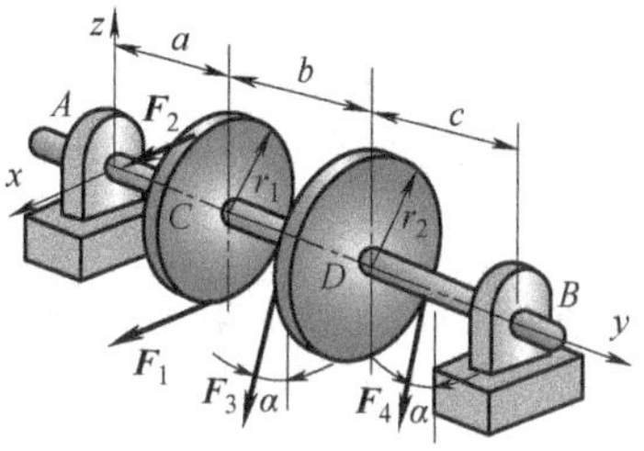

题 3-39 图

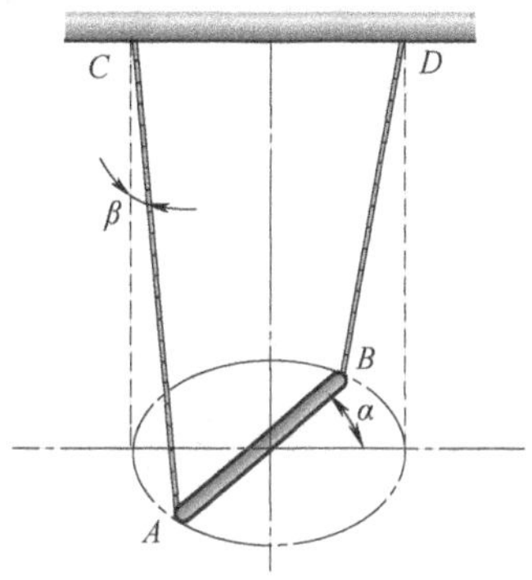

题 3-40 图

3-41　四个半径为 r 的均质球在光滑的水平面上堆成锥形，如题 3-41 图所示。下面的三个球 A、B、C 用绳缚住，绳和三个球心在同一水平面内。各球均重 P，求绳的拉力 F，绳内原来存在的初始内力忽略不计。

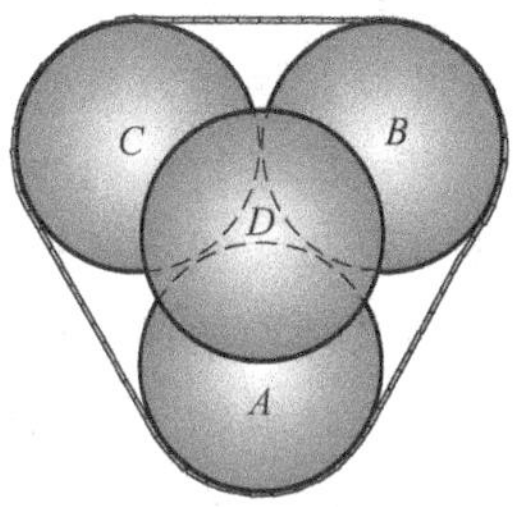

题 3-41 图

3-42　绞车的轴 AB 上绕有绳子，绳上挂重物重为 P_1。轮 C 装在轴上，轮的半径为轴半径的 6 倍，其他尺寸如题 3-42 图所示。绕在轮 C 上的绳子沿轮与水平线成 30°角的切线引出，绳跨过轮 D 后挂以重物 $P=60\text{N}$。求平衡时 P_1 的大小，以及轴承 A 和 B 的反作用力。各轮和轴的重量以及绳与滑轮 D 的摩擦均略去不计。

3-43　如题 3-43 图所示，六杆支撑一水平板，在板角处受铅垂力 $\boldsymbol{P}$ 作用。求由力 $\boldsymbol{P}$ 所引起的各杆的内力。板和杆自重不计。

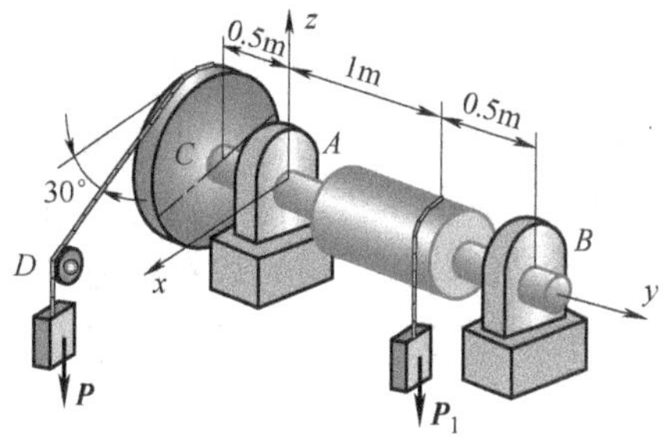

题 3-42 图

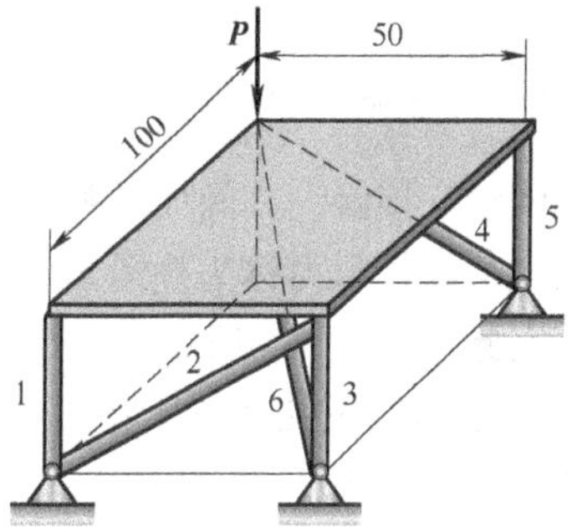

题 3-43 图

第 4 章 摩　擦

在前面各章讨论中，都假定物体接触表面完全光滑，也就是忽略摩擦的影响。而实际上许多问题不能忽略摩擦力的作用，如带传动是利用带与带轮之间的摩擦力传递运动，机床上的夹具依靠摩擦力来锁紧工件等。

有关摩擦的机制和摩擦力性质的研究，已形成一门学科——摩擦学。它涉及物体表面的弹塑性变化及润滑理论、表面物理和化学等诸多问题。本章不去研究摩擦力产生的物理原因，而只讨论摩擦力所引起的力学现象。

按照接触物体之间的运动情况，摩擦分为滑动摩擦和滚动摩阻，本章主要讨论考虑滑动摩擦时物体及物体系统的平衡问题。

4.1 滑动摩擦

4.1.1 静滑动摩擦和静滑动摩擦定律

两物体相互接触，其间如有相对滑动趋势，但尚保持相对静止时，彼此作用着阻碍相对滑动的阻力，这种阻力称为静滑动摩擦力，简称静摩擦力。为了说明静摩擦力的特性，先来观察一个实验。如图 4-1 所示，在固定水平面放一重为 P 的物块，该物块在重力 $\boldsymbol{P}$ 和约束力 $\boldsymbol{F}_N$（法向约束力）的作用下平衡。另作用一水平主动力 $\boldsymbol{F}$，并使 $\boldsymbol{F}$ 从零逐渐增大而不超过某一限度。

我们发现在此过程中，物块能始终保持静止平衡。可见，在接触面间确实有与力 $\boldsymbol{F}$ 相平衡的、来阻止物块滑动的摩擦力 $\boldsymbol{F}_s$ 存在，其方向与物块相对滑动趋势的方向相反。所以，静摩擦力就是平面对物块作用的切向约束力，它与一般的约束力一样，需用平衡方程确定它的大小，即

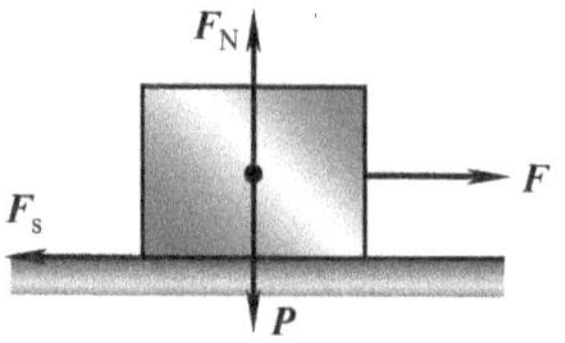

图　4-1

$$\sum F_{ix}=0, \quad F_s=F$$

由上式可知，静摩擦力的大小随水平力 $\boldsymbol{F}$ 的增大而增大，这是静摩擦力和一般约束力共同的性质。

但是，静摩擦力又与一般约束力不同，它并不随力 $\boldsymbol{F}$ 的增大而无限度地增大。当力 $\boldsymbol{F}$ 的大小达到一定数值，物块处于将要滑动，但尚未开始滑动的临界状态，这时，只要力 $\boldsymbol{F}$ 再增大一点，物块即开始滑动。这说明，当物块处于平衡的临界状态时，静摩擦力达到最大

值，称为最大静滑动摩擦力，简称最大静摩擦力，以 F_{max} 表示。此后，如力 F 再继续增大，静摩擦力不再随之增大，这就是静摩擦力的特点。

综上所述可知，静摩擦力是物体相对约束物体在接触点处有滑动趋势时，约束作用于物体的切向约束力。静摩擦力的方向与相对滑动趋势的方向相反，它的大小随主动力的情况而改变，但介于零与最大值之间，即

$$0 \leqslant F_s \leqslant F_{max} \tag{4-1}$$

前人经过多次实验证实，静摩擦力的最大值 F_{max} 与物体的法向约束力 F_N 的大小成正比。这就是静滑动摩擦定律或库仑摩擦定律，即

$$F_{max} = fF_N \tag{4-2}$$

式中，比例系数 f 称为静滑动摩擦系数，简称静摩擦系数，是量纲为一的量，它的值取决于材料的物理性质和表面情况。不同材料的静滑动摩擦系数在一般工程手册中均可查到，是由实验测定的，如表 4-1 所示。

表 4-1　常用材料的滑动摩擦系数

材料名称	静滑动摩擦系数		动滑动摩擦系数	
	无润滑	有润滑	无润滑	有润滑
钢—钢	0.15	0.1~0.12	0.15	0.05~0.1
钢—软钢	—	—	0.2	0.1~0.2
钢—铸铁	0.3	—	0.18	0.05~0.15
钢—青铜	0.15	0.1~0.15	0.15	0.1~0.15
软钢—铸铁	0.2	—	0.18	0.05~0.15
软钢—青铜	0.2	—	0.18	0.07~0.15
铸铁—青铜	—	—	0.15~0.2	0.07~0.15
青铜—青铜	—	0.1	0.2	0.07~0.1
铸铁—铸铁	—	0.18	0.15	0.07~0.12
皮革—铸铁	0.3~0.5	0.15	0.6	0.15
橡皮—铸铁	—	—	0.8	0.5
木材—木材	0.4~0.6	0.1	0.2~0.5	0.07~0.15

4.1.2　动滑动摩擦定律

两物体相互接触，其接触表面之间有相对滑动时，彼此作用着阻碍相对滑动的阻力，称为动滑动摩擦力，简称动摩擦力。例如，制动、滑动轴承中的摩擦等，都是动摩擦问题。

由实践和实验结果，得出动滑动摩擦的基本定律：

1）动摩擦力的方向与接触物体间相对速度的方向相反。

2）动摩擦力与接触物体间的正压力成正比，即

$$F_d = f' F_N \tag{4-3}$$

式中，f' 是动滑动摩擦系数，简称动摩擦系数，它与接触物体的材料和表面状况，以及相对滑动速度的大小有关。在大多数情况下，f' 随相对滑动速度的增大而减小。当相对滑动速度不大时，可近似地认为是个常数。

3）在一般情况下动滑动摩擦系数小于静滑动摩擦系数，即

$$f'<f$$

应该指出：动摩擦力与静摩擦力区别之点在于静摩擦力可取 0 到 $F_{max}=fF_N$ 之间的任意值。

4.2 摩擦角和自锁现象

4.2.1 摩擦角

当有摩擦时，平衡物体受到的约束力不仅有法向约束力 $\boldsymbol{F}_N$，而且有切向约束力即静摩擦力 $\boldsymbol{F}_s$，把它们合成一个力 $\boldsymbol{F}_{RA}$，称为全约束力。它的作用线与接触面的公法线成一偏角 α，如图 4-2a 所示。容易理解，当 F_s 在 $0\leqslant F_s\leqslant F_{max}$ 区间内变化时，α 角则对应地在 $0\leqslant\alpha\leqslant\varphi$ 区间内变化，如图 4-2b 所示。我们将全约束力与法线间夹角的最大值 φ，称为摩擦角。由图 4-2 可得

$$\tan\varphi=\frac{F_{max}}{F_N}=\frac{fF_N}{F_N}=f \tag{4-4}$$

即摩擦角的正切等于静滑动摩擦系数。

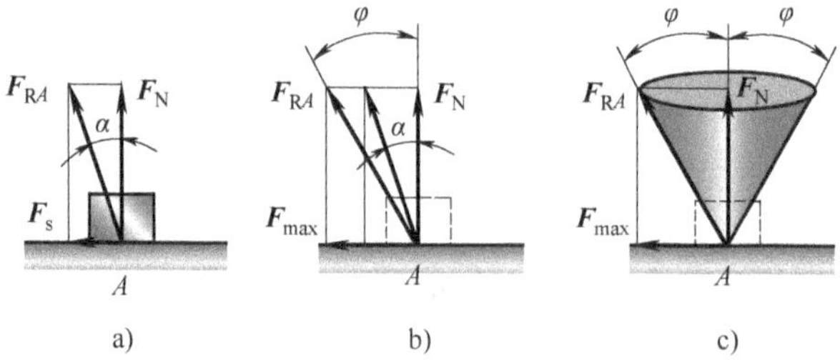

图 4-2

在图 4-2b 中，当物体处于平衡的临界状态时，随着物块的滑动趋势方向的改变，全约束力作用线的方位也随之改变，力 $\boldsymbol{F}_{RA}$ 的作用线在空间的几何位置所形成的锥面称为摩擦锥，如图 4-2c 所示。若接触面间各方向的摩擦系数 f 相同时，则它是一个顶角为 2φ 的圆锥。

4.2.2 自锁现象

因为物体受的静摩擦力总是小于或等于最大静摩擦力，即

$$0\leqslant F_s\leqslant F_{max}$$

所以全约束力与法线间的夹角 α 也总是小于或等于摩擦角 φ，即

$$0\leqslant\alpha\leqslant\varphi$$

这就是说，支承面的全约束力必定位于摩擦角之内。所以，如果作用在物体上主动力的合力 $\boldsymbol{F}_R$ 的作用线在摩擦角以外，则物体不能保持静止，因为主动力的合力 $\boldsymbol{F}_R$ 与支承面的全约束力 $\boldsymbol{F}_{RA}$不能满足二力平衡条件，如图 4-3a 所示。反之，如果主动力的合力 $\boldsymbol{F}_R$ 的作用线在摩擦角以内，则无论合力的大小如何，主动力的合力 $\boldsymbol{F}_R$ 和支承面的全约束力 $\boldsymbol{F}_{RA}$必能

满足二力平衡条件，物体必保持静止，如图 4-3b 所示。这种无论合力的大小如何，只要其作用线位于摩擦锥之内，物体即能保持静止的现象，称为**自锁现象**。与主动力大小无关而只与摩擦角有关的平衡条件称为**自锁条件**。工程中常应用自锁原理设计夹紧装置；反之，在很多情况下，为了防止自动卡住，要设法避免发生自锁现象。

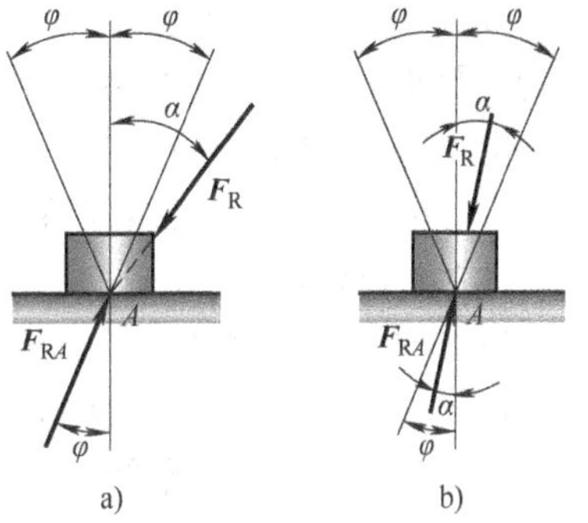

图　4-3

利用摩擦角的概念，可用简单的试验方法，测定静摩擦系数。如图 4-4 所示，把要测定的两种材料分别做成斜面和物块，把物块放在斜面上，有 $\theta=\alpha$，并从 0 起逐渐增大斜面的倾角，直到物块开始下滑时为止。记下斜面倾角 θ，也即 α，这时的 α 角就是要测定的摩擦角 φ，其正切就是要测定的静摩擦系数 f。理由如下：由于物块仅受重力 $\boldsymbol{P}$ 和全约束力 $\boldsymbol{F}_{RA}$ 作用而平衡，所以 $\boldsymbol{F}_{RA}$ 与 $\boldsymbol{P}$ 应等值、反向、共线，因此 $\boldsymbol{F}_{RA}$ 必沿铅直线，$\boldsymbol{F}_{RA}$ 与斜面法线的夹角等于斜面倾角 α。当物块处于临界状态时，全约束力 $\boldsymbol{F}_{RA}$ 与法线间的夹角等于摩擦角 φ，即 $\alpha=\varphi$。由式（4-4）求得静摩擦系数，即

$$f=\tan\varphi=\tan\alpha$$

下面讨论斜面的自锁条件，即讨论物块 A 在铅直载荷 $\boldsymbol{P}$ 的作用（图 4-4）下，不沿斜面下滑的条件。由前面分析可知，只有当斜面倾角 $\theta\leqslant\varphi$ 时，物块不下滑，即**斜面的自锁条件是斜面的倾角小于或等于摩擦角**。

机械中常用的螺旋可以看成是绕在一圈柱体上的斜面，如图 4-5 所示，螺纹导角 α 相当于斜面的倾角。螺旋相当于斜面，螺母相当于斜面上的物块，加于螺母的轴向载荷相当于物块的重力，螺旋与螺母之间有正压力和摩擦力作用。根据物体在斜面上自锁的条件，可知锁紧螺旋的自锁条件是螺纹导角 α 小于或等于摩擦角 φ。

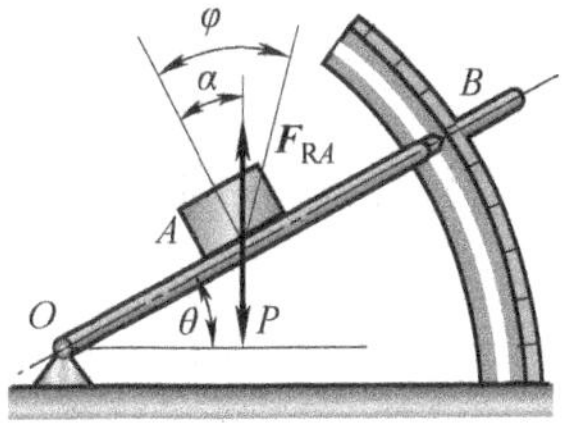

图　4-4

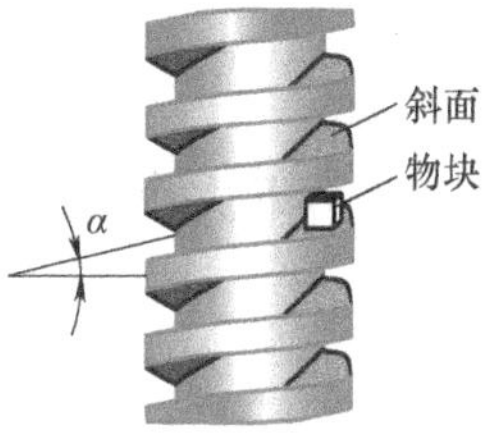

图　4-5

4.3　考虑滑动摩擦的平衡问题

考虑摩擦时，物体的平衡问题也是用平衡方程来解决，只是在受力分析中必须考虑摩擦力。这里要严格区分物体是处于一般的平衡状态还是临界的平衡状态。在一般平衡状态下，摩擦力 F_s 由平衡条件确定。大小应满足 $F_s\leqslant F_{max}$ 的条件，方向与相对滑动趋势的方向相反。

临界平衡状态下，摩擦力为最大值 F_{max}，应该满足 $F_s=F_{max}$ 的关系式。

考虑摩擦的平衡问题，一般可分为下述三种类型：

1）求物体的平衡范围。由于静摩擦力的值 F_s 可以随主动力而变化（只要满足 $F_s \leq F_{max}$）。因此在考虑摩擦的平衡问题中，物体所受主动力的大小或平衡位置允许在一定范围内变化。这类问题的解答往往是一个范围值，称为平衡范围。

2）已知物体处于临界的平衡状态，求主动力的大小或物体平衡时的位置（距离或角度）。应根据摩擦力的方向，利用补充方程 $F_{max}=fF_N$ 进行求解。

3）已知作用在物体上的主动力，判断物体是否处于平衡状态并计算所受的摩擦力。此时可假定物体平衡，假定摩擦力方向，由平衡方程进行计算，并根据不等式 $|F_s|<F_{max}$ 是否满足，来判断物体是否平衡。

例 4-1 斜面上放一重为 P 的物体，如图 4-6a 所示。斜面的倾角为 α，物体与斜面之间的摩擦角为 φ，且知 $\alpha>\varphi$。试求维持物体在斜面上静止时，水平推力 $\boldsymbol{F}$ 所允许的范围。

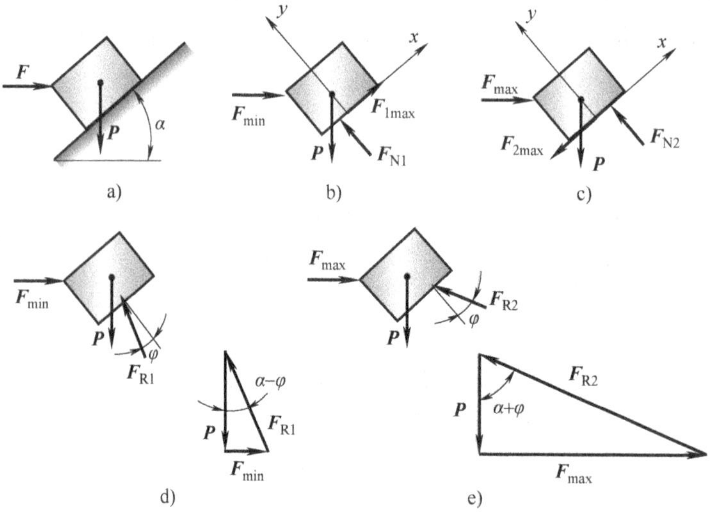

图 4-6

解： 由经验可知，力 $\boldsymbol{F}$ 太小，物块将下滑；力 $\boldsymbol{F}$ 太大，物块将上滑，因此力 $\boldsymbol{F}$ 的数值应在一定范围内。

先求 $\boldsymbol{F}$ 的最小值。由于物块处于临界平衡状态，有向下滑动的趋势，所以摩擦力达到最大值，方向应沿斜面向上。物块受力如图 4-6b 所示。由平衡方程

$$\sum F_{ix}=0,\quad F_{min}\cos\alpha+F_{1max}-P\sin\alpha=0$$

$$\sum F_{iy}=0,\quad -F_{min}\sin\alpha+F_{N1}-P\cos\alpha=0$$

及关于摩擦力的补充方程

$$F_{1max}=fF_{N1}$$

解得

$$F_{min}=P\frac{\tan\alpha-f}{1+f\tan\alpha}=P\tan(\alpha-\varphi)$$

再求 $\boldsymbol{F}$ 的最大值。由于物块处于临界平衡状态，有向上滑动的趋势，所以摩擦力达到最大值，方向应沿斜面向下。物块受力如图 4-6c 所示。同样根据平衡条件和摩擦定律列出

$$\sum F_{ix}=0,\quad F_{max}\cos\alpha-F_{2max}-P\sin\alpha=0$$
$$\sum F_{iy}=0,\quad -F_{max}\sin\alpha+F_{N2}-P\cos\alpha=0$$
$$F_{2max}=fF_{N2}$$

解得

$$F_{max}=P\frac{\tan\alpha+f}{1-f\tan\alpha}=P\tan(\alpha+\varphi)$$

本题也可利用摩擦角和平衡的几何条件求解，当 $\boldsymbol{F}$ 有最小值时，物块受力如图 4-6d 所示，这时 $\boldsymbol{P}$、$\boldsymbol{F}_{min}$ 与支承面的全约束力 $\boldsymbol{F}_{R1}$ 三力成平衡。由力三角形可得

$$F_{min}=P\tan(\alpha-\varphi)$$

当 $\boldsymbol{F}$ 有最大值时，物块受力如图 4-6e 所示，这时 $\boldsymbol{P}$、$\boldsymbol{F}_{max}$ 与支承面的全约束力 $\boldsymbol{F}_{R2}$ 三力成平衡。由力三角形可得

$$F_{max}=P\tan(\alpha+\varphi)$$

由此可知，要维持物块平衡时，力 $\boldsymbol{F}$ 的值应满足的条件是

$$P\tan(\alpha-\varphi)\leqslant F\leqslant P\tan(\alpha+\varphi)$$

这就是它的平衡范围。

例 4-2　如图 4-7a 所示为凸轮机构。已知推杆与滑道间的摩擦系数为 f，滑道宽度为 b。问 a 为多大，推杆才不致被卡住。设凸轮与推杆接触处的摩擦忽略不计。

解： 此题是求平衡位置，取推杆为研究对象。其受力图如 4-7b 所示，推杆除受凸轮推力 $\boldsymbol{F}_N$ 作用外，在 A、B 处还受法向约束力 $\boldsymbol{F}_{NA}$、$\boldsymbol{F}_{NB}$ 作用，由于推杆有向上滑动趋势，则摩擦力 $\boldsymbol{F}_A$、$\boldsymbol{F}_B$ 的方向向下。

$$\sum F_{ix}=0,\quad F_{NA}-F_{NB}=0 \tag{a}$$
$$\sum F_{iy}=0,\quad -F_A-F_B+F_N=0 \tag{b}$$
$$\sum M_D(\boldsymbol{F}_i)=0,\quad F_N a-F_{NB}b-F_B\frac{d}{2}+F_A\frac{d}{2}=0 \tag{c}$$

考虑平衡的临界情况（即推杆将动而尚未动时），摩擦力达最大值。根据静摩擦定律可写出

$$F_A=fF_{NA} \tag{d}$$
$$F_B=fF_{NB} \tag{e}$$

联立以上 5 式可解得

$$a=\frac{b}{2f}$$

要保证机构不发生自锁现象（即不被卡住），必须使 $a<\dfrac{b}{2f}$，读者自行分析原因。

本题也可用几何法求解。这时需将 A、B 处的摩擦力和法向约束力分别合成为全约束力 $\boldsymbol{F}_{RA}$ 和 $\boldsymbol{F}_{RB}$。这样一来，推杆受 $\boldsymbol{F}_N$、$\boldsymbol{F}_{RA}$ 和 $\boldsymbol{F}_{RB}$ 三个力作用。

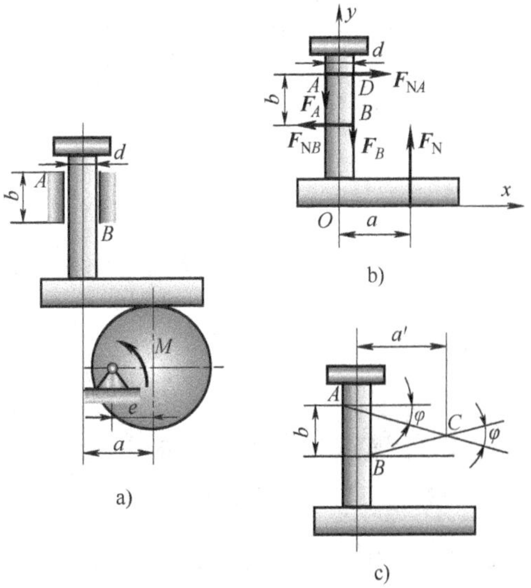

图　4-7

自 A、B 两点各作与水平线成夹角 φ（摩擦角）的直线，两线交于点 C，如图 4-7c 所示，点 C 至推杆中心线的距离 a' 即为所求的大小，可按下式计算：

$$\left(a'+\frac{d}{2}\right)\tan\varphi+\left(a'-\frac{d}{2}\right)\tan\varphi=b$$

有

$$a'=\frac{b}{2\tan\varphi}=\frac{b}{2f}$$

A、B 处的全约束力只能在摩擦角以内，也就是两力的作用线的交点只能在点 C 或点 C 的右侧。因此根据三力平衡的汇交条件可知，只要力 $\boldsymbol{F}_N$ 的作用线通过点 C 或在点 C 的右侧，则无论此力多么大，三力必将汇交，因此推杆必定处于平衡；若力 $\boldsymbol{F}_N$ 的作用线在点 C 左侧，则三力不可能汇交，因此推杆将会滑动。由此可知，欲使推杆不被卡住，必须使 $a<a'$ 或 $a<\dfrac{b}{2f}$。

例 4-3 如图 4-8 所示，均质杆 OC 长 4m，重 $P_1=500\text{N}$，轮轴 $r=0.1\text{m}$，$R=0.3\text{m}$，重 $P_2=300\text{N}$，与杆 OC 及水平面接触处的摩擦系数分别为 $f_A=0.4$，$f_B=0.2$。求拉动圆轮所需力 $\boldsymbol{F}$ 的最小值。

解： 分别画出杆、轮的受力图。对杆 OC

$$\sum M_O(\boldsymbol{F}_i)=0,\quad 3F'_{NA}-2P_1=0$$

$$F'_{NA}=333\text{N}$$

对轮

$$F_{NA}=F'_{NA}$$

$$\sum F_{iy}=0,\quad F_{NB}-F_{NA}-P_2=0$$

$$F_{NB}=633\text{N}$$

补充方程

$$F_{A\max}=f_AF_{NA}=0.4\times333\text{N}=133\text{N}$$

$$F_{B\max}=f_BF_{NB}=0.2\times633\text{N}=127\text{N}$$

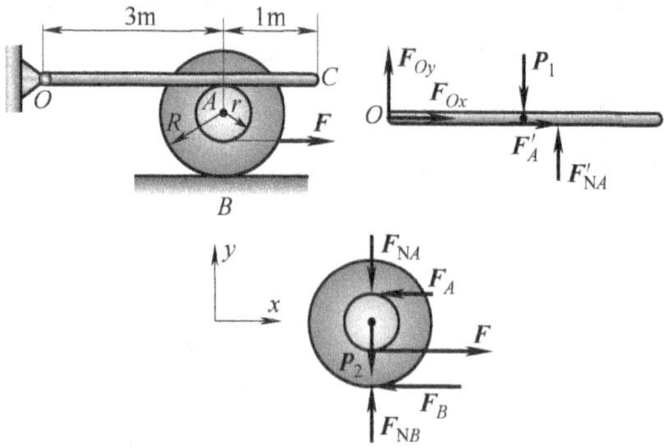

图 4-8

若 A 点先滑动

$$\sum M_B(\boldsymbol{F}_i)=0,\quad F_{A\max}(0.1+0.3)-F(0.3-0.1)=0$$

$$F=266\text{N}$$

若 B 点先滑动

$$\sum M_A(\boldsymbol{F}_i)=0,\quad F(0.1\times2)-F_{B\max}(0.1+0.3)=0$$

$$F=254\text{N}$$

所以

$$F_{\min}=254\text{N}$$

此即是圆轮运动的力 $\boldsymbol{F}$ 的最小值，此时 A 点不动，B 处发生滑动。

例 4-4 在图 4-9a 中，棱柱体重 $P=480\text{N}$，置于水平面上，接触面间的静摩擦系数 $f=\dfrac{1}{3}$。棱柱上作用一力 $\boldsymbol{F}$，方向如图 4-9a 所示。求使棱柱保持平衡的力 $\boldsymbol{F}$ 大小。

解： 棱柱体有两种失去平衡的方式：滑动与翻倒。当力 $\boldsymbol{F}$ 增大时，事先并不知道哪种先发生。所以，可分别假设先滑动与先翻倒，求出对应的 $\boldsymbol{F}_1$ 与 $\boldsymbol{F}_2$，使物体保持平衡的 $\boldsymbol{F}$ 值为 $0 \leqslant F \leqslant (F_1, F_2)_{\min}$。

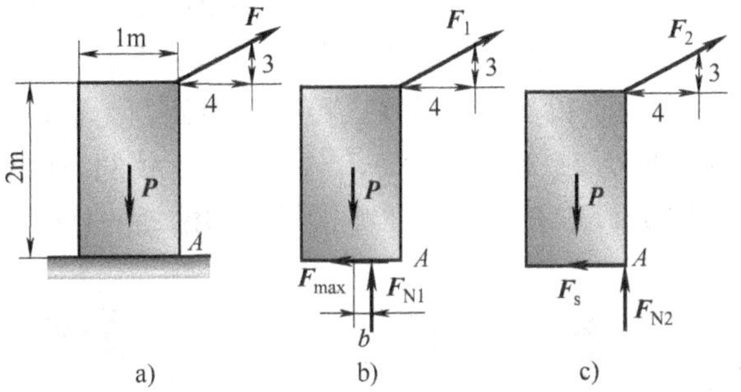

图 4-9

选棱柱为研究对象，设其先滑动，处于临界平衡状态下的受力图如图 4-9b 所示。

$$\sum F_{ix} = 0, \quad F_1 \frac{4}{5} - F_{\max} = 0$$

$$\sum F_{iy} = 0, \quad F_1 \frac{3}{5} - P + F_{N1} = 0$$

$$F_{\max} = f F_{N1}$$

则

$$F_1 = \frac{1}{3} P = 160\text{N}$$

再设棱柱先翻到，其受力如图 4-9c 所示，即

$$\sum M_A(\boldsymbol{F}_i) = 0, \quad -F_2 \frac{4}{5} \times 2 + P \times \frac{1}{2} = 0$$

解得

$$F_2 = \frac{5}{16} P = 150\text{N}$$

因为 $F_2 < F_1$，所以棱柱先翻倒，保持棱柱平衡的力 $\boldsymbol{F}$ 大小为

$$0 \leqslant F \leqslant F_2 = 150\text{N}$$

4.4 滚动摩阻

当一物体沿另一物体表面滚动（或有滚动趋势）时所受到的阻碍滚动的作用，称为滚动摩阻。下面通过简单的实验来观察物体滚动的特性。

在水平面上放置一重为 P、半径为 r 的滚子，在其中心作用一水平力 $\boldsymbol{F}$，如图 4-10 所示。

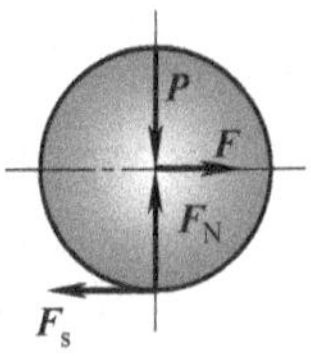

图 4-10

当力 $\boldsymbol{F}$ 不大时，滚子仍保持静止。分析滚子的受力情况可知，在滚子与平面接触的 A 点有法向约束力 $\boldsymbol{F}_N$，它与 $\boldsymbol{P}$ 等值反向。另外，还有静滑动摩擦力 $\boldsymbol{F}_s$，阻止滚子滑动，它与 $\boldsymbol{F}$ 等值反向。但如果水平面的约束力仅

有 $\boldsymbol{F}_N$ 和 $\boldsymbol{F}_s$，则滚子不可能保持平衡，因为静滑动摩擦力 $\boldsymbol{F}_s$ 不仅不能阻止滚子滚动，反而与力 $\boldsymbol{F}$ 组成一力偶，促使滚子发生滚动。但是，实际上当力 $\boldsymbol{F}$ 不大时，滚子是可以平衡的。这是因为滚子和水平面实际上都不是刚体，它们在力的作用下都会发生变形。为了便于分析，我们假定圆轮是刚体，仅支承面发生变形，如图 4-11a 所示。在接触面上，物体受分布力的作用，这些力向点 A 简化，得到一个力 $\boldsymbol{F}_R$ 和一个力偶，力偶的矩为 M，如图 4-11b 所示。这个力 $\boldsymbol{F}_R$ 可分解为摩擦力 $\boldsymbol{F}_s$ 和正压力 $\boldsymbol{F}_N$，这个矩为 M 的力偶称为滚动摩阻力偶（简称滚阻力偶），它与主动力偶（$\boldsymbol{F}$，$\boldsymbol{F}_s$）平衡，它的转向与滚动的趋向相反，如图 4-11c 所示。

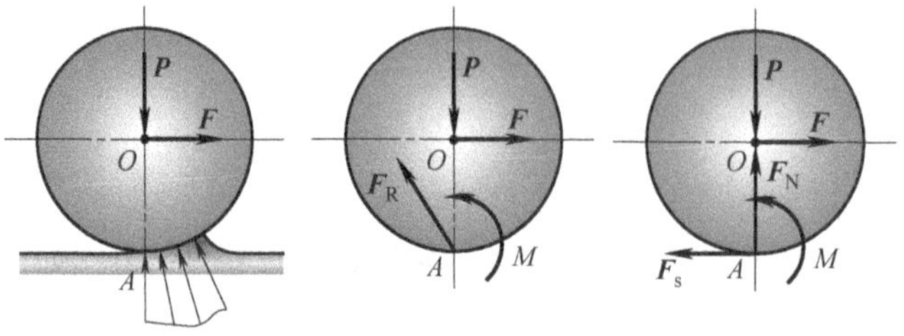

图 4-11

与静滑动摩擦力的性质一样，滚动摩阻力偶矩 M 随着主动力偶矩的增加而增大，但具有最大值。处于滚动的临界平衡状态时的滚动摩阻力偶矩称为最大滚动摩阻力偶矩，以 M_{max} 表示。

由此可知，滚动摩阻力偶矩 M 的大小介于零与最大值之间，即

$$0 \leqslant M \leqslant M_{max} \tag{4-5}$$

由实验证明：最大滚动摩阻力偶矩 M_{max} 与滚子半径无关，而与支承面内的正压力 $\boldsymbol{F}_N$ 的大小成正比，即

$$M_{max} = \delta F_N \tag{4-6}$$

这就是滚动摩阻定律。式中，δ 为比例常数，称为滚动摩阻系数（简称滚阻系数）。它的量纲是长度，单位一般用 mm 或 cm 表示。表 4-2 列出了几种常用材料的滚阻系数的值。

表 4-2 滚动摩阻系数 δ

材料名称	δ/mm	材料名称	δ/mm
铸铁与铸铁	0.5	软钢与钢	0.05
钢质车轮与钢轨	0.5	有滚珠轴承的料车与网轨	0.09
木与钢	0.3~0.4	无滚珠轴承的料车与网轨	0.21
木与木	0.5~0.8	钢质车轮与木面	1.5~2.5
软木与软木	1.5	轮胎与路面	2~10
淬火钢珠对钢	0.01	—	—

关于滚阻系数的物理意义如下：滚子在即将滚动的临界平衡状态时，其受力图如图 4-12a 所示。根据力的平移定理，可将其中的法向约束力 $\boldsymbol{F}_N$ 与最大滚动摩阻力偶 M_{max} 合成为一个力 $\boldsymbol{F}'_N$，且 $\boldsymbol{F}'_N = \boldsymbol{F}_N$。如图 4-12b 所示，力 $\boldsymbol{F}'_N$ 的作用线距中心线的距离为

$$d = \frac{M_{max}}{F'_N}$$

与式（4-6）比较，得

$$\delta=d$$

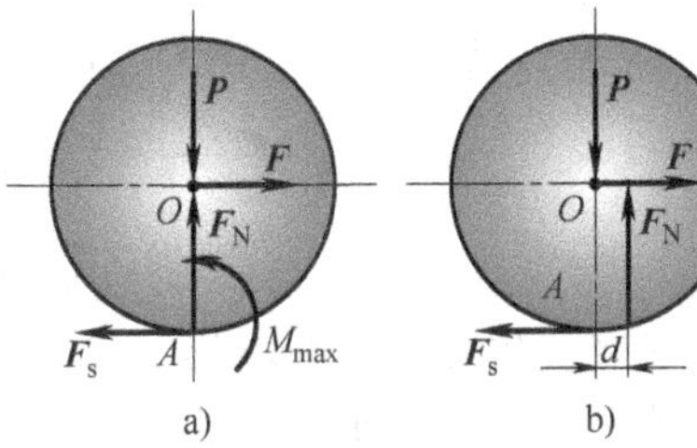

图　4-12

因而滚动摩阻系数 δ 可看成即将滚动时，法向约束力 $\boldsymbol{F}'_N$ 离中心线的最远距离，也就是最大滚阻力偶（$\boldsymbol{F}'_N$，$\boldsymbol{P}$）的力臂，故它具有长度的量纲。

例 4-5　充气橡胶轮重为 P，半径 $R=45\text{cm}$，与路面静摩擦系数 $f=0.7$，滚动摩阻系数 $\delta=5\text{mm}$，在轮心作用一个水平拉力 $\boldsymbol{F}$，求使橡胶轮发生滚动和滑动需要的拉力值。

解： 设轮在拉力 $\boldsymbol{F}$ 作用下处于平衡状态，有顺时针滚动趋势和向右滑动趋势，受静摩擦力 $\boldsymbol{F}_s$ 和滚阻力偶 M 作用，受力如图 4-13 所示。

列平衡方程，有

$$\sum F_{ix}=0,\quad F-F_s=0$$

$$\sum F_{iy}=0,\quad F_N-P=0$$

$$\sum M_A(\boldsymbol{F}_i)=0,\quad FR-M=0$$

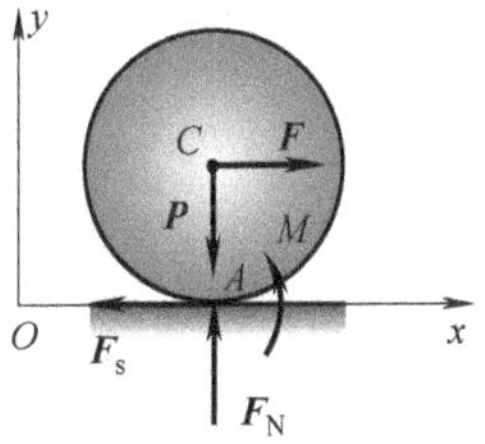

图　4-13

解得

$$F_s=F$$

$$M=FR$$

为了不发生滚动，应有 $M\leqslant\delta F_N$，即

$$F\leqslant\frac{\delta}{R}P=\frac{0.5}{45}P=0.011P$$

如 $F>0.011P$，轮发生滚动。为了不发生滑动，应有 $F_s\leqslant fF_N$，即

$$F\leqslant fP=0.7P$$

如 $F>0.7P$，轮开始滑动。由此可见，使车轮滚动要比滑动省力。

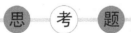

思　考　题

4-1　已知一物块重 $P=100\text{N}$，用 $F=500\text{N}$ 的力压在一铅直表面上，如图 4-14 所示。其摩擦系数 $f=0.3$，求此时物块所受的摩擦力等于多少？

4-2　重为 P 的物体置于斜面上（图 4-15），已知摩擦系数为 f，且 $\tan\alpha<f$，问此物体能否下滑？如果增加物体的重量或在物体上另加一重 P_1 的物体，问能否达到下滑的目的？

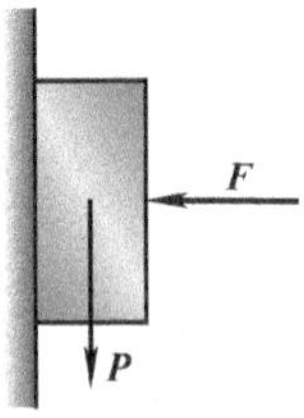

图　4-14

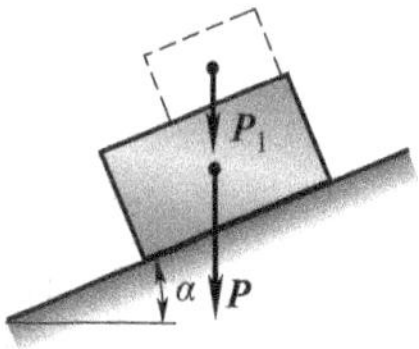

图　4-15

4-3　物块重 P，放置在粗糙的水平面上，接触处的摩擦系数为 f。要使物块沿水平面向右滑动，可沿 OA 方向作用拉力 $\boldsymbol{F}_1$（图 4-16b），也可沿 BO 方向作用推力 $\boldsymbol{F}_2$（图 4-16a），试问哪一种方法更省力。

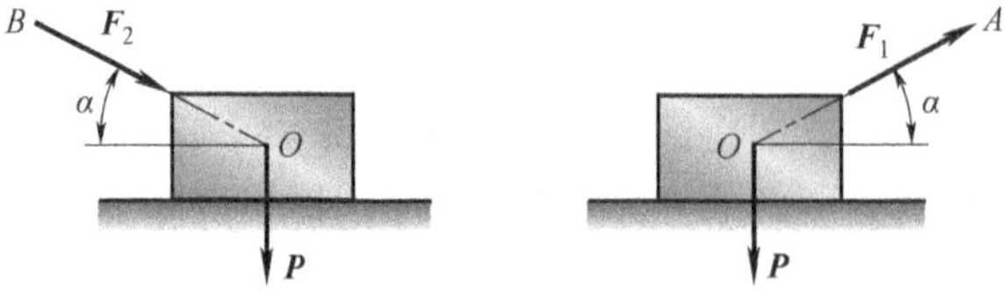

a)　　　b)

图　4-16

4-4　汽车行驶时，前轮受汽车车身作用的一个向前推力 $\boldsymbol{F}$（图 4-17a），而后轮受一主动力偶矩为 M 的力偶（图 4-17b）。试画出前、后轮的受力图。

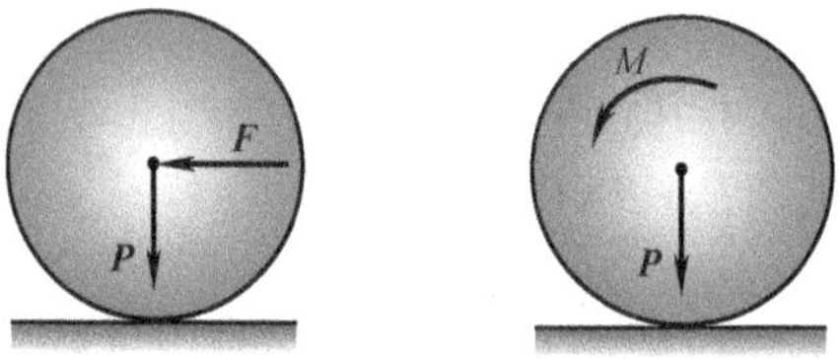

a)　　　b)

图　4-17

习　题

4-1　如题 4-1 图所示，重为 $P=981\text{N}$ 的物体放在倾角 20°的斜面上，物体与斜面间的摩擦系数为 0.7，并受到 $F=100\text{N}$ 的水平拉力。求斜面对物体的摩擦力。

4-2　如题 4-2 图所示，半圆柱重 P，重心 C 到圆心 O 的距离为 $a=\dfrac{4R}{3\pi}$，其中，R 为圆柱体半径。如半圆柱体与水平面间的摩擦系数为 f，求半圆柱体刚被拉动时所偏过的角度 θ。

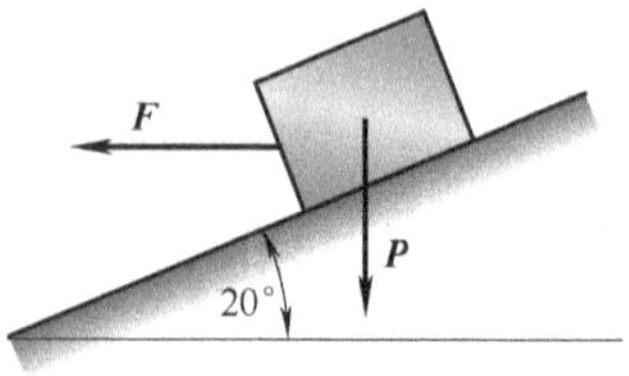

题 4-1 图

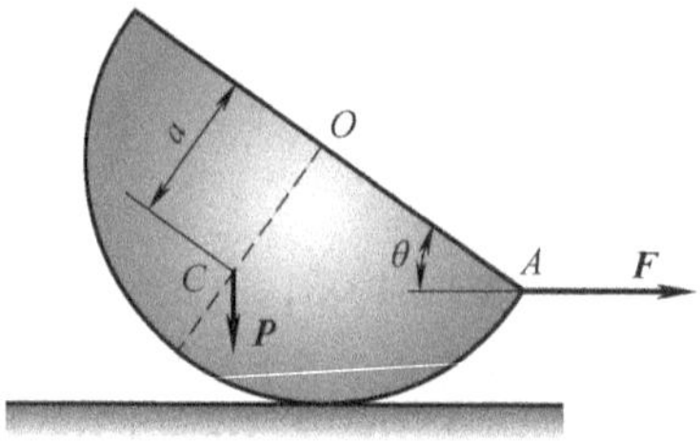

题 4-2 图

4-3　两物块 A 和 B 相叠地放在水平面上，如题 4-3 图 a 所示。已知 A 块重 $P_1=500\text{N}$，B 块重 $P_2=200\text{N}$，A 块和 B 块间的摩擦系数为 $f_1=0.25$，B 块和水平面间的摩擦系数 $f_2=0.2$。求拉动 B 块的最小力 $\boldsymbol{F}$ 的大小。若 A 块被一绳拉住，如题 4-3 图 b 所示，则此最小力 $\boldsymbol{F}$ 之值应为多少？

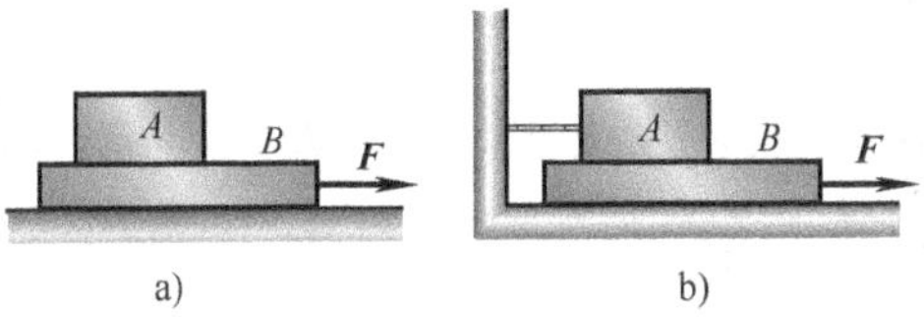

题 4-3 图

4-4　简易升降混凝土吊筒装置如题 4-4 图所示。混凝土和吊筒共重 25kN，吊筒与滑道间的摩擦系数为 0.3。分别求出重物匀速上升和下降时绳子的拉力。

4-5　如题 4-5 图所示梯子 AB 靠在墙上，其重为 $P=200\text{N}$，梯长为 l，并与水平面交角 $\theta=60°$，已知接触面间的摩擦系数均为 0.25。今有一重 $P_1=650\text{N}$ 的人沿梯上爬，问人所能达到的最高点 C 到 A 点的距离 s 应为多少？

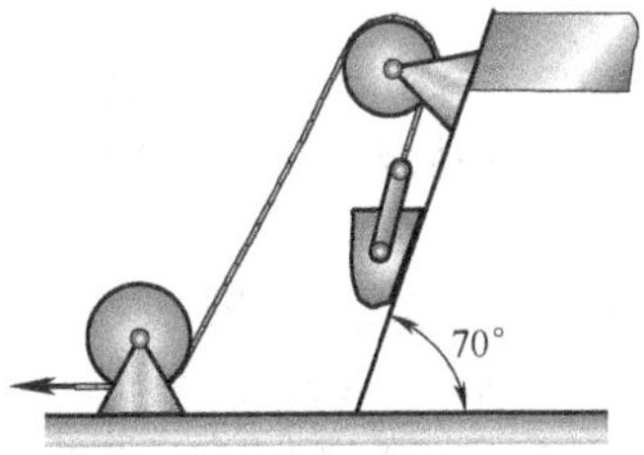

题 4-4 图

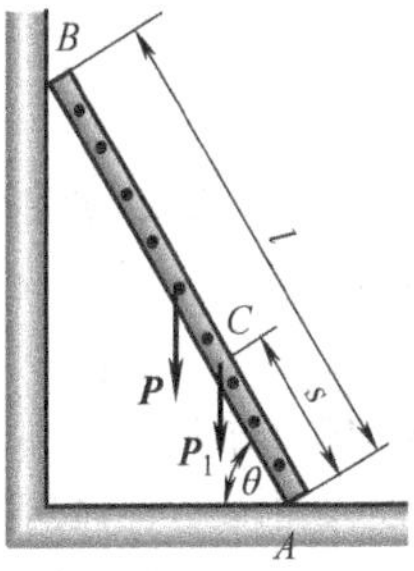

题 4-5 图

4-6　攀登电线杆用的脚环如题 4-6 图所示。设电线杆的直径为 $d=30\text{cm}$，A、B 间垂直距离 $b=10\text{cm}$。若套钩与电杆间的静摩擦系数 $f=0.5$，试问保证套钩在电杆上不打滑时，脚踏力 $\boldsymbol{F}$ 到杆轴线的距离 l 应为多少？

4-7　如题 4-7 图所示压延机由两轮构成，两轮的直径均为 $d=50\text{cm}$，轮间的间隙为 $a=0.5\text{cm}$，两轮反向转动，如图上箭头所示。已知烧红的铁板与铸铁轮间的摩擦系数为 $f=0.1$，问能压延的铁板的厚度 b 是多少？

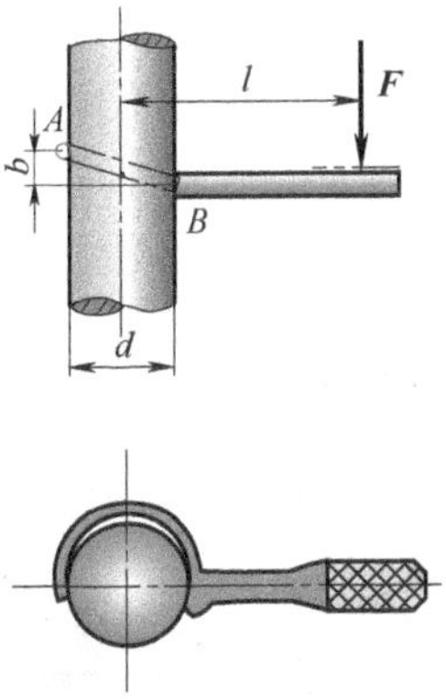

题 4-6 图

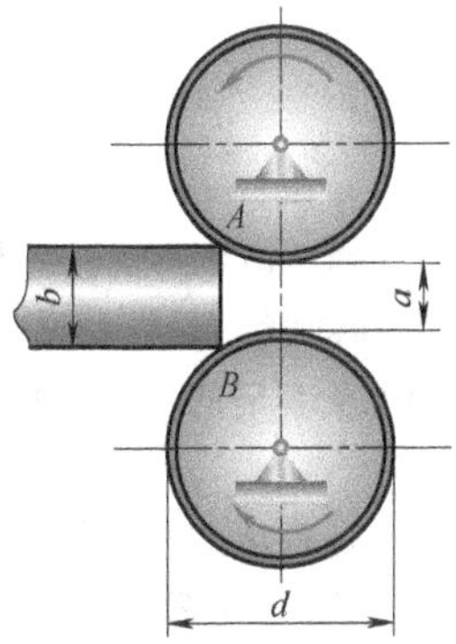

题 4-7 图

提示：欲使机器可操作，则铁板必须被两转动轮带动，亦即作用在铁板 A、B 处的法向反作用力和摩擦力的合力必须水平向右。

4-8 鼓轮 B 重 500N，放在墙角里，如题 4-8 图所示。已知鼓轮与水平地板间的摩擦系数为 0.25，铅直墙壁则假定是绝对光滑的。鼓轮上的绳索下端挂着重物。设半径 $R=20\text{cm}$，$r=10\text{cm}$，求平衡时重物 A 的最大重量。

4-9 如题 4-9 图所示为升降机安全装置的计算简图。已知墙壁与滑块间的摩擦系数 $f=0.5$，问机构的尺寸比例为多少方能确保安全制动？

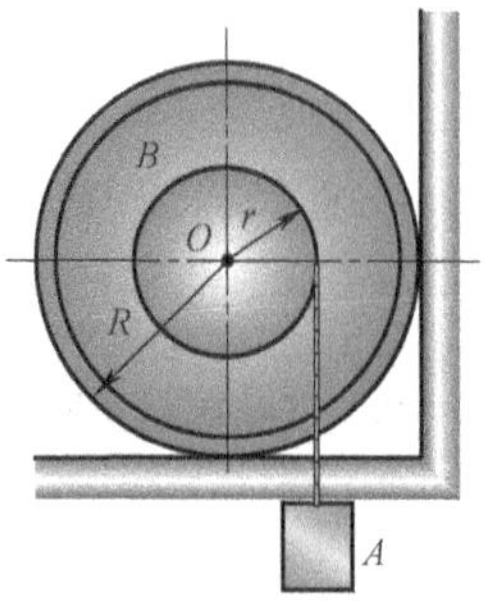

题 4-8 图

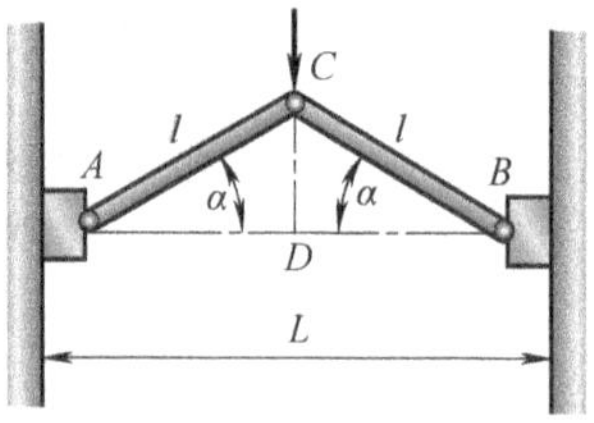

题 4-9 图

4-10 如题 4-10 图所示，砖夹的宽度为 25cm，曲杆 AGB 与 $GCED$ 在 G 点铰接，尺寸如图所示。设砖重 $P=120\text{N}$，提起砖的力 $\boldsymbol{F}$ 作用在砖夹的中心线上，砖夹与砖之间的摩擦系数 $f=0.5$，试求距离 b 为多大才能把砖夹起？

4-11 一重 210N 的轮子放置如题 4-11 图所示。在轮轴上绕有软绳并挂有重物 A。设接触处的摩擦系数均为 0.25，轮子半径为 200mm，轮轴半径为 100mm。求平衡时重物 A 的最大重量。

4-12 轮子上作用一力偶，如题 4-12 图所示。接触处的摩擦角均为 15°，求平衡时力偶矩的最大值。已知轮子半径为 0.2m。

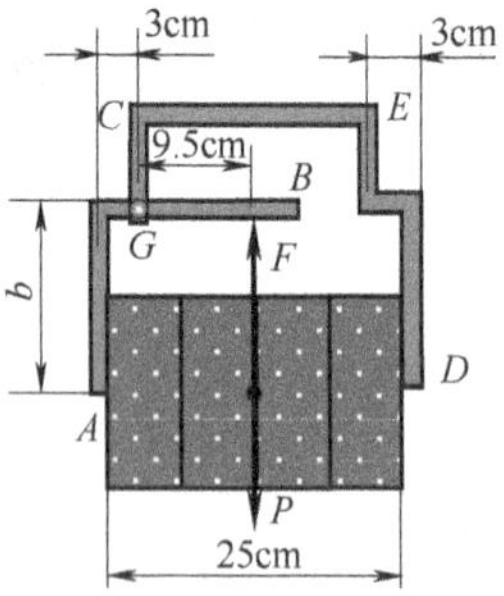

题 4-10 图

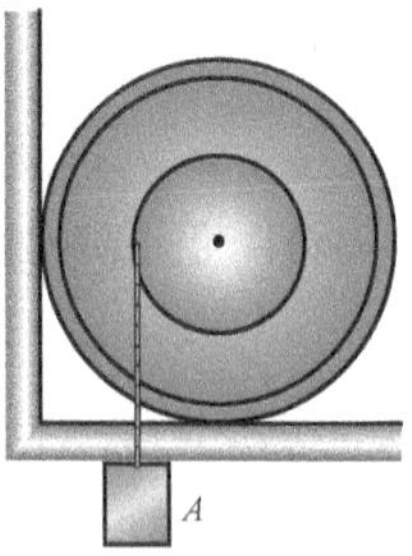

题 4-11 图

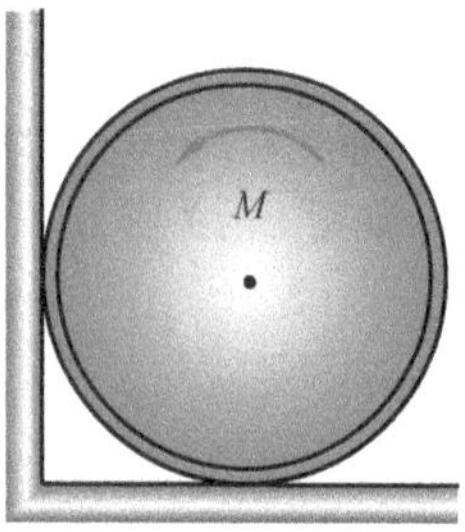

题 4-12 图

4-13 尖劈顶重装置如题 4-13 图所示。在 B 块上受力 $\boldsymbol{F}_1$ 作用。A 与 B 块间的摩擦系数为 f（其他有滚珠处表面光滑）。如不计 A 与 B 块的重量，试求：(1) 顶住重物所需的力 $\boldsymbol{F}_2$ 的值；(2) 使重物不向上移动所需的力 $\boldsymbol{F}_2$ 的值。

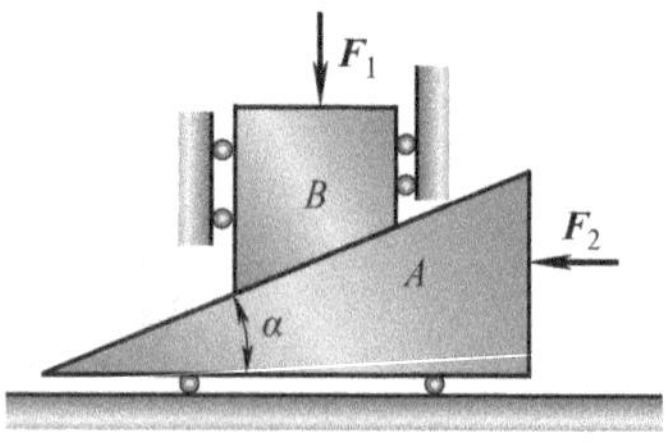

题 4-13 图

4-14 如题 4-14 图所示，机床上为了迅速装卸工件，常采用偏心轮夹具。已知偏心轮直径为 D，偏心轮与台面间的摩擦系数为 f，欲使偏心轮手柄上的外力去掉后，偏心轮不会自动脱落，试求偏心距 e 应为多少？各铰链中的摩擦忽略不计。

4-15 如题 4-15 图所示，重 600N 的物块 C 放置在绕线轮上，物块两端用滚柱约束在两壁之间。已知绕线轮重 500N，接触处 A、B 的滑动摩擦系数分别是 $f_A=0.3$ 和 $f_B=0.5$；轮子和轴的半径分别是 $r_1=0.4\text{m}$，$r_2=0.2\text{m}$，试求能使绕线轮运动的最小水平拉力 $\boldsymbol{F}$。假定滚阻不计。

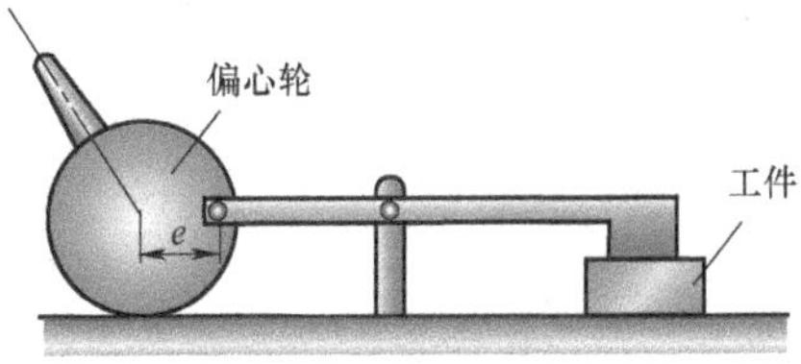

题 4-14 图

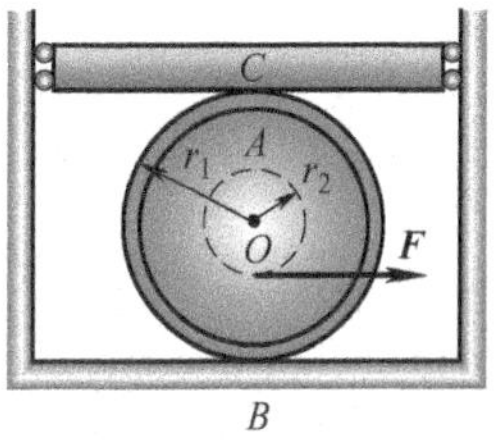

题 4-15 图

4-16 如题 4-16 图所示，为了在较软的地面上移动一重量为 1kN 的木箱，可先在地面上铺上木板，然后在木箱与木板间放进钢管作为滚子。若钢管直径 $d=5\text{cm}$，钢管与木板或木箱间滚动摩阻系数均为 0.25cm，试求推动木箱所需的水平力 $\boldsymbol{F}$。若不用钢管而使木箱直接在木板上滑动，已知木箱与木板间静滑动摩擦系数为 0.4，试求推动木箱所需的水平力 $\boldsymbol{F}$。

4-17 如题 4-17 图所示平板车车架重 P，已知一水平力 $\boldsymbol{F}$ 作用于车架。若车轮沿地面滚动而不滑动，且滚阻系数为 δ，略去车轮重量，试求：（1）拉动平板车的最小水平力 $\boldsymbol{F}_{\min}$；（2）此时地面对前后车轮的滚阻力偶矩。

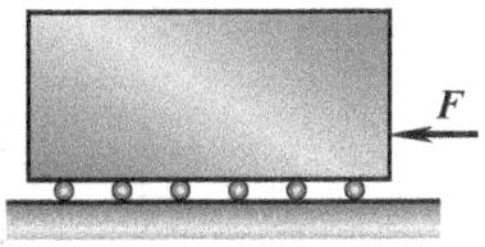

题 4-16 图

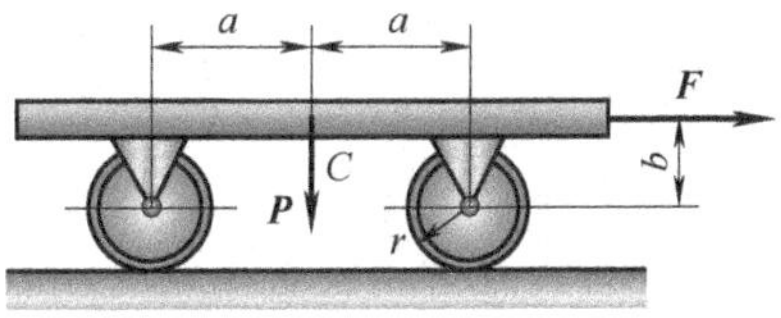

题 4-17 图

4-18 在相互垂直的斜面上放一均质杆 AB，如题 4-18 图所示。设各接触面的摩擦角均为 φ，求平衡时杆 AB 与斜面 AC 的交角 θ。

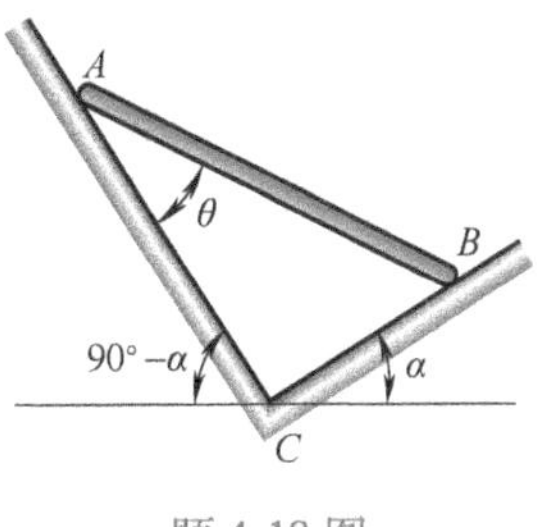

题 4-18 图

Part II

第 2 篇

运动学

静力学是研究物体在力系作用下的平衡规律，如果物体受力不平衡，则物体的运动状态将发生变化。物体的运动不仅与受力有关，而且与物体的惯性、约束和初始条件都有关。抛开这些复杂因素，单独研究物体的空间位置、运动轨迹、运动方程、速度和加速度这些几何性质，就是运动学的研究内容。

运动是绝对的，但对物体运动的描述却是相对的，同一个物体的运动，在不同的角度去观察得到的结论是不同的。因此描述和研究物体的运动，必须选取另一个物体作为参考，这个参考的物体称为**参考体**，与参考体固连的坐标系称为**参考系**。

在运动学中将研究点和刚体的运动。点是指无大小和质量，在空间占有确定位置的几何点。刚体是在力的作用下，其内部任意两点距离始终不变的物体。它们都是实际物体抽象化的力学模型。

5

第5章 点的运动学和刚体的简单运动

5.1 点的运动学

点的运动学研究点相对某个参考系运动时，点的位置随时间变化的规律，包括运动方程、运动轨迹、速度和加速度。

5.1.1 矢量法

1. 点的运动方程和运动轨迹

如图5-1所示，动点 M 在空间运动，在参考系上选取固定点 O 为矢量原点，则点 M 在任一瞬时的位置可用其位置矢量（简称矢径）$\boldsymbol{r}=\overrightarrow{OM}$唯一确定。点 M 运动时，矢径 $\boldsymbol{r}$ 随时间变化，是时间 t 的单值连续函数，即

$$\boldsymbol{r}=\boldsymbol{r}(t) \tag{5-1}$$

式（5-1）称为矢量形式点的运动方程。矢径端点在空间描绘出的一条连续曲线就是动点 M 的运动轨迹。

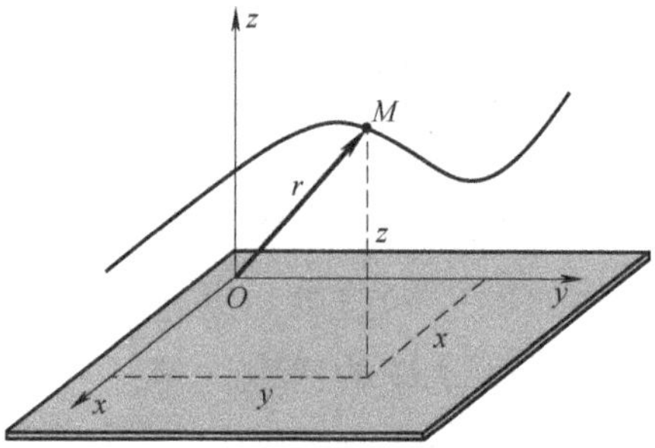

图 5-1

2. 点的速度

点的速度等于其矢径 $\boldsymbol{r}$ 对时间的一阶导数，即

$$\boldsymbol{v}=\frac{\mathrm{d}\boldsymbol{r}}{\mathrm{d}t} \tag{5-2}$$

速度是矢量。其方向沿轨迹曲线的切线，并与点的运动方向一致；其大小表示点运动的快慢，在国际单位制中，速度的单位是 m/s。

3. 点的加速度

点的加速度等于其速度对时间的一阶导数，即

$$\boldsymbol{a}=\frac{\mathrm{d}\boldsymbol{v}}{\mathrm{d}t}=\frac{\mathrm{d}^2\boldsymbol{r}}{\mathrm{d}t^2} \tag{5-3}$$

加速度是也矢量，用来描述速度大小和方向的变化。在国际单位制中，加速度的单位是 $\mathrm{m/s^2}$。

5.1.2　直角坐标法

1. 点的运动方程

如图 5-1 所示，取固定点 O 为原点建立直角坐标系 $Oxyz$，动点 M 在任意瞬时的位置可以由其直角坐标 x、y、z 确定。若坐标系的原点与矢量原点重合，则

$$\boldsymbol{r}=x\boldsymbol{i}+y\boldsymbol{j}+z\boldsymbol{k} \tag{5-4}$$

点运动时，坐标 x、y、z 也是时间的单值连续函数，可写成

$$\left.\begin{aligned}x&=f_1(t)\\y&=f_2(t)\\z&=f_3(t)\end{aligned}\right\} \tag{5-5}$$

上述方程称为直角坐标形式点的运动方程，也是以时间 t 为参数的曲线方程，消去时间 t 即为点的轨迹方程 $f(x,y,z)=0$。

2. 点的速度

将式（5-4）代入式（5-2），三个单位矢量 $\boldsymbol{i}$、$\boldsymbol{j}$、$\boldsymbol{k}$ 均为大小和方向不变的常矢量，则

$$\boldsymbol{v}=\frac{\mathrm{d}\boldsymbol{r}}{\mathrm{d}t}=\dot{x}\boldsymbol{i}+\dot{y}\boldsymbol{j}+\dot{z}\boldsymbol{k}=v_x\boldsymbol{i}+v_y\boldsymbol{j}+v_z\boldsymbol{k} \tag{5-6}$$

3. 点的加速度

将式（5-6）代入式（5-3），三个单位矢量 $\boldsymbol{i}$、$\boldsymbol{j}$、$\boldsymbol{k}$ 均为大小和方向不变的常矢量，则

$$\boldsymbol{a}=\frac{\mathrm{d}\boldsymbol{v}}{\mathrm{d}t}=\ddot{x}\boldsymbol{i}+\ddot{y}\boldsymbol{j}+\ddot{z}\boldsymbol{k}=\dot{v}_x\boldsymbol{i}+\dot{v}_y\boldsymbol{j}+\dot{v}_z\boldsymbol{k}=a_x\boldsymbol{i}+a_y\boldsymbol{j}+a_z\boldsymbol{k} \tag{5-7}$$

通常，矢量法用来推导，直角坐标法用来解题计算。

例 5-1　如图 5-2 所示曲柄连杆机构，曲柄 $OA=r$，绕轴 O 匀速转动，曲柄与 x 轴的夹角 $\varphi=\omega t$，连杆 $AB=l$，B 处用销钉与滑块铰接，且 $l>r$，求滑块的运动方程、速度和加速度。

解：B 点做直线运动。以 O 为原点建立直角坐标系，如图 5-2 所示，得

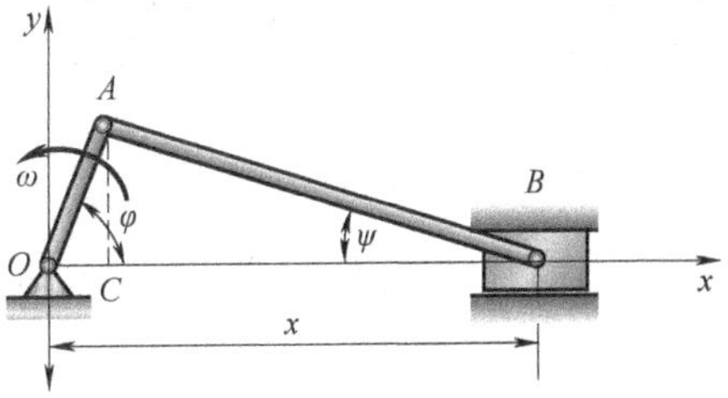

图　5-2

$$x=OC+CB=r\cos\varphi+l\cos\psi$$

对△OAB，由正弦定理，有

$$\sin\psi=\frac{r}{l}\sin\varphi=\lambda\sin\varphi$$

则

$$\cos\psi=\sqrt{1-\sin^2\psi}=\sqrt{1-\lambda^2\sin^2\varphi}$$

滑块 B 的运动方程为

$$x=r\cos\omega t+l\sqrt{1-\lambda^2\sin^2\omega t}$$

速度和加速度为

$$v=\frac{\mathrm{d}x}{\mathrm{d}t}=-r\omega\left[\sin\omega t+\lambda\sin2\omega t(1-\lambda^2\sin^2\omega t)^{-\frac{1}{2}}\right]$$

$$a=\frac{\mathrm{d}v}{\mathrm{d}t}=-r\omega^2\left[\cos\omega t+2\lambda\cos2\omega t(1-\lambda^2\sin^2\omega t)^{-\frac{1}{2}}+\lambda^3\sin^2 2\omega t(1-\lambda^2\sin^2\omega t)^{-\frac{3}{2}}\right]$$

以上为精确解。

由已知条件 $l>r$，$\lambda\sin\omega t<1$，由二项式定理，有

$$\sqrt{1-\lambda^2\sin^2\omega t}=1-\frac{1}{2}\lambda^2\sin^2\omega t-\frac{1}{8}\lambda^4\sin^4\omega t-\cdots$$

根据 λ 的数值，略去远小于 1 的项，可以得到工程精度的近似解。

例 5-2　如图 5-3 所示，半径为 r 的轮子沿水平直线纯滚动（接触点处没有相对滑动），轮的转角 $\varphi=\omega t$（ω 为常数）。求轮缘上任意一点的运动方程、运动轨迹、速度和加速度。

解：建立图示坐标系，运动开始 $t=0$ 时，M 点与 O 点重合，轮心 C 与 C_0 重合，在任意 t 时刻轮子位于图示位置。由纯滚动，有

$$OB=\overset{\frown}{MB}=r\varphi=r\omega t$$

则 M 点的运动方程为

$$x=OB-CM\sin\varphi=r(\omega t-\sin\omega t)$$

$$y=CB-CM\cos\varphi=r(1-\cos\omega t)$$

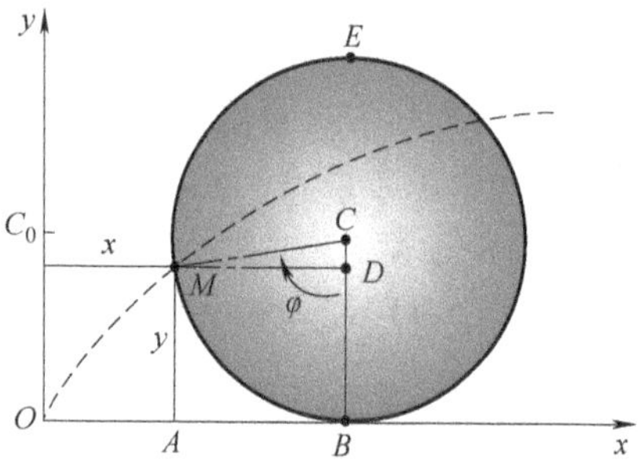

图　5-3

这就是轨迹的参数方程，称为旋轮线或摆线。

对 x、y 求导，$v_x=\dot{x}=r\omega(1-\cos\omega t)$，$v_y=\dot{y}=r\omega\sin\omega t$，则 M 点的速度为

$$v=\sqrt{v_x^2+v_y^2}=\sqrt{2r^2\omega^2(1-\cos\omega t)}=\sqrt{2r^2\omega^2 2\sin^2\frac{\omega t}{2}}=2r\sin\frac{\varphi}{2}\dot{\varphi}=\dot{\varphi}\cdot MB$$

再对速度求导得加速度为

$$a_x=\ddot{x}=r\omega^2\sin\omega t,\quad a_y=\ddot{y}=r\omega^2\cos\omega t$$

则 M 点的加速度大小为 $a=r\omega^2$，方向指向轮心 C。

5.1.3　自然法

利用点的运动轨迹建立弧坐标及自然轴系，并用轨迹曲线自身参数描述和分析点的运动的方法称为自然法。

1. 点的运动方程

如图 5-4 所示，动点 M 沿已知轨迹运动，在轨迹曲线上任取点 O 为原点，并沿轨迹在 O 点两侧设定正负方向，则动点 M 在轨迹上的位置可由弧长 OM 确定，并根据动点 M 与原点 O 对应的位置加上正负号。这种带正负号的弧长，称为动点 M 的弧坐标，用 s 表示，是一个代数量。当动点 M 运动时，弧坐标 s 是时间 t 的单值连续函数，即

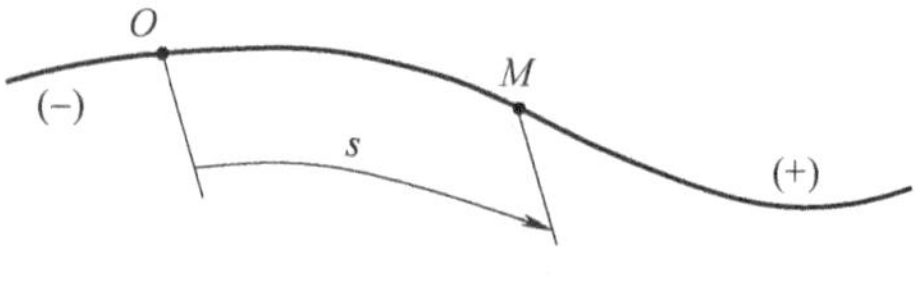

图　5-4

$$s=f(t) \tag{5-8}$$

称为弧坐标形式点的运动方程。

2. 自然轴系

如图 5-5 所示，在点的轨迹曲线上取极为接近的两点 M 和 M'，弧长为 Δs，位移为 $\Delta \boldsymbol{r}$。则矢量

$$\boldsymbol{\tau}=\lim_{\Delta t\to 0}\frac{\Delta \boldsymbol{r}}{\Delta s}=\frac{\mathrm{d}\boldsymbol{r}}{\mathrm{d}s} \tag{5-9}$$

是沿轨迹切线方向单位矢量 τ，其指向与弧坐标正向一致。

如图 5-6 所示，在点 M 和 M'处的切线单位矢量分别为 $\boldsymbol{\tau}$ 和 $\boldsymbol{\tau}'$，将 $\boldsymbol{\tau}'$平移到点 M，则点 M 处的 $\boldsymbol{\tau}$ 和 $\boldsymbol{\tau}'$确定一个平面。令 M'无限趋近点 M，则该平面趋近于某一极限位置，此极限平面称为曲线在点 M 的密切平面。

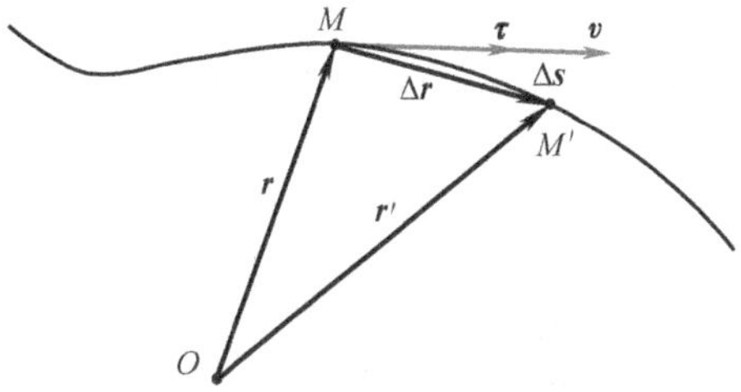

图　5-5

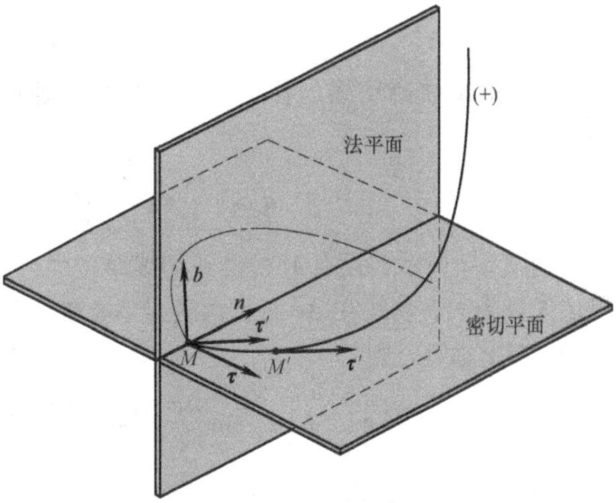

图　5-6

曲线在点 M 附近极小的弧段可以视为密切平面内的平面曲线，平面曲线的密切平面就是曲线所在平面。

过点 M 与切线垂直的平面称为法平面，法平面与密切平面的交线称为主法线，也就是点 M 密切平面上的法线。令主法线的正方向指向曲线内凹的一侧，主法线单位矢量为 $\boldsymbol{n}$。

过点 M 同时垂直于切线和主法线的直线称为副法线，副法线单位矢量 $\boldsymbol{b}=\boldsymbol{\tau}\times\boldsymbol{n}$。

以点 M 为原点，以切线、主法线和副法线为坐标轴组成的正交坐标系称为曲线在点 M 的自然轴系，这三个轴称为自然轴。随点 M 在曲线上的位置不同，$\boldsymbol{\tau}$、$\boldsymbol{n}$、$\boldsymbol{b}$ 的方向也不同，自然坐标系是沿曲线而变化的游动坐标系。

曲率是曲线切线的转角对弧长一阶导数的绝对值，用来描述曲线在点 M 处的弯曲程度，表示为

$$k=\lim_{\Delta t\to 0}\left|\frac{\Delta\varphi}{\Delta s}\right|=\left|\frac{\mathrm{d}\varphi}{\mathrm{d}s}\right|$$

曲率的倒数称为曲率半径，可以表示为

$$\rho=\frac{1}{k}=\frac{\mathrm{d}s}{\mathrm{d}\varphi}$$

3. 点的速度

由式（5-2），有

$$\boldsymbol{v}=\frac{\mathrm{d}\boldsymbol{r}}{\mathrm{d}t}=\frac{\mathrm{d}\boldsymbol{r}}{\mathrm{d}s}\frac{\mathrm{d}s}{\mathrm{d}t}=\frac{\mathrm{d}s}{\mathrm{d}t}\boldsymbol{\tau}=v\boldsymbol{\tau} \tag{5-10}$$

式中，v 称为速度代数值。

4. 点的加速度

由式（5-3），有

$$\boldsymbol{a}=\frac{\mathrm{d}\boldsymbol{v}}{\mathrm{d}t}=\frac{\mathrm{d}(v\boldsymbol{\tau})}{\mathrm{d}t}=\frac{\mathrm{d}v}{\mathrm{d}t}\boldsymbol{\tau}+v\frac{\mathrm{d}\boldsymbol{\tau}}{\mathrm{d}t} \tag{5-11}$$

上式右侧两项，第一项描述速度大小的变化，称为切向加速度，用 $\boldsymbol{a}_{\mathrm{t}}$ 表示，方向沿切线方向，其大小为

$$a_{\mathrm{t}}=\frac{\mathrm{d}v}{\mathrm{d}t}=\frac{\mathrm{d}^2 s}{\mathrm{d}t^2} \tag{5-12}$$

是加速度 $\boldsymbol{a}$ 沿轨迹切线的投影；第二项描述速度方向的变化，称为法向加速度，用 $\boldsymbol{a}_{\mathrm{n}}$ 表示，即

$$\boldsymbol{a}_{\mathrm{n}}=v\frac{\mathrm{d}\boldsymbol{\tau}}{\mathrm{d}t}=v\frac{\mathrm{d}\boldsymbol{\tau}}{\mathrm{d}\varphi}\frac{\mathrm{d}\varphi}{\mathrm{d}s}\frac{\mathrm{d}s}{\mathrm{d}t}=v\frac{\mathrm{d}\boldsymbol{\tau}}{\mathrm{d}\varphi}\frac{1}{\rho}v=\frac{v^2}{\rho}\frac{\mathrm{d}\boldsymbol{\tau}}{\mathrm{d}\varphi} \tag{5-13}$$

如图 5-7 所示，设点 M 处曲线切线单位矢量为 $\boldsymbol{\tau}$，点 M'处切线单位矢量为 $\boldsymbol{\tau}'$，切线在 Δs 弧长内转过 $\Delta\varphi$ 角。当 $\Delta s\to 0$ 时，$\Delta\varphi\to 0$，$\Delta\boldsymbol{\tau}$ 与 $\boldsymbol{\tau}$ 垂直，则

$$|\Delta\boldsymbol{\tau}|=2|\boldsymbol{\tau}|\sin\frac{\Delta\varphi}{2}=2\sin\frac{\Delta\varphi}{2}\approx\Delta\varphi$$

又 $\boldsymbol{\tau}$ 与 $\Delta\boldsymbol{\tau}$ 的夹角为$\frac{\pi}{2}-\frac{\Delta\varphi}{2}$，当 $\Delta\varphi\to 0$ 时，$\Delta\boldsymbol{\tau}$ 垂直于 $\boldsymbol{\tau}$，指向曲线内凹一侧，则$\frac{\mathrm{d}\boldsymbol{\tau}}{\mathrm{d}\varphi}=\lim\limits_{\Delta t\to 0}\frac{\Delta\boldsymbol{\tau}}{\Delta\varphi}=\boldsymbol{n}$，代入式（5-13）得

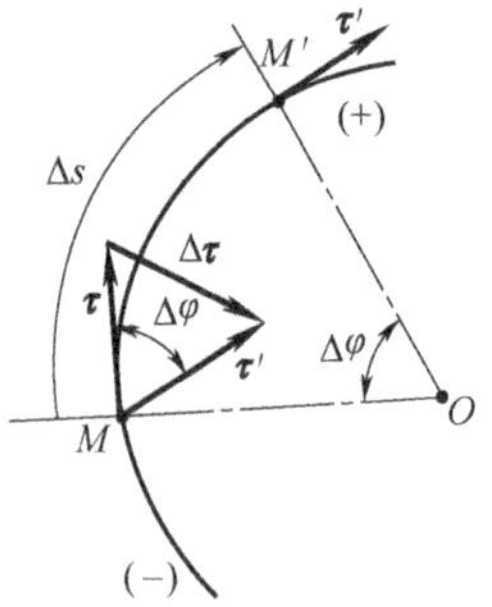

图 5-7

$$\boldsymbol{a}_{\mathrm{n}}=\frac{v^2}{\rho}\boldsymbol{n} \tag{5-14}$$

因此，自然法点的加速度表示为

$$\boldsymbol{a}=\frac{\mathrm{d}v}{\mathrm{d}t}\boldsymbol{\tau}+\frac{v^2}{\rho}\boldsymbol{n}=a_{\mathrm{t}}\boldsymbol{\tau}+a_{\mathrm{n}}\boldsymbol{n} \tag{5-15}$$

由此可知，点的加速度等于切向加速度和法向加速度的矢量和，全加速度在密切平面内，加速度在副法线上的投影等于零。

5.2 刚体的简单运动

刚体是由点组成的，研究刚体的运动就是根据刚体不同的运动形式，描述刚体的运动规律，并建立刚体运动与刚体内各点运动的关系。

5.2.1 刚体的平行移动

刚体内任意取一条线段，在刚体运动过程中，这条线段始终与其初始位置保持平行，这

种运动称为刚体的平行移动，简称平动。

如图5-8所示，在平动刚体上任取两点 A 和 B，在空间任取一点 O 为矢量原点，A、B 两点矢径分别为 $\boldsymbol{r}_A$ 和 $\boldsymbol{r}_B$，再作矢量$\overrightarrow{BA}$，由刚体及平动定义可知矢量$\overrightarrow{BA}$为常矢量。因此，在刚体运动时，A、B 两点的轨迹形状完全相同。由图5-8知

$$\boldsymbol{r}_A=\boldsymbol{r}_B+\overrightarrow{BA}$$

对时间 t 求导，因为$\overrightarrow{BA}$为常矢量，有

$$\boldsymbol{v}_A=\boldsymbol{v}_B,\quad \boldsymbol{a}_A=\boldsymbol{a}_B$$

因 A、B 两点为刚体内任意选取，则有以下结论：

刚体平动时，其上各点的轨迹形状相同，可以是直线也可以是曲线；在每一瞬时，各点的速度相同，加速度也相同。

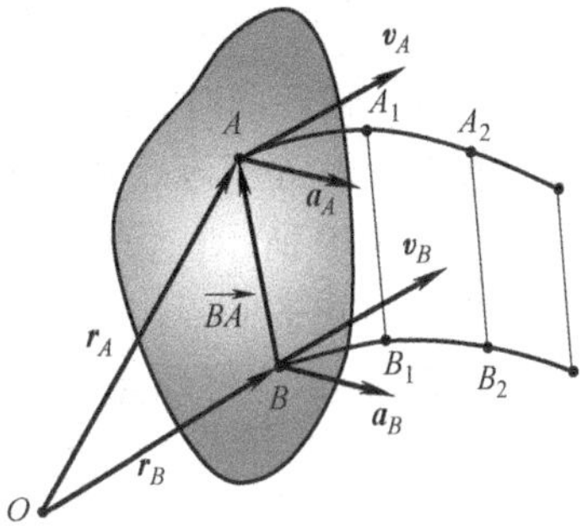

图　5-8

因此，研究平动刚体的运动，可以归结为研究刚体上一个点的运动。

5.2.2　刚体绕定轴的转动

刚体在运动时，其上或其扩展部分有两点保持不动，则这种运动称为刚体绕定轴的转动，简称定轴转动。通过这两个固定点的一条不动的直线，称为刚体的转轴。

如图5-9所示，有一绕固定轴 z 转动的刚体，为确定刚体的位置，通过 z 轴作一固定平面 A，再选取一个与刚体固连、通过 z 轴的平面 B，平面 B 随刚体一起转动。若平面 B 的位置确定了，刚体的位置也就确定了。平面 B 与平面 A 之间的夹角 φ 称为刚体的转角，用弧度（rad）表示。转角 φ 是代数量，由 z 轴正向往负向看，从固定平面起逆时针方向计算的转角 φ，反之为负。

刚体定轴转动时，刚体的位置随时间变化，即转角 φ 随时间变化，转角 φ 是时间 t 的单值连续函数，即

$$\varphi=f(t) \tag{5-16}$$

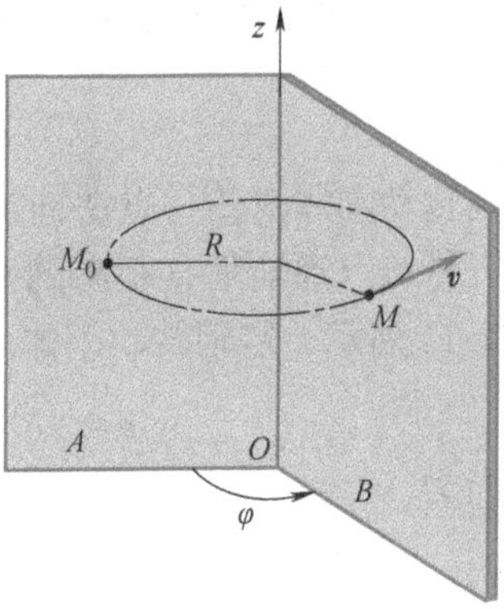

图　5-9

这个方程称为刚体定轴转动的运动方程。刚体转动时，用转角 φ 一个参变量就可以确定它的位置，这样的刚体称它具有一个自由度。

转角 φ 对时间的一阶导数，称为刚体的角速度，即

$$\omega=\frac{\mathrm{d}\varphi}{\mathrm{d}t} \tag{5-17}$$

角速度表征刚体转动的快慢和方向，其单位为 rad/s。在平面问题中，角速度是代数量。从轴的正向往负向看，逆时针为正，反之为负。

角速度对时间的一阶导数，称为刚体的角加速度，即

$$\alpha=\frac{\mathrm{d}\omega}{\mathrm{d}t}=\frac{\mathrm{d}^2\varphi}{\mathrm{d}t^2} \tag{5-18}$$

角加速度表征刚体角速度变化的快慢和方向，其单位为 $\mathrm{rad/s^2}$。在平面问题中，角加速度是代数量。若 ω 与 α 符号相同则为加速转动；符号相反为减速转动。

5.2.3 定轴转动刚体内各点的速度和加速度

刚体定轴转动时，刚体内任一点都做圆周运动，圆心在轴上，圆周所在平面与轴垂直，圆周的半径 R 等于该点到轴的垂直距离。

如图 5-10 所示，设刚体由固定平面 A 绕轴 O 转过 φ 角，达到平面 B，其上一点由 M_0 运动到 M。以固定点 M_0 为弧坐标原点，则

$$s=R\varphi$$

对时间 t 求导，有

$$v=\frac{\mathrm{d}s}{\mathrm{d}t}=R\frac{\mathrm{d}\varphi}{\mathrm{d}t}=R\omega \tag{5-19}$$

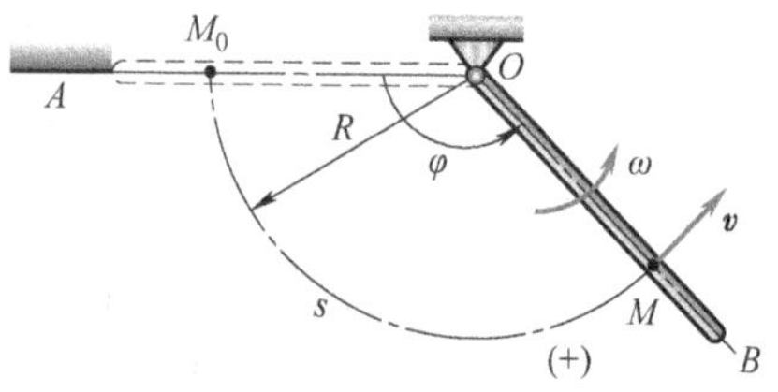

图 5-10

定轴转动刚体内任一点速度的大小，等于刚体的角速度与该点到轴垂直距离的乘积，方向沿圆周的切线并与角速度的转向一致。

式（5-19）对时间 t 求导，得

$$a_{\mathrm{t}}=\frac{\mathrm{d}v}{\mathrm{d}t}=R\frac{\mathrm{d}\omega}{\mathrm{d}t}=R\alpha \tag{5-20}$$

定轴转动刚体内任一点切向加速度的大小，等于刚体的角加速度与该点到轴垂直距离的乘积，方向沿圆周的切线并与角加速度的转向一致。

$$a_{\mathrm{n}}=\frac{v^2}{\rho}=\frac{(R\omega)^2}{R}=R\omega^2 \tag{5-21}$$

定轴转动刚体内任一点法向加速度的大小，等于刚体角速度的二次方与该点到轴垂直距离的乘积，方向沿圆周的半径指向轴。如图 5-11 所示，定轴转动刚体内任一点加速度的大小为

$$a=\sqrt{a_{\mathrm{t}}^2+a_{\mathrm{n}}^2}=R\sqrt{\omega^4+\alpha^2} \tag{5-22}$$

方向为

$$\tan\theta=\frac{a_{\mathrm{t}}}{a_{\mathrm{n}}}=\frac{\alpha}{\omega^2} \tag{5-23}$$

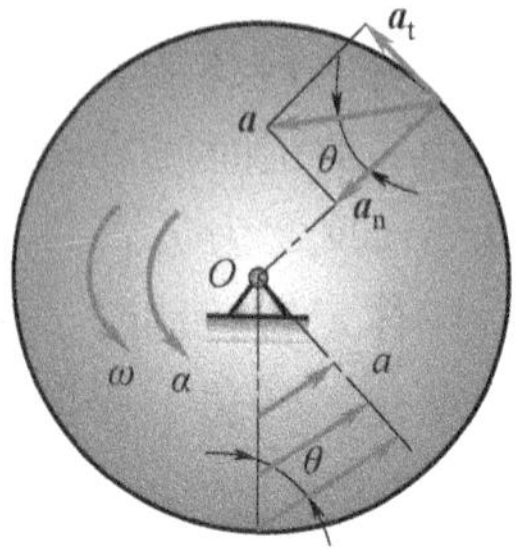

图 5-11

在任一瞬时，刚体的 ω 与 α 都是一个确定是数值，因此如下结论成立：

1）在任一瞬时，定轴转动刚体内各点的速度和加速度的大小，分别与点到轴的距离成正比；

2）在任一瞬时，定轴转动刚体内各点的加速度与半径的夹角 θ 都相同。

5.3 以矢量积表示点的速度和加速度

在空间问题中，绕 z 轴转动的刚体的角速度和角加速度都可以用矢量表示。角速度矢 $\boldsymbol{\omega}=\omega\boldsymbol{k}$，角加速度矢 $\boldsymbol{\alpha}=\alpha\boldsymbol{k}=\frac{\mathrm{d}\boldsymbol{\omega}}{\mathrm{d}t}$。

角速度矢 $\boldsymbol{\omega}$ 和角加速度矢 $\boldsymbol{\alpha}$ 都沿轴线，它的指向表示角速度和角加速度的方向。角速

度矢方向判定符合右手螺旋定则，即右手四指代表刚体转动的方向，拇指代表角速度矢 $\boldsymbol{\omega}$ 方向。当刚体加速时角加速度矢 $\boldsymbol{\alpha}$ 的指向与角速度相同，减速时相反。它们都是沿轴线的滑动矢量。

如图 5-12 所示，在轴线上任取一点 O 为原点，刚体内点 M 的矢径为 $\boldsymbol{r}$，刚体的角速度矢为 $\boldsymbol{\omega}$，角加速度矢为 $\boldsymbol{\alpha}$。$|\boldsymbol{\omega}\times\boldsymbol{r}| = \omega r\sin\theta=\omega R=v$，按照右手螺旋法则 $\boldsymbol{\omega}\times\boldsymbol{r}$ 的方向也与点 M 的速度 $\boldsymbol{v}$ 相同，则点 M 的速度为

$$\boldsymbol{v}=\frac{\mathrm{d}\boldsymbol{r}}{\mathrm{d}t}=\boldsymbol{\omega}\times\boldsymbol{r} \tag{5-24}$$

由式（5-2），则点 M 的加速度为

$$\begin{aligned}\boldsymbol{a} &=\frac{\mathrm{d}\boldsymbol{v}}{\mathrm{d}t}=\frac{\mathrm{d}(\boldsymbol{\omega}\times\boldsymbol{r})}{\mathrm{d}t}=\frac{\mathrm{d}\boldsymbol{\omega}}{\mathrm{d}t}\times\boldsymbol{r}+\boldsymbol{\omega}\times\frac{\mathrm{d}\boldsymbol{r}}{\mathrm{d}t} \\ &=\boldsymbol{\alpha}\times\boldsymbol{r}+\boldsymbol{\omega}\times\boldsymbol{v}=\boldsymbol{\alpha}\times\boldsymbol{r}+\boldsymbol{\omega}\times(\boldsymbol{\omega}\times\boldsymbol{r})\end{aligned} \tag{5-25}$$

式中右侧第一项与速度关系类似，是点 M 的切向加速度，第二项是点 M 的法向加速度。

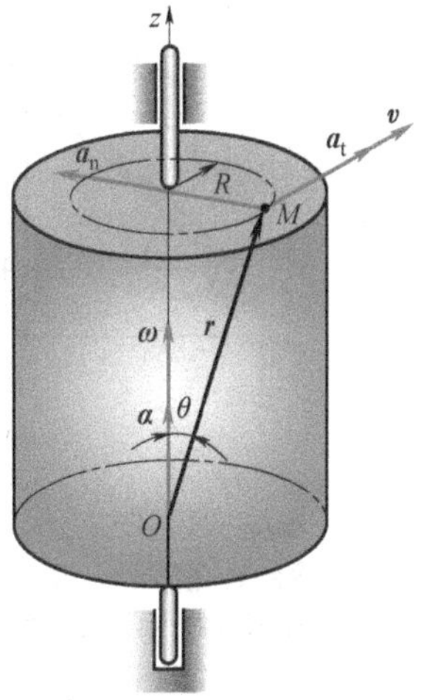

图　5-12

式（5-24）同时也给出了大小不变、只是方向变化的矢量 $\boldsymbol{r}$ 的导数公式，由此，可以得到**泊桑公式**

$$\frac{\mathrm{d}\boldsymbol{i}_1}{\mathrm{d}t}=\boldsymbol{\omega}\times\boldsymbol{i}_1,\quad \frac{\mathrm{d}\boldsymbol{j}_1}{\mathrm{d}t}=\boldsymbol{\omega}\times\boldsymbol{j}_1,\quad \frac{\mathrm{d}\boldsymbol{k}_1}{\mathrm{d}t}=\boldsymbol{\omega}\times\boldsymbol{k}_1 \tag{5-26}$$

式中，$\boldsymbol{i}_1$、$\boldsymbol{j}_1$、$\boldsymbol{k}_1$ 为固连在转动刚体上的三个单位向量。

习　题

5-1　如题 5-1 图所示椭圆规尺，已知 $OC=AC=BA=l$，$CM=a$，曲柄 OC 以匀角速度 ω 绕轴 O 转动，运动开始时曲柄 OC 水平向右。求规尺上 M 点的运动轨迹和运动方程。

5-2　如题 5-2 图所示，点沿半径为 R 的圆做匀加速运动，初速度为零。其加速度与切线方向的夹角为 θ，该点走过的弧长 s 所对应的圆心角为 φ。证明：$\tan\theta=2\varphi$。

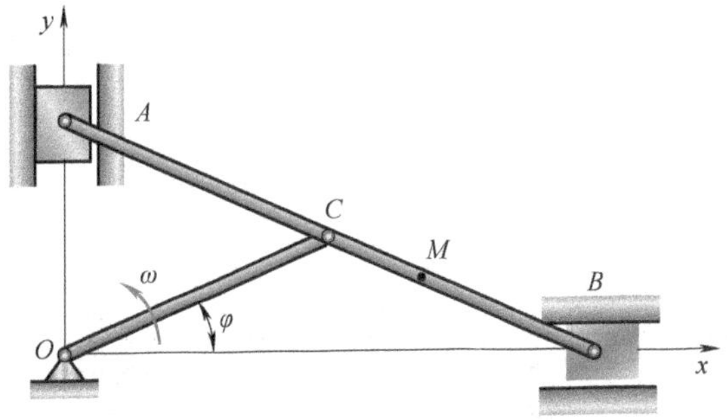

题 5-1 图

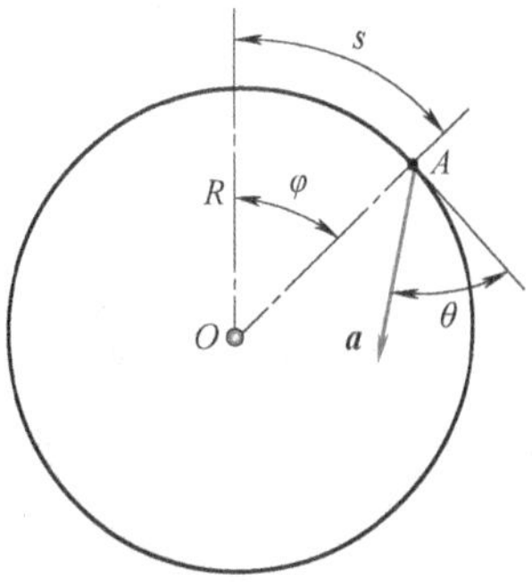

题 5-2 图

5-3　如题 5-3 图所示，杆 AB 以匀速 $\boldsymbol{v}$ 向上运动，通过套筒 A 带动长为 b 的摇杆 OC 绕轴 O 转动，运动开始时 $\varphi=0$，求 C 点的运动方程和 $\varphi=\pi/4$ 时 C 点速度的大小。

5-4　如题 5-4 图所示，半径为 $R=0.08\text{m}$ 的半圆形凸轮以匀速 $v=0.01\text{m/s}$ 沿水平向左运动，推动杆 AB

沿铅直方向运动。当运动开始时，杆的 A 端在凸轮的最高点处。求杆上 B 点相对地面和相对凸轮的运动方程和速度。

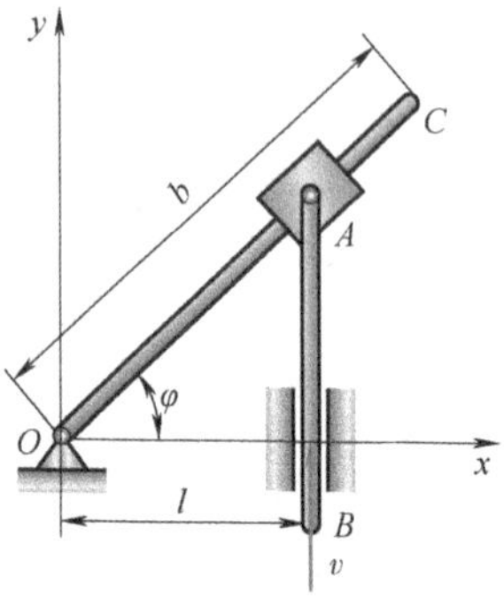

题 5-3 图

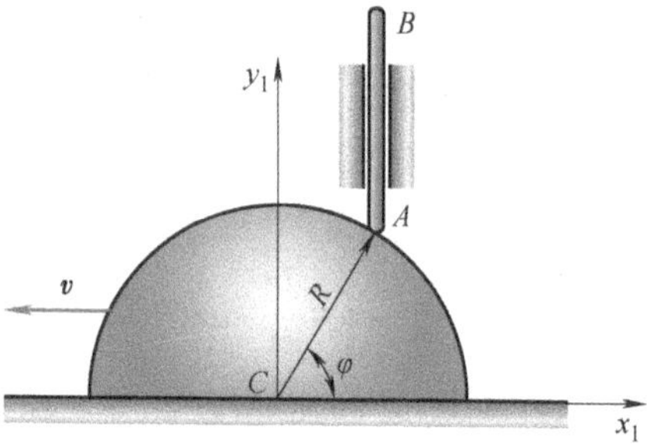

题 5-4 图

5-5 如题 5-5 图所示，半径为 R、偏心距 $OC=e$ 的偏心轮绕轴 O 转动，带动推杆 AB 沿铅直方向往复运动。偏心轮的转角 $\varphi=\omega t$（ω 为常量），求推杆 AB 的运动方程和速度。

5-6 如题 5-6 图所示，套筒 A 由绕过定滑轮 B 的绳索拉动而沿铅直导轨上升。绳索通过绞盘带动以匀速 $\boldsymbol{v}$ 拉下，忽略滑轮的尺寸。求套筒 A 的速度和加速度与距离 x 的关系。

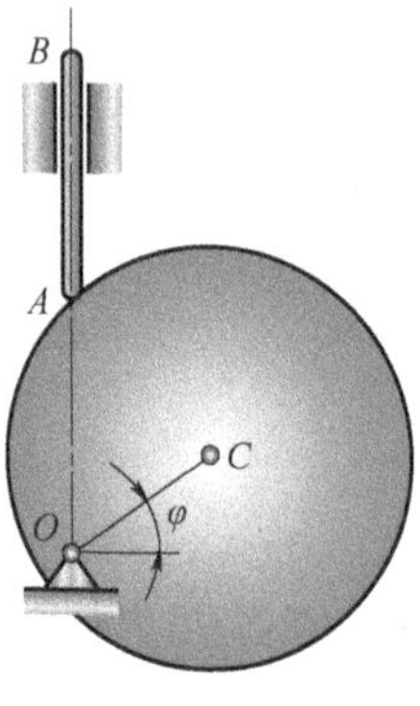

题 5-5 图

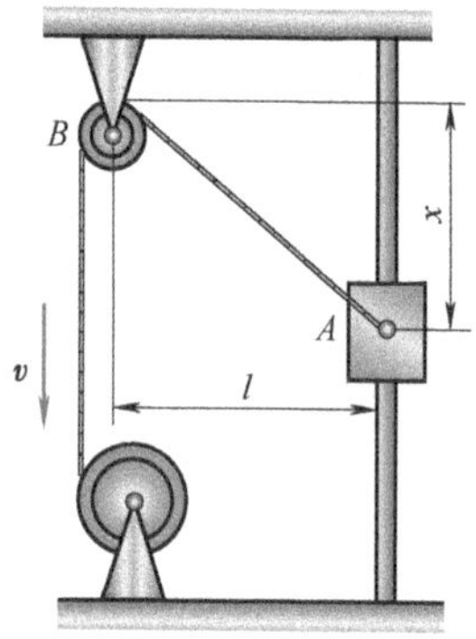

题 5-6 图

5-7 如题 5-7 图所示，飞轮绕固定轴 O 转动，其轮缘上任一点的全加速度与其半径的夹角恒为 60°。当运动开始时，飞轮的转角 φ 等于零，角速度为 ω_0。求飞轮的转动方程以及角速度与转角的关系。

5-8 如题 5-8 图所示，齿条 AB 由两个节圆半径 $R=0.25\text{m}$ 的齿轮带动，在某瞬时，齿条的加速度 $a_{AB}=0.5\text{m/s}^2$，齿轮节圆上任一点的加速度 $a=3\text{m/s}^2$。求此瞬时齿条的速度。

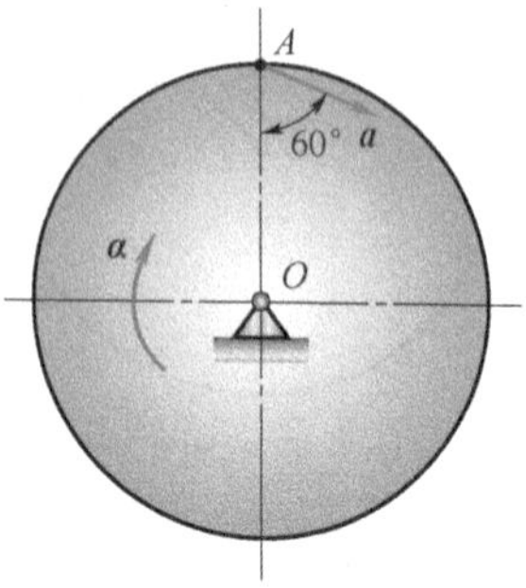

题 5-7 图

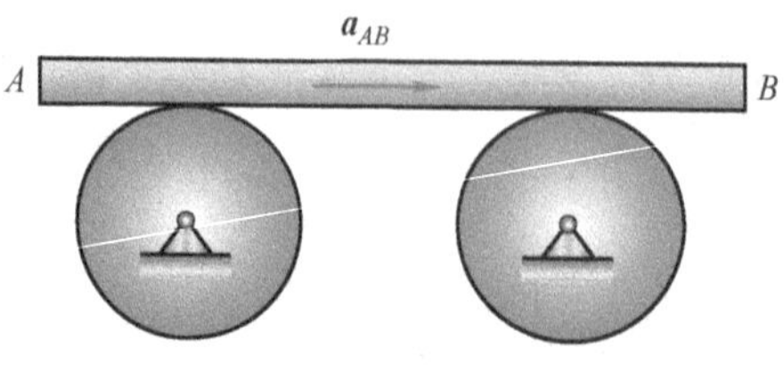

题 5-8 图

5-9　如题 5-9 图所示，长为 r 的曲柄 AD 以匀角速度 ω 绕轴 D 转动，其转动方程为 $\theta=\omega t$，通过套筒 A 带动摇杆 OB 绕轴 O 摆动。求摇杆 OB 的转动方程及角速度和角加速度的变化规律。

5-10　如题 5-10 图所示，$O_1A=O_2B=2r$，$O_1O_2 /\!/ AB$，曲柄 O_1A 以匀角速度 ω 绕轴 O_1 转动，通过固连在连杆 AB 上的、节圆半径为 r 的齿轮Ⅱ带动同样大小的齿轮Ⅰ做定轴转动。求齿轮Ⅰ节圆上任一点加速度的大小。

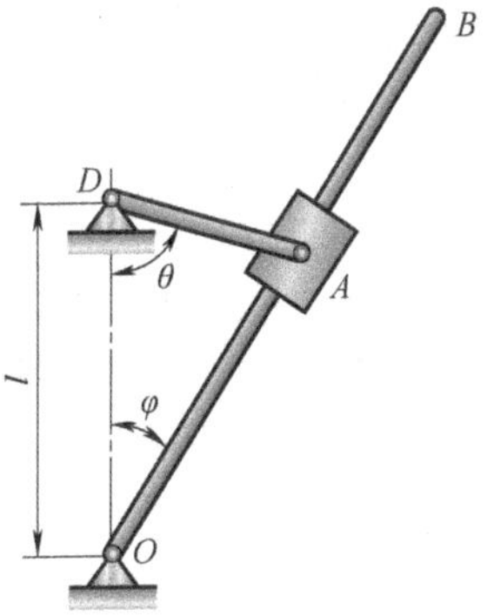

题 5-9 图

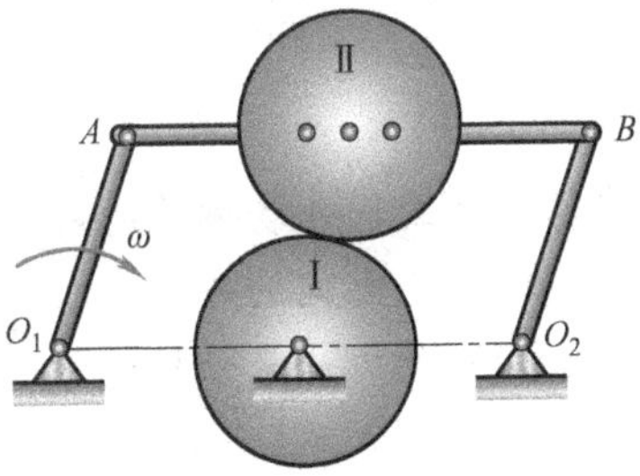

题 5-10 图

6

第6章 点的合成运动

用不同参考系来描述同一物体的运动，得到的结果是不同的。本章将讨论物体相对不同参考系的运动，及其运动之间的关系。

本章使用运动合成的方法来分析点的运动。

6.1 基本概念

如图6-1所示，观察沿直线轨道滚动的车轮，其轮缘上点 M 的运动轨迹，对于地面上的观察者来说，点的轨迹是旋轮线；但是对于车厢上的观察者来说，点的轨迹是一个圆周。这样，轮缘上点 M 的复杂的旋轮线运动就可以视为两个简单运动的合成：点 M 相对于车厢做圆周运动，同时车厢又相对地面做平动。

首先我们定义三个对象：所研究的点称为动点；习惯上把与地面固连的参考系称为定参考系（定系），以 $Oxyz$ 坐标表示；相对于地面即定系运动的参考系称为动参考系（动系），以 $O_1x_1y_1z_1$ 表示，定系和动系各表示一个无限的空间。

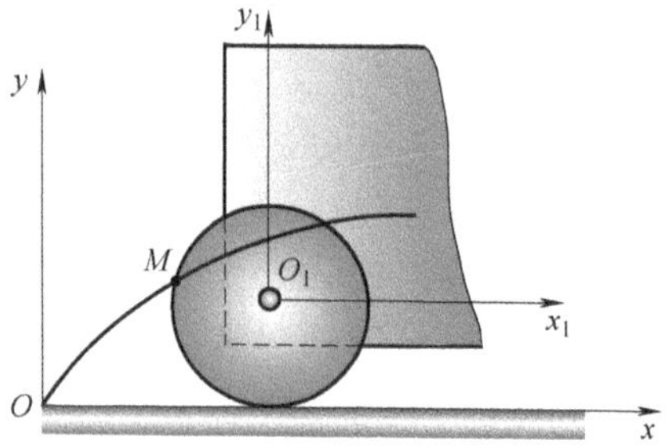

图 6-1

由于选取了一个动点和两个参考系，因此存在三种运动：

绝对运动：动点相对于定系的运动；在绝对运动中，动点的轨迹、速度和加速度，分别称为动点的绝对运动轨迹、绝对速度 $\boldsymbol{v}_a$ 和绝对加速度 $\boldsymbol{a}_a$。

相对运动：动点相对于动系的运动；动点在相对运动中的轨迹、速度和加速度，分别称为动点的相对运动轨迹、相对速度 $\boldsymbol{v}_r$ 和相对加速度 $\boldsymbol{a}_r$。

牵连运动：动系相对定系的运动。

显然，绝对运动和相对运动都是点的运动，而牵连运动则是刚体的运动。

在任意瞬时，动系上与动点重合那一点的速度和加速度分别称为动点的牵连速度 $\boldsymbol{v}_e$ 和牵连加速度 $\boldsymbol{a}_e$。动系通常固连在某一刚体上，其运动形式与刚体的运动形式相同，但坐标系的大小是无限的。因此，牵连速度 $\boldsymbol{v}_e$ 和牵连加速度 $\boldsymbol{a}_e$ 的确定，首先要确定动系（刚体）的运动，再找到重合点，来得到牵连速度 $\boldsymbol{v}_e$ 和牵连加速度 $\boldsymbol{a}_e$。动点是我们研究的点，它相对动参考系运动着，重合点是动参考系上的几何点，在研究时刻，动点与重合点位置重合。

定系与动系是两个不同的坐标系，可以利用坐标变换来建立绝对运动、相对运动和牵连运动的关系。

例 6-1　如图 6-2 所示，车刀切削工件的直径端面，车刀刀尖 M 沿水平轴 x 做往复运动。设 Oxy 为定系，刀尖的运动方程为 $x=b\sin\omega t$。工件以等角速度 ω 逆时针转动，求车刀在工件端面切出的痕迹。

解：根据题意，取刀尖 M 为动点，动系 Ox_1y_1 固连于工件端面上，随工件一起转动。

动点 M 在动系中的坐标 x_1、y_1 与在定系 Oxy 中的坐标 x 的关系为

$$x_1=x\cos\omega t$$

$$y_1=-x\sin\omega t$$

将动点 M 绝对运动方程代入上式，有

$$x_1=b\sin\omega t\cos\omega t$$

$$y_1=-b\sin^2\omega t=-\frac{b}{2}(1-\cos2\omega t)$$

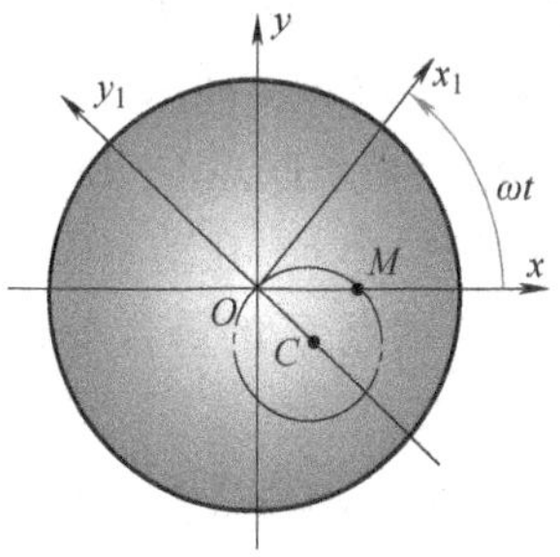

图　6-2

这就是车刀刀尖相对工件端面运动方程。

从 x_1、y_1 表达式消去时间 t，得到刀尖的相对轨迹方程为

$$x_1^2+\left(y_1+\frac{b}{2}\right)^2=\left(\frac{b}{2}\right)^2$$

可见，车刀切痕是一个半径为$\frac{b}{2}$的圆，圆心 C 在动坐标 Oy_1 轴上，$OC=\frac{b}{2}$。

从此例题可见，已知绝对运动方程求相对运动方程，或已知相对运动方程求绝对运动方程，只要将动点相对两个坐标系的坐标进行变换就可。

6.2　点的速度合成定理

本节我们研究动点的三种速度的关系。

如图 6-3 所示，在定系 $Oxyz$ 中，设想有刚性金属丝由 t 瞬时的位置 AB，经过时间间隔 Δt 后运动到位置 $A'B'$。金属丝上套一小环 M，在金属丝运动的过程中，小环 M 亦沿金属丝运动，因而小环 M 也在同一时间间隔 Δt 内由 M 运动到 M'。以小环 M 为动点，金属丝为动系。动点的绝对运动轨迹为 MM'，绝对位移为 $\Delta\boldsymbol{r}_a=\overrightarrow{MM'}$；相对运动轨迹为 M_1M'，相对位移为 $\Delta\boldsymbol{r}_r=\overrightarrow{M_1M'}$；在 t 瞬时动点 M 与金属丝上 M_1 点重合，则重合点 M_1 的轨迹为 MM_1，重合点的位移为$\overrightarrow{MM_1}$。由图中矢量三角形有

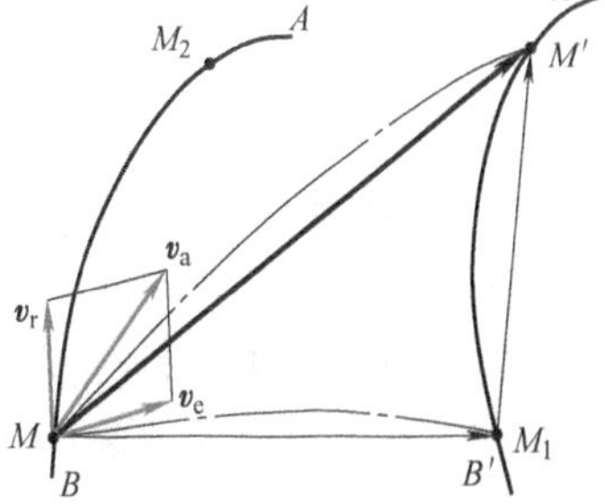

图　6-3

$$\overrightarrow{MM'}=\overrightarrow{MM_1}+\overrightarrow{M_1M'}$$

将此式各项除以同一时间间隔 Δt，并令 $\Delta t\to0$，取极限有

$$\lim_{\Delta t\to 0}\frac{\overrightarrow{MM'}}{\Delta t}=\lim_{\Delta t\to 0}\frac{\overrightarrow{MM_1}}{\Delta t}+\lim_{\Delta t\to 0}\frac{\overrightarrow{M_1M'}}{\Delta t}$$

即

$$\boldsymbol{v}_{\rm a}=\boldsymbol{v}_{\rm e}+\boldsymbol{v}_{\rm r} \tag{6-1}$$

上式称为点的速度合成定理：在任一瞬时，动点的绝对速度等于其牵连速度和相对速度的矢量和。

为方便后面的加速度合成定理的推导，点的速度合成定理也可以用严格的数学推导证明。如图 6-4 所示，$Oxyz$ 为固定坐标系，沿三个坐标轴的单位矢量分别为 $\boldsymbol{i}$、$\boldsymbol{j}$、$\boldsymbol{k}$；$O_1x_1y_1z_1$ 为动坐标系，沿三个坐标轴的单位矢量分别为 $\boldsymbol{i}_1$、$\boldsymbol{j}_1$、$\boldsymbol{k}_1$，动系原点 O_1 在定系中的矢径为 $\boldsymbol{r}_{O_1}$。动点 M 在定系中的矢径为 $\boldsymbol{r}$，在动系中的矢径为 $\boldsymbol{r}_1$，图中点 M_1 为动系上该瞬时与动点 M 的重合点。由图可知

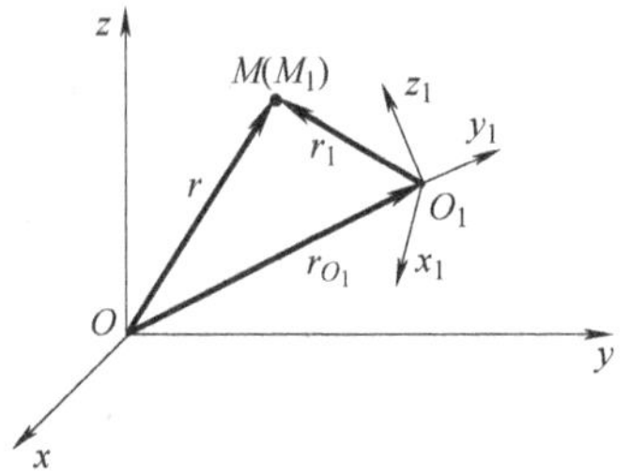

图 6-4

$$\boldsymbol{r}=\boldsymbol{r}_{O_1}+\boldsymbol{r}_1 \tag{6-2}$$

式中，$\boldsymbol{r}_1=x_1\boldsymbol{i}_1+y_1\boldsymbol{j}_1+z_1\boldsymbol{k}_1$，$x_1$、$y_1$、$z_1$ 是动点 M 在动系中的坐标。按照相对速度的定义

$$\boldsymbol{v}_{\rm r}=\frac{{\rm d}x_1}{{\rm d}t}\boldsymbol{i}_1+\frac{{\rm d}y_1}{{\rm d}t}\boldsymbol{j}_1+\frac{{\rm d}z_1}{{\rm d}t}\boldsymbol{k}_1 \tag{6-3}$$

重合点 M_1 的矢径 $\boldsymbol{r}'=\boldsymbol{r}_{O_1}+x_1\boldsymbol{i}_1+y_1\boldsymbol{j}_1+z_1\boldsymbol{k}_1$，因其是动系上的点，因此坐标 x_1、y_1、z_1 为常数。按照牵连速度的定义

$$\boldsymbol{v}_{\rm e}=\frac{{\rm d}\boldsymbol{r}_{O_1}}{{\rm d}t}+x_1\frac{{\rm d}\boldsymbol{i}_1}{{\rm d}t}+y_1\frac{{\rm d}\boldsymbol{j}_1}{{\rm d}t}+z_1\frac{{\rm d}\boldsymbol{k}_1}{{\rm d}t} \tag{6-4}$$

对式（6-2）两边求导，有

$$\begin{aligned}\boldsymbol{v}_{\rm a}&=\frac{{\rm d}\boldsymbol{r}}{{\rm d}t}=\frac{{\rm d}\boldsymbol{r}_{O_1}}{{\rm d}t}+\frac{{\rm d}\boldsymbol{r}_1}{{\rm d}t}=\frac{{\rm d}\boldsymbol{r}_{O_1}}{{\rm d}t}+\frac{{\rm d}x_1}{{\rm d}t}\boldsymbol{i}_1+x_1\frac{{\rm d}\boldsymbol{i}_1}{{\rm d}t}+\frac{{\rm d}y_1}{{\rm d}t}\boldsymbol{j}_1+y_1\frac{{\rm d}\boldsymbol{j}_1}{{\rm d}t}+\frac{{\rm d}z_1}{{\rm d}t}\boldsymbol{k}_1+z_1\frac{{\rm d}\boldsymbol{k}_1}{{\rm d}t}\\&=\left(\frac{{\rm d}\boldsymbol{r}_{O_1}}{{\rm d}t}+x_1\frac{{\rm d}\boldsymbol{i}_1}{{\rm d}t}+y_1\frac{{\rm d}\boldsymbol{j}_1}{{\rm d}t}+z_1\frac{{\rm d}\boldsymbol{k}_1}{{\rm d}t}\right)+\left(\frac{{\rm d}x_1}{{\rm d}t}\boldsymbol{i}_1+\frac{{\rm d}y_1}{{\rm d}t}\boldsymbol{j}_1+\frac{{\rm d}z_1}{{\rm d}t}\boldsymbol{k}_1\right)=\boldsymbol{v}_{\rm e}+\boldsymbol{v}_{\rm r}\end{aligned} \tag{6-5}$$

在对定理的证明过程中，对动系的运动未加任何限制，因此，该定理对任何形式的牵连运动都适用。

[解题步骤及说明]

1）选取研究对象，即选择动点与动系。本章动点与动系的选择是关键。动点与动系的选取原则：

① 动点与动系通常分别选在两个不同的刚体上，这样才能分解点的运动；

② 使相对运动轨迹简单、直观，从而使相对运动量的方向便于确定，易于求解。

2）选取相应的定理：列出矢量方程。

3）运动分析：分析三种运动，确定题目所需的运动量，并画出矢量图。

根据运动特点，绝对和相对运动是点的运动，因而绝对运动量和相对运动量通常由绝对和相对运动轨迹确定；而牵连运动是刚体的运动，因此所有牵连运动量均通过对（动

系所固连的）刚体运动的分析，由定义中重合点的运动量来确定。

4）求解：矢量方程中的每个矢量包含大小、方向两个量，可以选择合适的坐标用投影方程计算，对于平面问题可以求解两个未知量，而对于空间问题则可以求解三个未知量。投影时应按照矢量方程并对照矢量图进行。

例 6-2　如图 6-5 所示刨床急回机构，曲柄 OA 的一端 A 与套筒用铰链连接，曲柄 OA 以匀角速度 ω 绕轴 O 转动，通过套筒 A 带动摇杆 O_1B 绕轴 O_1 摆动。已知 $OA=r$，求曲柄水平、O_1B 与铅垂线成 φ 角时，摇杆 O_1B 的角速度 ω_1。

解：动点：套筒 A；动系固连在 O_1B 杆上；相对运动轨迹为直线 O_1B。

根据点的速度合成定理，有

$$\boldsymbol{v}_a=\boldsymbol{v}_e+\boldsymbol{v}_r \qquad (*)$$

式中，$v_a=\omega r$，方向铅直向上；$\boldsymbol{v}_r$ 大小未知，方向沿直线 O_1B；牵连运动是随 O_1B 绕轴 O_1 的转动，在杆 O_1B 上与动点 A 重合点的速度即为动点 A 的牵连速度，则 $v_e=\omega_1|O_1A|=\dfrac{\omega_1 r}{\sin\varphi}$，其中 ω_1 待求，方向垂直于 O_1B 并与 ω_1 的转向一致。

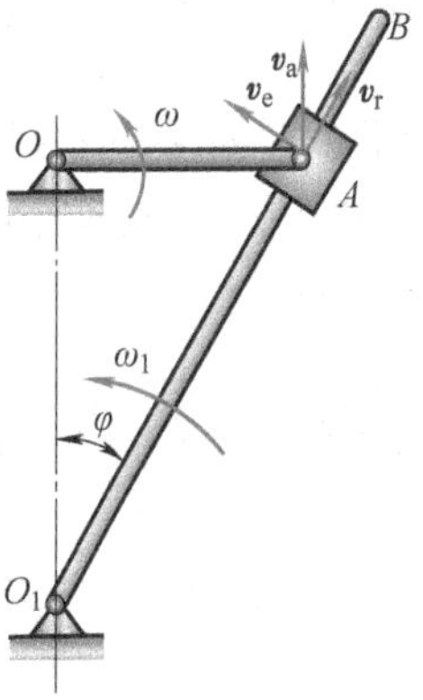

图　6-5

将式（*）沿垂直于 O_1B 方向投影可得

$$v_a\sin\varphi=v_e$$

即 $\omega r\sin\varphi=\dfrac{\omega_1 r}{\sin\varphi}$，解得 $\omega_1=\omega\sin^2\varphi$，转向如图 6-5 所示。

【点评】

1. 此题动点和动系的选择很典型，摇杆 O_1B 插在套筒 A 中，因此在摇杆 O_1B（动系）上观察套筒 A 的运动就是沿着摇杆 O_1B 的直线。

2. 套筒 A 相对动系做直线运动，那么它的相对速度、相对加速度都沿着这条直线。

3. 在求解过程中，只有绝对速度 $\boldsymbol{v}_a$ 的方向已知，牵连速度 $\boldsymbol{v}_e$ 和相对速度 $\boldsymbol{v}_r$ 的大小和方向都可以通过投影方程解出。

例 6-3　如图 6-6 所示，半径为 R 的半圆凸轮以匀速 $\boldsymbol{v}$ 向左平动，推动杆 OA 绕轴 O 转动，当 $\angle AOD=\varphi$ 时，求杆 OA 的角速度 ω。

解：动点：凸轮圆心 C；动系固连在 OA 杆上；相对轨迹为过 C 点平行于 AO 的直线。

根据点的速度合成定理，有

$$\boldsymbol{v}_a=\boldsymbol{v}_e+\boldsymbol{v}_r \qquad (*)$$

式中，$v_a=v$，方向水平向左；$\boldsymbol{v}_r$ 大小未知，方向平行于 OA 向左下；$v_e=\omega|OC|=\dfrac{R\omega}{\sin\varphi}$，其中 ω 待求，方向垂直于 OC 并与 ω 转向一致，即铅直向上。

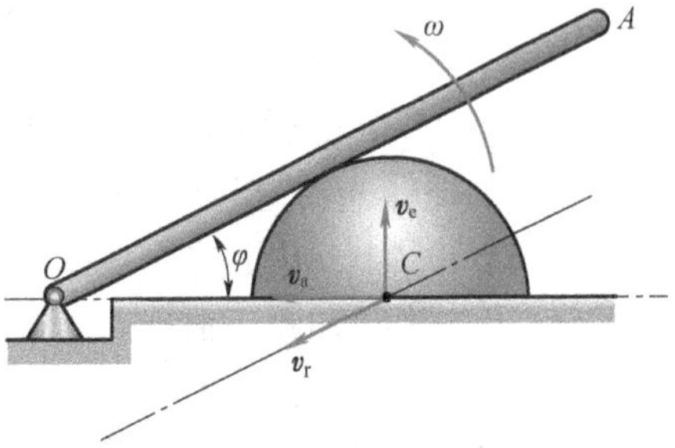

图　6-6

将式（*）水平方向投影得

$$v_a = v_r \cos\varphi$$

将式（*）铅直方向投影得

$$0 = v_e - v_r \sin\varphi$$

解得 $\omega = \frac{v}{R}\sin\varphi\tan\varphi$，转向如图 6-6 所示。

【点评】

1. 此题动点和动系的选择是关键，而在选择过程中，多数情况需要确定相对运动轨迹。通常在确定相对运动轨迹的时候，要依据系统的运动或几何特点。半圆凸轮始终与杆 OA 相切，也就是凸轮圆心 C 到杆 OA 的距离始终不变，而改变的只是沿杆方向的相对位置，因此在杆 OA（动系）上观察凸轮圆心 C 的运动就是通过点 C 平行于杆 OA 的直线。

2. 牵连速度 $\boldsymbol{v}_e$ 的确定也很典型。动系固连在杆 OA 上，动系表示一个无限的平面，此平面随杆 OA 一起绕轴 O 转动，在杆 OA 上虽然找不到与圆心 C 重合点，但在动系这个无限的平面上，总能找到这个重合点。

6.3 牵连运动是平动时点的加速度合成定理

加速度合成问题较为复杂，结果与牵连运动形式有关，本节讨论牵连运动为平动的情况。

设图 6-4 中动系 $O_1x_1y_1z_1$ 相对定系 $Oxyz$ 做平动，x_1、y_1、z_1 三个坐标轴的方向不变，则

$$\frac{\mathrm{d}\boldsymbol{i}_1}{\mathrm{d}t} = \frac{\mathrm{d}\boldsymbol{j}_1}{\mathrm{d}t} = \frac{\mathrm{d}\boldsymbol{k}_1}{\mathrm{d}t} = 0$$

因此

$$\boldsymbol{a}_r = \frac{\mathrm{d}^2x_1}{\mathrm{d}t^2}\boldsymbol{i}_1 + \frac{\mathrm{d}^2y_1}{\mathrm{d}t^2}\boldsymbol{j}_1 + \frac{\mathrm{d}^2z_1}{\mathrm{d}t^2}\boldsymbol{k}_1 = \frac{\mathrm{d}\boldsymbol{v}_r}{\mathrm{d}t} \tag{6-6}$$

又由于动系做平动，在同一瞬时，动系上各点的速度、加速度都相同，则

$$\boldsymbol{v}_e = \boldsymbol{v}_{M_1} = \boldsymbol{v}_{O_1}, \quad \boldsymbol{a}_e = \boldsymbol{a}_{M_1} = \boldsymbol{a}_{O_1}$$

由式（6-1）得 $\boldsymbol{v}_a = \boldsymbol{v}_e + \boldsymbol{v}_r = \boldsymbol{v}_{O_1} + \boldsymbol{v}_r$，两边求导，有

$$\boldsymbol{a}_a = \frac{\mathrm{d}\boldsymbol{v}_a}{\mathrm{d}t} = \frac{\mathrm{d}\boldsymbol{v}_e}{\mathrm{d}t} + \frac{\mathrm{d}\boldsymbol{v}_r}{\mathrm{d}t} = \frac{\mathrm{d}\boldsymbol{v}_{O_1}}{\mathrm{d}t} + \frac{\mathrm{d}\boldsymbol{v}_r}{\mathrm{d}t} = \boldsymbol{a}_{O_1} + \boldsymbol{a}_r = \boldsymbol{a}_e + \boldsymbol{a}_r \tag{6-7}$$

上式称为**牵连运动为平动时点的加速度合成定理：牵连运动为平动时，在任一瞬时，动点的绝对加速度等于其牵连加速度和相对加速度的矢量和。**

例 6-4 如图 6-7a 所示，半径为 R 的半圆形凸轮以速度 $\boldsymbol{v}$ 和加速度 $\boldsymbol{a}$ 沿水平轨道向右减速运动，带动顶杆 AB 沿铅垂方向运动。求图示位置时杆 AB 的速度和加速度。

解： 动点：顶杆 AB 上的 A 点；动系固连在凸轮上；相对运动轨迹是凸轮的轮缘，即以 C 为圆心、R 为半径的圆。根据点的速度合成定理，有

$$\boldsymbol{v}_a = \boldsymbol{v}_e + \boldsymbol{v}_r \tag{a}$$

式中，$\boldsymbol{v}_a$ 的大小待求，方向铅直向上；$\boldsymbol{v}_r$ 大小未知，方向沿相对轨迹的切线；$\boldsymbol{v}_e = \boldsymbol{v}$。速度矢量图如图 6-7b 所示。

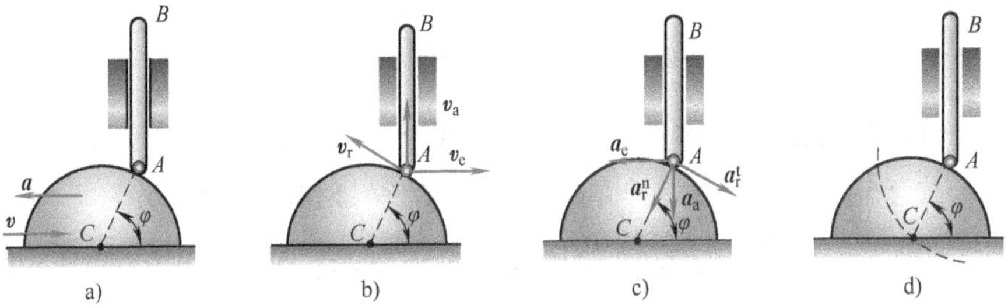

图 6-7

将式（a）沿水平方向投影有

$$0=v_e-v_r\sin\varphi,\quad v_r=\frac{v}{\sin\varphi}$$

将式（a）沿铅直方向投影，解得

$$v_a=v_r\cos\varphi=v\cos\varphi$$

根据加速度合成定理，有

$$\boldsymbol{a}_a=\boldsymbol{a}_e+\boldsymbol{a}_r^t+\boldsymbol{a}_r^n \tag{b}$$

式中，$\boldsymbol{a}_a$ 的大小待求，方向铅直；$\boldsymbol{a}_e=\boldsymbol{a}$。动点 A 的相对轨迹为曲线，因此其相对加速度分为两个分量：相对切向加速度 $\boldsymbol{a}_r^t$ 和相对法向加速度 $\boldsymbol{a}_r^n$。其中相对切向加速度 $\boldsymbol{a}_r^t$ 的大小未知，方向沿相对轨迹的切线；相对法向加速度 $a_r^n=\frac{v_r^2}{R}=\frac{v^2}{R\sin^2\varphi}$，方向沿相对轨迹的法线，即由 A 指向 C。加速度矢量图如图 6-7c 所示。

将式（b）沿相对运动轨迹的法线方向投影，有

$$a_a\sin\varphi=a_e\cos\varphi+a_r^n$$

解得

$$a_a=\frac{1}{\sin\varphi}\left(a\cos\varphi+\frac{v^2}{R\sin^2\varphi}\right)=a\cot\varphi+\frac{v^2}{R\sin^3\varphi}$$

【点评】

1. 绝大多数的加速度分析都是在速度分析的基础上进行的，三种运动已经明确，每个加速度是一项还是两项已经确定了，因此在列加速度矢量方程的时候直接展开，方便求解。

2. 此题动点和动系的选择又是一个典型，杆 AB 上有一个 A 点，而在凸轮上又有一个与 A 重合（接触）的 A'点。以顶杆 AB 上的 A 点（不变的）为动点，动系固连在凸轮上，因 A 点始终与轮缘接触，在凸轮（动系）上观察 A 点的运动，A 点到动系上 C 点的距离不变，相对运动轨迹就是凸轮的轮缘，此为正选。而以凸轮上的 A'点（变化的）为动点，动系固连在顶杆 AB 上，当 φ 角为确定值时，A'点在轮缘上位置确定，我们很难判断随 φ 角变化时 A'点相对动系的运动轨迹，此为反选，多数情况不能求解。

3. 如图 6-7d 所示，此题还可以选择凸轮中心 C 为动点，动系固连在杆 AB 上，在杆 AB（动系）上观察 C 点的运动，因 C 点到动系上 A 点的距离不变，相对运动轨迹是以 A 点为圆心、R 为半径的圆周。

6.4 牵连运动是转动时点的加速度合成定理

设图 6-4 中动系 $O_1x_1y_1z_1$ 绕通过固定点 O_1 的轴做定轴转动，角速度为 $\boldsymbol{\omega}_e$，角加速度为 $\boldsymbol{\alpha}_e$，由泊桑公式（5-26），动系的三个单位向量 $\boldsymbol{i}_1$、$\boldsymbol{j}_1$、$\boldsymbol{k}_1$ 对时间 t 的导数为

$$\frac{\mathrm{d}\boldsymbol{i}_1}{\mathrm{d}t}=\boldsymbol{\omega}_e\times\boldsymbol{i}_1,\quad \frac{\mathrm{d}\boldsymbol{j}_1}{\mathrm{d}t}=\boldsymbol{\omega}_e\times\boldsymbol{j}_1,\quad \frac{\mathrm{d}\boldsymbol{k}_1}{\mathrm{d}t}=\boldsymbol{\omega}_e\times\boldsymbol{k}_1$$

$$\begin{aligned}\frac{\mathrm{d}\boldsymbol{r}_1}{\mathrm{d}t}&=\frac{\mathrm{d}x_1}{\mathrm{d}t}\boldsymbol{i}_1+x_1\frac{\mathrm{d}\boldsymbol{i}_1}{\mathrm{d}t_1}+\frac{\mathrm{d}y_1}{\mathrm{d}t}\boldsymbol{j}_1+y_1\frac{\mathrm{d}\boldsymbol{j}_1}{\mathrm{d}t}+\frac{\mathrm{d}z_1}{\mathrm{d}t}\boldsymbol{k}_1+z_1\frac{\mathrm{d}\boldsymbol{k}_1}{\mathrm{d}t}\\&=\left(\frac{\mathrm{d}x_1}{\mathrm{d}t}\boldsymbol{i}_1+\frac{\mathrm{d}y_1}{\mathrm{d}t}\boldsymbol{j}_1+\frac{\mathrm{d}z_1}{\mathrm{d}t}\boldsymbol{k}_1\right)+\left(x_1\frac{\mathrm{d}\boldsymbol{i}_1}{\mathrm{d}t_1}+y_1\frac{\mathrm{d}\boldsymbol{j}_1}{\mathrm{d}t}+z_1\frac{\mathrm{d}\boldsymbol{k}_1}{\mathrm{d}t}\right)\\&=\boldsymbol{v}_r+\boldsymbol{\omega}_e\times(x_1\boldsymbol{i}_1+y_1\boldsymbol{j}_1+z_1\boldsymbol{k}_1)=\boldsymbol{v}_r+\boldsymbol{\omega}_e\times\boldsymbol{r}_1\end{aligned}\tag{6-8}$$

对式（6-2）两边求导，因 O_1 为固定点，$\frac{\mathrm{d}\boldsymbol{r}_{O_1}}{\mathrm{d}t}=0$，有

$$\boldsymbol{v}_a=\frac{\mathrm{d}\boldsymbol{r}}{\mathrm{d}t}=\frac{\mathrm{d}\boldsymbol{r}_{O_1}}{\mathrm{d}t}+\frac{\mathrm{d}\boldsymbol{r}_1}{\mathrm{d}t}=\boldsymbol{v}_r+\boldsymbol{\omega}_e\times\boldsymbol{r}_1\tag{6-9}$$

对式（6-3）两边求导：

$$\begin{aligned}\frac{\mathrm{d}\boldsymbol{v}_r}{\mathrm{d}t}&=\frac{\mathrm{d}^2x_1}{\mathrm{d}t^2}\boldsymbol{i}_1+\frac{\mathrm{d}x_1}{\mathrm{d}t}\frac{\mathrm{d}\boldsymbol{i}_1}{\mathrm{d}t}+\frac{\mathrm{d}^2y_1}{\mathrm{d}t^2}\boldsymbol{j}_1+\frac{\mathrm{d}y_1}{\mathrm{d}t}\frac{\mathrm{d}\boldsymbol{j}_1}{\mathrm{d}t}+\frac{\mathrm{d}^2z_1}{\mathrm{d}t^2}\boldsymbol{k}_1+\frac{\mathrm{d}z_1}{\mathrm{d}t}\frac{\mathrm{d}\boldsymbol{k}_1}{\mathrm{d}t}\\&=\left(\frac{\mathrm{d}^2x_1}{\mathrm{d}t^2}\boldsymbol{i}_1+\frac{\mathrm{d}^2y_1}{\mathrm{d}t^2}\boldsymbol{j}_1+\frac{\mathrm{d}^2z_1}{\mathrm{d}t^2}\boldsymbol{k}_1\right)+\left(\frac{\mathrm{d}x_1}{\mathrm{d}t}\frac{\mathrm{d}\boldsymbol{i}_1}{\mathrm{d}t}+\frac{\mathrm{d}y_1}{\mathrm{d}t}\frac{\mathrm{d}\boldsymbol{j}_1}{\mathrm{d}t}+\frac{\mathrm{d}z_1}{\mathrm{d}t}\frac{\mathrm{d}\boldsymbol{k}_1}{\mathrm{d}t}\right)\\&=\boldsymbol{a}_r+\boldsymbol{\omega}_e\times\left(\frac{\mathrm{d}x_1}{\mathrm{d}t}\boldsymbol{i}_1+\frac{\mathrm{d}y_1}{\mathrm{d}t}\boldsymbol{j}_1+\frac{\mathrm{d}z_1}{\mathrm{d}t}\boldsymbol{k}_1\right)=\boldsymbol{a}_r+\boldsymbol{\omega}_e\times\boldsymbol{v}_r\end{aligned}\tag{6-10}$$

对式（6-9）两边求导：

$$\begin{aligned}\boldsymbol{a}_a&=\frac{\mathrm{d}\boldsymbol{v}_a}{\mathrm{d}t}=\frac{\mathrm{d}\boldsymbol{v}_r}{\mathrm{d}t}+\frac{\mathrm{d}\boldsymbol{\omega}_e}{\mathrm{d}t}\times\boldsymbol{r}_1+\boldsymbol{\omega}_e\times\frac{\mathrm{d}\boldsymbol{r}_1}{\mathrm{d}t}\\&=\boldsymbol{a}_r+\boldsymbol{\omega}_e\times\boldsymbol{v}_r+\boldsymbol{\alpha}_e\times\boldsymbol{r}_1+\boldsymbol{\omega}_e\times(\boldsymbol{v}_r+\boldsymbol{\omega}_e\times\boldsymbol{r}_1)\\&=[\boldsymbol{\alpha}_e\times\boldsymbol{r}_1+\boldsymbol{\omega}_e\times(\boldsymbol{\omega}_e\times\boldsymbol{r}_1)]+\boldsymbol{a}_r+2\boldsymbol{\omega}_e\times\boldsymbol{v}_r\end{aligned}$$

由式（5-25），上式右边括号内正是动系上与动点重合点 M_1 的加速度，也就是动点的牵连加速度，因此

$$\boldsymbol{a}_a=\boldsymbol{a}_e+\boldsymbol{a}_r+2\boldsymbol{\omega}_e\times\boldsymbol{v}_r=\boldsymbol{a}_e+\boldsymbol{a}_r+\boldsymbol{a}_C\tag{6-11}$$

式中，$\boldsymbol{a}_C=2\boldsymbol{\omega}_e\times\boldsymbol{v}_r$，称为科氏加速度，是由于动系转动时，牵连运动和相对运动互相影响而产生的。科氏加速度的大小由矢量积的大小决定，方向由右手螺旋法则确定。

式（6-11）称为牵连运动为转动时点的加速度合成定理：牵连运动为转动时，在任一瞬时，动点的绝对加速度等于其牵连加速度、相对加速度和科氏加速度的矢量和。

科氏加速度是法国工程师科里奥利（G. G. de Coriolis 1792—1834）于 1832 年在研究水轮机转动时提出的。由其表达式可以看出，科氏加速度由两部分组成：一部分是因为动点有相对运动，重合点的位置不断变化，即相对运动对牵连速度的影响；另一部分是由于动系的

牵连运动，引起相对速度方向变化，即牵连运动对相对速度的影响。所以，它是牵连运动和相对运动互相影响的结果。

可以证明，当牵连运动为任意运动时，式（6-11）都成立，它是点的加速度合成定理的普遍形式。当牵连运动为平动时，$\omega_e=0$，则 $a_C=0$，表达式（6-11）化为特殊式（6-7）。

当动点的绝对运动、相对运动都是曲线运动，动系做转动时，加速度合成定理有更复杂的表达形式

$$\boldsymbol{a}_a^n+\boldsymbol{a}_a^t=\boldsymbol{a}_e^n+\boldsymbol{a}_e^t+\boldsymbol{a}_r^n+\boldsymbol{a}_r^t+\boldsymbol{a}_C$$

例 6-5　求例 6-3 中杆 OA 在图示位置的角加速度 α。设凸轮的半径为 R。

解：动点：凸轮圆心 C；动系固连在 OA 杆上；相对轨迹为一条平行于 AO 的直线。如图 6-8 所示为加速度矢量图。此时绝对加速度可以表示为

$$\boldsymbol{a}_a=\boldsymbol{a}_e^n+\boldsymbol{a}_e^t+\boldsymbol{a}_r+\boldsymbol{a}_C \qquad (*)$$

式中，$\boldsymbol{a}_a=0$；$a_e^n=\omega^2\,|OC|=\dfrac{\omega^2 R}{\sin\varphi}$，方向水平向左；$a_e^t=\alpha\,|OC|=\dfrac{\alpha R}{\sin\varphi}$，其中 α 待求，方向铅直向上；$a_C=2\omega v_r\sin\dfrac{\pi}{2}=\dfrac{2v^2}{R}\tan^2\varphi$，方向由右手螺旋法则确定。

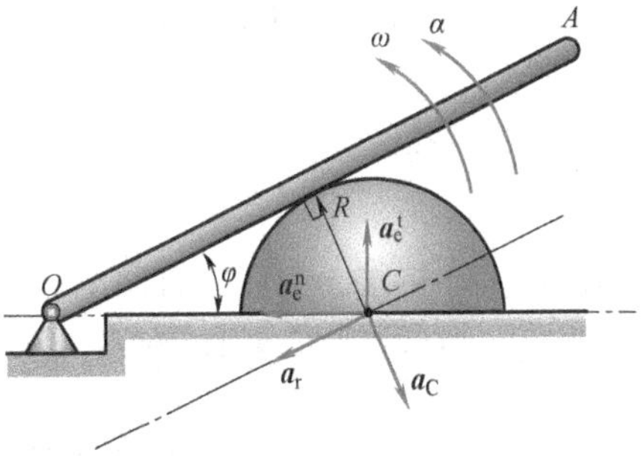

图　6-8

将式（*）沿 $\boldsymbol{a}_C$ 方向投影，有

$$0=-a_e^n\sin\varphi-a_e^t\cos\varphi+a_C$$

解得

$$\alpha=\frac{v^2}{R^2}\tan^3\varphi(1+\cos^2\varphi)$$

【点评】

此题杆 OA 做定轴转动，其转角 φ 为变量，可表示为 $\sin\varphi=\dfrac{R}{L-vt}$，其中 L 为一常数，与初始位置有关，在图示位置 $L=R/\sin\varphi$。求导并代入 $L=R/\sin\varphi$，可得 $\varphi'=\omega=\dfrac{v\sin^2\varphi}{R\cos\varphi}=\dfrac{v}{R}\sin\varphi\tan\varphi$。再求导并代入 $\varphi'=\omega=\dfrac{v\sin^2\varphi}{R\cos\varphi}=\dfrac{v}{R}\sin\varphi\tan\varphi$，可得 $\varphi''=\alpha=\dfrac{v}{R}\varphi'\cos\varphi\tan\varphi+\dfrac{v}{R}\varphi'\sin\varphi\,\dfrac{1}{\cos^2\varphi}=\dfrac{v^2}{R^2}\tan^3\varphi(1+\cos^2\varphi)$。

例 6-6　如图 6-9a 所示，在凸轮顶杆机构中，凸轮的半径为 R，偏心距为 e，以等角速度 ω 绕轴 O 转动，求当 $OC\perp OA$ 瞬时，顶杆的速度和加速度。

解法 1：动点：AB 杆上的 A 点；动系固连在凸轮上；相对轨迹是以 C 为圆心、R 为半径的圆。绝对速度

$$\boldsymbol{v}_a=\boldsymbol{v}_e+\boldsymbol{v}_r \qquad (a)$$

式中，$\boldsymbol{v}_a$ 大小待求，方向铅直向上；$v_e=\omega\,|OA|=\sqrt{R^2-e^2}\,\omega$，方向垂直于 OA 并与 ω 转向一致；$\boldsymbol{v}_r$ 大小未知，方向沿相对运动轨迹切线方向，即垂直于 CA。如图 6-9a 所示。

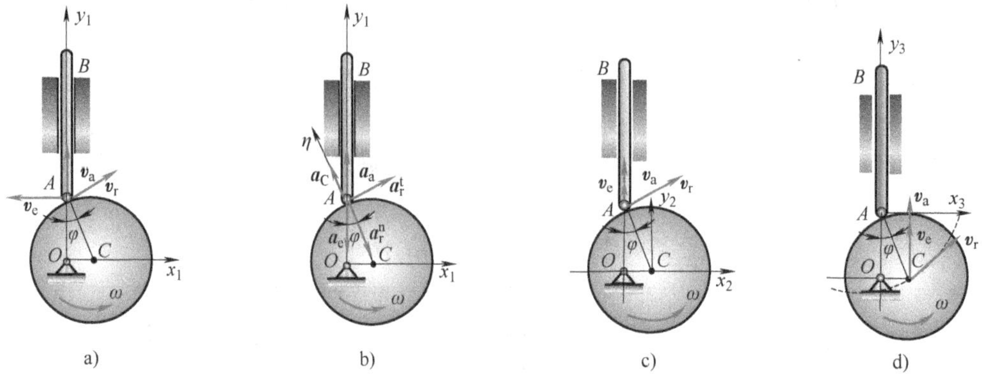

图 6-9

将式（a）沿水平方向投影，有

$$0=-v_e+v_r\cos\varphi,\quad v_r=\omega R$$

将式（a）沿铅直方向投影，解得

$$v_a=v_r\sin\varphi=\omega e$$

绝对加速度

$$\boldsymbol{a}_a=\boldsymbol{a}_e+\boldsymbol{a}_r^n+\boldsymbol{a}_r^t+\boldsymbol{a}_C \tag{b}$$

式中，$\boldsymbol{a}_a$ 大小待求，方向铅直向上；$a_e=\omega^2|OA|=\sqrt{R^2-e^2}\,\omega^2$，方向指向轴 O。相对运动轨迹为曲线，则相对加速度有两个分量：相对切向加速度 $\boldsymbol{a}_r^t$ 和相对法向加速度 $\boldsymbol{a}_r^n$。其中相对切向加速度 $\boldsymbol{a}_r^t$ 大小未知，方向沿相对轨迹的切线方向；相对法向加速度 $a_r^n=\dfrac{v_r^2}{R}=\omega^2R$，方向沿相对轨迹的法线，即由 A 指向 C。$\boldsymbol{a}_C=2\boldsymbol{\omega}_e\times\boldsymbol{v}_r$，$a_C=2\omega v_r\sin\dfrac{\pi}{2}=2\omega^2R$，方向由右手螺旋法则确定。如图 6-9b 所示。

将式（b）沿 $\boldsymbol{\eta}$ 方向投影有　$a_a\cos\varphi=-a_e\cos\varphi-a_r^n+a_C$

解得

$$a_a=\frac{e^2}{\sqrt{R^2-e^2}}\omega^2$$

解法 2：动点：AB 杆上的 A 点；动系是以轮心 C 为原点的平动坐标系（动系的原点与凸轮在轮心 C 处铰接，两个坐标轴 x_2、y_2 始终保持水平和铅直），相对轨迹仍然是以 C 为圆心、R 为半径的圆。绝对速度

$$\boldsymbol{v}_a=\boldsymbol{v}_e+\boldsymbol{v}_r \tag{c}$$

式中，$\boldsymbol{v}_a$ 大小待求，方向铅直向上；$v_e=\omega e$，方向铅直向上；$\boldsymbol{v}_r$ 大小未知，方向沿相对运动轨迹切线方向，即垂直于 CA。如图 6-9c 所示。

将式（c）沿水平方向投影，有

$$0=v_r\cos\varphi,\quad v_r=0$$

将式（c）沿铅直方向投影，解得

$$v_a=v_e=\omega e$$

加速度计算因为牵连运动是平动，且 $v_r=0$，比较简单。

解法 3：动点：轮心 C 点；动系固连在杆 AB 上，相对轨迹是以 A 为圆心、R 为半径的圆。绝对速度

$$\boldsymbol{v}_a=\boldsymbol{v}_e+\boldsymbol{v}_r \tag{d}$$

式中，$v_a=\omega e$，方向铅直向上；$\boldsymbol{v}_e$ 大小待求，方向铅直向上；$\boldsymbol{v}_r$ 大小未知，方向沿相对运动轨迹切线方向，即垂直于 CA。如图 6-9d 所示。

将式（d）沿水平方向投影，有

$$0=v_r\cos\varphi,\quad v_r=0$$

将式（d）沿铅直方向投影，解得

$$v_e=v_a=\omega e$$

加速度计算因为牵连运动是平动，且 $v_r=0$，也比较简单。

【点评】

1. 此题充分说明运动学问题解法的多元化。

2. 此题还可以按照点的运动学来讨论，写出 A 点的运动方程（即任意位置时的 OA 长的变化规律），通过对时间求导得到 A 点的速度和加速度，但要注意此时是特殊位置。

习　题

6-1　如题 6-1 图所示，动点 M 沿圆盘直径 AB 以匀速 $\boldsymbol{v}$ 运动，开始时动点 M 在 O 点，直径 AB 与 Ox 轴重合，若圆盘以匀角速度 ω 绕轴 O 转动，求动点 M 的绝对轨迹。

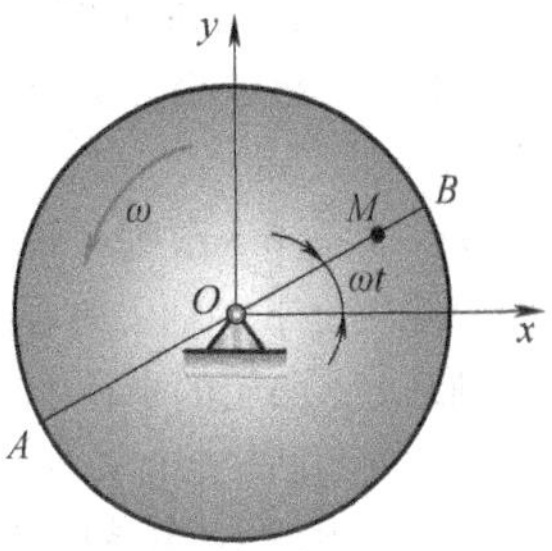

题 6-1 图

6-2　如题 6-2 图所示曲柄滑道机构中，曲柄长 $OA=r$，并以匀角速度 ω 绕轴 O 转动。与水平杆 BC 固连的滑槽 DE 与水平线成 60° 角。求当曲柄与水平线的夹角分别为 $\varphi=0°$、30°、60°时，杆 BC 的速度。

6-3　如题 6-3 图所示，内圆磨床砂轮的直径 $d=0.06\text{m}$，转速 $n_1=10000\text{r/min}$；工件的孔径 $D=0.08\text{m}$，转 $n_2=500\text{r/min}$，转向与 n_1 相反。求磨削时砂轮与工件接触点之间的相对速度。

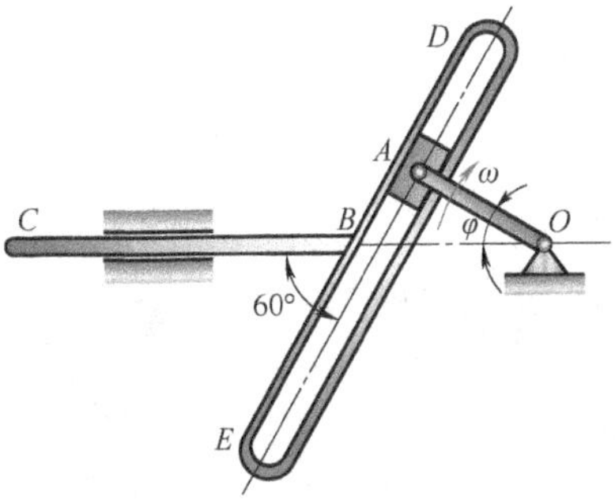

题 6-2 图

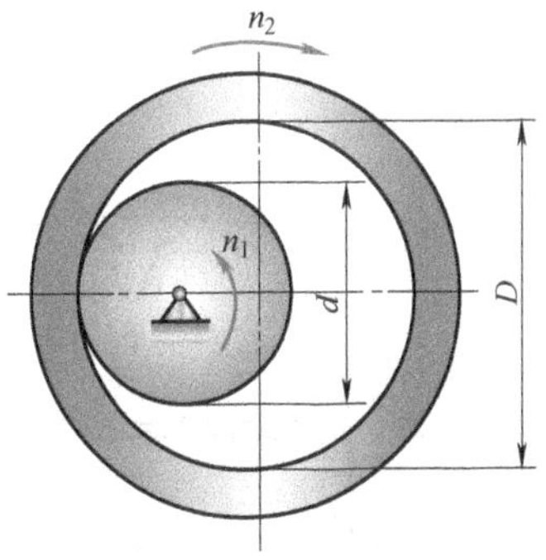

题 6-3 图

6-4　如题 6-4 图所示摇杆机构中，杆 AB 以匀速 $\boldsymbol{v}$ 向上运动，初瞬时长为 b 的摇杆 OD 水平。求当 $\varphi=\pi/4$ 时 D 点的速度。

6-5 如题6-5图所示，在图a和b所示的两种机构中，已知 $O_1O_2=l$，杆 O_1A 的角速度为 ω_0，求图示位置杆 O_2B 的角速度。

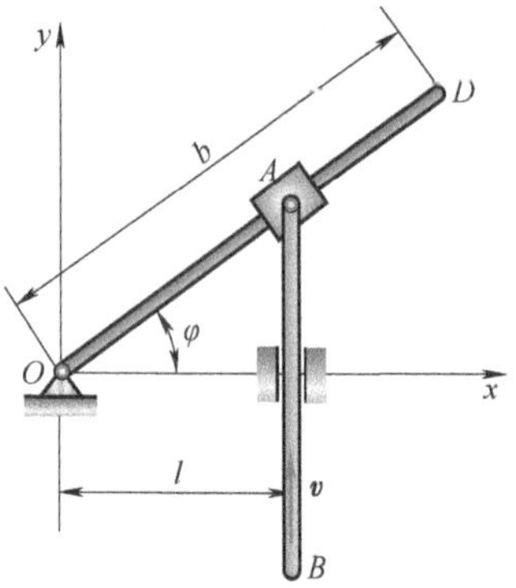

题6-4图

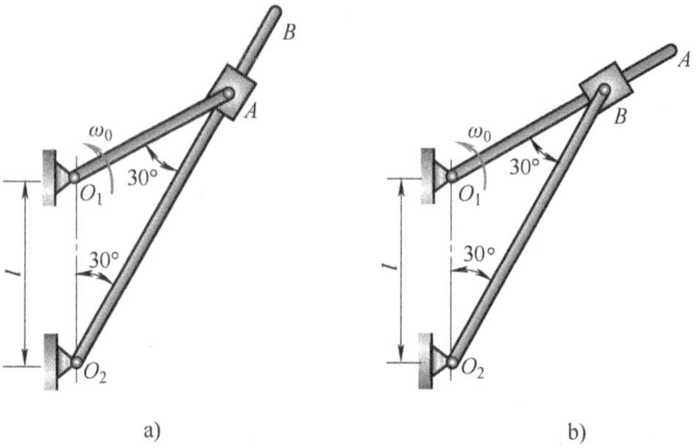

题6-5图

6-6 如题6-6图所示，直线 AB 以大小为 v_1 的速度沿垂直于 AB 的方向向上移动，而直线 CD 以大小为 v_2 的速度沿垂直于 CD 的方向向左上方移动。如两直线间的交角为 φ，求两直线交点 M 的速度。

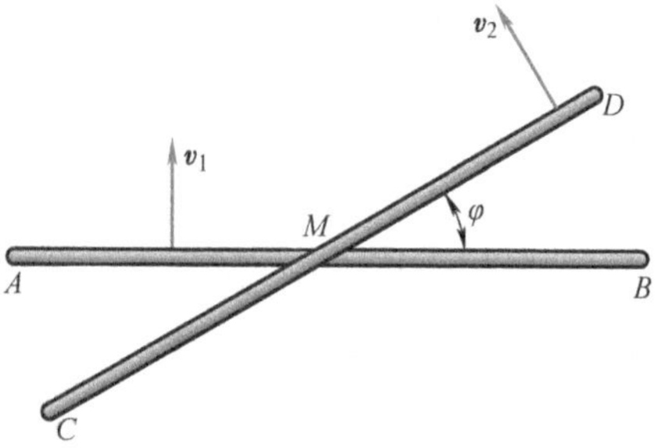

题6-6图

6-7 如题6-7图所示平行四边形机构中，$O_1A=O_2B=r$，曲柄 O_1A 以匀角速度 ω 绕 O_1 轴转动。杆 AB 上有套筒 C，此筒与杆 CD 相铰接。求当 $\varphi=60°$ 时，杆 CD 的速度和加速度。

6-8 如题6-8图所示平底顶杆凸轮机构中，顶杆 AB 可沿铅直导轨上下平动，偏心凸轮绕轴 O 转动，轴 O 位于顶杆的轴线上。凸轮的半径为 R，偏心距 $OC=e$，工作时顶杆的平底始终与凸轮表面接触。图示瞬时，OC 与水平线的夹角为 φ，凸轮的角速度为 ω，角加速度为 α。求在该瞬时，顶杆 AB 的速度和加速度。

6-9 如题6-9图所示，圆锥体以匀角速度 ω 绕轴 OA 转动，动点 M 以不变的相对速度 $\boldsymbol{v}_r$ 沿圆锥体的母线 OB 向下运动。$\angle BOA=\varphi$，且当 $t=0$ 时动点在 M_0 处，距离 $OM_0=b$。求在时刻 t，M 点的绝对加速度。

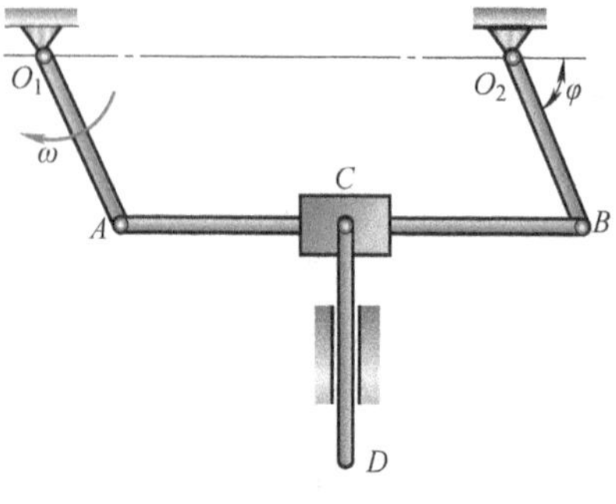

题6-7图

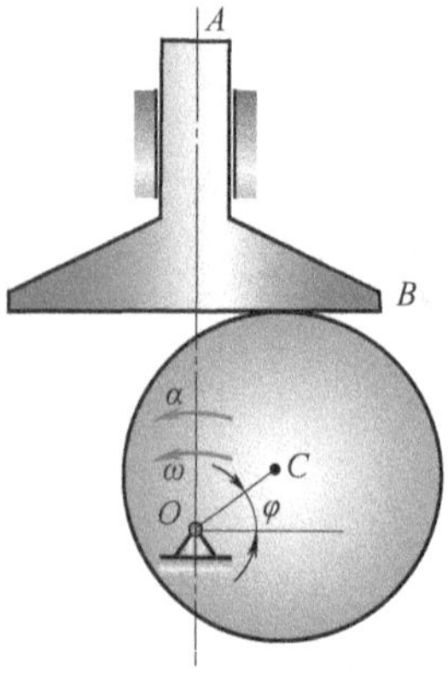

题6-8图

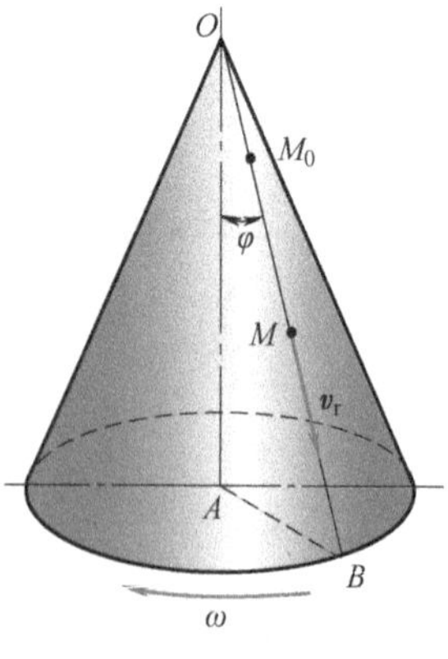

题6-9图

6-10　如题 6-10 图所示，圆盘绕轴 AB 转动，其角速度 $\omega=2t$(rad/s)。M 点沿圆盘半径离开中心向外运动，其运动规律为 $CM=0.04t^2$(m)。半径 CM 与轴 AB 间成 60°角。求当 $t=1$s 时 M 点的绝对加速度。

6-11　如题 6-11 图所示，直角杆 OBD 绕 O 轴转动，使套在其上的小环 M 沿固定直杆 OA 滑动。已知：$OB=0.1$m，直角杆 OBD 的角速度 $\omega=0.5$rad/s。求当 $\varphi=60°$时，小环 M 的速度和加速度。

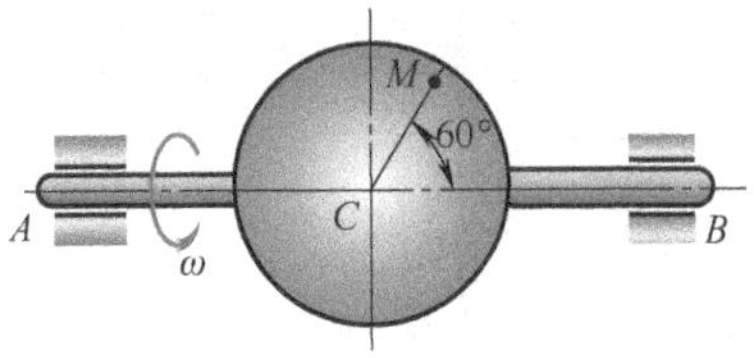

题 6-10 图

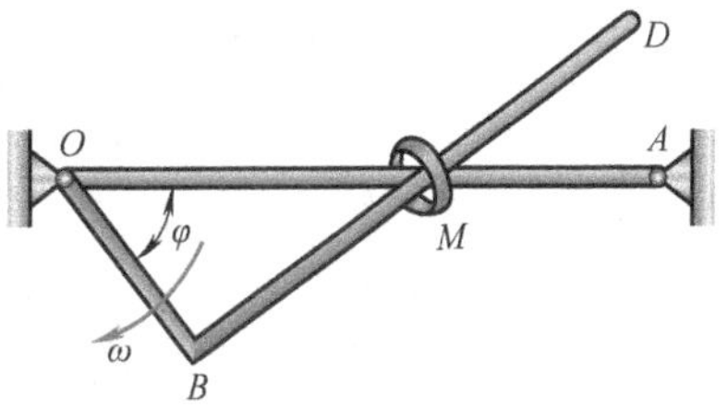

题 6-11 图

6-12　如题 6-12 图所示，图 a 和 b 两种情况，物块 B 均以速度 $\boldsymbol{v}$、加速度 $\boldsymbol{a}$ 沿水平直线向左做平动，从而推动杆 OA 绕 O 点做定轴转动，已知 $OA=l$，物块 B 的高度为 h。求当 OA 与水平线的夹角为 φ 时，OA 杆的角速度和角加速度。

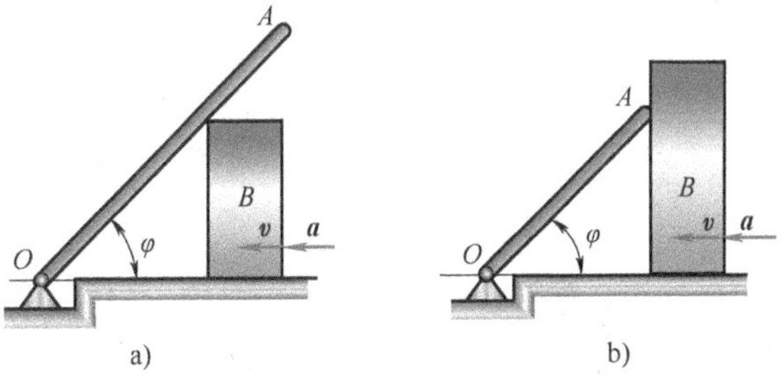

题 6-12 图

6-13　如题 6-13 图所示曲柄连杆机构中，已知 $OA=AB=l$，图示瞬时，$\varphi=30°$，曲柄 OA 转动的角速度为 ω、角加速度为 α，取滑块 B 为动点，动系固连在曲柄 OA 上，求此瞬时滑块 B 的速度和加速度。

6-14　如题 6-14 图所示机构中，摇杆 O_1A 借助弹簧压在半径为 R 的轮上，轮绕轴 O 往复摆动，从而带动摇杆 O_1A 绕轴 O_1 摆动。图示瞬时，$OC\perp OO_1$，轮的角速度为 ω，角加速度为 0，$\varphi=60°$，求此时摇杆 O_1A 的角速度和角加速度。

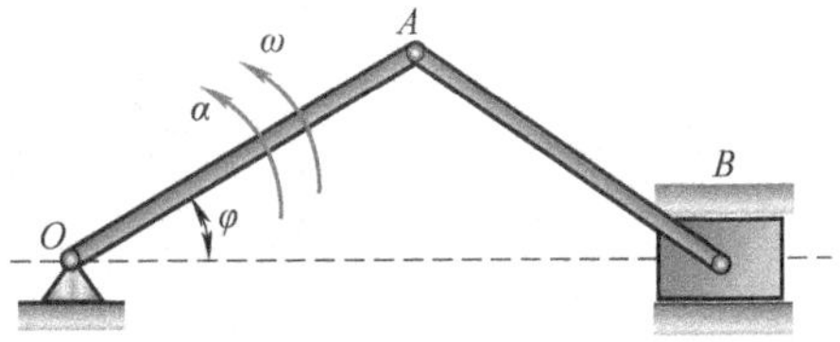

题 6-13 图

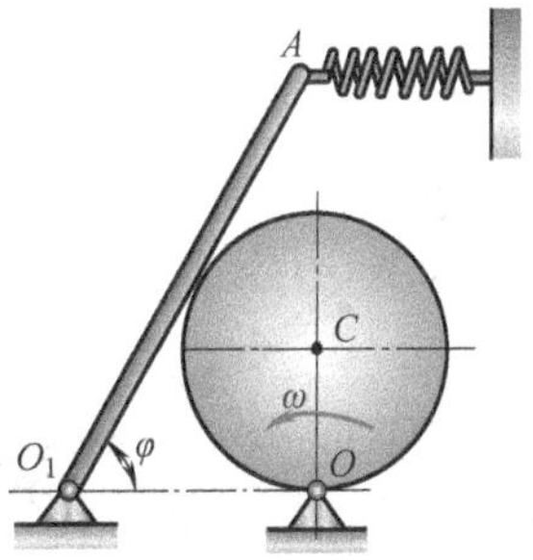

题 6-14 图

6-15　如题 6-15 图所示牛头刨床传动机构，已知曲柄 $O_1A=0.2$m，匀角速度 $\omega=2$rad/s，$l=0.65$m。图示瞬时曲柄 O_1A 水平，求此时滑枕 CD 的速度和加速度。

6-16　如题 6-16 图所示，销钉 P 被限制在两个构件的滑槽中运动，其中构件 AB 以匀速 $v_1=0.8$m/s 沿图示方向运动，而构件 CD 在此瞬时则以速度 $v_2=0.4\mathrm{m/s}$、加速度 $a_2=0.1\mathrm{m/s^2}$ 沿水平方向运动。求此瞬时销钉 P 的速度和加速度。

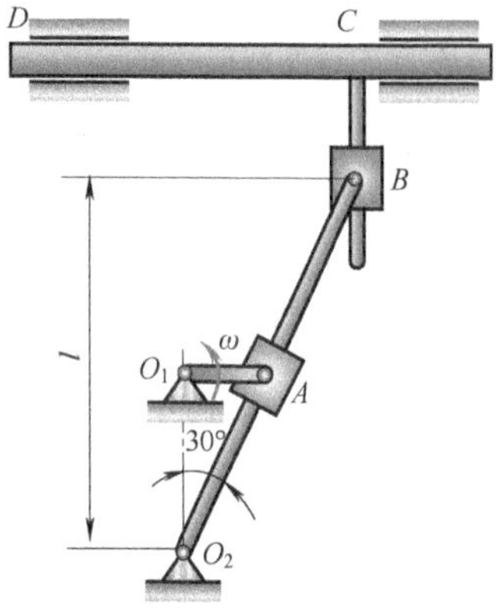

题 6-15 图

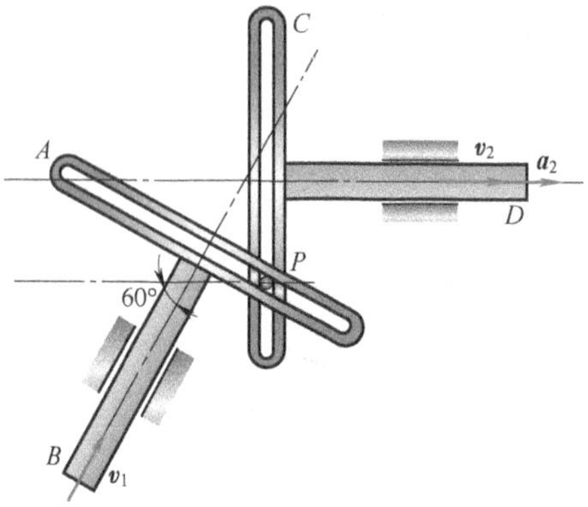

题 6-16 图

6-17 如题 6-17 图所示，在半径为 R 的固定半圆槽的边缘装有一个可绕 D 点转动的套筒，杆 AB 穿过套筒，其一端 A 以匀速 $\boldsymbol{v}$ 沿半圆槽运动。图示瞬时，$\angle ODA=\varphi$，求此时在杆 AB 上与 D 点重合那一点 D' 速度和加速度。

6-18 如题 6-18 图所示，具有摆动式汽缸的曲柄机构中，曲柄长 $OA=0.1\mathrm{m}$，以 $\omega=10\pi\ \mathrm{rad/s}$ 的匀角速度转动，在摆动式汽缸上固连一动坐标系，求图示位置时，活塞的科氏加速度。

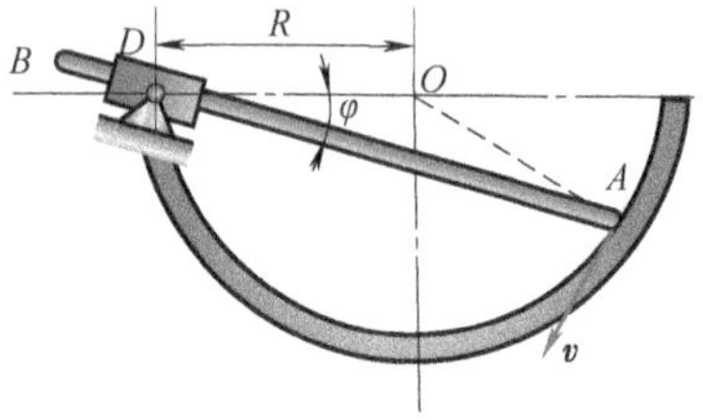

题 6-17 图

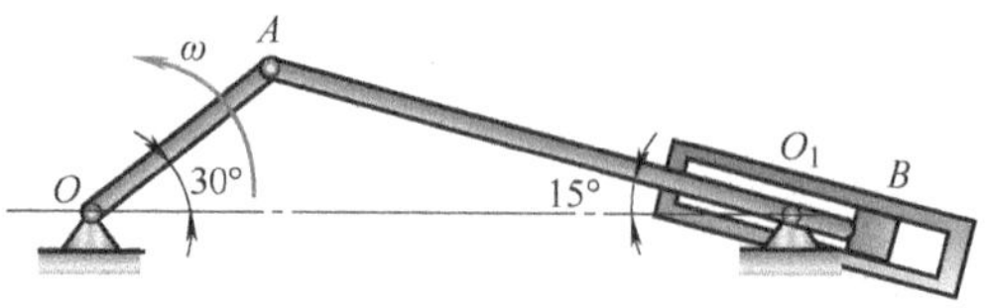

题 6-18 图

6-19 如题 6-19 图所示，连接直杆 AD 和 BE 的小环 M 以匀速 $\boldsymbol{v}$ 沿与铰链支座 A 和 B 等距离的水平直线运动，使杆 AD 和 BE 相应地绕点 A 和 B 转动。求当 $AM=AB=l$ 时，小环 M 相对于杆 AD 的速度和加速度。

6-20 如题 6-20 图所示，小环 M 沿杆 OA 运动，杆 OA 绕轴 O 转动，从而使小环在 Oxy 平面内具有如下的运动方程：$x=0.1\sqrt{3}t(\mathrm{m})$，$y=0.1\sqrt{3}t^2(\mathrm{m})$，求 $t=1\mathrm{s}$ 时，小环 M 相对杆 OA 的速度和加速度、杆 OA 转动的角速度和角加速度。

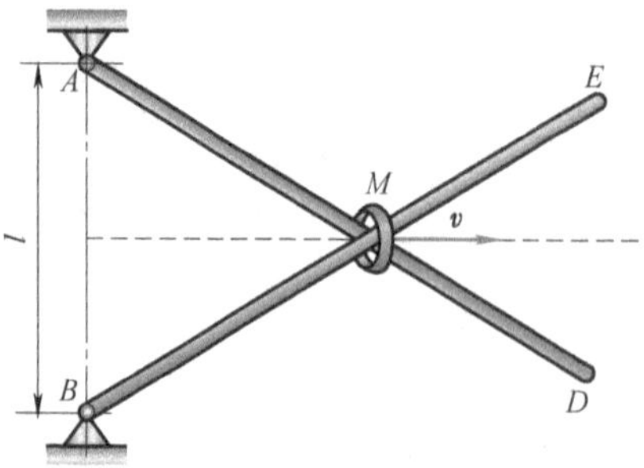

题 6-19 图

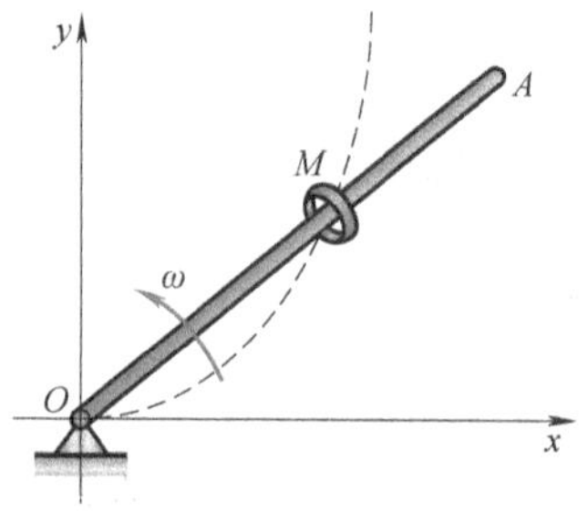

题 6-20 图

6-21　题 6-21 图所示凸轮机构，已知偏心轮的偏心距 $OC=e$，半径 $R=3e$。凸轮以匀角速度 ω 绕轴 O 逆时针转动，且推杆 AB 的延长线通过轴 O，求当 $OC\perp AC$ 时，推杆 AB 的速度和加速度。

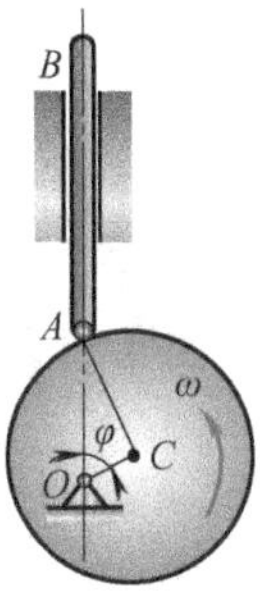

题 6-21 图

第 7 章 刚体的平面运动

刚体的平动和定轴转动是最简单的刚体运动，在刚体的复杂运动中，刚体的平面运动是工程中比较常见的。本章分析刚体的平面运动。

7.1 基本概念和平面运动分解

如图 7-1 所示，在固定平面曲线上纯滚动的圆盘和曲柄连杆机构中连杆 AB 的运动，它们既不是平动也不是定轴转动，可以想到，在运动过程中，刚体上任意一点到某一固定平面的距离保持不变，这种运动称为刚体的平面运动。因此，平面运动刚体上各点都在与该固定平面平行的平面内运动。

设某一刚体做平面运动，刚体上任意一点到固定平面 L_0 的距离保持不变。做一平行于固定平面 L_0 的平面 L，此平面与刚体相交得到一平面图形 S，如图 7-2 所示。由刚体的平面运动定义可知，当刚体运动时，平面图形 S 内任意一点始终在平面 L 上运动，即平面图形 S 始终在平面 L 上运动。在平面图形 S 上任取一点 A 作垂直于平面图形 S 的直线 A_1A_2，当刚体运动时，直线 A_1A_2 做平动，因此，平面图形 S 上 A 点与直线 A_1A_2 上各点的运动完全相同。由此可知，当不考虑平面图形 S 的大小和形状时，平面图形 S 上各点运动可以代表刚体内所有点的运动。因此，刚体的平面运动可以简化为平面图形 S 在固定平面 L 上的运动。

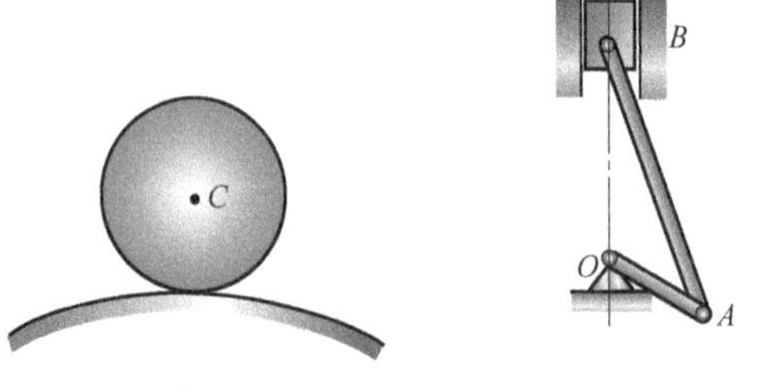

图 7-1

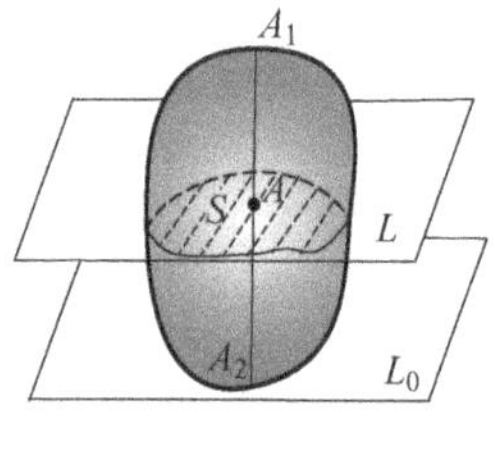

图 7-2

平面图形 S 在固定平面 L 上的位置可由平面图形 S 上任意线段 AB 的位置来确定，如图 7-3 所示。而确定线段 AB 在固定平面 L 上的位置，只需确定线段上一点 A 的位置和线段 AB 与某一固定直线的夹角 φ 即可。因此，确定了 A 点的坐标及夹角 φ 随时间的变化规律，就确定了平面图形 S 在固定平面 L 上的运动规律，即

$$\left.\begin{aligned} x_A &= f_1(t) \\ y_A &= f_2(t) \\ \varphi &= f_3(t) \end{aligned}\right\} \tag{7-1}$$

这就是刚体平面运动的运动方程。这种描述刚体平面运动的方法称为基点法。其中 A 点称基点，即平面图形上任意选取的一点；夹角 φ 称为平面图形的转角。

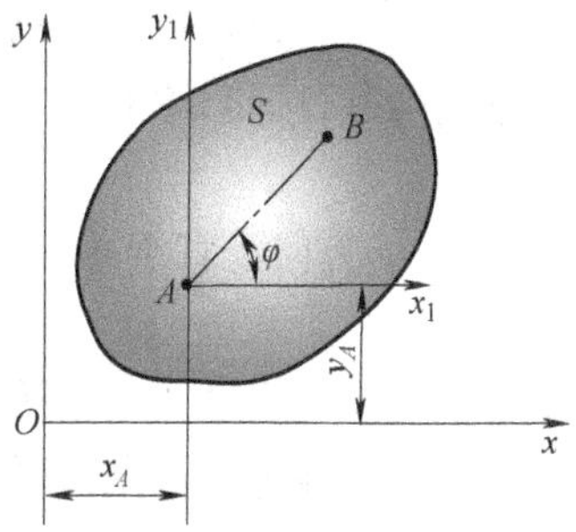

图 7-3

由刚体平面运动的运动方程（7-1）可知，若以基点 A 为原点建立一个随 A 点平动的动坐标系，如图 7-3 所示，则平面图形的运动可以由为随基点 A 的平动和绕基点 A 的定轴转动来合成。这样，相对复杂的刚体平面运动就分解为平动和定轴转动这两种刚体的简单运动。对刚体平面运动的分析，可以选择不同的点为基点。通常的情况下，平面图形上各点的运动情况是不同的。如图 7-4 所示，分别选择平面图形上 A 点和 B 点为基点，在 t 时刻，线段在 AB 位置；在 $t+\Delta t$ 时刻，线段运动到 $A'B'$ 位置。由 $\Delta \boldsymbol{r}_A \neq \Delta \boldsymbol{r}_B$，可知在相同的时间间隔 Δt 内，随 A 点和随 B 点平动的位移、速度和加速度都不相同；而由 $\Delta\varphi_A = \Delta\varphi_B$ 且转向相同，可知在相同的时间间隔 Δt 内，绕 A 点和绕 B 点转动的转角、角速度和角加速度都相同。因此，刚体的平面运动可以分解为随基点的平动和绕基点的定轴转动，平动量（位移、速度、加速度）与基点的选择有关，而转动量（转角、角速度、角加速度）与基点的选择无关。因为动坐标系相对固定坐标系做平动，因此转动量既是相对动坐标系的也是相对固定坐标系的，是平面图形运动自身的。

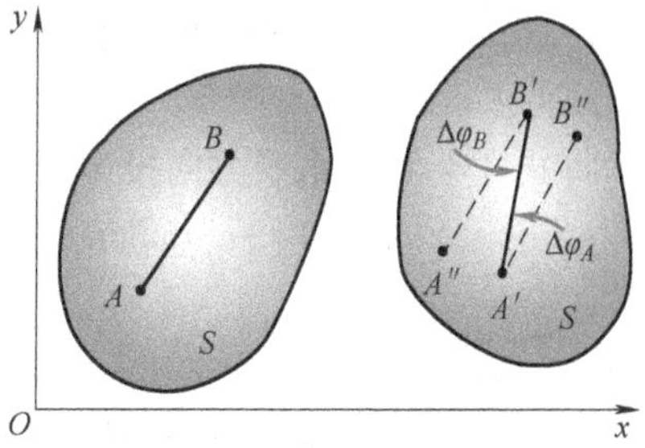

图 7-4

7.2 平面图形内各点速度分析——基点法

由平面图形的运动分解，可以具体地确定平面图形内各点的速度。设在某瞬时，平面图形上 A 点的速度为 $\boldsymbol{v}_A$，平面图形的角速度为 ω，如图 7-5 所示。点 B 为平面图形上任意一点，取 B 为动点，以基点 A 为原点建立平动动坐标系 Ax_1y_1。因为牵连运动是平动，则 B 点的牵连速度等于基点的速度，$\boldsymbol{v}_e = \boldsymbol{v}_A$；$B$ 点的相对运动是由于平面图形绕基点 A 转动而获得的以 A 点为原点、$|AB|$ 为半径的圆，因此相对速度等于平面图形绕 A 点转动时 B 点的速度，方向垂直于 AB 并与 ω 的转向一致，$v_r = \omega|AB|$。由点的速度合成定理，有

$$\boldsymbol{v}_a = \boldsymbol{v}_e + \boldsymbol{v}_r$$

又 $\boldsymbol{v}_a = \boldsymbol{v}_B$，$\boldsymbol{v}_e = \boldsymbol{v}_A$，$\boldsymbol{v}_{BA} = \boldsymbol{v}_r$，所以

$$\boldsymbol{v}_B = \boldsymbol{v}_A + \boldsymbol{v}_{BA} \tag{7-2}$$

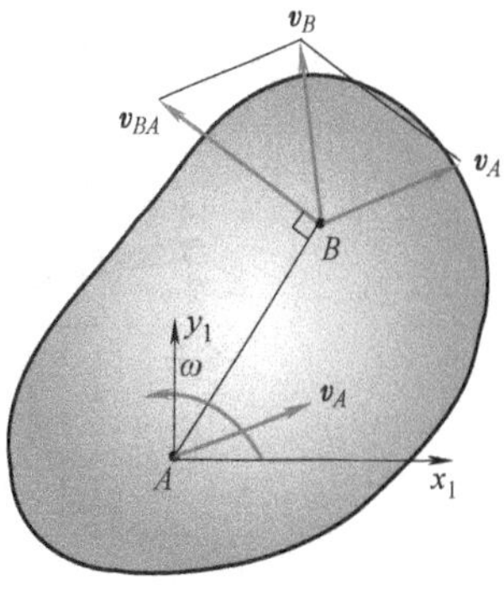

图 7-5

于是有速度基点法：平面图形内任意一点的速度等于基点的

速度与该点随图形绕基点转动速度的矢量和。

将式（7-2）向 AB 连线上投影，有

$$(\boldsymbol{v}_B)_{AB}=(\boldsymbol{v}_A)_{AB}+(\boldsymbol{v}_{BA})_{AB}$$

因为 $\boldsymbol{v}_{BA}$ 方向垂直于 AB，则 $(\boldsymbol{v}_{BA})_{AB}=0$，因此

$$(\boldsymbol{v}_B)_{AB}=(\boldsymbol{v}_A)_{AB} \tag{7-3}$$

于是有速度投影定理：同一平面图形上任意两点的速度在这两点连线上的投影相等。此定理同时反映了刚体内任意两点间距离不变的性质，因此不仅适用于刚体的平面运动，也适用于刚体的其他任何运动。

例 7-1　椭圆规尺的 A 端以速度 $\boldsymbol{v}_A$ 沿 x 轴向左运动，如图 7-6 所示，$AB=l$。求 B 端的速度和杆 AB 的角速度。

解：以点 A 为基点分析 B 点速度

$$\boldsymbol{v}_B=\boldsymbol{v}_A+\boldsymbol{v}_{BA} \qquad (*)$$

B 点的运动轨迹是铅直线，因此 $\boldsymbol{v}_B$ 方向铅直，大小待求；$v_{BA}=\omega l$，方向垂直于 AB 并与 ω 的转向一致，ω 待求。

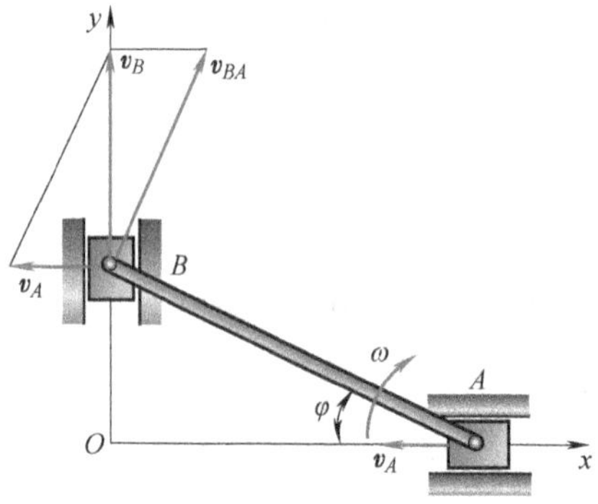

图　7-6

将式（$*$）沿水平方向投影，有

$$0=-v_A+\omega l\sin\varphi$$

解得 $\omega=\dfrac{v_A}{l\sin\varphi}$。

将式（$*$）沿铅直方向投影，有

$$v_B=\omega l\cos\varphi=v_A\cot\varphi$$

解得 $v_B=v_A\cot\varphi$。

【点评】

1. 此题若用速度投影定理来求解，$(\boldsymbol{v}_B)_{AB}=(\boldsymbol{v}_A)_{AB}$ 即 $v_B\sin\varphi=v_A\cos\varphi$，解得 $v_B=v_A\cot\varphi$，但由于速度投影定理中不含 $v_{BA}=\omega l$，因此不能用来求解杆 AB 的角速度。

2. 基点法是矢量方程，可以求解两个未知量，既可以是某个速度的大小也可以是方向；而速度投影定理本身是代数方程，只能求解一个未知量。

例 7-2　配气机构如图 7-7a 所示，曲柄 OA 的角速度 $\omega=20\text{rad/s}$ 为常量，已知 $OA=0.4\text{m}$，$AC=BC=0.2\sqrt{37}\text{m}$。求当曲柄 OA 在图示铅直位置时，配气机构中气阀推杆 DE 的速度。

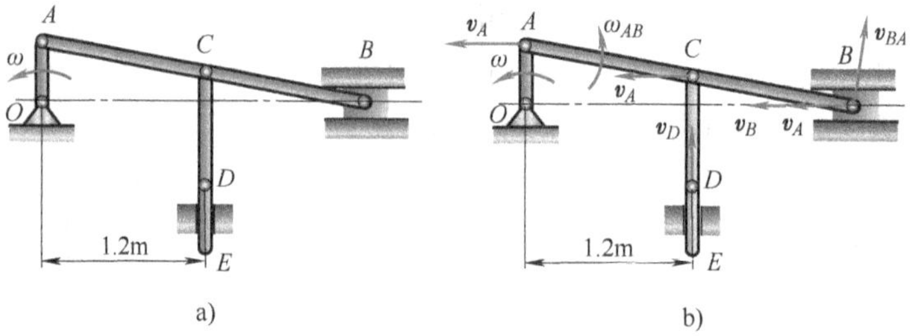

图　7-7

解：以点 A 为基点分析 B 点速度，如图 7-7b 所示，则有

$$\boldsymbol{v}_B=\boldsymbol{v}_A+\boldsymbol{v}_{BA} \tag{*}$$

B 点的运动轨迹是水平直线，因此 $\boldsymbol{v}_B$ 方向水平，大小未知；$v_{BA}=0.4\sqrt{37}\omega_{AB}$，方向垂直于 AB 并与 ω_{AB}的转向一致；$v_A=0.4\omega$。

将式（*）沿铅直方向投影，解得 $\omega_{AB}=0$。

以点 A 为基点分析 C 点速度：

$$\boldsymbol{v}_C=\boldsymbol{v}_A+\boldsymbol{v}_{CA}=\boldsymbol{v}_A$$

对 CD 应用速度投影定理，DE 做平动，D 点的运动轨迹是铅直线，因此 $\boldsymbol{v}_D$ 方向铅直，大小为

$$(\boldsymbol{v}_D)_{CD}=v_D=(\boldsymbol{v}_C)_{CD}=0\text{m/s}$$

【点评】

1. 此题读者可能首先考虑以点 A 为基点分析 C 点速度，$\boldsymbol{v}_C=\boldsymbol{v}_A+\boldsymbol{v}_{CA}$，$v_{CA}=0.2\sqrt{37}\omega_{AB}$，$\omega_{AB}$未知；$C$ 点运动轨迹未知，其速度的大小和方向都未知。三个未知量，矢量方程不可解。

2. 第二问同样也可以用基点法，由于只求解 D 点速度而不涉及 CD 的角速度，因而速度投影定理即可。速度分析方法多样，按需选择是合理的。

7.3 平面图形内各点速度分析——瞬心法

分析平面图形内各点速度的方法，除了之前的基点法和速度投影定理之外，还有速度瞬心法，应用起来更加简单、方便。其理论基础依然还是速度基点法。

在某一瞬时，平面图形上速度等于零的点称为瞬时速度中心，简称速度瞬心。

速度瞬心法，就是取速度瞬心 P 点为基点，去分析其他点的速度。$\boldsymbol{v}_A=\boldsymbol{v}_P+\boldsymbol{v}_{AP}=\boldsymbol{v}_{AP}$，其大小 $v_A=v_{AP}=\omega|AP|$，其方向垂直于 AP 并与 ω 的转向一致，如图 7-8 所示。同样，

$$\boldsymbol{v}_B=\boldsymbol{v}_P+\boldsymbol{v}_{BP}=\boldsymbol{v}_{BP}$$

$$\boldsymbol{v}_D=\boldsymbol{v}_P+\boldsymbol{v}_{DP}=\boldsymbol{v}_{DP}$$

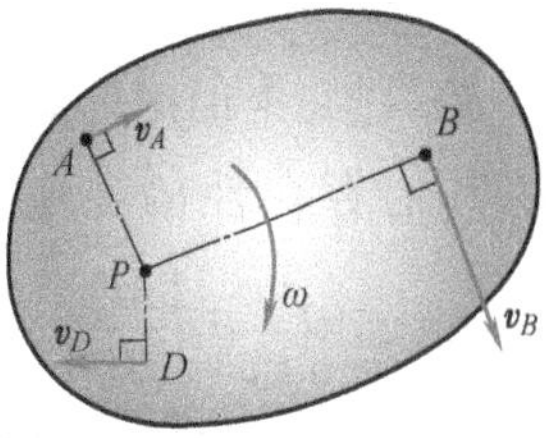

图　7-8

由此可见，平面图形内任意一点的速度等于该点随图形绕速度瞬心转动的速度，与定轴转动的情况类似。因此，就速度分析而言，平面图形的运动可视为绕速度瞬心的瞬时转动。那么速度瞬心是否一定存在呢？

速度瞬心存在定理：一般情况（$\omega\neq0$）下，在每一瞬时，平面图形上都唯一地存在一个速度为零的点。

证明：1. 存在性　设某瞬时平面图形的角速度为 ω，图形上 A 点的速度为 $\boldsymbol{v}_A$，如图 7-9 所示。过 A 点做速度 $\boldsymbol{v}_A$ 的垂线，以 A 为基点分析垂线上 M 点的速度：

$$\boldsymbol{v}_M=\boldsymbol{v}_A+\boldsymbol{v}_{MA}$$

$\boldsymbol{v}_A$ 和 $\boldsymbol{v}_{MA}$在同一直线上，方向相反，则

$$v_M=v_A-v_{MA}=v_A-\omega|MA|$$

随 M 点在垂线上的位置不同，v_M 的大小也不同，因此总可以在垂线上找到一个 P 点，

$$|PA|=\frac{v_A}{\omega}$$

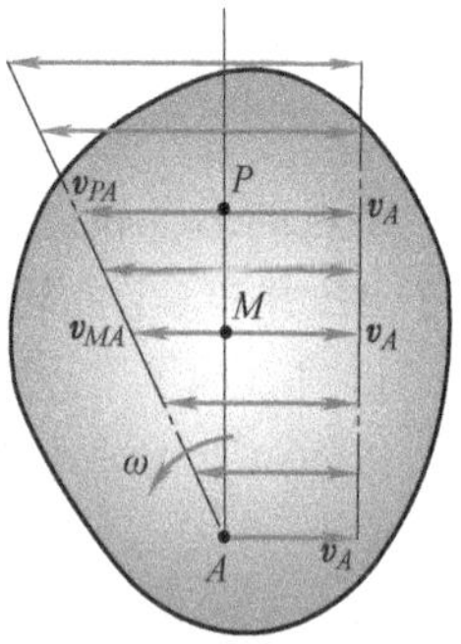

图 7-9

$$v_P=v_A-v_{PA}=v_A-\omega|PA|=0$$

2. 唯一性 假设在平面图形上有 n 个不同的速度为零的点，分别是 P_1，P_2，$\cdots P_n$。

以点 P_1 为基点分析 P_n点的速度：

$$\boldsymbol{v}_{P_n}=\boldsymbol{v}_{P_1}+\boldsymbol{v}_{P_nP_1}$$

则 $v_{P_nP_1}=\omega|P_1P_n|=0$，$\omega=0$ 与题设矛盾；而 $|P_1P_n|=0$ 与假设矛盾。因此在平面图形上唯一地存在一个速度为零的点。

要确定速度瞬心的位置，有以下几种情况：

1）已知平面图形上任意两点 A、B 的速度方向，如图 7-10 所示。按照速度瞬心存在性的证明，可知速度瞬心 P 一定在各点速度的垂线上，因此，过 A 点做垂直于 $\boldsymbol{v}_A$ 的直线，过 B 点做垂直于 $\boldsymbol{v}_B$ 的直线，两条垂线的交点 P 就是平面图形的速度瞬心。

2）平面图形沿某一固定表面做无滑动的滚动（即纯滚动），如图 7-11 所示。因为是纯滚动，两个接触点 P、P'之间没有相对滑动，两点的速度相同，都等于零，因此平面图形与固定表面的接触点 P 是平面图形的速度瞬心。由此也可以看到，在不同的时刻平面图形与固定表面的接触点也不同，这些接触点分别是不同的时刻平面图形的速度瞬心。

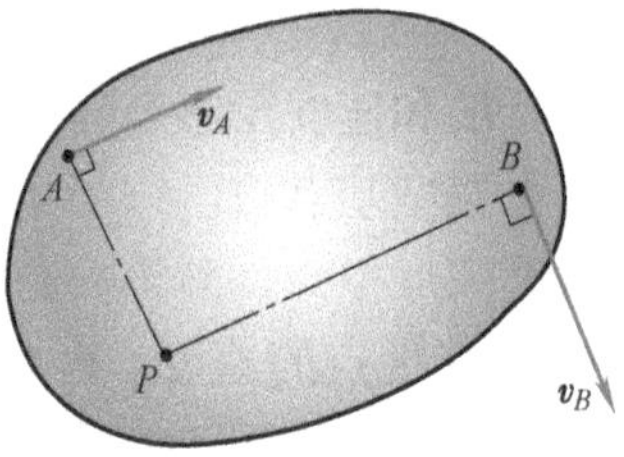

图 7-10

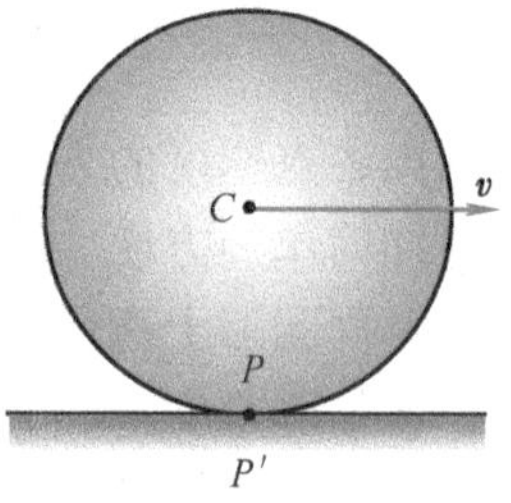

图 7-11

3）已知平面图形上两点 A、B 的速度平行且速度方向垂直于 AB，如图 7-12 所示。按照速度瞬心存在性的证明，可知速度瞬心 P 一定在两点连线 AB 上，$v_A=\omega|AP|$，$v_B=\omega|BP|$，则$\frac{v_A}{v_B}=\frac{|AP|}{|BP|}$，按照比例关系可知，两个速度 $\boldsymbol{v}_A$、$\boldsymbol{v}_B$ 矢量端点连线与直线 AB 的交点 P 就是平面图形的速度瞬心。

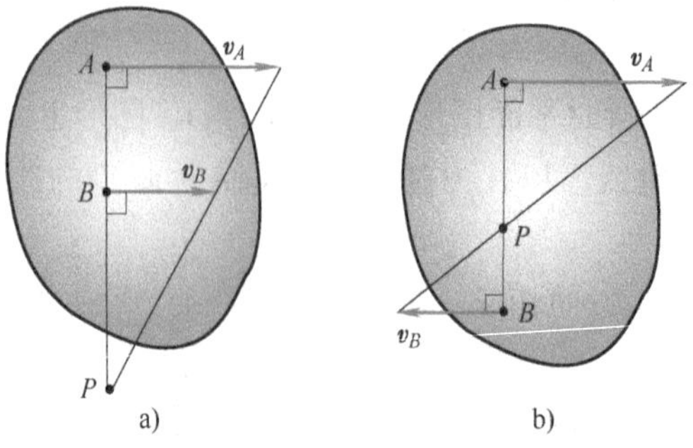

图 7-12

4）已知某瞬时平面图形上 A、B 两点的速度平行且不垂直于 AB 连线，如图 7-13 所示。按照速度瞬心存在性的证明，可知速度瞬心 P 是过两点速度垂线的交点，即在无穷远处。此瞬时，平面图形上各点的速度分布与平面图形做平动时一样，故称为瞬时平动。瞬时平动刚体上各点的速度相同，但加速度不同；瞬时平动刚体的角速度为零，但角加速度不为零。

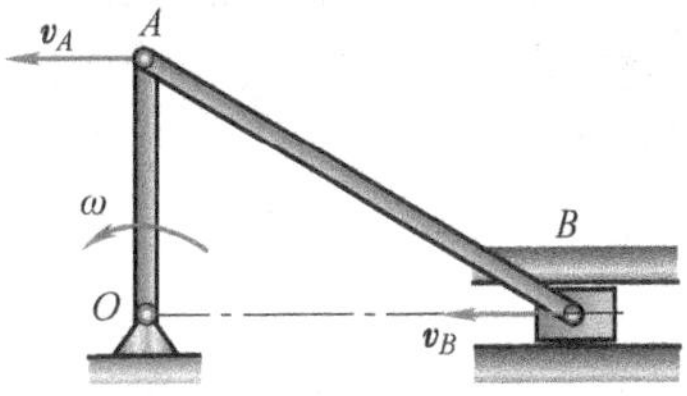

图 7-13

例 7-3 用速度瞬心法解例 7-1。

解：B 点的运动轨迹是铅直线，因此 $\boldsymbol{v}_B$ 方向铅直。过 A 点做 $\boldsymbol{v}_A$ 的垂线，过 B 点做 $\boldsymbol{v}_B$ 的垂线，两条垂线的交点 P 是杆 AB 的速度瞬心，如图 7-14 所示。A 点的速度 $\boldsymbol{v}_A$ 方向已知，应该与杆 AB 的角速度转向一致，因此，杆 AB 的角速度为顺时针 ω；A 点的速度 $\boldsymbol{v}_A$ 大小为

$$v_A=\omega\,|AP|=\omega l\sin\varphi$$

解得 $\omega=\dfrac{v_A}{l\sin\varphi}$，$v_B=\omega\,|BP|=\dfrac{v_A}{l\sin\varphi}l\cos\varphi=v_A\cot\varphi$。

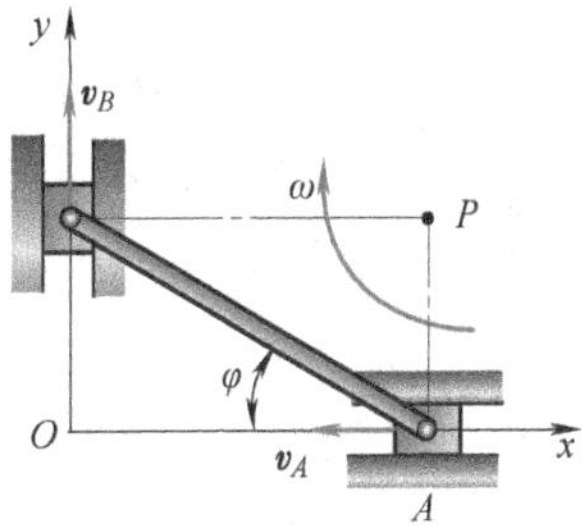

图 7-14

例 7-4 用速度瞬心法解例 7-2。

解：B 点的运动轨迹是水平直线，因此 $\boldsymbol{v}_B$ 方向水平，如图 7-15 所示。$\boldsymbol{v}_A$ 与 $\boldsymbol{v}_B$ 平行且不垂直于 AB，则杆 ACB 做瞬时平动，则

$$\boldsymbol{v}_C=\boldsymbol{v}_A$$

D 点的运动轨迹是铅直线，因此 $\boldsymbol{v}_D$ 方向铅直。过 C 点做 $\boldsymbol{v}_C$ 的垂线，过 D 点做 $\boldsymbol{v}_D$ 的垂线，两条垂线的交点是 D 点，则 D 点是杆 CD 的速度瞬心，则

$$v_D=0\text{m/s}$$

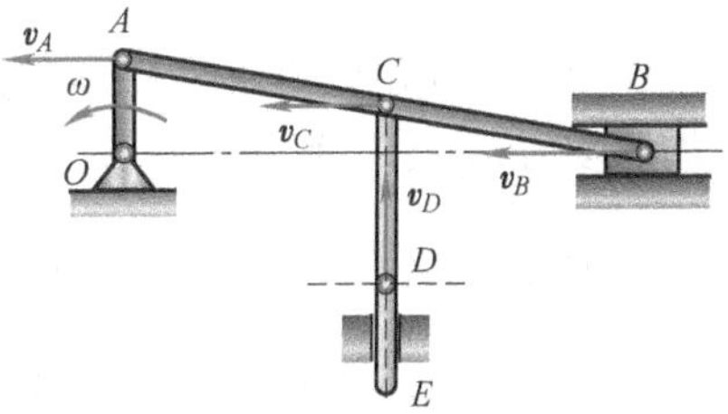

图 7-15

【点评】

1. 通过这两道例题不同解法的比较，可以比较明显地看到，平面图形速度分析的三种方法：基点法是基本方法，速度投影定理是代数方程只能求解一个未知量，而速度瞬心法最简单、方便。

2. 在确定了速度瞬心以后，通常应该先确定或假设平面图形转动的角速度，然后再具体去分析某点的速度，尤其是需要分析多个点速度的情况。

7.4 平面图形内各点加速度分析——基点法

跟速度基点法类似，可以具体地确定平面图形内各点的加速度。设在某瞬时，平面图形上 A 点的加速度为 $\boldsymbol{a}_A$，平面图形的角速度为 ω、角加速度为 α，如图 7-16 所示。点 B 为平面图形上任意一点，取 B 为动点，以基点 A 为原点建立平动动坐标系 Ax_1y_1。因为牵连运动

是平动，则 B 点的牵连加速度等于基点的加速度，$\boldsymbol{a}_e=\boldsymbol{a}_A$；$B$ 点的相对运动是由于跟随平面图形绕基点 A 转动而获得的绕 A 点的圆周运动，因此相对加速度等于平面图形绕 A 点转动时 B 点的加速度，$\boldsymbol{a}_r=\boldsymbol{a}_r^n+\boldsymbol{a}_r^t$，相对法向加速度 $a_r^n=\omega^2|AB|$，方向由 B 点指向基点 A；相对切向加速度 $a_r^t=\alpha|AB|$，方向垂直于 AB 并与 α 的转向一致。由点的加速度合成定理，有

$$\boldsymbol{a}_a=\boldsymbol{a}_e+\boldsymbol{a}_r^n+\boldsymbol{a}_r^t$$

又 $\boldsymbol{a}_B=\boldsymbol{a}_a$，$\boldsymbol{a}_e=\boldsymbol{a}_A$，$\boldsymbol{a}_{BA}^n=\boldsymbol{a}_r^n$，$\boldsymbol{a}_{BA}^t=\boldsymbol{a}_r^t$，所以

$$\boldsymbol{a}_B=\boldsymbol{a}_A+\boldsymbol{a}_{BA}^n+\boldsymbol{a}_{BA}^t \tag{7-4}$$

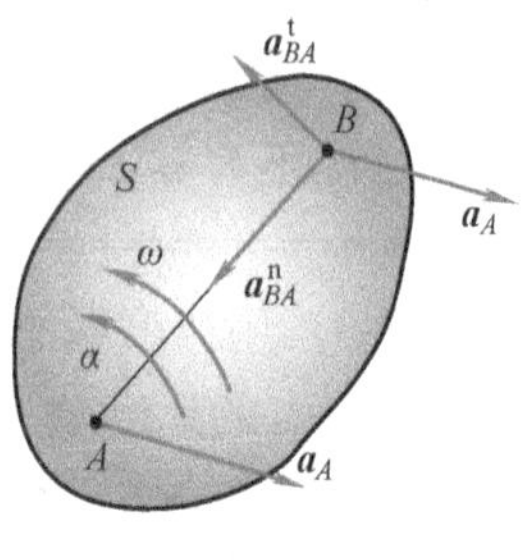

图　7-16

于是有加速度基点法：平面图形内任意一点的加速度等于基点的加速度与该点随图形绕基点转动的法向和切向加速度的矢量和。

将式（7-4）向 AB 连线上投影，有

$$(\boldsymbol{a}_B)_{AB}=(\boldsymbol{a}_A)_{AB}+(\boldsymbol{a}_{BA}^n)_{AB}+(\boldsymbol{a}_{BA}^t)_{AB}=(\boldsymbol{a}_A)_{AB}+(\boldsymbol{a}_{BA}^n)_{AB}$$

若 $\omega\neq0$，则 $(\boldsymbol{a}_{BA}^n)_{AB}\neq0$，因此

$$(\boldsymbol{a}_B)_{AB}\neq(\boldsymbol{a}_A)_{AB}$$

也就是说，在一般情况（$\omega\neq0$）下，平面图形内任意两点的加速度在这两点连线上投影不相等。

另外，加速度分析也有瞬心法，只不过加速度瞬心不像速度瞬心这样容易确定，通常加速度瞬心与速度瞬心并不重合，因此应用并不广泛。

例 7-5　车轮沿固定直线纯滚动，如图 7-17a 所示。车轮的半径为 R，轮心 O 的速度为 $\boldsymbol{v}$，加速度为 $\boldsymbol{a}$。求车轮速度瞬心的加速度。

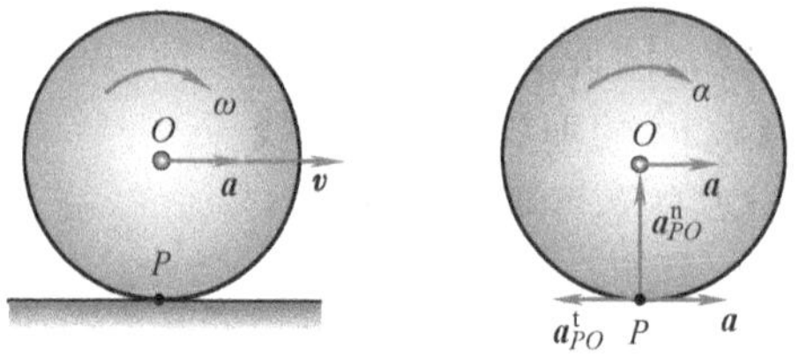

a)　　b)

图　7-17

解：接触点 P 为车轮的速度瞬心。则

$\omega=\dfrac{v}{R}$，其转向与 $\boldsymbol{v}$ 的指向一致，即顺时针。

$\alpha=\dfrac{\mathrm{d}\omega}{\mathrm{d}t}=\dfrac{\mathrm{d}}{\mathrm{d}t}\left(\dfrac{v}{R}\right)=\dfrac{1}{R}\dfrac{\mathrm{d}v}{\mathrm{d}t}=\dfrac{a}{R}$，加速度 $\boldsymbol{a}$ 与速度 $\boldsymbol{v}$ 方向相同（符号相同），因此角加速度的转向与角速度的转向相同（符号相同），即也是顺时针；若加速度 $\boldsymbol{a}$ 与速度 $\boldsymbol{v}$ 方向相反（符号相反），则角加速度的转向与角速度的转向相反（符号相反），也就是逆时针。

以轮心 O 为基点，分析速度瞬心 P 的加速度，如图 7-17b 所示

$$\boldsymbol{a}_P=\boldsymbol{a}_O+\boldsymbol{a}_{PO}^n+\boldsymbol{a}_{PO}^t$$

式中，$a_{PO}^{n}=\omega^2 R=\dfrac{v^2}{R}$；　$a_{PO}^{t}=\alpha R=a$；　$a_O=a$

解得 $\boldsymbol{a}_P=\boldsymbol{a}_{PO}^{n}$。

【点评】

1. 有此例题可知，平面图形速度瞬心的加速度不等于零。因此，按照速度瞬心去确定加速度是不对的，缺少了速度瞬心自身加速度这一项。

2. 此例题中车轮沿固定直线纯滚动，轮心的运动轨迹也是直线，因此轮心的速度和加速度都沿此直线。若车轮是沿某一条固定曲线做纯滚动，那么轮心的运动轨迹也与这条固定曲线的形状相同，但是$\dfrac{dv}{dt}=a^t$，则 $\alpha=\dfrac{d\omega}{dt}=\dfrac{d}{dt}\left(\dfrac{v}{R}\right)=\dfrac{1}{R}\dfrac{dv}{dt}=\dfrac{a^t}{R}$。刚体的运动和点的运动是不同的，我们在具体分析的时候要做到合理区分、有机结合。

例 7-6　半径均为 R 的两个轮在固定水平直线轨道上纯滚动，如图 7-18a 所示。已知轮 A 以匀角速度 ω_A 顺时针转动，图示瞬时，两轮心距离 $AB=3R$，杆 BD 的铰链 D 位于轮 A 最高点，求此时杆 BD 和轮 B 的角速度及角加速度。

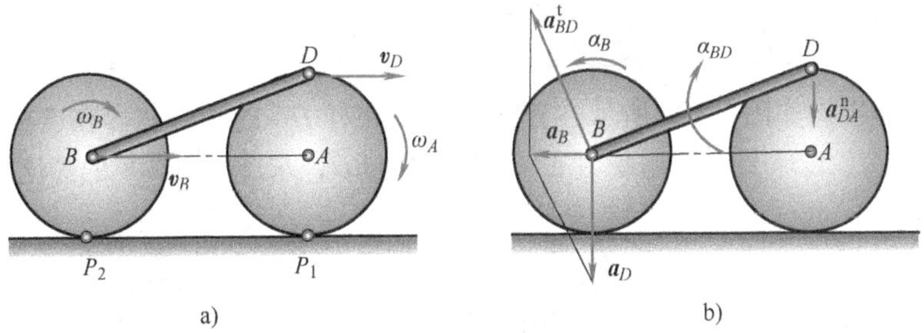

图　7-18

解： 图示瞬时，两轮的速度瞬心分别是 P_1、P_2，如图 7-18a 所示。

$\boldsymbol{v}_D /\!/ \boldsymbol{v}_B$ 且不垂直于 BD，则杆 BD 做瞬时平动，则

$$v_B=v_D=2\omega_A R,\quad \omega_{BD}=0$$

$$\omega_B=\frac{v_B}{R}=\frac{2\omega_A R}{R}=2\omega_A$$

转向为顺时针。

首先以 A 为基点，分析 D 点的加速度，如图 7-18b 所示：

$$\boldsymbol{a}_D=\boldsymbol{a}_A+\boldsymbol{a}_{DA}^{n}+\boldsymbol{a}_{DA}^{t}=\boldsymbol{a}_{DA}^{n}$$

式中，$a_{DA}^{n}=\omega_A^2 R$。

然后以 D 为基点，分析 B 点的加速度：

$$\boldsymbol{a}_B=\boldsymbol{a}_D+\boldsymbol{a}_{BD}^{n}+\boldsymbol{a}_{BD}^{t}$$

式中，$a_B=\alpha_B R$，α_B 待求；$a_D=\omega_A^2 R$；$a_{BD}^{n}=\omega_{BD}^2\sqrt{10}R=0$；$a_{BD}^{t}=\alpha_{BD}\sqrt{10}R$，$\alpha_{BD}$待求。

沿铅直方向投影：

$$0=-\omega_A^2 R+\alpha_{BD}\sqrt{10}R\,\frac{3R}{\sqrt{10}R}$$

解得 $\alpha_{BD}=\frac{\omega_A^2}{3}$，转向为顺时针。

沿水平方向投影：

$$-\alpha_B R=-\alpha_{BD}\sqrt{10}R\frac{R}{\sqrt{10}R}=-\alpha_{BD}R=-\frac{\omega_A^2}{3}R$$

解得 $\alpha_B=\frac{\omega_A^2}{3}$，转向为逆时针。

7.5 运动学综合应用

平面运动理论中不论是速度分析的基点法、速度投影定理和速度瞬心法以及加速度分析的基点法，都是分析同一平面运动刚体上两个点的速度和加速度关系。当两个刚体相接触且有相对滑动时，就需要用合成运动的理论来分析这两个不同刚体上点的速度和加速度的关系。下面通过例题说明运动学的综合应用。

例 7-7 平面机构如图 7-19a 所示，套筒 D 铰接在杆 DE 的端部并套在连杆 AB 上，滑块 A 的速度为常数 $\boldsymbol{v}_A$，$AB=2r$，图示瞬时 $\varphi=30°$，$AD=BD$，求此时杆 DE 的速度和加速度。

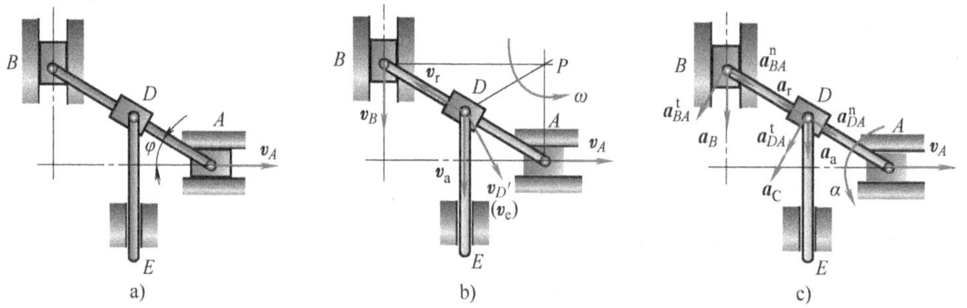

图 7-19

解： 如图 7-19b 所示，P 点是连杆 AB 的速度瞬心。设 AB 的中点（即图示瞬时与套筒中心 D 重合点）为 D'。有

$$\omega=\frac{v_A}{2r\sin\varphi}=\frac{v_A}{r},\quad v_{D'}=\omega\,|PD|=v_A$$

以 D 为动点，动系固连在连杆 AB 上，相对运动轨迹为直线 AB，有

$$\boldsymbol{v}_a=\boldsymbol{v}_e+\boldsymbol{v}_r$$

$v_e=v_{D'}=v_A$，沿水平方向投影，有

$$0=\frac{v_A}{2}-\frac{\sqrt{3}v_r}{2},\quad v_r=\frac{\sqrt{3}v_A}{3}$$

再沿铅直方向投影，有

$$v_a=\frac{\sqrt{3}v_A}{2}-\frac{v_r}{2}=\frac{\sqrt{3}v_A}{3}$$

如图 7-19c 所示，以 A 为基点分析 B 点的加速度，有

$$\boldsymbol{a}_B=\boldsymbol{a}_A+\boldsymbol{a}_{BA}^{n}+\boldsymbol{a}_{BA}^{t}=\boldsymbol{a}_{BA}^{n}+\boldsymbol{a}_{BA}^{t}$$

$a_{BA}^{n}=2\omega^2 r=\frac{2v_A^2}{r}$，$a_{BA}^{t}=2\alpha r$ ，沿水平方向投影，有

$$0=\frac{\sqrt{3}v_A^2}{r}-\alpha r,$$

解得 $\alpha=\frac{\sqrt{3}v_A^2}{r^2}$ 。

再以 A 为基点分析 D'点的加速度，有

$$\boldsymbol{a}_{D'}=\boldsymbol{a}_A+\boldsymbol{a}_{D'A}^{n}+\boldsymbol{a}_{D'A}^{t}=\boldsymbol{a}_{D'A}^{n}+\boldsymbol{a}_{D'A}^{t}$$

$$a_{D'A}^{n}=\omega^2 r=\frac{v_A^2}{r},\quad a_{D'A}^{t}=\alpha r=\frac{\sqrt{3}v_A^2}{r}$$

以 D 为动点，动系固连在连杆 AB 上，分析 D 点加速度，有

$$\boldsymbol{a}_a=\boldsymbol{a}_e+\boldsymbol{a}_r+\boldsymbol{a}_C$$

由牵连加速度的定义可知，$\boldsymbol{a}_e=\boldsymbol{a}_{D'}=\boldsymbol{a}_{D'A}^{n}+\boldsymbol{a}_{D'A}^{t}$，则

$$\boldsymbol{a}_a=\boldsymbol{a}_{D'A}^{n}+\boldsymbol{a}_{D'A}^{t}+\boldsymbol{a}_r+\boldsymbol{a}_C$$

$a_C=2\omega v_r\sin 90°=\frac{2\sqrt{3}v_A^2}{3r}$，沿垂直于 AB 向下投影，有

$$\frac{\sqrt{3}a_a}{2}=a_{D'A}^{t}+a_C=\frac{\sqrt{3}v_A^2}{r}+\frac{2\sqrt{3}v_A^2}{3r}=\frac{5\sqrt{3}v_A^2}{3r}$$

解得 $a_a=\frac{10v_A^2}{3r}$。

【点评】

1. 此例题中套筒 D 与连杆 AB 之间存在明显的相对运动，而连杆 AB 做平面运动，当选择连杆 AB 为动系时，按照牵连速度和牵连加速度的定义，需要对平面运动刚体 AB 进行运动分析，得到重合点 D'的速度和加速度，而 D'点的速度和加速度就是动点 D 的牵连速度和牵连加速度。

2. 动系的运动是刚体的运动，在第 6 章，我们讨论了动系做平动和定轴转动两种情况，本章研究刚体的平面运动，那么动系做平面运动就是运动学综合的第一种常见情况。

例 7-8　半径为 R 的均质圆盘沿水平面纯滚动，圆盘质心 C 以匀速度 $\boldsymbol{v}_C$ 做直线运动，圆盘边缘 A 处铰接一个套筒，套筒套在摇杆 OB 上，如图 7-20a 所示。图示瞬时，摇杆 OB 刚好与圆盘相切，且与水平线成 $\varphi=60°$。求此瞬时摇杆 OB 的角速度和角加速度。

解：如图 7-20b 所示，P 点是圆盘的速度瞬心，有

$$v_A=\omega_C|PA|=\frac{v_C}{r}\sqrt{3}r=\sqrt{3}v_C$$

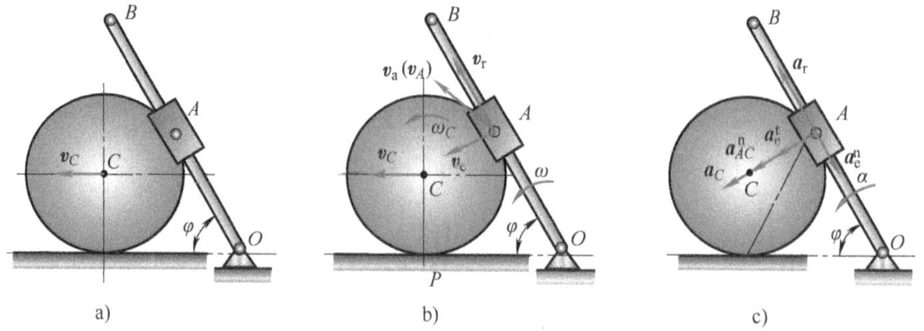

图 7-20

以套筒 A 为动点，动系固连在摇杆 OB 上，相对运动轨迹为直线 OB，有

$$\boldsymbol{v}_a=\boldsymbol{v}_e+\boldsymbol{v}_r$$

$\boldsymbol{v}_a=\boldsymbol{v}_A$，$v_e=\sqrt{3}\omega r$，沿 OB 方向投影，有

$$v_r=\frac{3}{2}v_C$$

沿垂直于 OB 向下投影，有

$$\frac{v_a}{2}=\sqrt{3}\omega r,\quad \omega=\frac{v_C}{2r}$$

如图 7-20c 所示，以 C 为基点分析 A 点加速度，有

$$\boldsymbol{a}_A=\boldsymbol{a}_C+\boldsymbol{a}_{AC}^n+\boldsymbol{a}_{AC}^t=\boldsymbol{a}_{AC}^n$$

$$a_A=a_{AC}^n=\frac{v_C^2}{r}$$

以套筒 A 为动点，动系固连在摇杆 OB 上，分析 A 点的加速度，有

$$\boldsymbol{a}_a=\boldsymbol{a}_e^n+\boldsymbol{a}_e^t+\boldsymbol{a}_r+\boldsymbol{a}_C$$

$a_a=a_A=a_{AC}^n$，$a_e^t=\sqrt{3}\alpha r$，$a_C=2\omega v_r\sin 90°=\dfrac{3v_C^2}{2r}$，沿垂直于 OB 向下投影，有

$$a_a=a_e^t+a_C,\quad \alpha=-\frac{\sqrt{3}v_C^2}{6r^2}$$

【点评】

1. 此例题中套筒 A 与摇杆 OB 之间存在明显的相对运动，而套筒 A 铰接在圆盘的边缘，圆盘做平面运动，当选择套筒 A 为动点时，需要对平面运动刚体圆盘进行运动分析，得到套筒 A 的绝对速度和绝对加速度。

2. 虽然动点的绝对运动是点的运动，但是由于它是平面运动刚体上的点，对绝对量分析需要通过对平面运动刚体的分析来得到，那么动点是平面运动刚体上的点就是运动学综合的第二种常见情况。

思 考 题

7-1 确定图 7-21 中杆 AB 的速度瞬心的位置。

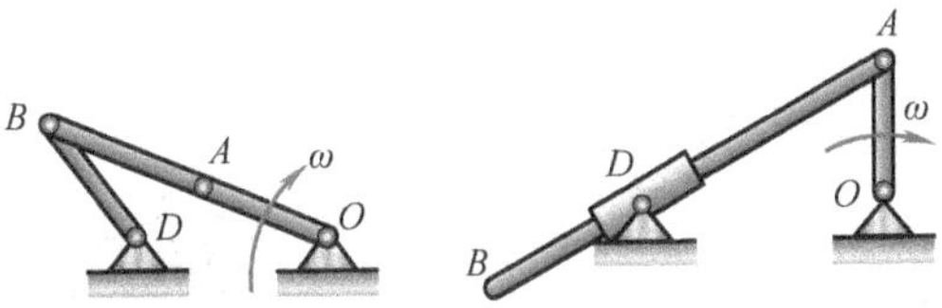

图　7-21

7-2　如图 7-22 所示，已知 $O_1A=O_2B=l$，在图示瞬时，两种情况下，ω_1 与 ω_2、α_1 与 α_2 是否相等？为什么？

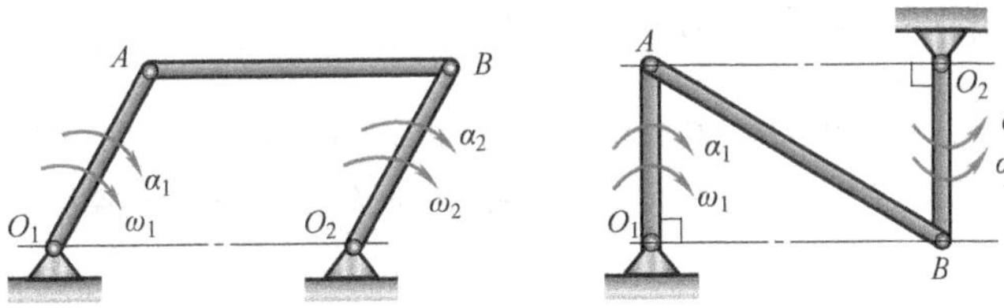

图　7-22

7-3　如图 7-23 所示，杆 O_1A 的角速度为 ω，三角形板 ABC 与杆 O_1A 铰接。图示瞬时，图中 O_1AC 上各点的速度分布是否正确？

7-4　如图 7-24 所示，半径为 R 的车轮沿曲面纯滚动。已知轮心 C 在某瞬时的速度 $\boldsymbol{v}_C$ 和加速度 $\boldsymbol{a}_C$，车轮的角加速度是否等于$\dfrac{a_C\cos\varphi}{R}$？车轮速度瞬心 P 的加速度如何确定？

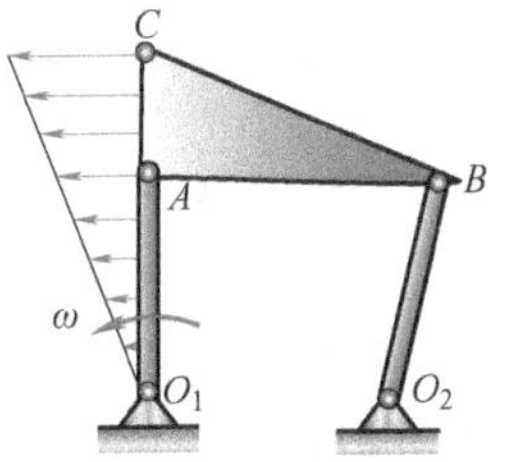

图　7-23

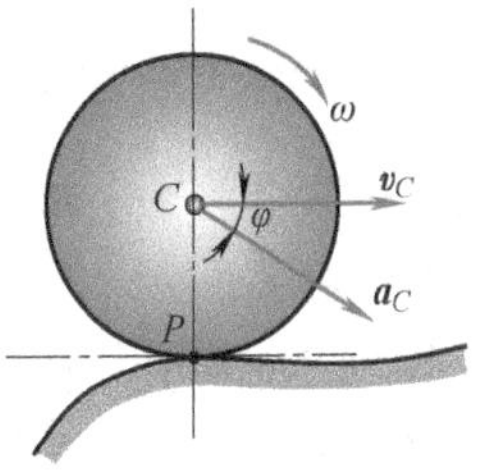

图　7-24

习　题

7-1　如题 7-1 图所示，半径为 r 的行星齿轮由曲柄 OA 带动，沿半径为 R 的固定齿轮纯滚动，曲柄 OA 以匀角加速度 α 绕轴 O 转动，运动开始时，$\varphi=0$，$\dot{\varphi}=0$，写出行星齿轮以轮心 A 为基点的运动方程。

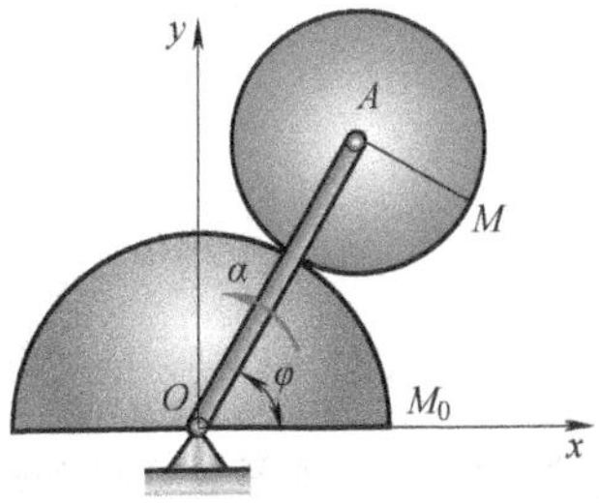

题 7-1 图

7-2　如题 7-2 图所示，在筛动机构中，曲柄连杆机构带动筛子摆动，已知曲柄 OA 的转速 $n=40\text{r/min}$，$OA=0.3\text{m}$。当筛子 BD 运动到与 O 点处于同一水平线时，$\angle AOB=60°$，求此瞬时筛子 BD 的速度。

7-3　如题 7-3 图所示，杆 AB 的 A 端以匀速 $\boldsymbol{v}$ 沿水平直线运动，在运动过程中杆始终与一半径为 R 的半圆形固定曲线相切。求当杆与水平线的夹角为 φ 时，杆 AB 的角速度。

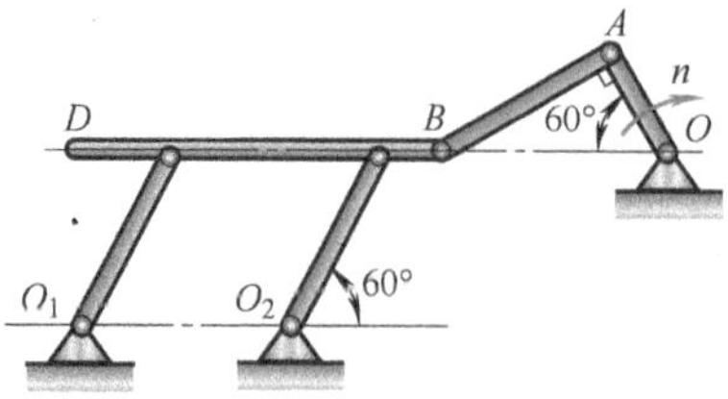

题 7-2 图

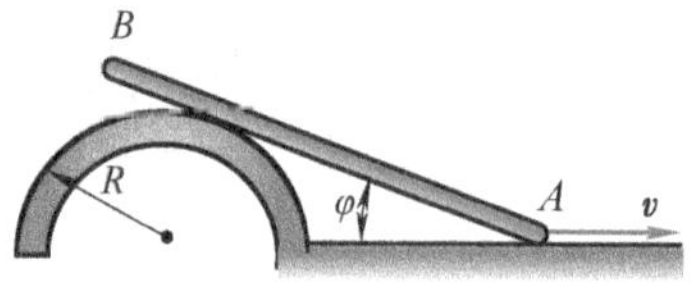

题 7-3 图

7-4 如题 7-4 图所示，在四连杆机构中，曲柄 O_1A 以匀角速度 $\omega=3\mathrm{rad/s}$ 绕轴 O_1 转动，当 O_1A 处于水平位置时，曲柄 O_2B 恰好处于铅直位置，$O_1A=O_2B=\dfrac{AB}{2}=a$。求此时连杆 AB 和曲柄 O_2B 的角速度。

7-5 如题 7-5 图所示，$OA=BD=DE=0.1\mathrm{m}$，$EF=0.1\sqrt{3}\,\mathrm{m}$，$\omega=4\mathrm{rad/s}$。在图示位置时，曲柄 OA 铅直，B、D、F 在同一铅直线上，且 DE 垂直于 EF。求此时杆 EF 的角速度和 F 点的速度。

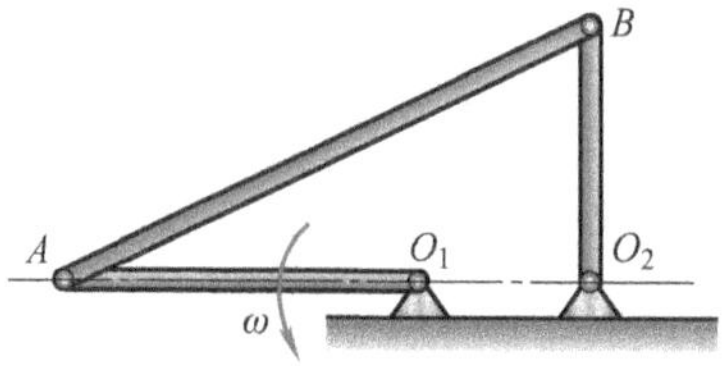

题 7-4 图

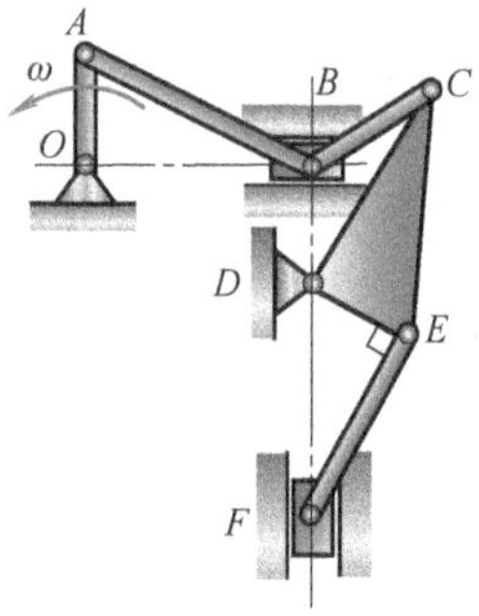

题 7-5 图

7-6 如题 7-6 图所示，三个用杆 AB、BC 连接的套筒套在固定的 U 型杆上运动，图示瞬时，$\varphi_1=45°$，$\varphi_2=30°$，$v=1\mathrm{m/s}$，求 A 点的速度。

7-7 如题 7-7 图所示的配气机构中，$OA=0.4\mathrm{m}$，$a=1.2\mathrm{m}$，$AC=BC=0.2\sqrt{37}\,\mathrm{m}$。曲柄 OA 以匀角速度 $\omega=20\mathrm{rad/s}$ 转动，求曲柄 OA 处于图示铅直位置时，气阀推杆 DE 的速度。

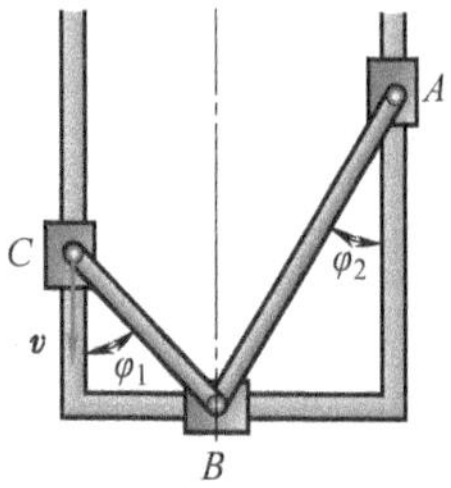

题 7-6 图

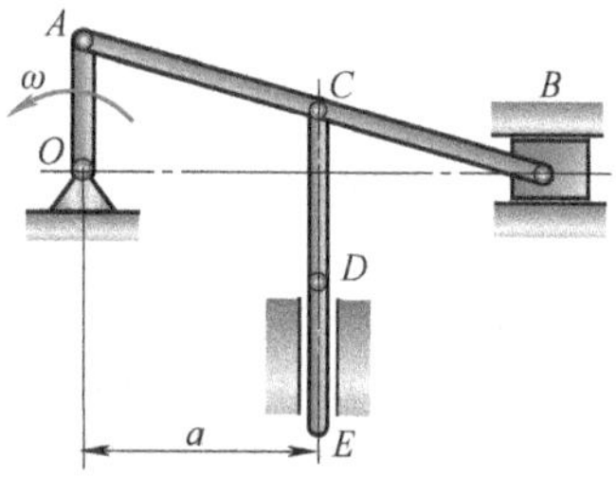

题 7-7 图

7-8 如题 7-8 图所示的机构中，$O_1A=r$，$AB=2r$，$O_2B=BC=\dfrac{2\sqrt{3}}{3}r$，$CD=4r$。曲柄 O_1A 以匀角速度 ω 转动，求图示瞬时滑块 D 的速度。

7-9 如题 7-9 图所示的机构中，C 为杆 AB 的中点，$O_1A=r$，$O_2E=4r$，图示瞬时，$\varphi=60°$，$\omega=8\mathrm{rad/s}$，求此瞬时杆 O_2E 的角速度。

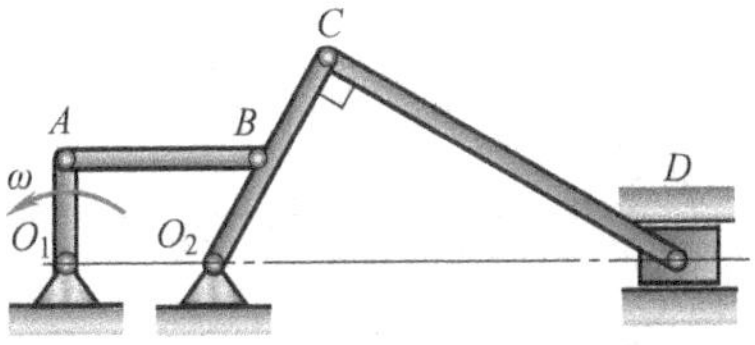

题 7-8 图

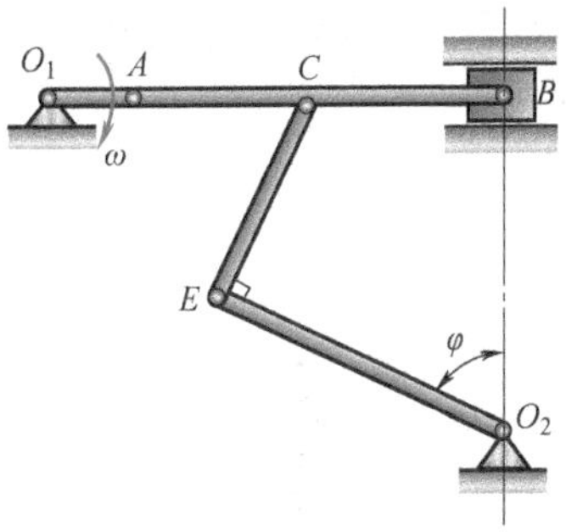

题 7-9 图

7-10　如题 7-10 图所示，地铁动力车由与电机轴相连的固定于车体上的主动齿轮 B 驱动，齿轮 B 与固连在车轮 O 上的齿轮啮合，车轮纯滚动。若该车以 18m/s 的速度向左运动，$r=0.3\text{m}$，求齿轮 B 的角速度 ω。

7-11　如题 7-11 图所示的瓦特行星传动机构中，平衡杆 O_1A 绕轴 O_1 转动，通过连杆 AB 带动曲柄 OB 转动，而曲柄 OB 活动地安装在轴 O 上，同时在轴 O 上还装有齿轮Ⅰ，齿轮Ⅱ固连在连杆 AB 上。已知两齿轮的半径均为 $r=0.3\sqrt{3}\text{m}$，$O_1A=0.75\text{m}$，$AB=1.5\text{m}$，平衡杆 O_1A 的角速度 $\omega=6\text{rad/s}$。求当 $\theta=60°$、$AB\perp OB$ 时，曲柄 OB 和齿轮Ⅰ的角速度。

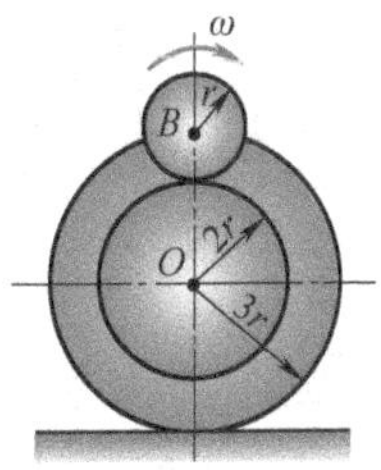

题 7-10 图

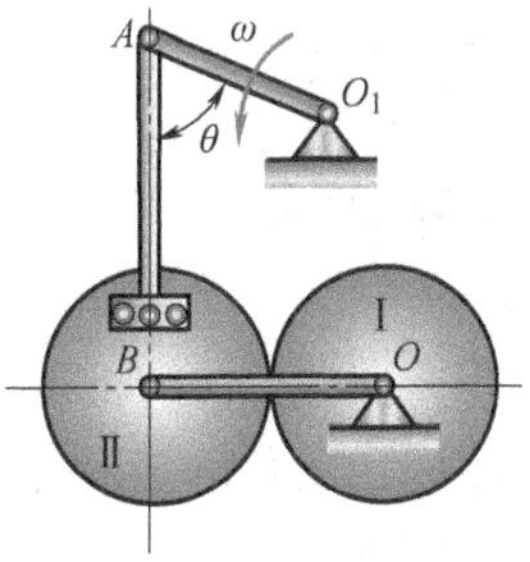

题 7-11 图

7-12　如题 7-12 图所示的高速传动装置，杆 OA 以角速度 $\omega=31\pi$ rad/s 绕轴 O 转动，带动半径为 r_2 的活动齿轮Ⅱ在半径为 r_3 的固定内齿圈上纯滚动，从而使半径为 r_1 的齿轮Ⅰ绕轴 O 高速转动。已知 $r_3:r_1=11$，求齿轮Ⅰ的角速度。

7-13　如题 7-13 图所示，杆 AB 靠在一个半径为 r 的圆盘上，其一端 A 以匀速 $\boldsymbol{v}$ 沿水平线向右运动，带动圆盘在水平直线上纯滚动。圆盘与杆间无相对滑动，求运动到 $\varphi=60°$时，圆盘和杆的角速度。

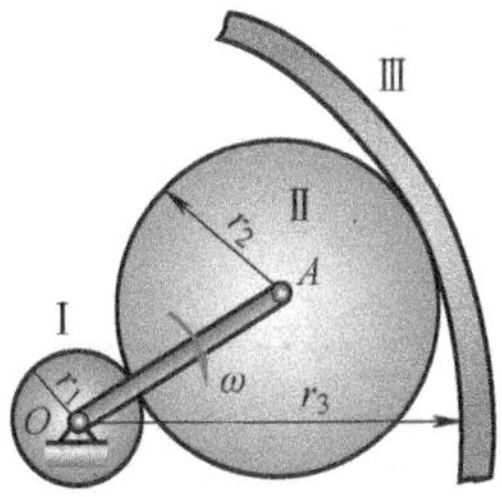

题 7-12 图

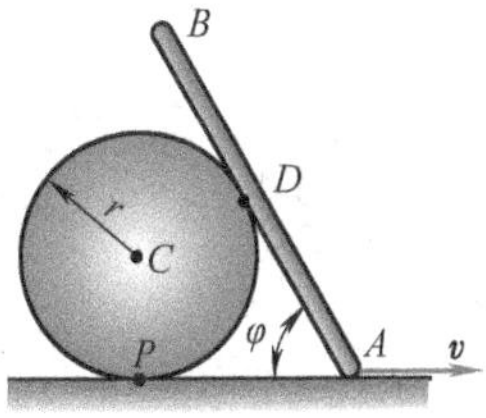

题 7-13 图

7-14　如题 7-14 图所示，滑块 B 以匀速 $\boldsymbol{v}$ 沿铅直线向下运动，通过长为 l 的连杆 AB 带动半径为 r 的圆盘沿水平直线纯滚动。求运动到杆 AB 与铅直线成 $\varphi=30°$时，A 点的加速度和圆盘的角加速度。

7-15 如题7-15图所示，半径为R和r的鼓轮沿水平面纯滚动，在其半径为r的部分绕有细绳，绳的B端以速度$\boldsymbol{v}$和加速度$\boldsymbol{a}$沿水平方向运动，绳与鼓轮间没有滑动。求鼓轮中心C的速度和加速度。

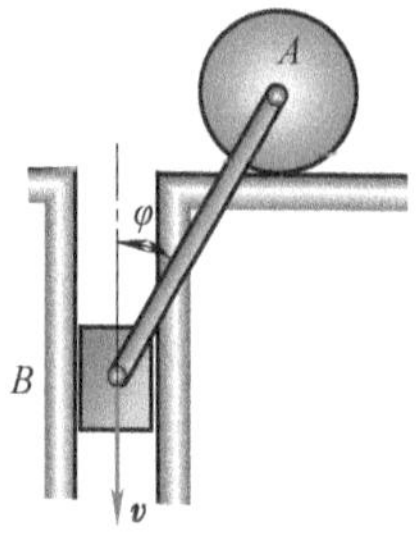

题7-14图

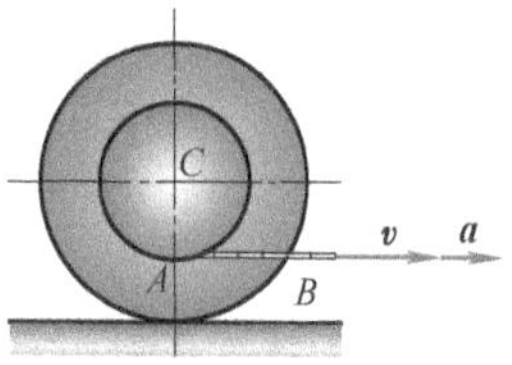

题7-15图

7-16 如题7-16图所示，半径为R的内齿圈以匀角速度ω在半径为r的固定齿轮上滚动。求齿圈中心C点和它速度瞬心P点的加速度。

7-17 如题7-17图所示平面四连杆机构，已知$l=0.1\text{m}$，杆AB以匀角速度$\omega=1\text{rad/s}$绕轴A转动，求图示位置时C点的加速度。

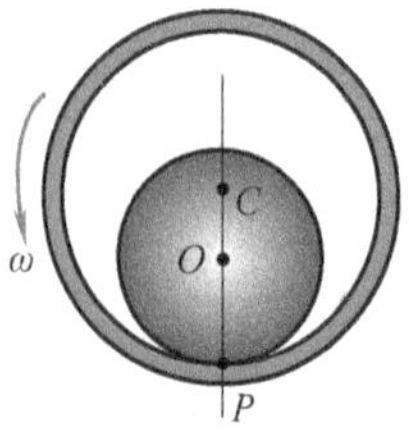

题7-16图

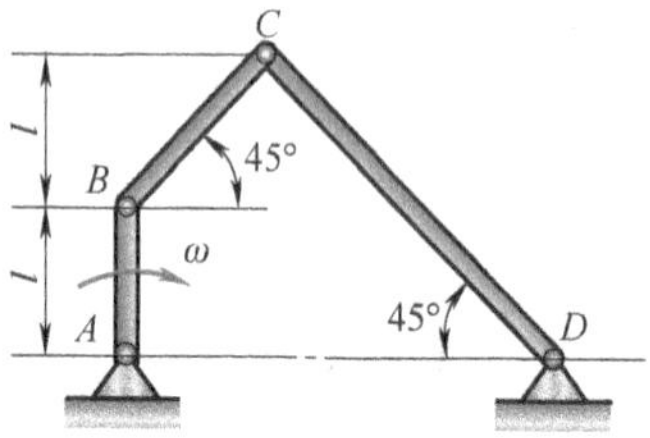

题7-17图

7-18 如题7-18图所示曲柄连杆机构，长为a曲柄OA绕轴A转动，通过连杆AB带动滑块B在以O_1为圆心、$2a$为半径的固定圆形槽内运动。图示瞬时，曲柄OA的角速度为ω、角加速度为α并与水平线成$60°$，连杆AB与曲柄OA垂直，圆形槽的半径O_1B与连杆AB成$30°$角，$AB=2\sqrt{3}a$，求此时滑块B的切向和法向加速度。

7-19 如题7-19图所示配气机构，长为r的曲柄OA以匀角速度ω绕轴O转动，通过连杆AB和BD带动气阀D运动，$AB=6r$，$BD=3\sqrt{3}r$。求图示位置时，气阀D的速度和加速度。

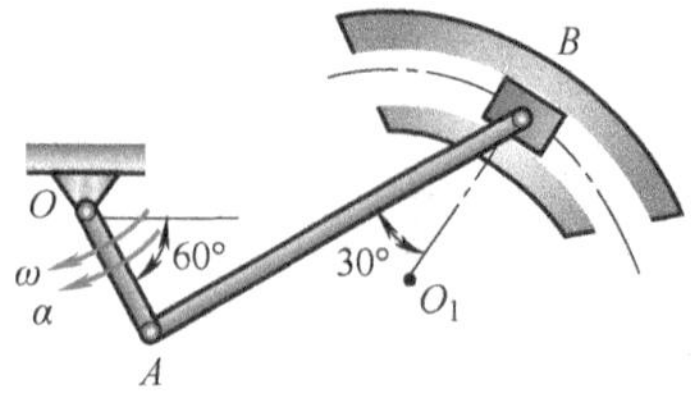

题7-18图

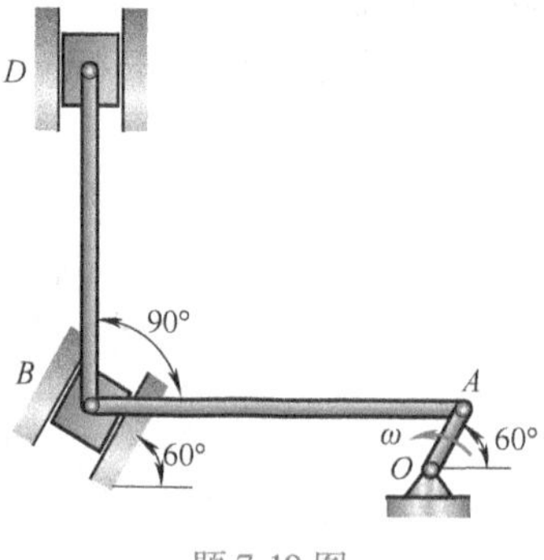

题7-19图

7-20 如题7-20图所示平面四连杆机构，长为r的曲柄OA以匀角速度ω绕轴O转动，通过杆ABD带动摇杆O_1B绕轴O_1摆动，$O_1B=2r$，$AB=BD=2r$。图示位置时，曲柄OA和摇杆O_1B在铅直位置，求此时D

点的加速度。

7-21　如题 7-21 图所示行星齿轮机构，系杆 OA 绕固定齿轮的轴 O 转动，带动行星齿轮在固定齿轮上滚动，两齿轮的半径均为 r。在图示瞬时，系杆 OA 的角速度为 ω、角加速度为 α，求此时行星齿轮的速度瞬心 P 和另一点 B 的加速度。

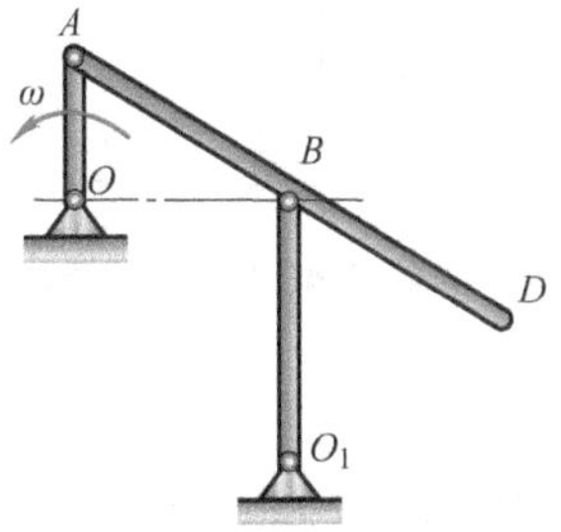

题 7-20 图

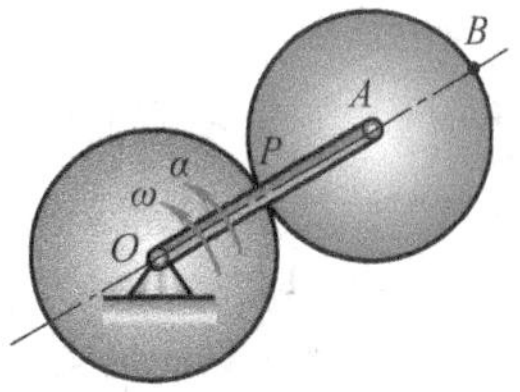

题 7-21 图

7-22　如题 7-22 图所示，曲柄 OA 以匀角速度 ω 绕轴 O 转动，并带动半径为 r 的行星齿轮 Ⅰ 在半径为 $2r$ 的固定齿圈 Ⅱ 内滚动。求图示瞬时行星齿轮 Ⅰ 速度瞬心 P 点的加速度。

7-23　如题 7-23 图所示，长为 l 的曲柄 OA 以匀角速度 ω 绕半径为 r 的固定齿轮的轴 O 转动，带动铰接在 A 点的动齿轮运动，两齿轮尺寸相同并用链条连接。求动齿轮的角速度和角加速度及其上任意一点的速度和加速度。

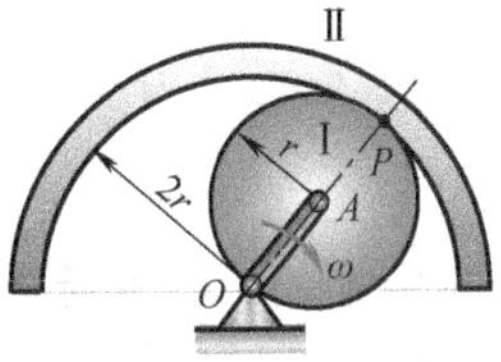

题 7-22 图

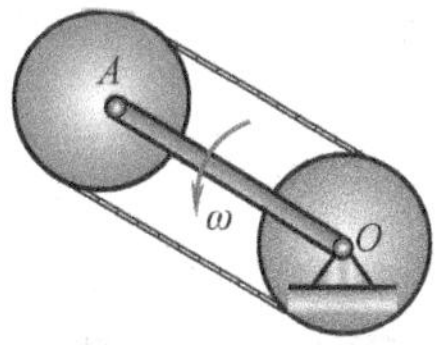

题 7-23 图

7-24　如题 7-24 图所示，长为 l 的曲柄 OA 以匀角速度 ω 绕半径为 r 的固定齿轮的轴 O 转动，带动铰接在 A 点半径为 $2r$ 的动齿轮运动，两齿轮用链条连接。求图示瞬时动齿轮速度瞬心的加速度。

7-25　如题 7-25 图所示，半径为 r 的圆盘在半径为 R 的固定圆弧内纯滚动。图示瞬时圆盘中心的速度为 $\boldsymbol{v}_C$，切向加速度为 $\boldsymbol{a}_C^{\mathrm{t}}$，求此时圆盘最低点 A 和最高点 B 的加速度。

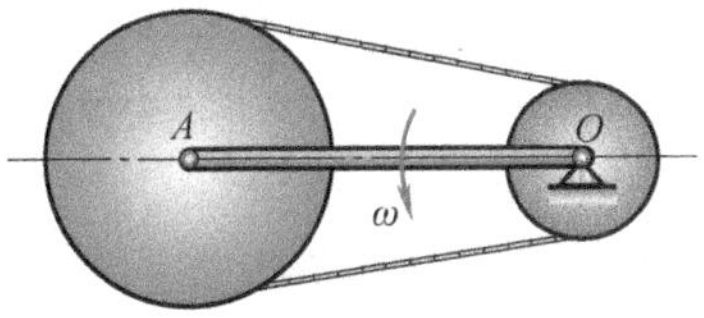

题 7-24 图

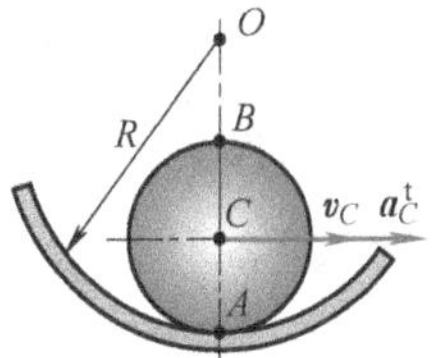

题 7-25 图

7-26　如题 7-26 图所示，曲柄 OA 以匀角速度 ω 绕轴 O 转动，通过连杆 AB 带动半径为 r 的圆盘在半径为 R 的固定圆弧内纯滚动，$OA=AB=R=2r$。求图示瞬时圆盘中心 B 和最右侧 D 点的加速度。

7-27　如题 7-27 图所示，边长为 0.6m 的等边三角形 ABC 做平面运动，图示位置时，C 点相对 B 点的加速度 $a_{CB}=6\mathrm{m/s^2}$，方向如图。求此时线段 AB 的角速度和角加速度。

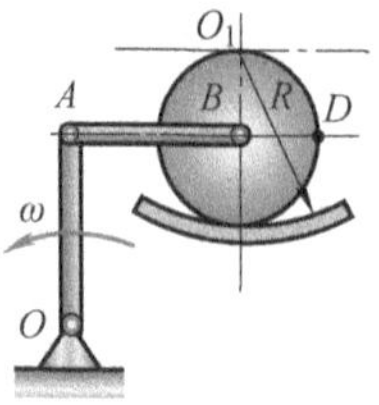

题 7-26 图

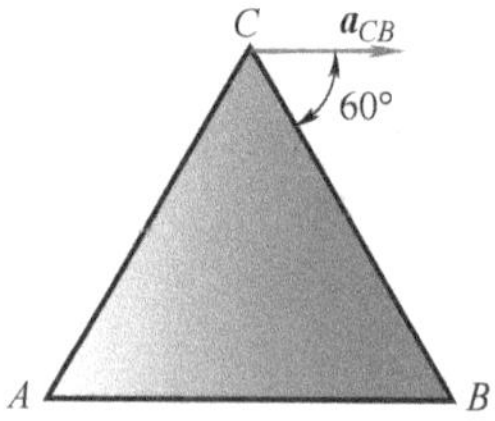

题 7-27 图

7-28 如题 7-28 图所示，长为 $3r$ 的曲柄 OA 绕轴 O 转动，带动插在可绕轴 D 转动的套筒中的导杆 AB 运动，$OD=4r$。在图示瞬时，曲柄 OA 转动到铅直位置，其角速度为 ω、角加速度为 α，求此时导杆 AB 的角加速度和 B 点相对套筒的加速度。

7-29 如题 7-29 图所示，为使货车的车厢减速，在轨道上装有液压减速顶。半径为 r 的车轮滚过时将压下减速顶的顶帽 AB 而消耗能量，降低速度。图示瞬时，轮心的速度为 $\boldsymbol{v}$，加速度为 $\boldsymbol{a}$，求此时 AB 下降的速度、加速度和顶帽相对车轮滑动的速度与 φ 角的关系（设车轮与轨道间无相对滑动）。

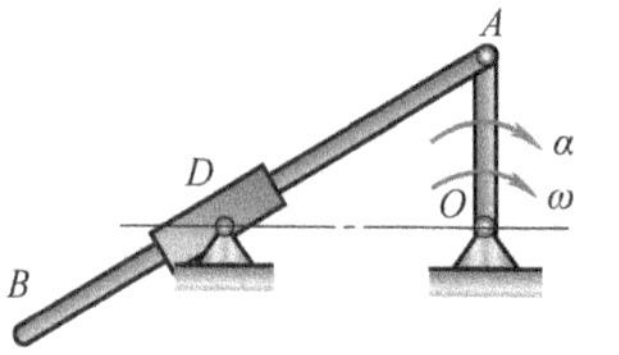

题 7-28 图

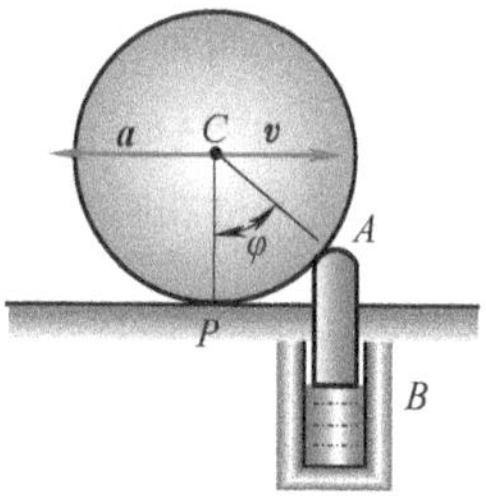

题 7-29 图

7-30 如题 7-30 图所示，长为 $2r$ 的曲柄 OA 以匀角速度 ω 绕轴 O 转动，通过套筒 B、D 带动机构运动。在图示瞬时，$OB=AB$，$\angle OAD=90°$，求此时套筒 D 相对杆 BC 的速度。

7-31 如题 7-31 图所示，插在可以绕轴 O 转动的套筒中的杆 AB 的一端铰接滚子 A，以匀速 $\boldsymbol{v}$ 沿水平向右运动，已知 h，求杆 AB 与铅直线成 φ 角时，杆 AB 的角速度和角加速度。

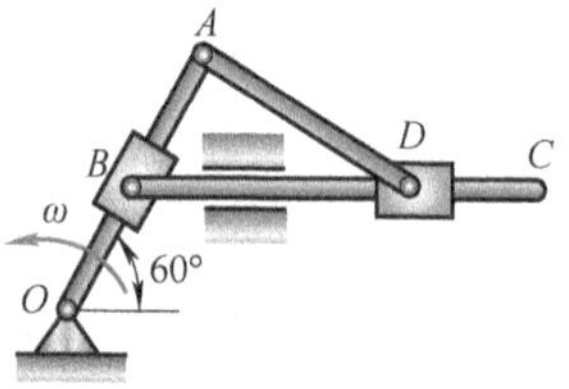

题 7-30 图

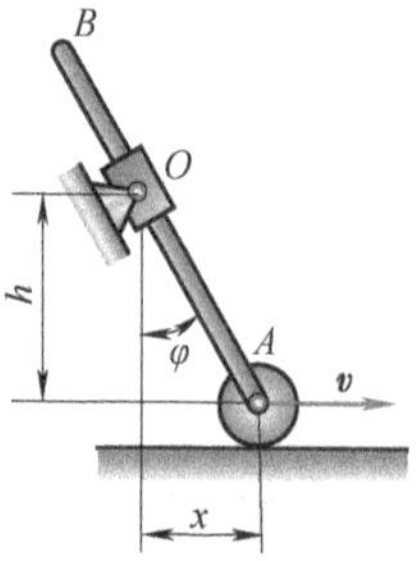

题 7-31 图

Part III

第 3 篇

动力学

在静力学中，我们研究了物体的平衡问题，没有考虑物体在不平衡力系作用下将会怎样运动。在运动学中，我们只研究了物体运动的几何性质，而没有考虑物体的运动与作用于物体上的力之间的关系，在动力学中，我们将要研究物体机械运动的变化和作用于物体上的力之间的关系。

动力学研究的对象是质点和质点系（包括刚体），它与运动学不同，在动力学中必须考虑研究对象自身的惯性，因此，质点指具有一定质量的几何点。在实际问题中并不是所有的物体都可以抽象为单个质点，当物体不能抽象为单个质点时可把它看成质点系，质点系是指许多（有限个或无限个）相互联系的质点所组成的系统。刚体可看作是由无限个质点组成的，而其中任意两质点间的距离都保持不变的系统，故称为不变质点系。机构、流体（包括液体和气体）等则称为可变质点系。动力学的内容包括质点动力学和质点系动力学两大部分。

在理论力学中动力学占主体地位。动力学的知识在工程技术中应用极广泛，如高速转动的机械、车辆、火箭及宇宙飞行器等的动力计算，都要用到动力学的理论。随着现代科学技术的发展动力学也形成了许多新的分支，如分析动力学、刚体动力学、机械动力学和多体系统动力学。可见，动力学的应用范围和研究领域正在不断扩大。

第 8 章 动力学基础

8.1 牛顿定律

质点动力学是动力学中最简单也是最基本的部分，它的基础是三个基本定律，这三个定律是牛顿在总结前人研究的基础上，通过大量的观察和实验首先明确提出来的，故称牛顿三定律。

第一定律（惯性定律） 质点如不受力作用，则保持运动状态不变，即做匀速直线运动或静止。质点保持其运动状态不变的属性称为惯性。因此，第一定律也称惯性定律。

第二定律（力与加速度关系定律） 质点因受力作用而产生的加速度，其方向与力的方向相同，大小与力成正比。

若有多个力同时作用于一个质点上时，质点所产生的加速度等于各力分别作用时所产生的加速度的矢量和，而且某个力引起质点的加速度不因其他力的作用而改变。据此，可将第二定律写成

$$m\boldsymbol{a}=\sum \boldsymbol{F}_i \tag{8-1}$$

式中，系数 m 是对质点惯性大小的度量，称为质量。式（8-1）建立了任一瞬时质点的加速度、质量和作用力之间的关系，称为质点动力学基本方程。它是研究动力学问题的基础。

在地球表面，物体因受重力作用而产生重力加速度，如以 $\boldsymbol{P}$ 和 $\boldsymbol{g}$ 分别表示重力和重力加速度，根据第二定律有

$$\boldsymbol{P}=m\boldsymbol{g}$$

第三定律（作用与反作用定律） 两个物体间的作用力与反作用力总是大小相等，方向相反，沿同一直线，同时分别作用在这两个物体上。这个定律在静力学中已讲过，这里重新提出，说明它也适用于做任何运动的物体。

在国际单位制（SI）中，长度、质量和时间的单位是基本单位，分别取为米（m）、千克（kg）和秒（s）；力的单位是导出单位，质量为 1kg 的质点，获得 $1\mathrm{m/s^2}$ 的加速度，作用于质点上的力为一个国际单位，称为牛顿（N），即

$$1\mathrm{N}=1\mathrm{kg}\times 1\mathrm{m/s^2}$$

应该指出，第一定律为我们确定了一个特定的参考系，在这个参考系中观察一个不受力作用的质点，则其做匀速直线运动或静止。这种参考系称为惯性参考系。牛顿定律只适用于惯性参考系。在绝大多数的工程问题中，把固结于地球上或相对地球做匀速直线运动的参考

系作为惯性参考系处理问题可以得到相对精确的结果。对于某些需要考虑地球自转的问题，可取以地心为原点，三个坐标轴分别指向三个恒星的坐标系为惯性参考系。在研究天体的运动时，地心的运动影响也不可忽略，需取太阳为中心，三个轴指向三个恒星的坐标系为惯性参考系。在本书中，如无特别说明，均以固定在地球上的坐标系为惯性参考系。

以牛顿定律为基础的力学，称为古典力学。当速度远小于光速时，应用古典力学解决工程中的机械运动问题可得到足够精确的结果。如物体运动速度接近光速或要研究的问题涉及微观现象时，则可应用相对论力学或量子力学。

8.2 质点运动微分方程

牛顿第二定律给出了解决质点动力学问题的基本方程（8-1），将该式表示为包含质点的位置坐标对时间的导函数的方程称为质点运动微分方程。

8.2.1　矢量形式

由运动学知：点做曲线运动时，点的加速度可表示为 $\boldsymbol{a}=\dfrac{\mathrm{d}^2\boldsymbol{r}}{\mathrm{d}t^2}$，把它代入式（8-1）得

$$m\boldsymbol{a}=m\frac{\mathrm{d}^2\boldsymbol{r}}{\mathrm{d}t^2}=\sum\boldsymbol{F}_i \tag{8-2}$$

式（8-2）建立了质点所受的力和质点的矢径对时间的微分关系，称为质点运动微分方程的矢量形式。这种形式的运动微分方程，表达简练，主要用于理论推导。在具体计算时，可根据问题的特点，将其投影到不同的坐标系中，得到相应的投影形式。

8.2.2　直角坐标形式

由运动学知：点做曲线运动时，点的加速度在直角坐标轴上的投影为 $a_x=\dfrac{\mathrm{d}^2x}{\mathrm{d}t^2}$，$a_y=\dfrac{\mathrm{d}^2y}{\mathrm{d}t^2}$，$a_z=\dfrac{\mathrm{d}^2z}{\mathrm{d}t^2}$，将式（8-2）向固定直角坐标轴上投影，得

$$\left.\begin{aligned}m\frac{\mathrm{d}^2x}{\mathrm{d}t^2}&=\sum F_{ix}\\ m\frac{\mathrm{d}^2y}{\mathrm{d}t^2}&=\sum F_{iy}\\ m\frac{\mathrm{d}^2z}{\mathrm{d}t^2}&=\sum F_{iz}\end{aligned}\right\} \tag{8-3}$$

式中，F_{ix}、F_{iy}、F_{iz}分别为力 $\boldsymbol{F}_i$ 在相应的直角坐标轴上的投影；x、y、z 为矢径 $\boldsymbol{r}$ 在相应直角坐标轴上的投影。

8.2.3　自然轴形式

由运动学知：点做曲线运动时，点的加速度在自然轴系上各轴的投影为 $a_\mathrm{t}=\dfrac{\mathrm{d}v}{\mathrm{d}t}$，$a_\mathrm{n}=\dfrac{v^2}{\rho}$，

$a_b=0$，将式（8-2）在质点运动轨迹上某点 M 的自然轴系投影，得

$$\left.\begin{aligned} m\frac{\mathrm{d}v}{\mathrm{d}t}&=\sum F_{it}\\ m\frac{v^2}{\rho}&=\sum F_{in}\\ 0&=\sum F_{ib}\end{aligned}\right\}\tag{8-4}$$

式中，F_{it}、F_{in}、F_{ib}分别表示作用在质点上的各力在切线、主法线和副法线上的投影。

8.3 质点动力学的两类基本问题

应用质点运动微分方程，可以求解质点动力学两类基本问题。

第一类基本问题是已知质点的运动，求作用于质点上的力。在这类问题中，质点的运动方程或速度的函数式是已知的，将其对时间求二次或一次导数后，即得质点的加速度，将其代入质点运动微分方程中，便可求得质点的受力。第一类问题的求解比较简单。

第二类基本问题是已知作用于质点上的力，求质点的运动。在这类问题中，当只求质点的加速度时也是很简单的，只要将已知力代入到适当形式的运动微分方程中，通过代数运算就可得出结果。但如果要求解质点的速度、运动方程等，就需要对质点的运动微分方程进行积分运算，每积分一次需要确定一个积分常数，这些积分常数由运动的初始条件确定。由于作用力可能是常数，可能是时间的函数、速度的函数或位置坐标的函数等，这样使积分运算有时变得很复杂。在许多情形下只能求得近似解。

此外也会遇到既求运动，又求未知约束力的综合性问题。由于物体往往受到约束作用，这时运动和受力两方面都可能有已知和未知的因素，这样，两类问题就不能截然分开了。在求解这类问题时，通常先求出质点的运动之后再求未知约束力。

例 8-1　机构如图 8-1a 所示，半径为 r 的偏心轮绕 O 轴以匀角速度 ω 顺时针转动，推动挺杆 AB 沿铅垂滑道运动，挺杆顶部放有一质量为 m 的物块 D。设偏心距 $OC=e$，在运动开始时，OC 位于铅垂线 OBA 上，试求：1）任一瞬时，物块对挺杆的压力；2）保证物块 D 不离开挺杆的偏心轮转动角速度的最大值 ω_{max}。

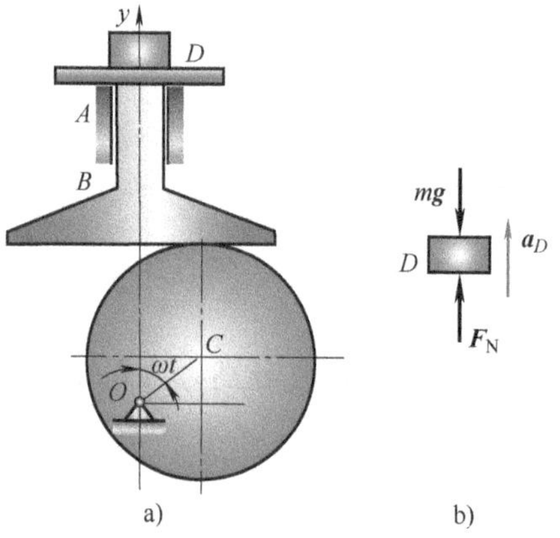

图　8-1

解：取物块 D 为研究对象，它随挺杆一起做平动，选如图 8-1a 所示坐标轴 Oy，其受力与运动分析如图 8-1b 所示。

1）求物块对挺杆的压力。物块 D 的运动学基本方程为

$$ma_D=F_N-mg \tag{a}$$

建立物块 D 的运动方程：

$$y_D=AB+r+e\cos\omega t$$

由此求得物块 D 的加速度

$$a_D=\ddot{y}_D=-e\omega^2\cos\omega t \tag{b}$$

将式（b）代入式（a），求得

$$F_N=mg-me\omega^2\cos\omega t \tag{c}$$

所以，物块对挺杆的压力大小与 F_N 相等而方向相反，即垂直向下。

2）求最大角速度 ω_{max}。因为欲使物块 D 不离开挺杆的条件是 $F_N\geqslant 0$，所以由式（c）有

$$F_N=mg-me\omega^2\cos\omega t\geqslant 0$$

令 $F_N=0$，即 $mg-me\omega^2\cos\omega t=0$，可得到偏心轮角速度所允许的最大值

$$\omega_{max}=\sqrt{\frac{g}{e}}$$

例 8-2 如图 8-2 所示重为 P 的物体，在均匀重力场中由静止自由下落，受到的空气阻力大小为 $F=\mu v^2$，阻力系数 $\mu>0$ 可由实验测定。试求物体的运动规律。

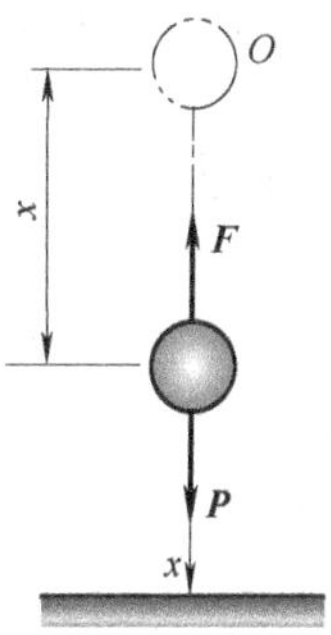

图 8-2

解： 物体平动下落可视为质点，此题是已知力求运动，属于第二类问题。以物体为研究对象，取初始位置 O 为铅垂向下 x 轴的原点。物体受重力 $\boldsymbol{P}$ 和阻力 $\boldsymbol{F}$ 的作用，其运动微分方程为

$$\frac{P}{g}\frac{\mathrm{d}v}{\mathrm{d}t}=P-\mu v^2$$

在物体下落过程中速度逐渐增加，但由于重力大小为常数，阻力大小 F 是速度的二次函数，所以速度达到一定值 v_P 时，重力与阻力成平衡状态，物体的加速度为零，此后物体做匀速运动，则有

$$P-\mu v_P^2=\frac{P}{g}\frac{\mathrm{d}v}{\mathrm{d}t}=0$$

于是得

$$v_P=\sqrt{P/\mu}=c$$

此速度 v_P 称为物体下落的极限速度。在求下落运动规律时，应以速度未达到极限值的某一时刻建立运动微分方程，即

$$\frac{P}{g}\frac{\mathrm{d}v}{\mathrm{d}t}=P-\mu v^2$$

或

$$\frac{\mathrm{d}v}{\mathrm{d}t}=\frac{g}{c^2}(c^2-v^2)$$

将此式分离变量，注意到：$\dfrac{1}{(c^2-v^2)}=\dfrac{1}{2c}\left(\dfrac{1}{c-v}+\dfrac{1}{c+v}\right)$，根据初始条件积分，即

$$\int_0^v\frac{c\mathrm{d}v}{c^2-v^2}=\int_0^t\frac{g}{c}\,\mathrm{d}t$$

得

$$\frac{c+v}{c-v}=\mathrm{e}^{\frac{2g}{c}t}$$

于是解得

$$v=c\frac{e^{\frac{2g}{c}t}-1}{e^{\frac{2g}{c}t}+1}=c\frac{e^{\frac{g}{c}t}-e^{-\frac{g}{c}t}}{e^{\frac{g}{c}t}+e^{-\frac{g}{c}t}}=c\mathrm{th}\left(\frac{g}{c}t\right)$$

对此式再积分一次，便求得物体的运动规律为

$$x=\frac{c^2}{g}\ln\left[\cosh\left(\frac{gt}{c}\right)\right]$$

例 8-3 求脱离地球引力场做宇宙飞行的飞船所需的初速度，已知地球半径 $R=6371\text{km}$。

解： 取飞船为研究对象，并将它视为质点，飞船的火箭关机时速度为 v_0，与地心距离近似为地球半径，忽略空气阻力。作用于飞船上的力只有地球引力 $\boldsymbol{F}$，其大小由万有引力定律确定。设飞船铅直上升，如图 8-3 所示。取地心为 x 轴的原点，则飞船所受力的大小为

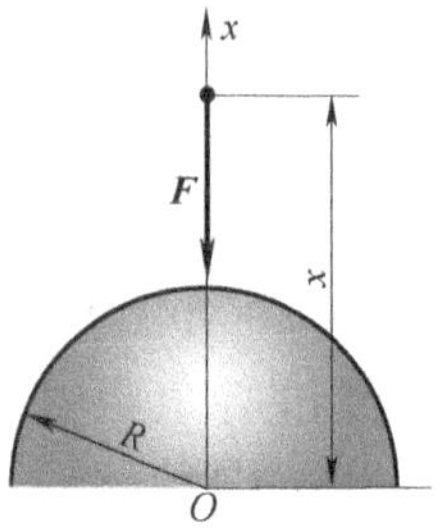

图 8-3

$$F=f\frac{mm_{地}}{x^2} \tag{a}$$

式中，m 是飞船的质量；x 是飞船到地心的距离；$m_{地}$ 是地球的质量；f 是引力常数。因为在地球表面时，飞船受到的引力等于重力，即

$$mg=f\frac{mm_{地}}{R^2}$$

式中，R 为地球半径，于是得

$$fm_{地}=R^2g$$

代入式（a）中，则地球引力 $\boldsymbol{F}$ 的大小可写为

$$F=\frac{mR^2g}{x^2}$$

飞船的运动微分方程为

$$m\frac{\mathrm{d}^2x}{\mathrm{d}t^2}=-\frac{mR^2g}{x^2}$$

或

$$\frac{\mathrm{d}v}{\mathrm{d}t}=-\frac{R^2g}{x^2} \tag{b}$$

式（b）中包含 v、t、x 三个变量，必须化为两个变量才能积分，为此做如下变换：

$$\frac{\mathrm{d}v}{\mathrm{d}t}=\frac{\mathrm{d}v}{\mathrm{d}t}\frac{\mathrm{d}x}{\mathrm{d}x}=v\frac{\mathrm{d}v}{\mathrm{d}x}$$

代入式（b）中，得

$$v\mathrm{d}v=-\frac{R^2g}{x^2}\mathrm{d}x$$

对此式进行积分运算。从火箭关机开始计时，运动的初始条件是 $t=0$，$x(0)=R$，$v(0)=v_0$，设 t 时刻的速度为 v，则

$$\int_{v_0}^{v}v\mathrm{d}v=-\int_{R}^{x}\frac{R^2g}{x^2}\mathrm{d}x$$

解得

$$v_0^2=v^2+2gR^2\left(\frac{1}{R}-\frac{1}{x}\right)$$

要使飞船脱离地球引力做宇宙飞行的条件是：当 $x=\infty$ 时，$v\geqslant 0$。取 $v=0$，代入上式后解得 v_0 的最小值为

$$v_0=\sqrt{2gR}=11.2\text{km}\cdot\text{s}^{-1}$$

此速度称为第二宇宙速度。

通过以上例题可总结出求解质点动力学问题的步骤如下：

1）选取研究对象。根据题目的要求选取某质点为研究对象。

2）物体的受力分析和运动分析。分析作用在质点上的力，包括主动力和约束力；画出受力图；分析质点的运动情况，画出运动分析图；有的题目已给出了运动，有的题目没有直接给出运动，要通过计算才能得出。

3）选择定理。根据未知量的情况，选择恰当的投影轴，写出运动微分方程在该轴上的投影式；一般说来，最常用的是直角坐标形式，只有当点的运动轨迹已知时，才能用自然轴形式的方程。无论采用何种形式，所得的结果都应是一样的，只是解题的繁简不同而已。

列运动微分方程时，力的投影和加速度的投影均要注意正确确定其正负号，将其分别写在投影方程的两边。未知的加速度如用坐标对时间的二阶导数表示，则不必考虑正负号的问题。

4）求解并讨论。对第二类动力学问题要注意合理应用运动初始条件确定积分常数，使问题得到确定的解。

8.4 质点相对于非惯性参考系的运动

在 8.1 节中曾指出过，牛顿定律只适用于惯性参考系，但对一些实际问题，例如，研究物体在车辆、飞行器中的运动，研究远程火箭和人造卫星的运动等都需要在非惯性系中建立物体的运动与作用力之间的关系。

8.4.1 质点相对运动的动力学基本方程

设质量为 m 的质点 M，相对于动参考系 $O_1x_1y_1z_1$（非惯性参考系）运动，而该动参考系又相对于固定参考系 $Oxyz$（惯性参考系）进行着某种运动，如图 8-4所示。根据运动学中的加速度合成定理，动点 M 相对于定参考系的绝对加速度 a_a 等于相对加速度 a_r、牵连加速度 a_e 和科氏加速度 a_C 的矢量和，即

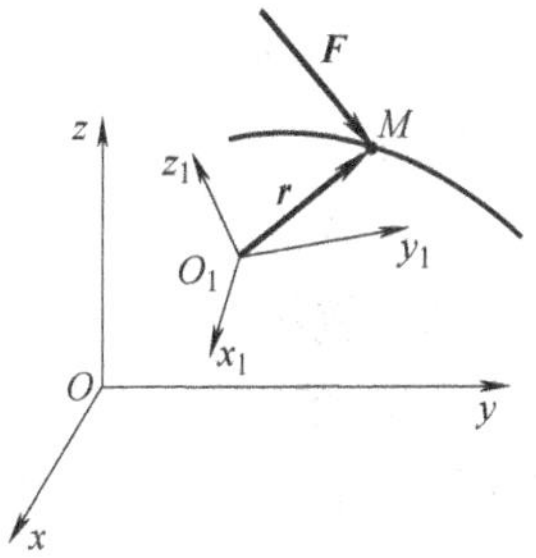

图 8-4

$$\boldsymbol{a}_a=\boldsymbol{a}_r+\boldsymbol{a}_e+\boldsymbol{a}_C$$

将此式代入牛顿第二定律中，移项后得

$$m\boldsymbol{a}_r=\boldsymbol{F}+(-m\boldsymbol{a}_e)+(-m\boldsymbol{a}_C) \tag{8-5}$$

式（8-5）表明：在非惯性参考系中所观察质点的加速度，不仅与作用在质点上的真实力 $\boldsymbol{F}$ 有关，而且还与动坐标系本身的

运动所引起的$-ma_e$和$-ma_C$有关，令：$F_{Ie}=-ma_e$，$F_{IC}=-ma_C$，它们具有力的量纲，因此，称F_{Ie}为牵连惯性力，F_{IC}为科氏惯性力。将它们代入式（8-5）中，得

$$m\boldsymbol{a}_r=\boldsymbol{F}+\boldsymbol{F}_{Ie}+\boldsymbol{F}_{IC} \tag{8-6}$$

式（8-6）称为质点相对运动动力学基本方程，即质点的质量与相对加速度的乘积等于作用于质点上的真实力与牵连惯性力、科氏惯性力的矢量和。它表明，质点在非惯性坐标系中的动力学基本方程可以写成与牛顿第二定律相似的形式，但方程右端除列入真实力外，还要列入牵连惯性力和科氏惯性力。只要在分析力时注意到这个特点，便可以应用解决质点动力学的方法来解决质点的相对运动动力学问题。应该指出，牵连惯性力和科氏惯性力与真实力不同，它们与动参考系的运动有关，且不满足牛顿第三定律，不存在施力体。

8.4.2 几种特殊情况

1）当动参考系相对于定参考系做平动时，科氏加速度$a_C=0$，因而科氏惯性力$F_{IC}=0$，于是相对运动动力学基本方程简化为

$$m\boldsymbol{a}_r=\boldsymbol{F}+\boldsymbol{F}_{Ie} \tag{8-7}$$

2）当动参考系相对于定参考系做匀速直线平动时，$a_e=0$，$a_C=0$，因而$F_{Ie}=F_{IC}=0$，于是相对运动动力学基本方程简化为

$$m\boldsymbol{a}_r=\boldsymbol{F} \tag{8-8}$$

式（8-8）与质点相对于惯性参考系的动力学基本方程式（8-1）具有相同的形式，它说明，对于相对惯性参考系做匀速直线平动的参考系，牛顿定律也是适用的。因此，所有相对于惯性参考系做匀速直线平动的参考系都是惯性参考系。

3）相对平衡。即质点相对动参考系做匀速直线运动。此时$a_r=0$，于是相对运动动力学基本方程简化为

$$\boldsymbol{F}+\boldsymbol{F}_{Ie}+\boldsymbol{F}_{IC}=0 \tag{8-9}$$

式（8-9）表明：质点在非惯性参考系中处于平衡时，质点所受的真实力与牵连惯性力和科氏惯性力组成平衡力系。

4）相对静止。即质点相对动参考系位置不变。此时$v_r=0$，$a_r=0$，于是相对运动动力学基本方程简化为

$$\boldsymbol{F}+\boldsymbol{F}_{Ie}=0 \tag{8-10}$$

式（8-10）表明：在非惯性参考系中，质点相对该参考系静止时，作用在质点上的真实力和牵连惯性力相互平衡。

例 8-4 如图 8-5 所示的单摆，摆长为l，小球质量为m，其悬挂点O以加速度$\boldsymbol{a}$沿直线向上运动。求单摆做微小摆动的周期。

解： 选取Ox_1y_1坐标系跟随悬挂点O以匀加速度$\boldsymbol{a}$向上平动。在此动参考系中观察小球的运动，就相当于悬挂点O固定时的单摆运动。

小球受有重力$\boldsymbol{P}$和绳的张力$\boldsymbol{F}$，此外还应加一个牵连惯性力$\boldsymbol{F}_{Ie}$。根据式（8-7），小球的相对运动动力学基本方程为

$$m\boldsymbol{a}_r=\boldsymbol{F}+\boldsymbol{P}+\boldsymbol{F}_{Ie}$$

式中，$\boldsymbol{F}_{Ie}=-m\boldsymbol{a}$。因为此题只求小球的运动周期，而不求绳的张力，因此我们将上式向$\boldsymbol{\tau}$轴

上投影，得

$$m\frac{d^2s}{dt^2}=-(P+F_{Ie})\sin\varphi=-m(g+a)\sin\varphi$$

当单摆做微小摆动时，则 $\sin\varphi=\varphi$，$s=l\varphi$，于是上式可写为

$$ml\frac{d^2\varphi}{dt^2}=-m(g+a)\varphi$$

移项后，并令 $\omega_n^2=\frac{g+a}{l}$，则上式简化为线性微分方程的标准形式，即

$$\ddot{\varphi}+\omega_n^2\varphi=0$$

此微分方程的解为

$$\varphi=\varphi_0\sin(\omega_n t+\alpha)$$

这就是单摆相对非惯性参考系 Ox_1y_1 做微小摆动的运动规律，由于是周期性函数，其周期

$$T=\frac{2\pi}{\omega}=2\pi\sqrt{\frac{l}{g+a}}$$

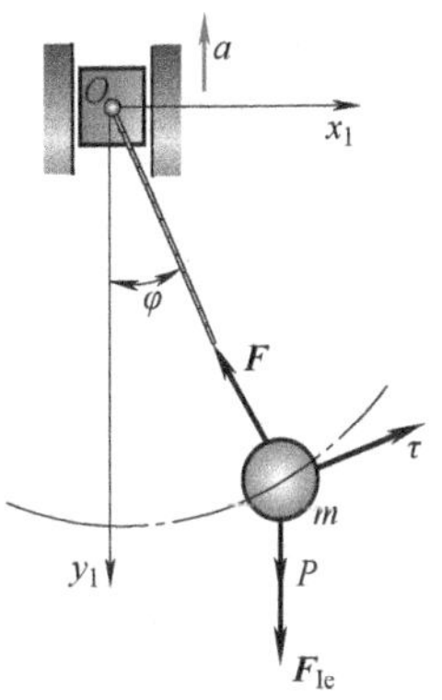

图　8-5

8.4.3　地球自转的影响

对大多数工程问题来说，将地球参考系视作惯性参考系是能满足工程技术要求的；但是有些问题，由于它跨越的空间比较广，延续的时间比较长，要求的精度又比较高，往往需要考虑地球的自转，将地心参考系视作惯性参考系，而把地球参考系视作非惯性参考系。

众所周知，在经典力学中，地球被视为均质球体，绕地轴匀速转动。地球自转一周称为一个恒星日，周期是 23 时 56 分 4 秒，即 86164s，对应的角速度为

$$\omega=2\pi/86164\text{s}=7.292\times10^{-5}\text{rad}\cdot\text{s}^{-1}$$

此值虽小，对某些物体的机械运动却有影响。

一质量为 m 的质点 M，以相对速度 v_r 在北半球沿经度线自南向北运动，地球的自转对它会产生什么影响呢?

设在任意瞬时 t，质点运动到图示位置，建立地球动坐标系 $Mxyz$，它的三根轴分别沿着纬度线、经度线的切线和铅直线（略去它对地球直径的偏离），方向如图 8-6 所示。在此情况下有

$$\boldsymbol{v}_r=v_r\boldsymbol{j}$$

$$\boldsymbol{\omega}=\omega(\cos\varphi\boldsymbol{j}+\sin\varphi\boldsymbol{k})$$

则科氏加速度、科式惯性力分别为

$$\boldsymbol{a}_C=2\boldsymbol{\omega}\times\boldsymbol{v}_r=2\omega(\boldsymbol{j}\cos\varphi+\boldsymbol{k}\sin\varphi)\times v_r\boldsymbol{j}=-2\omega v_r\sin\varphi\boldsymbol{i}$$

$$\boldsymbol{F}_{IC}=-m\boldsymbol{a}_C=2m\omega v_r\sin\varphi\boldsymbol{i}$$

这表明：附加在质点上的科氏惯性力 F_{IC} 沿着 x 轴的正向。又因该质点的重力及地面对它的约束力均在 Oyz 平面内，于是，质点 M 在相对于地球动坐标系的运动过程中，将向 x 轴的正向，亦即向其行进方向的右侧偏移。如果该质点沿经度线自北向南运动，即 $\boldsymbol{v}_r=-v_r\boldsymbol{j}$，科氏惯性力则为 $F_{IC}=-2m\omega v_r\sin\varphi\boldsymbol{i}$，仍然是促使它沿其行进方向的右侧偏移。

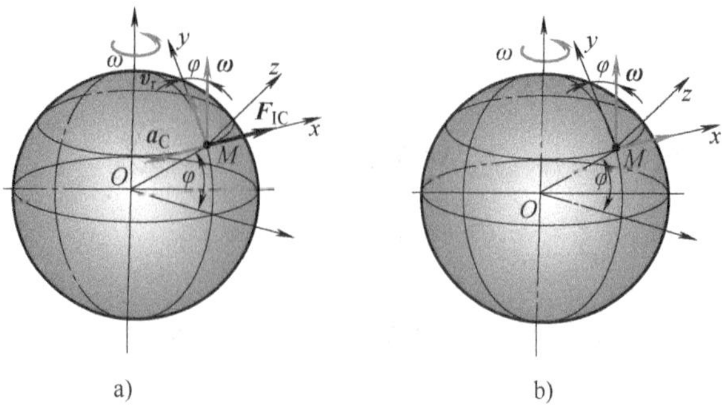

图 8-6

如果质点 M 沿纬度线自西向东（或自东向西）运动，如图 8-6 所示。可以推证：附加于质点上的科氏惯性力有两个分量：沿 z 轴的分量只对地面的正压力产生微小的影响；沿 y 轴的分量还是促使质点沿其行进方向向右侧偏移。

由此还可推广到一般情形：在北半球地面附近，无论质点沿什么方向运动，地球的自转总是促使该质点沿其行进方向向右侧偏移。北半球河流两岸受水流冲刷的程度，顺水流方向的右岸比左岸更明显。这种现象可用这一理论来解释。

例 8-5　在纬度为 φ 角的地球表面上，用不计质量的细绳悬挂一小球。如图 8-7 所示。求小球相对地球静止时，由于地球自转所引起悬挂线与地球半径的偏角 α。

解：取地球为非惯性参考系，因小球处于相对静止，在小球上除作用有地球引力 $\boldsymbol{F}_1$ 和绳的张力 $\boldsymbol{F}$ 外，还应加上牵连惯性力 $\boldsymbol{F}_{\mathrm{Ie}}$，则 $\boldsymbol{F}_1$、$\boldsymbol{F}$ 和 $\boldsymbol{F}_{\mathrm{Ie}}$ 组成平衡力系，即

$$\boldsymbol{F}_1+\boldsymbol{F}+\boldsymbol{F}_{\mathrm{Ie}}=0$$

我们通常所说的重力 $\boldsymbol{P}$ 并不是地球的引力 $\boldsymbol{F}_1$，而是引力 $\boldsymbol{F}_1$ 与牵连惯性力 $\boldsymbol{F}_{\mathrm{Ie}}$ 的合力。显然，重力 $\boldsymbol{P}$ 与绳的张力 $\boldsymbol{F}$ 是等值相反的。牵连惯性力 $\boldsymbol{F}_{\mathrm{Ie}}$ 的大小为

$$F_{\mathrm{Ie}}=m\omega^2R\cos\varphi$$

式中，m 为小球的质量；ω 为地球的自转角速度；R 为地球的半径。由图 8-7 中的几何关系，得到

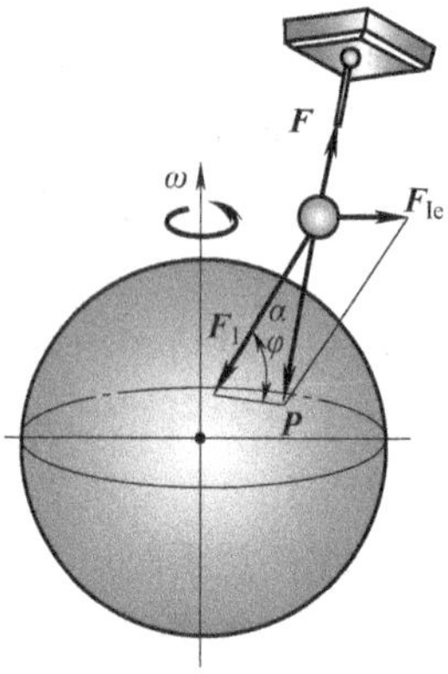

图 8-7

$$\frac{F_{\mathrm{Ie}}}{\sin\alpha}=\frac{P}{\sin\varphi}$$

于是

$$\sin\alpha=\frac{F_{\mathrm{Ie}}}{P}\sin\varphi=\frac{R\omega^2}{2g}\sin2\varphi$$

在纬度 $\varphi=45°$处，α 角具有最大值，为

$$\alpha_{\max}=0.1°$$

由于偏角 α 很小，所以通常认为铅直悬挂线就是地球的引力作用线。

8.5 质点系的惯性特征

在前面已论述过，质点在力的作用下产生的运动，不仅与作用力的大小和方向有关，还与该质点的惯性有关。描述质点惯性的特征量是质量。质点系在力的作用下产生的运动，也将与此质点系的惯性有关。因此在研究质点系动力学问题以前，我们先介绍质点系惯性的两个特征量：质点系的质量中心和刚体的转动惯量。

8.5.1 质点系的质量中心

设组成质点系的几个质点质量分别为 m_1，m_2，…，m_n，在某一瞬间，各质点相对于某点 O 的矢径分别为 $\boldsymbol{r}_1$，$\boldsymbol{r}_2$，…，$\boldsymbol{r}_n$，则由下式确定的 $\boldsymbol{r}_C$ 所对应的点 C 称为该质点系的质量中心，简称质心：

$$\boldsymbol{r}_C=\frac{\sum m_i\boldsymbol{r}_i}{\sum m_i} \tag{8-11}$$

以 O 为原点建立直角坐标系 O_{xyz}，则质心 C 的直角坐标可表示为

$$\left.\begin{aligned} x_C&=\frac{\sum m_ix_i}{\sum m_i}\\ y_C&=\frac{\sum m_iy_i}{\sum m_i}\\ z_C&=\frac{\sum m_iz_i}{\sum m_i}\end{aligned}\right\} \tag{8-12}$$

其中，x_i、y_i、z_i 为第 i 个质点的直角坐标系。

如用重力加速度 g 同乘式（8-11）右端的分子分母，则

$$\boldsymbol{r}_C=\frac{\sum m_i\boldsymbol{r}_ig}{\sum m_ig}=\frac{\sum P_i\boldsymbol{r}_i}{\sum P_i}$$

可见质心即为质点系在重力场中的重心。因此，质心的求法与重心的求法完全相同，但是值得注意，重心是质点系各质点在重力场中所受重力的合力的作用点，因此重心的概念只有质点系位于地球表面的重力场中才有意义，而质心的概念则与其是否处于重力场中无关，它取决于各质点的几何分布位置。质心是比重心更为广义的物理概念。

8.5.2 转动惯量

刚体对某轴 z 的转动惯量等于刚体内部各质点的质量与该质点到转轴距离的平方的乘积之和。即

$$J_z=\sum m_ir_i^2 \tag{8-13}$$

式中，r_i 表示第 i 个质点到转轴 z 的距离；J_z 表示刚体对 z 轴的转动惯量。由此可见，转动惯量仅与物体的质量及质量分布有关，而与物体的运动状态无关。它是恒大于零的物理量。

转动惯量是物体绕轴转动时惯性的度量，其值越大，则物体转动的惯性也越大。转动惯量的求法有以下几种：

1. 简单形体的转动惯量（积分法）

由于刚体的质量是连续分布的，刚体对 z 轴的转动惯量又可写成积分式：

$$J_z=\int_m r^2\mathrm{d}m \tag{8-14}$$

m 表示积分范围遍及刚体全部质量。

（1）均质细直杆对于 z 轴的转动惯量

设均质细直杆长为 l，质量为 m_l，如图 8-8 所示。在杆上取一微段 $\mathrm{d}x$，其质量为 $\mathrm{d}m=\dfrac{m_l}{l}\mathrm{d}x$。由式（11-4），它对 z 轴的转动惯量为

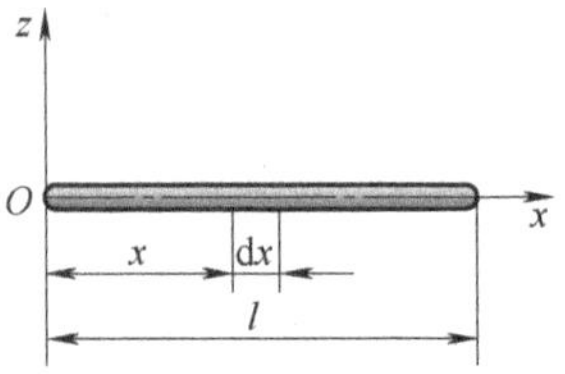

图 8-8

$$J_z=\int_{m_l}x^2\mathrm{d}m=\int_0^l x^2\frac{m_l}{l}\mathrm{d}x=\frac{1}{3}m_l l^2$$

（2）均质圆环（图 8-9）对于中心轴的转动惯量

将圆环沿圆周分成许多微段，每段质量为 m_i，它们到 z 轴的距离都等于半径 R，则圆环对中心轴 z 的转动惯量为

$$J_z=\sum m_i R^2=R^2\sum m_i=mR^2$$

（3）均质薄圆盘对于中心轴 z（图 8-10 过 O 点与图面垂直的轴 z）的转动惯量

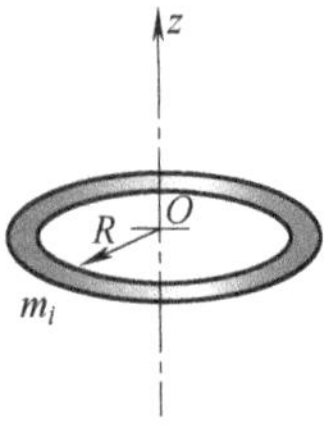

图 8-9

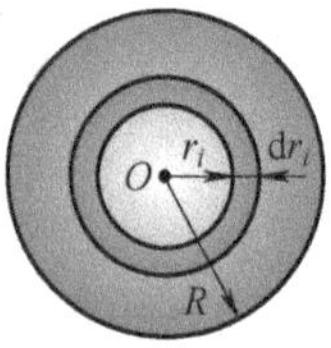

图 8-10

设圆盘半径为 R，质量为 m。将圆盘分成无数同心的圆环，任一圆环的半径为 r_i，宽度为 $\mathrm{d}r_i$，它的质量为

$$m_i=\frac{m}{\pi R^2}2\pi r_i\mathrm{d}r_i$$

圆盘对于中心 O 或 z 轴的转动惯量为

$$J_z=J_O=\int_0^R r^2\frac{m}{\pi R^2}2\pi r\mathrm{d}r=\frac{1}{2}mR^2$$

（4）均质薄圆盘（图 8-11）对于直径轴的转动惯量

由于均质薄圆盘对于中心点 O 的转动惯量为

$$\begin{aligned}J_O&=\sum m_i r_i^2=\sum m_i(x_i^2+y_i^2)=\sum m_i x_i^2+\sum m_i y_i^2\\&=J_y+J_x=\frac{1}{2}mR^2\end{aligned}$$

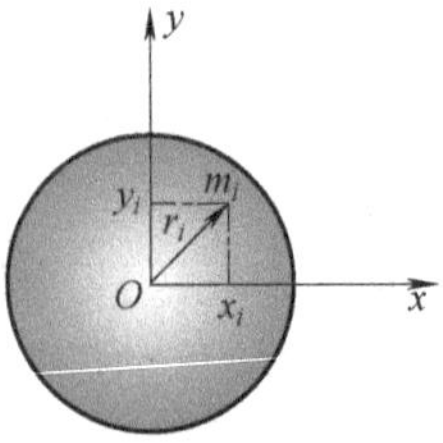

图 8-11

由于对称性，所以得

$$J_x=J_y=\frac{1}{2}J_O=\frac{1}{4}mR^2$$

用类似的方法可计算各种简单形体的转动惯量。

2. 回转半径

刚体对于 z 轴的转动惯量也可用另一种形式来表示。设刚体的总量为 m，则

$$J_z = m\rho_z^2 \tag{8-15}$$

式中，ρ_z 称为物体对 z 轴的回转半径（或惯性半径）。由式（8-15）可知，ρ_z 的物理意义可理解为，如果把刚体的质量集中于某一点上，仍保持原有的转动惯量，那么，ρ_z 就是这个点到 z 轴的距离。显然，只要知道刚体的质量和回转半径便可由式（8-15）确定刚体对 z 轴的转动惯量。实际上回转半径 ρ_z 是在已知转动惯量后反算出来的，如对于均质圆盘有

$$\rho_z = \sqrt{\frac{J_z}{m}} = \frac{\sqrt{2}}{2}R$$

3. 平行轴定理

工程设计手册通常给出各种形体的刚体对于通过其质心轴的转动惯量，但是在设计计算时，有时却需要知道与这些轴平行的任意轴的转动惯量。平行轴定理建立了刚体对两个平行轴的转动惯量之间的关系。

定理　刚体对于任一轴的转动惯量，等于刚体对于通过质心，且与该轴平行的轴的转动惯量，加上刚体的质量与两轴间距离平方的乘积，即

$$J_{z1} = J_{zC} + m_{总} l^2 \tag{8-16}$$

证明：设刚体质量为 $m_{总}$，质心在 C 点。现取如图 8-12 所示的两组直角坐标系 $Ox_1y_1z_1$ 和 $Cxyz$，轴 z_1 与 z 相距为 l。由图可得

$$J_{zC} = \sum mr^2 = \sum m(x^2+y^2)$$

$$J_{z1} = \sum mr_1^2 = \sum m(x_1^2+y_1^2)$$

因为 $x_1 = x$，$y_1 = y+l$，代入上面第二式中，有

$$J_{z1} = \sum m[x^2+(y+l)^2] = \sum m(x^2+y^2) + 2l\sum my + l^2\sum m$$

由质心坐标公式得

$$y_C = \frac{\sum my}{\sum m} = \frac{\sum my}{m_{总}}$$

又因为坐标原点取在质心 C 上，即 $y_C = 0$，所以 $\sum my = 0$，于是得

$$J_{z1} = J_{zC} + m_{总} l^2$$

由此定理得知，刚体对过质心轴的转动惯量的值为最小。

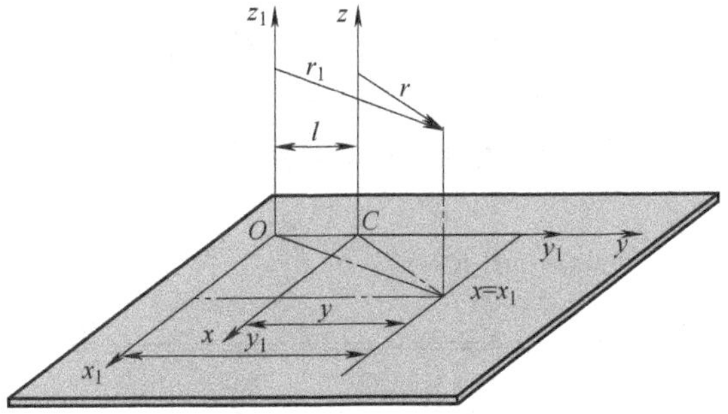

图　8-12

4. 计算刚体转动惯量的组合法

当物体由几个几何形状简单的物体组成时，计算整体的转动惯量时可先分别计算每个物体的转动惯量，然后再将其合起来。

如果物体有空心的部分，可把这部分的质量视为负值处理。

例 8-6　如图 8-13 所示由细杆和薄圆盘组成的系统，已知均质细杆和均质圆盘的质量分别为 m_1 和 m_2，杆长 l，圆盘直径为 d。求系统对于通过悬挂点 O 的水平轴的转动惯量。

解：杆和盘这个刚性系统对于水平轴 O 的转动惯量为

$$J_O=J_{O杆}+J_{O盘}$$

设 J_C 为圆盘对于中心 C 的转动惯量，则圆盘对轴 O 的转动惯量为

$$J_{O盘}=J_C+m_2\left(l+\frac{d}{2}\right)^2$$

于是得

$$\begin{aligned}J_O&=\frac{1}{3}m_1l^2+J_C+m_2\left(l+\frac{d}{2}\right)^2\\&=\frac{1}{3}m_1l^2+\frac{1}{2}m_2\left(\frac{d}{2}\right)^2+m_2\left(l+\frac{d}{2}\right)^2\\&=\frac{1}{3}m_1l^2+m_2\left(\frac{3}{8}d^2+l^2+ld\right)\end{aligned}$$

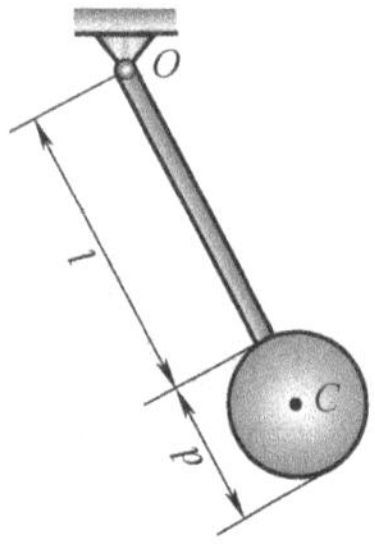

图　8-13

例 8-7　均质圆环质量为 m，外径为 $2R$，内径为 $2r$（图 8-14）。求环对中心轴 O_z 的转动惯量。

解：设半径为 R 的均质实心圆盘的转动惯量为 J_z，则根据组合法，得实心圆盘的转动惯量为

$$J_z=J_z^{(1)}+J_z^{(2)}$$

式中，$J_z^{(1)}$ 为半径是 r 的圆盘的转动惯量；$J_z^{(2)}$ 为待求圆环的转动惯量。由圆盘转动惯量的公式得

$$J_z=\frac{1}{2}(m+m_1)R^2,\quad J_z^{(1)}=\frac{1}{2}m_1r^2$$

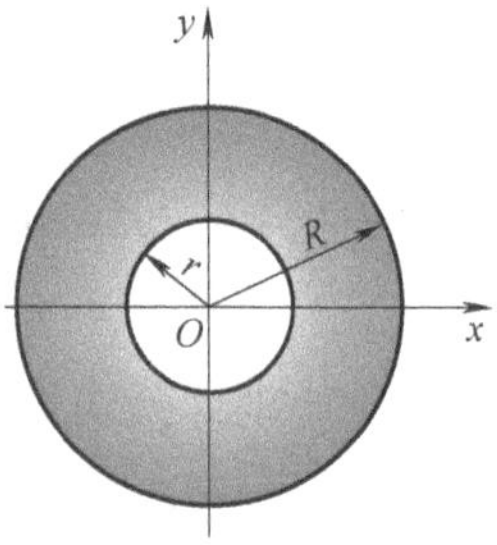

图　8-14

式中，$m_1=\dfrac{mr^2}{(R^2-r^2)}$是半径为 r 的圆盘的质量。因此，待求圆环的转动惯量为

$$\begin{aligned}J_z^{(2)}&=J_z-J_z^{(1)}=\frac{1}{2}(m+m_1)R^2-\frac{1}{2}m_1r^2\\&=\frac{1}{2}mR^2+\frac{1}{2}m_1(R^2-r^2)\\&=\frac{1}{2}m(R^2+r^2)\end{aligned}$$

---

5. 用实验法测定转动惯量

在工程中，对于几何形状复杂的物体或形状复杂的组合体，常采用实验方法测定转动惯

量。将被测物体做微幅摆动，建立其运动微分方程，测定微幅摆动的周期，再根据周期与转动惯量的关系求出转动惯量。

8.5.3 刚体的惯性积 · 惯性主轴

1. 刚体的惯性积（离心转动惯量）

刚体各质点质量与它们的两个直角坐标之乘积的和，称为刚体对于这两个直角坐标轴的惯性积，并分别记为

$$\left.\begin{aligned} J_{xy} &= \sum_{i=1}^{n} m_i x_i y_i \\ J_{yz} &= \sum_{i=1}^{n} m_i y_i z_i \\ J_{zx} &= \sum_{i=1}^{n} m_i z_i x_i \end{aligned}\right\} \tag{8-17}$$

其中，每两个都同时和一根坐标轴相关。例如，J_{xy}、J_{yz}同时和 y 轴相关。由式（8-17）可见，惯性积与刚体的质量与质量分布有关，与转动惯量不同的是它既可正，也可负，又可等于零。在动力学的某些问题中，要涉及惯性积这一物理量。

例 8-8　如图 8-15 所示，均质半圆形的薄板半径为 r，质量为 m，求该薄板对 $x'y'$轴的惯性积。

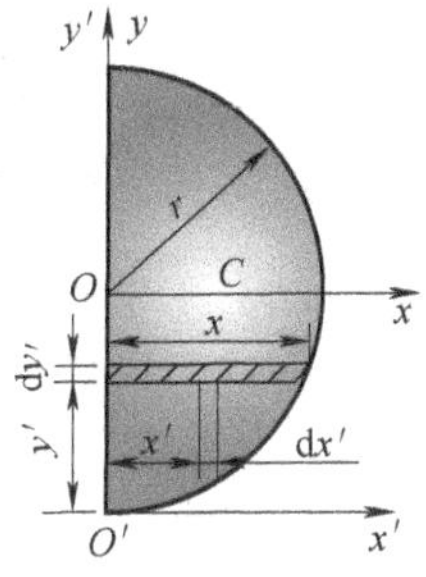

图　8-15

解：取微元面积如图 8-15 所示，微元质量为 $\mathrm{d}m=\rho\mathrm{d}x'\mathrm{d}y'$，面密度 $\rho=\dfrac{2m}{\pi r^2}$，在 Oxy 坐标系中半圆周方程为

$$x^2+y^2=r^2$$

两坐标系的变换关系 $x=x'$，$y=y'-r$。于是，在 $O'x'y'$坐标系中半圆周方程为

$$x'^2+(y'-r)^2=r^2$$

$$x^2=x'^2=r^2-(y'-r)^2=2y'r-y'^2$$

则

$$J_{x'y'}=\int_0^{2r}\int_0^{x}\rho x'y'\mathrm{d}x'\mathrm{d}y'=\frac{2m}{\pi r^2}\int_0^{2r}\left(\int_0^{x}x'\mathrm{d}x'\right)y'\mathrm{d}y'$$

$$=\frac{2m}{\pi r^2}\int_0^{2r}\left(\frac{1}{2}x^2\right)y'\mathrm{d}y'=\frac{m}{\pi r^2}\int_0^{2r}(2y'r-y'^2)y'\mathrm{d}y'$$

$$J_{x'y'}=\frac{4}{3\pi}mr^2$$

---

2. 惯性主轴

如果对于过 O 点的某个轴（比如 z 轴），有关的两个惯性积 $J_{yz}=J_{zx}=0$，则称 z 轴为 O 点的惯性主轴。可以证明，过刚体上任意点 O 都能够找到三根互相垂直的惯性主轴。取惯性主轴作为 O 点的坐标轴，可使刚体动力学的许多问题得到很大简化。通过质心 C 的三根惯

性主轴称为中心惯性主轴。刚体对惯性主轴的转动惯量称为主转动惯量。刚体对中心惯性主轴的转动惯量称为中心主转动惯量。

3. 惯性主轴的判定

确定刚体过任意点的惯性主轴方向，在一般情形下是很复杂的。在特殊情况下，根据刚体的对称性来判定。

1）如果刚体有对称轴，则该轴是轴上任意点的惯性主轴之一。

如图 8-16 所示，刚体具有质量对称轴 z，则无论点 O 取在 z 轴上何处，在此刚体内如有一个质量为 m、坐标为（x,y,z）的点，就必然有与 z 轴对称的另一个质量为 m、坐标为（$-x,-y,z$）的点与之对应。因此，刚体与 z 轴相关的惯性积为

$$J_{xz}=\sum m_i x_i z_i=0$$

$$J_{yz}=\sum m_i y_i z_i=0$$

故此对称轴就是在轴上任意点的惯性主轴。

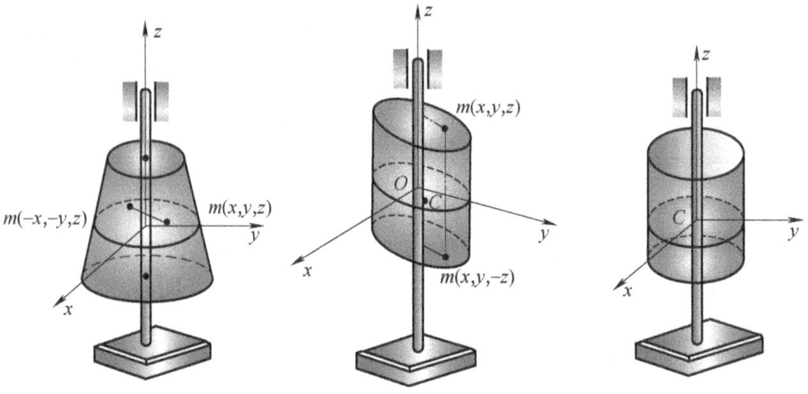

图 8-16

2）如果刚体有对称面，则垂直于对称面的任意轴必为轴与对称面交点的惯性主轴之一。

如图 8-16b 所示，刚体具有质量对称平面，z 轴垂直于质量对称平面，且交点为 O。在对称面两边必有坐标分别为（x,y,z）和（$x,y,-z$）、质量相同的对应点。因此

$$J_{xz}=\sum m_i x_i z_i=0$$

$$J_{yz}=\sum m_i y_i z_i=0$$

故 z 轴为 O 点的惯性主轴之一。z 轴为垂直质量对称平面的任意轴。

例如，如图 8-16c 所示的圆柱体，在以质心 C 为坐标原点的坐标系中，三根坐标轴都分别垂直于圆柱体的一个对称面，因此这三根轴都是惯性主轴，同时这三根轴又都通过质心，因而它们都是圆柱体的中心惯性主轴。

思 考 题

8-1 如图 8-17 所示，汽车（可视为质点）以匀速 $\boldsymbol{v}$ 沿高低不平的路面行驶，试指出在途经 A、B、C 三点时，在哪一点汽车对地面的压力最大。

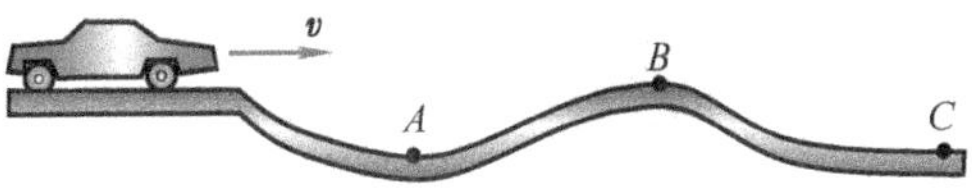

图　8-17

8-2　以大小不同的初速度，使小球铅锤向下运动。问穿过阻力相同的障碍物后，两种情形的加速度是否相同？

8-3　淋雨的伞，一经转动，雨滴便沿切线方向飞出，这是为什么？

8-4　三个质量相同的质点，在某瞬时的速度分别如图 8-18 所示。若对它们作用了大小、方向相同的力 $\boldsymbol{F}$，问质点的运动情况是否相同？

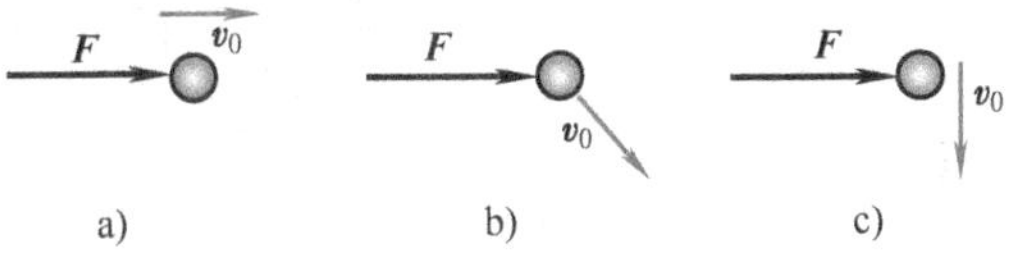

图　8-18

8-5　如图 8-19 所示，$P_2=1\text{kN}$，$P_1=F_1=2\text{kN}$。若不计滑轮质量，问在图 a、b 的两种情况下，重物 A 的加速度是否相同？为什么？两根绳中的张力是否相同？

8-6　如图 8-20 所示，有一均质直杆长为 L，质量为 m，绕 z 轴的转动惯量 $J_z=\dfrac{7}{48}mL^2$，现通过平行轴定理求绕 z' 轴的转动惯量为 $J'_z=J_z+m\left(\dfrac{L}{2}\right)^2=\dfrac{19}{48}mL^2$，对吗？为什么？

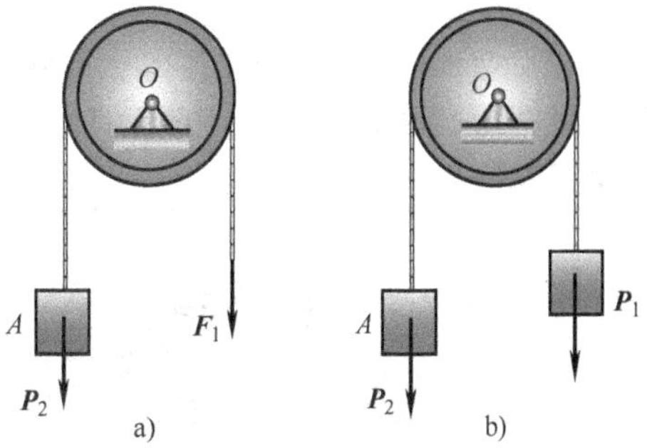

图　8-19

8-7　如图 8-21 所示，已知均质圆盘的 $J_z=\dfrac{3}{2}mR^2$，按照下式计算 J'_z 对吗？

$$J'_z=J_z+m\left(\frac{R}{2}\right)^2=\frac{7}{4}mR^2$$

8-8　已知 Oz 是刚体上过 O 点的一根惯性主轴，如图 8-22 所示，试问 Oz 轴是否一定为刚体上过另一点 A 的一根惯性主轴？并举例说明。

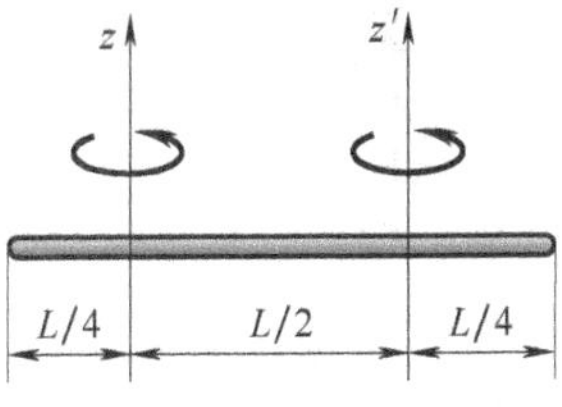

图　8-20

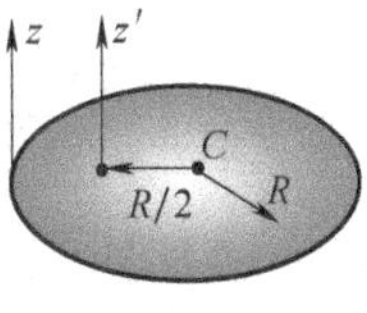

图　8-21

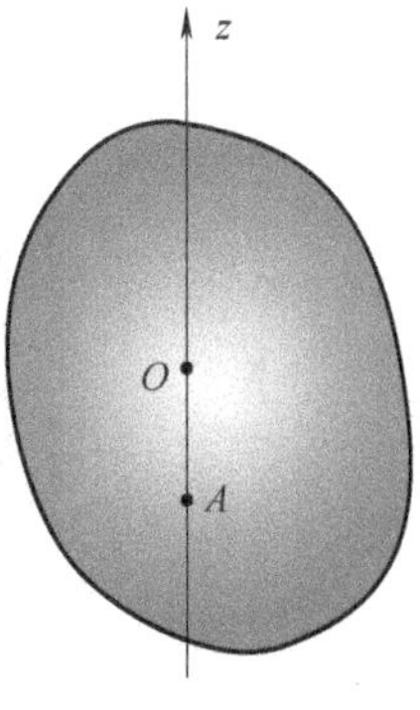

图　8-22

习　题

8-1　小球 A 重 G，以两细绳 AB、AC 挂起，如题 8-1 所示，θ 角已知。现把绳 AB 突然剪断，试求此瞬时绳 AC 的张力。

8-2　如题 8-2 图所示，在曲柄滑道连杆机构中，活塞和活塞杆质量共为 50kg，曲柄长为 30cm，绕 O 轴匀速转动，转速为 $n=120\text{r/min}$。求当 $\varphi=0°$ 和 $\varphi=90°$ 时，作用在滑道 BD 上的水平力。

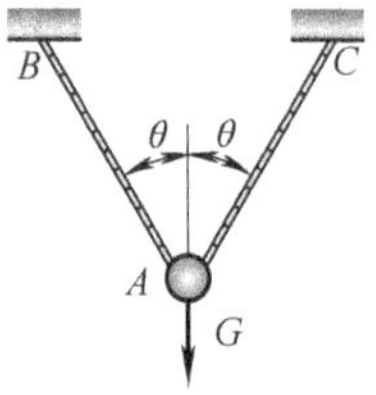

题 8-1 图

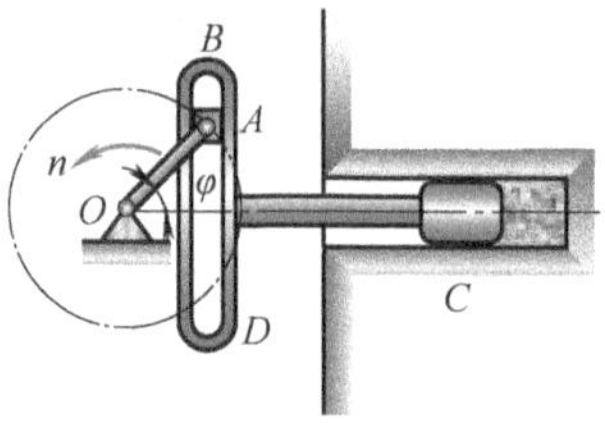

题 8-2 图

8-3　汽车重 P，以匀速 v 驶过拱桥，桥面 ACB 为一抛物线，其尺寸如题 8-3 图所示。求汽车过 C 点时对桥的压力。

8-4　如题 8-4 图所示，为了使列车对铁轨的压力垂直于路基，在铁道弯曲部分外轨要比内轨稍微提高。试就以下的数据求外轨高于内轨的高度 h。轨道的曲率半径 $\rho=300\text{m}$，列车的速度 $v=12\text{m/s}$，内外轨道间的距离为 $b=1.6\text{m}$。

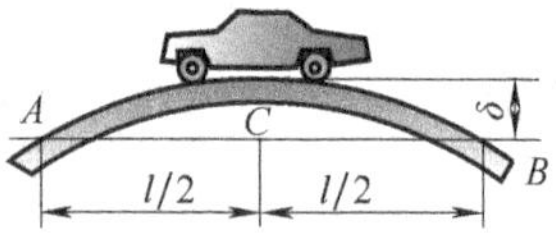

题 8-3 图

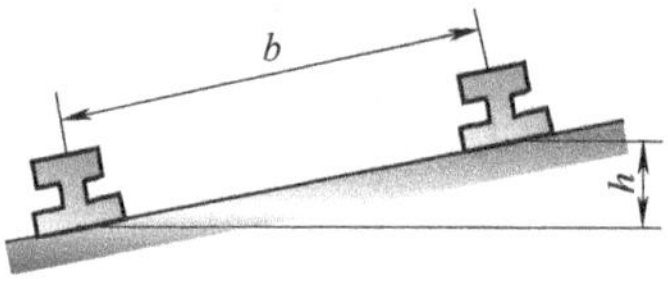

题 8-4 图

8-5　如题 8-5 图所示质点的质量为 m，在半径为 r 的圆柱面上沿螺旋线的槽滑动，运动的切向加速度 $a_r=g\sin\theta$，其中 θ 为螺旋线的切线与水平面的夹角。求由于质点的运动使柱面绕其几何中心轴转动的力矩 M。

8-6　质量 $m=6\text{kg}$ 的小球，放在倾角 $\theta=30°$ 的光滑斜面上，并用平行于斜面的软绳将小球固定在如题 8-6 图所示位置。如斜面以 $a=\dfrac{1}{3}g$ 的加速度向左运动，求绳的张力 $\boldsymbol{F}$ 及斜面的约束力 $\boldsymbol{F}_N$。欲使绳的张力为零，斜面的加速度 $\boldsymbol{a}$ 应该为多大？

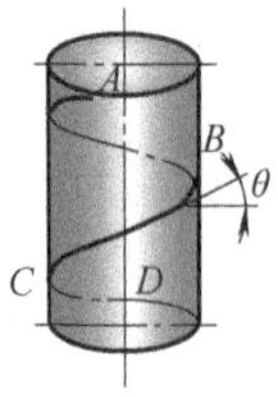

题 8-5 图

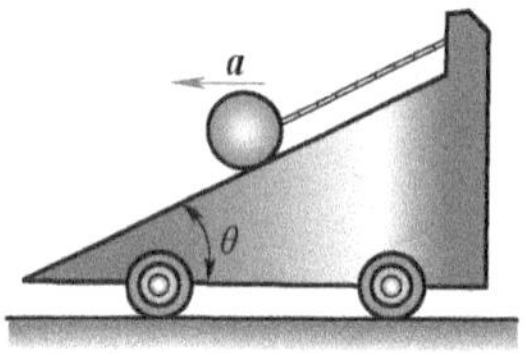

题 8-6 图

8-7　炮弹以初速度 $\boldsymbol{v}_0$ 发射，$\boldsymbol{v}_0$ 与水平线的夹角为 θ，如题 8-7 所示。若不计空气阻力，求炮弹在重力作用下的运动方程和轨迹方程。

8-8　质量 $m=2\mathrm{kg}$ 的小物体放置在半径 $r=0.5\mathrm{m}$ 的光滑圆柱顶点，如题 8-8 图所示。设给物体以水平初速度 $v_0=1\mathrm{m/s}$，使其沿圆柱表面运动。求物体开始离开圆柱表面时的角度 $\theta_{\max}$。

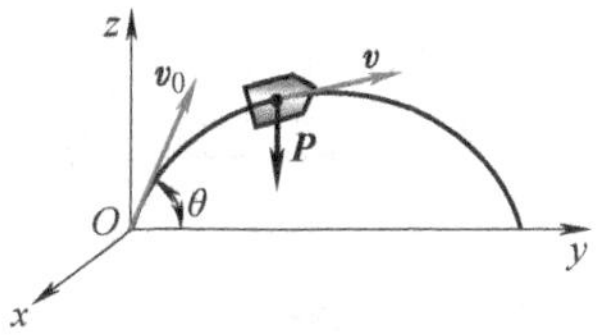

题 8-7 图

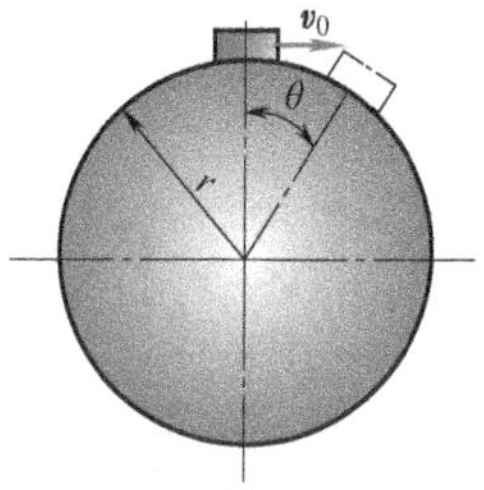

题 8-8 图

8-9　如题 8-9 图所示，套管 A 的质量为 m，受绳子牵引沿铅直杆向上滑动。绳子的另一段绕过离杆距离为 l 的定滑轮 B 而缠在鼓轮 O 上。鼓轮匀速转动，其轮缘各点的速度为 $\boldsymbol{v}_0$，求绳子拉力 F 与距离 x 之间的关系。定滑轮的外径比较小，可视为一个点。

8-10　如题 8-10 图所示，重为 G 的小物体 M 由静止的液体表面自由下沉，初速度为零。由实验知，当物体的速度不大时，液体阻力 F 的大小与物块速度的大小成正比，即 $F=\mu v$，μ 的数值与液体的性质、物体的形状等有关。浮力略去不计，求物块运动的速度和运动规律。

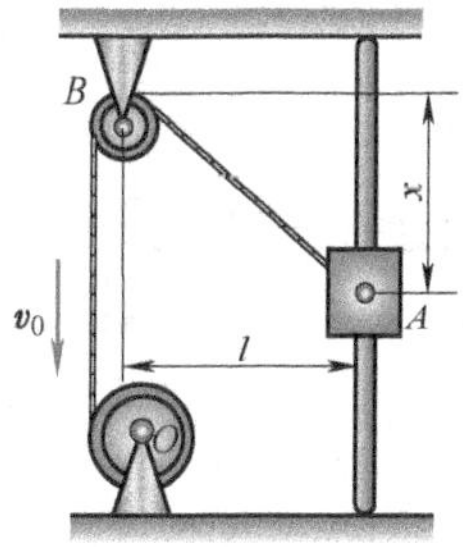

题 8-9 图

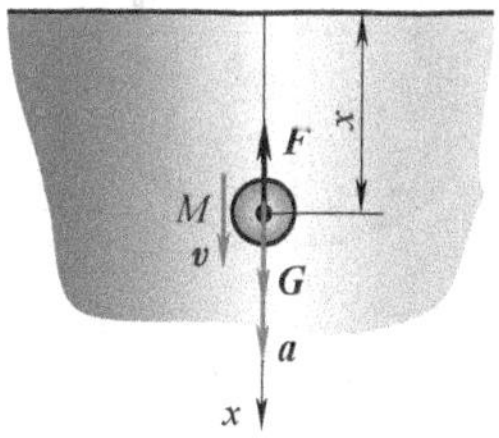

题 8-10 图

8-11　在倾角 $\theta=30°$ 的光滑斜面上有一质量 $m_B=5\mathrm{kg}$ 的楔块 B，在 B 上放一质量 $m_A=10\mathrm{kg}$ 的物体 A，如题 8-11 图所示。(1) 当 B 在斜面上滑下时，问 A、B 之间应有多大的摩擦系数才能防止 A 在 B 上滑动？(2) 如果 A、之间的摩擦系数为零，求 B 开始下滑时，A 和 B 的加速度。

8-12　桥式吊车下挂着重物 M，吊索长 l，开始吊车和重物都处于静止状态，如题 8-12 图所示。若吊车以匀加速度 $\boldsymbol{a}$ 做直线运动，求重物的相对速度与其摆角 θ 的关系。

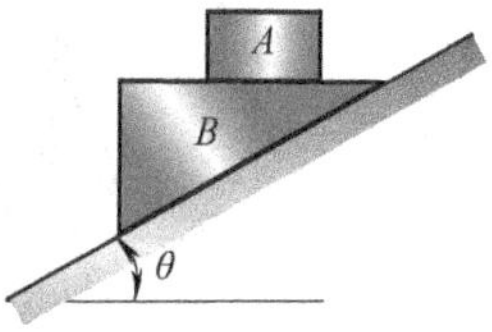

题 8-11 图

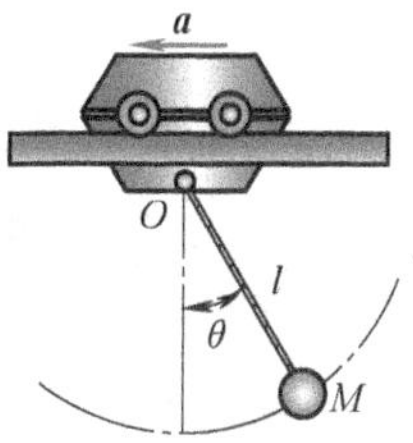

题 8-12 图

8-13　如题 8-13 图所示，质点的质量为 m，受指向原点 O 的力 $F=kr$ 的作用，力与质点到点 O 的距离成正比。如初瞬时质点的坐标为 $x=x_0$，$y=0$，而速度的分量为 $v_x=0$，$v_y=v_0$。试求质点的轨迹。

8-14　如题 8-14 图所示，圆盘以匀角速度 ω 绕通过 O 点的铅直轴转动。圆盘有一径向滑槽，一质量为

m 的质点 M 在槽内运动。如果在开始时，质点至轴心 O 的距离为 e，且无初速度，求此质点的相对运动方程和槽对质点的水平约束力。

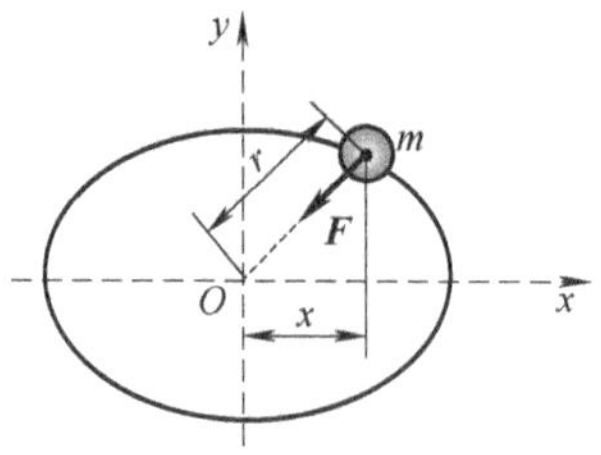

题 8-13 图

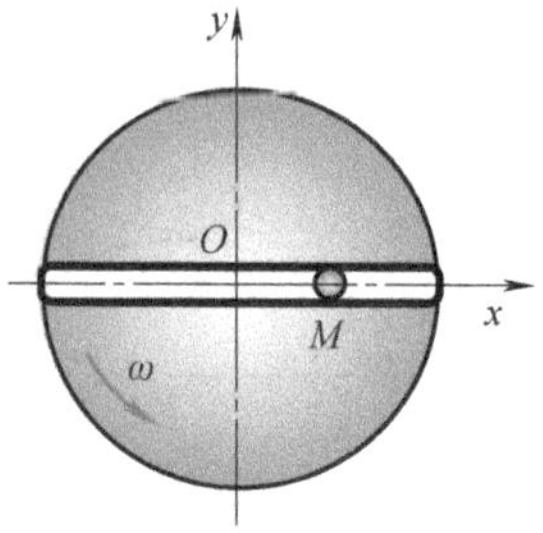

题 8-14 图

8-15 火车以 $v=72\text{km/h}$ 速度沿经线向北行驶，如题 8-15 图所示。如列车质量为 $200\times10^3\text{kg}$ 且在纬度 $\varphi=45°$ 处，试求由于地球自转火车加于轨道的侧压力。

8-16 如题 8-16 图所示，均质长方形板的质量为 m，边长分别为 $2a$ 和 $2b$。求板对 x 轴和 y 轴的转动惯量。

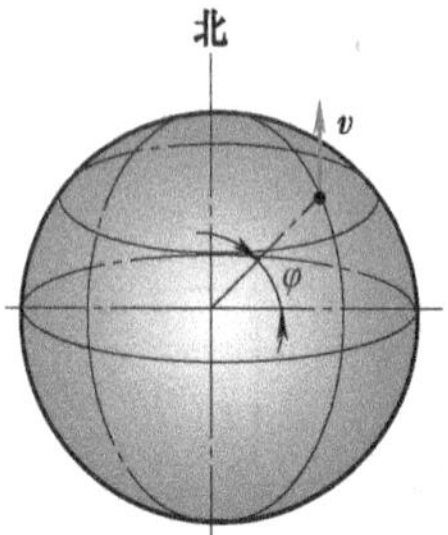

题 8-15 图

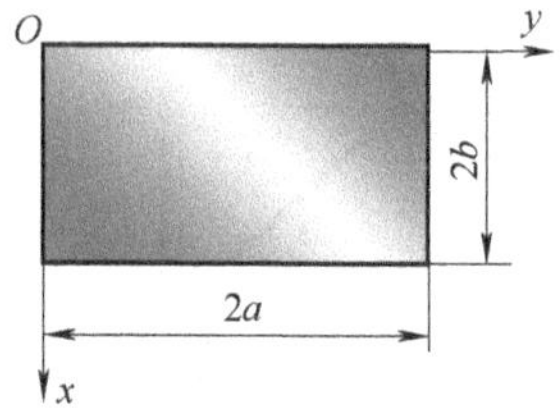

题 8-16 图

8-17 如题 8-17 图所示，等边三角形均质薄板高为 h，质量为 m。试计算其对过质心 O、与底边平行的轴的转动惯量。

8-18 一均质圆柱的厚度为 h，半径为 R，今切除直径为 R 的圆柱部分，如题 8-18 图所示。已知此均质圆柱的剩余质量为 m，试求此圆柱体对 O-O 轴的转动惯量。

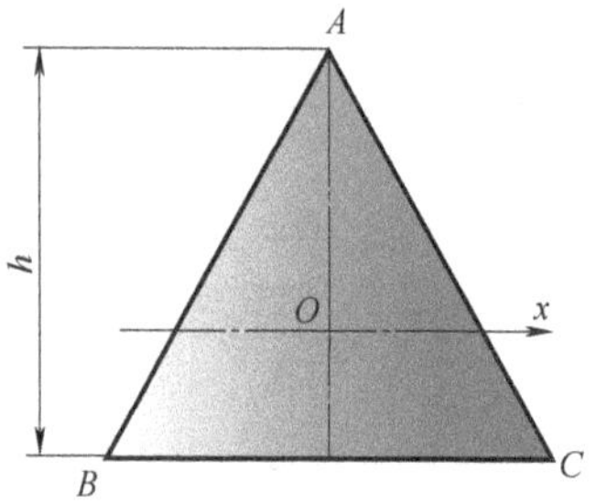

题 8-17 图

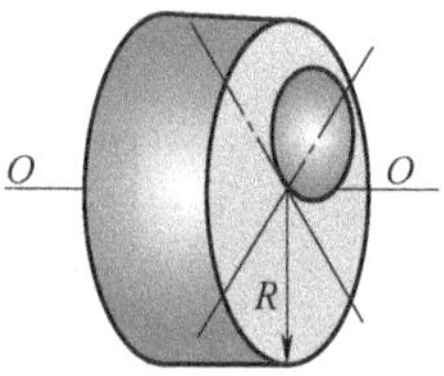

题 8-18 图

8-19 如题 8-19 图中六个完全相同的均质杆，每个杆质量为 m，长为 l，焊成两个刚体，分别求其对点 A 及点 B 的转动惯量。

8-20 如题 8-20 图所示，零件的质量为 2kg，设此零件的厚度与其他尺寸相比很小，试求它对 O-O 轴的转动惯量。

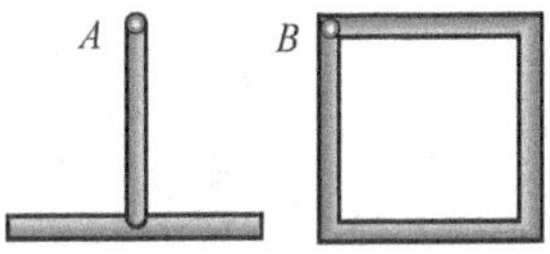

题 8-19 图

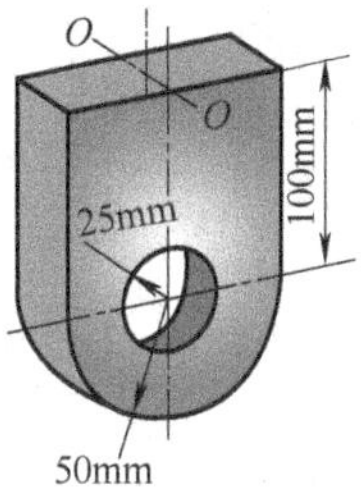

题 8-20 图

8-21　如题 8-21 图所示，圆环的内缘支在刀刃上，环的半径为 1.1m，其微振动周期为 $T=2.93\text{s}$。求环对中心轴的回转半径。

8-22　均质圆柱半径 $r=4\text{cm}$，高 $l=40\text{cm}$，如题 8-22 图所示。求圆柱对垂直其轴线、偏离其质心 C 点 10cm 的 z 轴的回转半径。

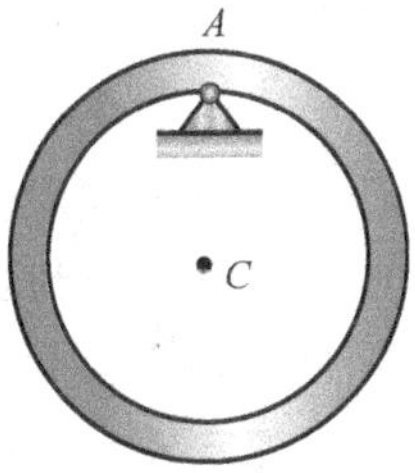

题 8-21 图

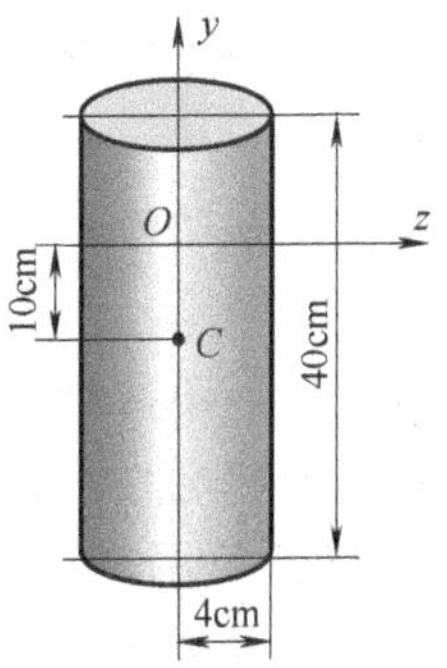

题 8-22 图

8-23　长为 $2l$、质量为 m 的均质细杆在质心 C 处与轴 y 固连，并与轴 y 成角 θ，如题 8-23 图所示。试求杆的转动惯量 J_x、J_y 和惯性积 J_{xy}。

8-24　均质圆盘质量为 m，半径为 r，固结于轴 z 上，轴 z 与盘面垂直，偏心距 $OC=a$，C 是圆盘的质心，如题 8-24 图所示。求：(1) 圆盘的转动惯量 J_x、J_y 和 J_z；(2) 圆盘的惯性积 J_{xy}、J_{yz} 和 J_{zx}。

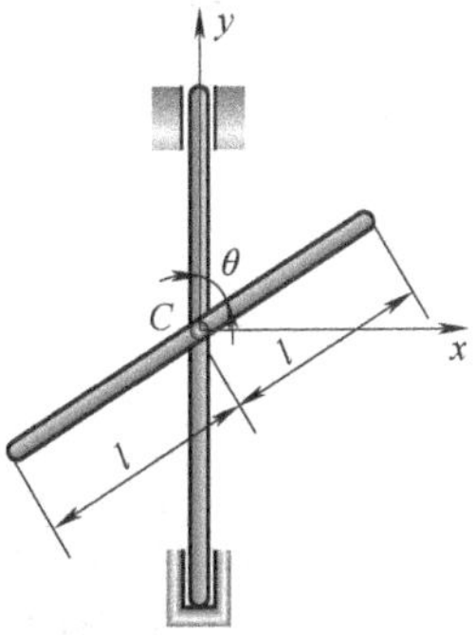

题 8-23 图

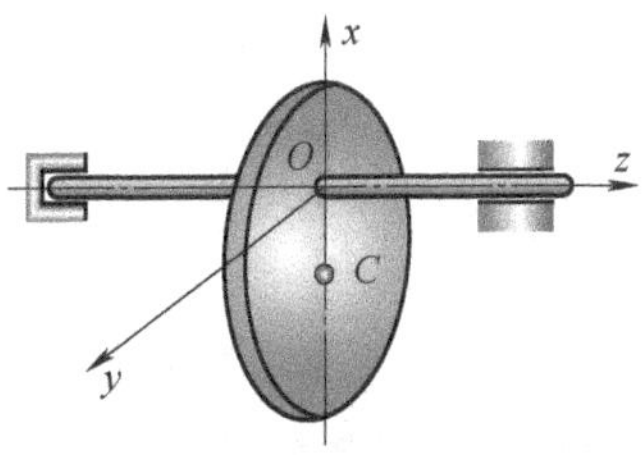

题 8-24 图

第 9 章 动量定理和动量矩定理

在第 8 章，我们讲述了解决质点动力学基本问题的方法，本章及下一章将讲述解决质点系动力学基本问题的方法。

研究质点系动力学问题，可以对每个质点列三个运动微分方程和表达相互联系形式的约束方程，再根据运动初始条件进行联立求解。但在质点数目较多的情况下，建立和求解微分方程组将遇到很大困难。

实际上，对于许多质点系动力学问题，往往不必求解每一个质点的运动情况，而只需知道质点系整体的运动特征就够了。例如，对于刚体，只需确定刚体重心的运动和绕重心的转动。又如，河水流过弯道时，不需研究河水中每一个质点的运动而只需研究一部分水的流动就可以确定其对弯曲河床的冲刷力。能够表征质点系整体运动特征的物理量有动量、动量矩和动能等，建立这些物理量与表征力系对质点系的作用量（如主矢、主矩、冲量和功等）之间关系的是本章及下一章将要阐述的动量定理、动量矩定理及动能定理，其统称为动力学普遍定理。这些定理从整体上深刻地反映了力学现象的本质和规律，有明确的物理意义。为了理论的系统性和讲述的方便，我们是从牛顿定律推导出这些定理的，但应该指出，这些定理是分别独立被发现的，有的甚至早于牛顿定律。

在静力学中，我们曾研究力系的两个特征——主矢 $\boldsymbol{F}'_{\mathrm{R}}$和主矩 $\boldsymbol{M}_O$。平衡时 $\boldsymbol{F}'_{\mathrm{R}}=0$，$\boldsymbol{M}_O=0$。而在一般情况下，如果质点系所受力系的主矢 $\boldsymbol{F}'_{\mathrm{R}}\neq0$，$\boldsymbol{M}_O\neq0$ 时，质点系将发生怎样的运动呢？这正是本章要研究的中心问题。主矢将引起动量的变化，主矩将引起动量矩的变化。它们分别反映了力系作用的两个不同侧面。

9.1 动量和冲量

9.1.1 质点系的动量

质点的质量 m 和它的速度 v 的乘积 mv 称为质点的动量。质点的动量是矢量，其方向与质点速度的方向一致，它是质点机械运动的一种度量。在国际单位制中，动量的单位为千克 · 米/秒（kg · m/s）。

质点系中各质点动量的矢量和，即各质点动量的主矢，称为质点系的动量。设有 n 个质点组成的质点系，其中任一质点 M_i 的动量为 $m_i\boldsymbol{v}_i$，如以 $\boldsymbol{p}$ 表示质点系的动量，则有

$$\boldsymbol{p}=\sum m_i\boldsymbol{v}_i \tag{9-1}$$

将质心公式 $m\boldsymbol{r}_C=\sum m_i\boldsymbol{r}_i$ 对时间 t 取一阶导数，注意$\frac{\mathrm{d}\boldsymbol{r}_C}{\mathrm{d}t}=\boldsymbol{v}_C$，$\frac{\mathrm{d}\boldsymbol{r}_i}{\mathrm{d}t}=\boldsymbol{v}_i$，代入式（9-1）中，得

$$\boldsymbol{p}=\sum m_i\boldsymbol{v}_i=m\boldsymbol{v}_C \tag{9-2}$$

式（9-2）给出了质点系动量的简捷求法。这表明，质点系的动量也可以用质点系的总质量与其质心速度的乘积表示。不论质点系内各质点的速度如何不同，只要知道质心的速度，就可以立即求出整个质点系的动量。

刚体是质点系的特殊情形，它由有限个质点所组成。用式（9-2）计算刚体的动量非常方便。如果质点系由多个刚体组成，则该质点系的动量可以写为

$$\boldsymbol{p}=\sum\boldsymbol{p}_i=\sum m_i\boldsymbol{v}_{iC} \tag{9-3}$$

式中，m_i、$\boldsymbol{v}_{iC}$分别为第 i 个刚体的质量和它的质心速度。

例 9-1　如图 9-1a 所示，不计质量且不可伸长的绳一端系于物块 A，另一端与质量为$\frac{m}{2}$的纯滚动轮 B 的轮心相连，并绕过质量为 $2m$、半径为 R 的均质圆盘，圆盘的质心与转轴 O 重合，$\theta=60°$。图示瞬时，圆盘的角速度为 ω，求系统的动量。

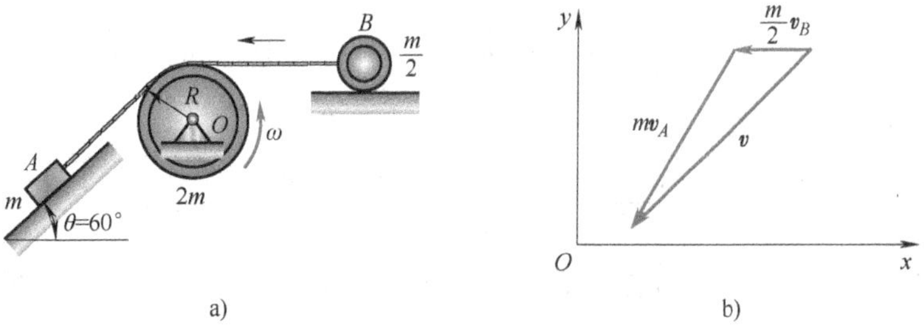

图　9-1

解：系统的动量等于物块 A、圆盘及轮 B 动量的矢量和，即

$$\boldsymbol{p}=m\boldsymbol{v}_A+\frac{m}{2}\boldsymbol{v}_B+2m\boldsymbol{v}_O$$

根据已知条件，$v_B=v_A=R\omega$，$v_O=0$。则质点系的动量在如图 9-1b 所示 x、y 轴上的投影分别为

$$p_x=-mR\omega\cos60°-\frac{m}{2}R\omega=-mR\omega$$

$$p_y=-mR\omega\sin60°=-\frac{\sqrt{3}}{2}mR\omega$$

质点系动量的大小和方向分别为

$$p=\sqrt{p_x^2+p_y^2}=\frac{\sqrt{7}}{2}mR\omega$$

$$(\boldsymbol{p},\boldsymbol{i})=\arccos\frac{p_x}{p}=221°$$

$$(\boldsymbol{p},\boldsymbol{j})=\arccos\frac{p_y}{p}=131°$$

例 9-2 质量为 m_1 的物块 A 借滑轮装置和质量为 m_2 的物块 B 相连（图 9-2），均质滑轮 D 和 E 的质量分别为 m_4 和 m_3。已知物块 B 沿斜面下滑的速度为 $\boldsymbol{v}$，且斜面的倾角为 θ，试求系统的动量。

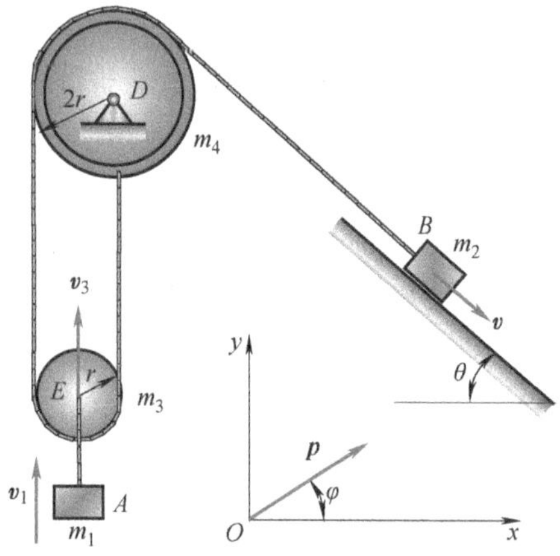

图 9-2

解： 根据式（9-3），系统的动量为

$$\boldsymbol{p}=m_1\boldsymbol{v}_1+m_2\boldsymbol{v}_2+m_3\boldsymbol{v}_3+m_4\boldsymbol{v}_4$$

其中，$v_1=\dfrac{v}{2}$，$v_2=v$，$v_3=\dfrac{v}{2}$，$v_4=0$，方向如图 9-2 所示。

建立如图 9-2 所示坐标系可得

$$p_x=m_2v\cos\theta$$

$$p_y=m_1\frac{1}{2}v+m_3\frac{1}{2}v-m_2v\sin\theta=\left(\frac{1}{2}m_1+\frac{1}{2}m_3-m_2\sin\theta\right)v$$

故

$$p=\sqrt{p_x^2+p_y^2}=\frac{v}{2}\left[\sqrt{4m_2^2+(m_1+m_3)^2-4(m_1+m_3)m_2\sin\theta}\right]$$

$\boldsymbol{p}$ 与 x 的夹角 φ（图 9-2）为

$$\varphi=\arctan\frac{p_y}{p_x}=\arctan\frac{m_1+m_3-2m_2\sin\theta}{2m_2\cos\theta}$$

例 9-3 如图 9-3 所示，质量为 m 的偏心轮在水平面上做平面运动。轮轴心为 A，质心为 C，$AC=e$；轮的半径为 R，对轴心 A 的转动惯量为 J_A，在图示瞬时，C、A、B 三点都在同一铅直线上，A 点速度为 $\boldsymbol{v}_A$，试求：（1）当轮子只滚不滑时，轮子在图示瞬时的动量。（2）当轮子又滚又滑时，若轮的 $\boldsymbol{\omega}$ 已知，轮子在图示瞬时的动量。

解： 1）当轮子只滚不滑时，由运动学关系有 B 点为轮的瞬心，则

$$v_A=R\omega,\quad v_C=(R+e)\omega=\frac{R+e}{R}v_A$$

轮子的动量

$$\boldsymbol{p}=m\boldsymbol{v}_C$$

$$p=m\frac{R+e}{R}v_A(\rightarrow)$$

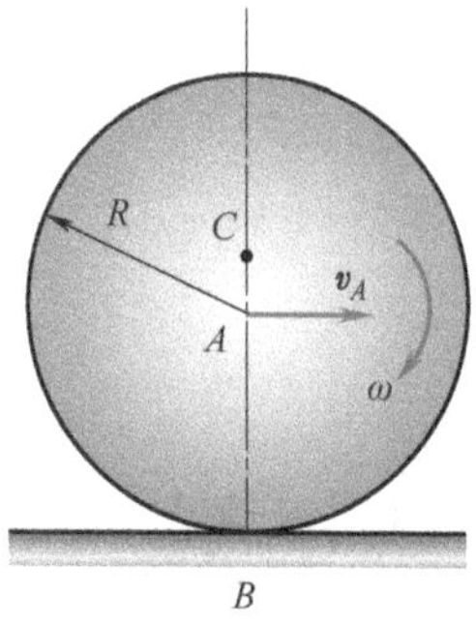

图 9-3

2）当轮子又滚又滑时，由平面运动速度合成定理，有

$$\boldsymbol{v}_C=\boldsymbol{v}_A+\boldsymbol{v}_{CA}$$

$$v_C=v_A+e\omega$$

轮子的动量

$$p=mv_C=m(v_A+e\omega)(\rightarrow)$$

9.1.2　力系的冲量

物体在力作用下所引起的运动变化，不仅与力的大小和方向有关，而且还与力的作用时间的长短有关。

在一段时间内，力对物体作用的积累效应用冲量来度量。作用力与作用时间的乘积称为力的冲量。若作用力 $\boldsymbol{F}$ 为恒矢量，作用时间为 t，用 $\boldsymbol{I}$ 表示冲量，有

$$\boldsymbol{I}=\boldsymbol{F}t \tag{9-4}$$

如果力 $\boldsymbol{F}$ 是变量，应将力的作用时间分成无数微小的时间间隔。在每个微小的时间间隔 $\mathrm{d}t$ 内，作用力可视为不变量。在微小时间间隔 $\mathrm{d}t$ 内，力 $\boldsymbol{F}$ 的冲量称为元冲量，即

$$\mathrm{d}\boldsymbol{I}=\boldsymbol{F}\mathrm{d}t$$

如果力是时间的函数，在一段有限时间的冲量为

$$\boldsymbol{I}=\int_0^t \boldsymbol{F}\mathrm{d}t \tag{9-5}$$

在国际单位制中，冲量的单位为牛·秒（N·s）

力系中各力之冲量的矢量和为力系的冲量。以 $\sum \boldsymbol{I}_i$ 表示，即

$$\sum \boldsymbol{I}_i=\sum\int_{t_1}^{t_2}\boldsymbol{F}_i\mathrm{d}t=\int_{t_1}^{t_2}\sum \boldsymbol{F}_i\mathrm{d}t$$

由于 $\sum \boldsymbol{F}_i=\boldsymbol{F}'_{\mathrm{R}}$ 为力系的主矢，所以有

$$\sum \boldsymbol{I}_i=\int_{t_1}^{t_2}\boldsymbol{F}'_{\mathrm{R}}\mathrm{d}t \tag{9-6}$$

由此可见，力系的冲量等于力系的主矢在同一时间内的冲量。

9.2　质点系的动量定理

9.2.1　微分形式

设一质点系有 n 个质点，第 i 个质点 M_i 的质量为 m_i，速度为 $\boldsymbol{v}_i$，质点系以外物体对该质点作用的外力的合力为 $\boldsymbol{F}_i^{\mathrm{e}}$，质点系内其他质点对该质点作用的内力的合力为 $\boldsymbol{F}_i^{\mathrm{i}}$。

利用 $\boldsymbol{a}=\dfrac{\mathrm{d}\boldsymbol{v}}{\mathrm{d}t}$，牛顿第二定律 $m_i\boldsymbol{a}_i=\boldsymbol{F}_i$ 可改写为

$$\frac{\mathrm{d}}{\mathrm{d}t}(m_i\boldsymbol{v}_i)=\boldsymbol{F}_i^{\mathrm{e}}+\boldsymbol{F}_i^{\mathrm{i}} \tag{9-7}$$

对质点系中的每个质点都可以写出这样的方程，将这些方程相加，得

$$\sum\frac{\mathrm{d}}{\mathrm{d}t}(m_i\boldsymbol{v}_i)=\sum \boldsymbol{F}_i^{\mathrm{e}}+\sum \boldsymbol{F}_i^{\mathrm{i}}$$

由牛顿第三定律知，质点系中每两个质点间相互作用的力总是大小相等、方向相反且共线，所以内力的矢量和为零，即

$$\sum \boldsymbol{F}_i^{\mathrm{i}}=0$$

再变换方程式左端求和与求导的次序，即

$$\sum \frac{\mathrm{d}}{\mathrm{d}t}(m_i \boldsymbol{v}_i) = \frac{\mathrm{d}}{\mathrm{d}t}(\sum m_i \boldsymbol{v}_i) = \frac{\mathrm{d}p}{\mathrm{d}t}$$

于是得

$$\frac{\mathrm{d}\boldsymbol{p}}{\mathrm{d}t} = \sum \boldsymbol{F}_i^{\mathrm{e}} \tag{9-8}$$

式（9-8）为质点系的动量定理，即质点系的动量对时间的导数等于作用于质点系的所有外力的矢量和（或外力系的主矢）。

式（9-8）为矢量方程，具体应用时常用投影式，将其在直角坐标轴上投影得

$$\left.\begin{aligned} \frac{\mathrm{d}p_x}{\mathrm{d}t} &= \sum F_{ix}^{\mathrm{e}} \\ \frac{\mathrm{d}p_y}{\mathrm{d}t} &= \sum F_{iy}^{\mathrm{e}} \\ \frac{\mathrm{d}p_z}{\mathrm{d}t} &= \sum F_{iz}^{\mathrm{e}} \end{aligned}\right\} \tag{9-9}$$

即质点系的动量在某一坐标轴上的投影对时间的导数，等于作用于质点系的所有外力在同一轴上投影的代数和。

9.2.2 积分形式

将式（9-8）两边乘以 dt，得

$$d\boldsymbol{p} = \sum \boldsymbol{F}_i^{\mathrm{e}}\mathrm{d}t = \sum \mathrm{d}\boldsymbol{I}^{\mathrm{e}}$$

将上式在时间间隔 $t_2 \sim t_1$ 内进行积分可得

$$\boldsymbol{p}_2 - \boldsymbol{p}_1 = \sum \int_{t_1}^{t_2} \boldsymbol{F}_i^{\mathrm{e}} \mathrm{d}t = \sum \boldsymbol{I}_i^{\mathrm{e}} \tag{9-10}$$

此即有限形式的质点系动量定理。式（9-10）表明：质点系动量的有限改变量等于外力系的主矢的冲量。

式（9-10）在直角坐标轴上的投影式为

$$\begin{aligned} p_{2x} - p_{1x} &= \sum I_{ix}^{\mathrm{e}} \\ p_{2y} - p_{1y} &= \sum I_{iy}^{\mathrm{e}} \\ p_{2z} - p_{1z} &= \sum I_{iz}^{\mathrm{e}} \end{aligned} \tag{9-11}$$

必须强调，在质点系动量定理中，由于不含内力，因此质点系的内力不能改变质点系的动量。

9.2.3 守恒定律

如果作用于质点系上的外力主矢恒等于零，质点系的动量保持不变，即

$$\boldsymbol{p} = \boldsymbol{p}_0 = \text{恒矢量}$$

如果作用在质点系上外力的主矢在某一轴上的投影恒等于零，则质点系动量在该轴上的投影保持不变。例如，$\sum F_{ix}^{\mathrm{e}} = 0$，则

$$p_x = p_{0x} = \text{恒量}$$

以上结论称为质点系动量守恒定律。

质点系动量守恒的现象有很多，例如：

1）把炮身和炮弹看作一个质点系，发炮前系统静止，动量为零。发炮时弹药爆炸的气体压力为内力，它可使炮弹获得向前的动量，如不计地面对炮身的水平阻力，则系统沿水平方向动量守恒，所以炮身获得向后的动量。炮身的后退现象称**反座现象**。

2）把浮在静水中的小船和站在其上的人看作一个质点系。当人从船头向船尾走时，船一定向前运动。这是因为水的阻力很小略去不计时，系统在水平方向没有外力，沿此方向动量守恒的缘故。

例 9-4　如图 9-4a 所示，物块 A、B 的重量分别为 P_1 和 P_2，均质圆轮 O 重量为 P_3，$\theta=45°$，忽略摩擦。若已知物块 A 有竖直向下加速度 $\boldsymbol{a}$，试求轴承 O 处的约束力。

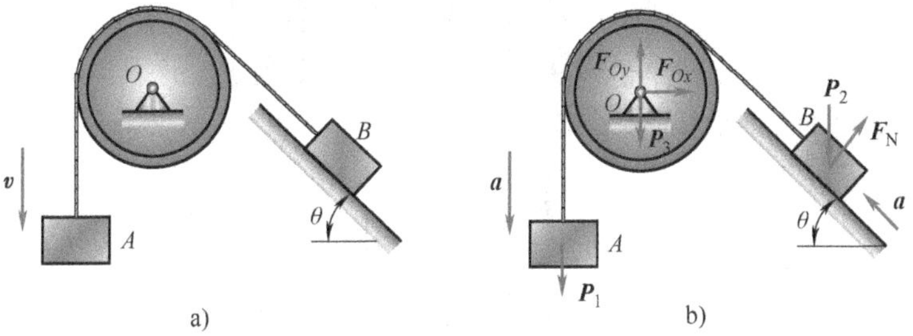

图　9-4

解：以整个系统为研究对象受力分析，如图 9-4b 所示，应用动量定理有

$$\frac{\mathrm{d}p_x}{\mathrm{d}t}=-\frac{P_2}{g}a\cos\theta=F_{Ox}+F_{\mathrm{N}}\sin\theta$$

$$\frac{\mathrm{d}p_y}{\mathrm{d}t}=-\frac{P_1}{g}a+\frac{P_2}{g}a\sin\theta=F_{Oy}+F_{\mathrm{N}}\cos\theta-P_1-P_2-P_3$$

由于物快 B 垂直于斜面方向受力平衡，有 $F_{\mathrm{N}}=P_2\cos\theta$，代入上式，可得

$$F_{Ox}=-\left(\frac{\sqrt{2}a}{2g}+\frac{1}{2}\right)P_2$$

$$F_{Oy}=\left(\frac{\sqrt{2}}{2}P_2-P_1\right)\frac{a}{g}+P_1+\frac{P_2}{2}+P_3$$

9.3 质心运动定理和质心守恒定理

9.3.1　质心运动定理

因为质点系的动量 $\boldsymbol{p}$ 等于质点系的质量 m 与其质心速度 $\boldsymbol{v}_C$ 的乘积，因此动量定理的微分形式可写成

$$\frac{\mathrm{d}}{\mathrm{d}t}(m\boldsymbol{v}_C)=\sum\boldsymbol{F}_i^{\mathrm{e}}$$

当 m 不变时，有

$$m\boldsymbol{a}_C=\sum \boldsymbol{F}_i^{\mathrm{e}} \tag{9-12}$$

式（9-12）称为质心运动定理，即质点系的质量与质心加速度的乘积等于作用于质点系的所有外力的矢量和（外力系主矢）。

在形式上，质心运动定理 $m\boldsymbol{a}_C=\sum \boldsymbol{F}_i^{\mathrm{e}}$ 与质点动力学基本方程 $m\boldsymbol{a}=\sum \boldsymbol{F}$ 相似。因此，质点系的质心运动规律完全等同于一个质点的运动规律，这个质点集中了质点系的全部质量，并且受到作用于质点系上全部外力的作用。

式（9-12）是质心运动定理的矢量形式，在应用时应取投影形式。

质心运动定理在直角坐标轴上的投影式为

$$\left.\begin{aligned} ma_{Cx}&=\sum F_{ix}^{\mathrm{e}}\\ ma_{Cy}&=\sum F_{iy}^{\mathrm{e}}\\ ma_{Cz}&=\sum F_{iz}^{\mathrm{e}}\end{aligned}\right\}\quad 或 \quad \left.\begin{aligned} m\ddot{x}_C&=\sum F_{ix}^{\mathrm{e}}\\ m\ddot{y}_C&=\sum F_{iy}^{\mathrm{e}}\\ m\ddot{z}_C&=\sum F_{iz}^{\mathrm{e}}\end{aligned}\right\} \tag{9-13}$$

质心运动定理在自然轴上的投影式为

$$\left.\begin{aligned} m\frac{\mathrm{d}v_C}{\mathrm{d}t}&=\sum F_{i\mathrm{t}}^{\mathrm{e}}\\ m\frac{v_C^2}{\rho}&=\sum F_{in}^{\mathrm{e}}\\ 0&=\sum F_{i\mathrm{b}}^{\mathrm{e}}\end{aligned}\right\} \tag{9-14}$$

由质心运动定理可知，质点系的内力不改变质心的运动，只有外力才能改变质心的运动。例如，当汽车驶入泥地时，尽管发动机通过传动系统使车轮转动，但汽车仍不能前进。这是因为汽车驱动轮的摩擦力（外力）太小的缘故。在发动机中，气体的压力属于内力，再大也不能使汽车的质心运动。

例 9-5 曲柄 AB 长 r，重 W_1，受力偶作用以不变的角速度转动，并带动滑槽、连杆以及与它固连的活塞 D，如图 9-5 所示。滑槽、连杆、活塞共重 W，重心在点 C。在活塞上作用一恒力 $\boldsymbol{Q}$，如导板的摩擦略去不计，求作用在曲柄轴 A 上的最大水平分力 $\boldsymbol{F}_{Ax}$。

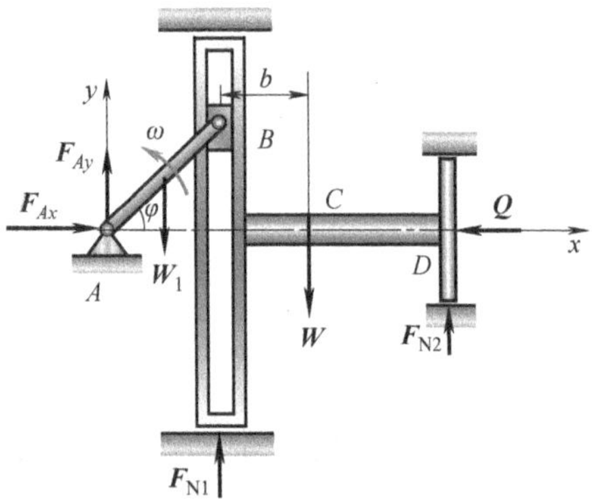

图 9-5

解： 选取整个机构为研究的质点系。作用在水平方向的外力有 $\boldsymbol{Q}$ 和 $\boldsymbol{F}_{Ax}$。

列出质心运动定理在 x 轴上的投影式：

$$ma_{Cx}=F_{Ax}-Q \tag{a}$$

为了求质心的加速度在 x 轴上的投影 a_{Cx}，先计算质心的坐标，然后把它对时间取二阶导数：

$$x_{Cx}=\left[W_1\cdot\frac{r}{2}\cos\varphi+W(r\cos\varphi+b)\right]\frac{1}{W+W_1}$$

$$a_{Cx}=\frac{\mathrm{d}^2x_C}{\mathrm{d}t^2}=\frac{-r\omega^2}{W+W_1}\left(\frac{W_1}{2}+W\right)\cos\omega t$$

将 a_{Cx} 代入式（a），解得

$$F_{Ax}=Q-\frac{r\omega^2}{g}\left(\frac{W_1}{2}+W\right)\cos\omega t$$

显然，最大压力为

$$F_{Ax\max}=Q+\frac{r\omega^2}{g}\left(\frac{W_1}{2}+W\right)$$

请读者分析，取整个机构为研究对象，应用质心运动定理能否求解铅直支座约束力 $\boldsymbol{F}_{Ay}$。

9.3.2　质心守恒定理

1）当 $\sum \boldsymbol{F}_i^{\mathrm{e}}=0$ 时，由式（9-12）得

$$\boldsymbol{a}_C=0$$

于是有

$$\boldsymbol{v}_C=常矢量$$

即若作用于质点系的外力主矢恒为零，则质心做惯性运动。如果在运动开始时质心是静止的，即 v_{C0} 为零，则 $v_C=0$，因此 $r_C=$ 常量，那么质心位置始终保持不动。

2）当 $\sum F_{ix}^{\mathrm{e}}=0$ 时，由式（9-13）中的第一式得

$$a_{Cx}=0$$

于是有

$$v_{Cx}=常量$$

即若作用于质点系外力主矢在 x 轴投影恒为零，则质心水平方向速度不变；如果初始 v_{Cx} 为零，那么质心坐标 x_C 始终不变。设质点系中任一质点的质量为 m_i，初始坐标为 x_i，质心坐标为 x_{C0}；当质点走过 Δx_i 位移后，质点的坐标为 $x_i+\Delta x_i$，质心 C 的坐标为 x_C。根据质心坐标公式有：

位移前

$$x_{C0}=\frac{\sum m_i x_i}{m}$$

位移后

$$x_C=\frac{\sum m_i(x_i+\Delta x_i)}{m}$$

因质心坐标始终不变，有

$$x_C-x_{C0}=0 \tag{9-15}$$

或

$$\sum m_i\Delta x_i=0 \tag{9-16}$$

式中，Δx_i 为绝对位移。

例 9-6　如图 9-6 所示，在静止的小船上站立一人，设人重 P、船重 Q，船长 l，不计水的阻力。求当人从船头走到船尾时，船的位移。

解：取人与船组成的系统为研究对象。作用在系统上的外力有重力 $\boldsymbol{P}$、$\boldsymbol{Q}$ 及浮力 $\boldsymbol{F}$，取

图示的坐标轴，则有$\sum F_x^e=0$，因为初始静止，故质心在水平轴上的坐标为常数。在人走动前，质心的坐标为

$$x_{C0}=\frac{Pa+Qb}{P+Q}$$

人走到船尾时。设船的位移为s，则质心的坐标为

$$x_C=\frac{P(a-l+s)+Q(b+s)}{P+Q}$$

由于质心在x轴上的坐标不变式（9-15），即$x_{C0}=x_C$，解得

$$s=\frac{Pl}{P+Q}$$

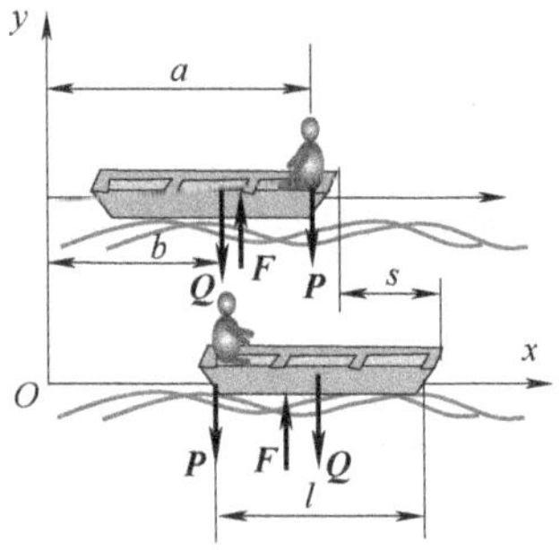

图 9-6

下面我们再利用式（9-16）解此题。注意式中未知位移Δx_i，都设成沿x轴的正向。如以Δx_1表示船的位移，仍取图示的坐标轴。则有

$$\frac{Q}{g}\Delta x_1+\frac{P}{g}(\Delta x_1-l)=0$$

于是解得

$$\Delta x_1=\frac{Pl}{P+Q}$$

显然，两种解法的结果是相同的。

9.4 质点系的动量矩和力系的冲量矩

9.4.1 质点系的动量矩

1. 质点的动量矩

设质点M，在某瞬时的动量为$m\boldsymbol{v}$，对固定点O的矢径为$\boldsymbol{r}$，如图9-7所示。则质点M的动量$m\boldsymbol{v}$对于点O的矩，称为质点M对O的动量矩，即

$$\boldsymbol{M}_O(m\boldsymbol{v})=\boldsymbol{r}\times m\boldsymbol{v} \tag{9-17}$$

由质点的动量矩的定义可知，其计算方法是相同的，仿照力对点的矩与力对轴的矩的关系，则有质点对点O的动量矩在通过该点的某轴z上的投影，等于质点对z轴的动量矩，即

$$[\boldsymbol{M}_O(m\boldsymbol{v})]_z=M_z(m\boldsymbol{v}) \tag{9-18}$$

在国际单位制中，动量矩的单位为千克·米^2/秒（kg·m^2/s）。

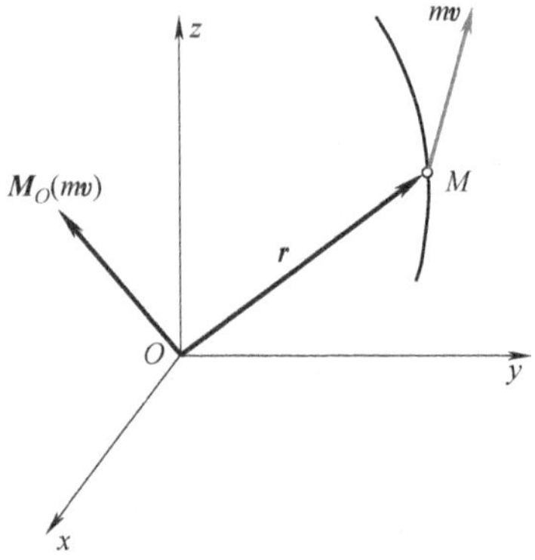

图 9-7

2. 质点系的动量矩

质点系中各质点对固定点O的动量矩的矢量和称为质点系对固定点O的动量矩，用$\boldsymbol{L}_O$表示：

$$\boldsymbol{L}_O=\sum \boldsymbol{M}_O(m_i\boldsymbol{v}_i)=\sum \boldsymbol{r}_i\times m_i\boldsymbol{v}_i \tag{9-19}$$

质点系中各质点对某轴 z 的动量矩的代数和，称为质点系对轴 z 的动量矩，即

$$L_z=\sum M_z(m_i\boldsymbol{v}_i) \tag{9-20}$$

由于

$$[\boldsymbol{L}_O]_z=[\sum \boldsymbol{M}_O(m_i\boldsymbol{v}_i)]_z=\sum M_z(m_i\boldsymbol{v}_i)$$

故

$$[\boldsymbol{L}_O]_z=L_z \tag{9-21}$$

式（9-21）表明：质点系对固定点 O 的动量矩在通过该点的某轴 z 上的投影等于质点系对轴 z 的动量矩。

3. 质点系相对质心点 C 的动量矩

如图 9-8 所示，点 O 为定点，点 C 为质心，取以质心 C 为原点，并随 C 点做平动的坐标系（质心坐标系）$Cx_1y_1z_1$，质点系相对质心 C 的动量矩为

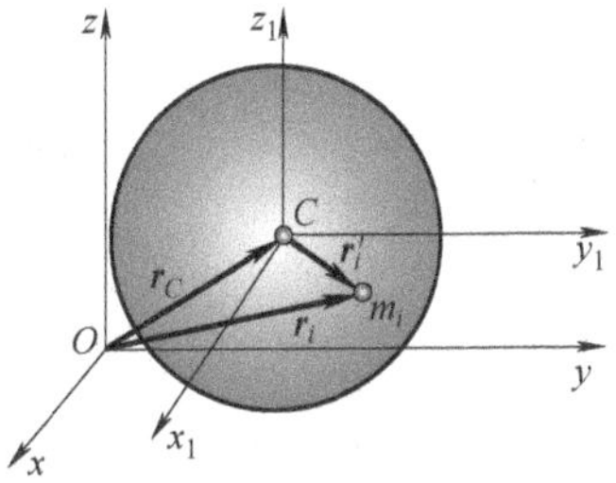

图 9-8

$$\boldsymbol{L}_C=\sum \boldsymbol{M}_C(m_i\boldsymbol{v}_i)=\sum \boldsymbol{r}_i'\times m_i\boldsymbol{v}_i \tag{9-22}$$

式中，$\boldsymbol{v}_i$ 为质点的绝对速度。若质心 C 的速度为 $\boldsymbol{v}_C$，质点相对质心速度为 $\boldsymbol{v}_{ir}$，由速度合成定理：$\boldsymbol{v}_i=\boldsymbol{v}_C+\boldsymbol{v}_{ir}$得

$$\boldsymbol{L}_C=\sum \boldsymbol{r}_i'\times m_i(\boldsymbol{v}_C+\boldsymbol{v}_{ir})=\sum m_i\boldsymbol{r}_i'\times\boldsymbol{v}_C+\sum \boldsymbol{r}_i'\times m_i\boldsymbol{v}_{ir}$$

因为质心 C 是动坐标系的原点，$\boldsymbol{r}_C'=0$，故有 $\sum m_i\boldsymbol{r}_i'=m_i\boldsymbol{r}_C'=0$，所以有

$$\boldsymbol{L}_C=\sum \boldsymbol{r}_i'\times m_i\boldsymbol{v}_{ir} \tag{9-23}$$

这表明在计算质点系对于质心的动量矩时，用质点相对于惯性参考系的绝对速度 $\boldsymbol{v}_i$ 或用质点相对于固连在质心上的平动参考系的相对速度 $\boldsymbol{v}_{ir}$，其结果都是一样的。

4. 质点系对固定点 O 和相对质心点 C 的动量矩之间的关系

由图 9-8 知，$\boldsymbol{r}_i=\boldsymbol{r}_C+\boldsymbol{r}_i'$，于是，式（9-19）可表示为

$$\boldsymbol{L}_O=\sum(\boldsymbol{r}_C+\boldsymbol{r}_i')\times m_i\boldsymbol{v}_i=\sum \boldsymbol{r}_i'\times m_i\boldsymbol{v}_i+\boldsymbol{r}_C\times\sum m_i\boldsymbol{v}_i$$

即

$$\boldsymbol{L}_O=\boldsymbol{L}_C+\boldsymbol{r}_C\times m\boldsymbol{v}_C \tag{9-24}$$

式中，$\boldsymbol{r}_C\times m\boldsymbol{v}_C$，可以理解为将质点系的质量集中于质心 C 点时，质心 C 的动量 $m\boldsymbol{v}_C$ 对 O 点的矩，$\boldsymbol{r}_C\times m\boldsymbol{v}_C=\boldsymbol{M}(m\boldsymbol{v}_C)$。式（9-24）表明：质点系对任意固定点的动量矩等于质点系对质心的动量矩与质点系的质量集中于质心时，质心点的动量对该固定点之矩的矢量和。

5. 刚体运动时其动量矩的计算

（1）刚体平动时的动量矩

由于平动刚体相对于质心平动，质点系相对于质心坐标系 $Cx_1y_1z_1$ 处于静止。故由式（9-23）知

$$\boldsymbol{L}_C=0$$

即平动刚体对质心的动量矩恒为零。

由式（9-24）得出刚体对固定点 O 的动量矩为

$$\boldsymbol{L}_O=\boldsymbol{r}_C\times m\boldsymbol{v}_C \tag{9-25}$$

式（9-25）表明：平动刚体对固定点 O 的动量矩等于视刚体为质量集中于质心的质点对 O 点的动量矩。

（2）刚体绕固定轴转动时的动量矩

设刚体绕固定轴 z 以角速度 ω 转动（图 9-9a），刚体对 z 轴的动量矩

$$L_z=\sum M_z(m_i\boldsymbol{v}_i)=\sum m_iv_ir_i=\omega\sum mr_i^2$$

因 $\sum mr_i^2=J_z$ 为刚体对 z 轴的转动惯量。于是得

$$L_z=J_z\omega \tag{9-26}$$

即定轴转动刚体对转轴的动量矩等于刚体对转轴的转动惯量与角速度的乘积。

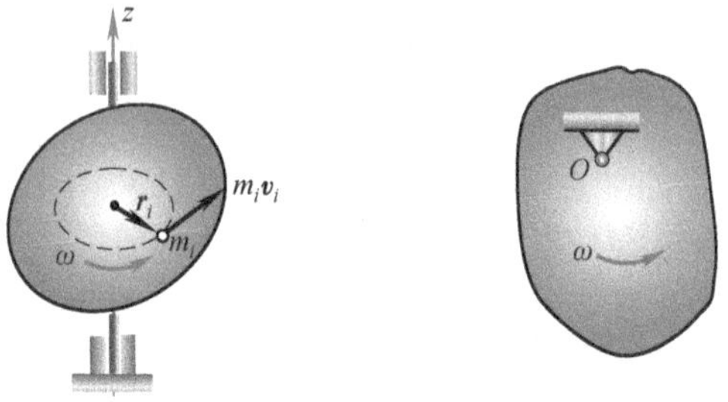

a)　　　　　b)

图　9-9

在工程问题中，绝大多数转动刚体都具有对称面，且对称面垂直于转轴，此时，可以将刚体简化为质量集中于对称面内的平面图形，如图 9-9b 所示，平面图形对过 O 点的轴（或简称为 O 轴）的动量矩为

$$L_O=J_O\omega \tag{9-27}$$

正负号的规定与角速度的规定相同，即逆时针方向为正，顺时针方向为负。

（3）刚体做平面运动时的动量矩

这里仅考虑较为简单的情形，即平面运动刚体具有质量对称面，且刚体平行于对称面的平面运动。

如图 9-10 所示，建立质心平动坐标系 Cx_1y_1，式（9-24）在过点 O 且垂直于质量对称面的轴上的投影为

$$L_O=M_O(m\boldsymbol{v}_C)+L_C$$

由式（9-23）知

$$L_C=\sum m_iv_{ir}r_i'=\omega\sum mr_i'^2=J_C\omega \tag{9-28}$$

则有

$$L_O=M_O(m\boldsymbol{v}_C)+J_C\omega \tag{9-29}$$

式（9-29）表明：平面运动刚体对过点 O，且垂直于质量对称面的轴的动量矩等于刚体的质量集中于质心 C 点时，质心 C 点的动量对 O 轴之矩与刚体对质心 C 轴的动量矩的代数和。

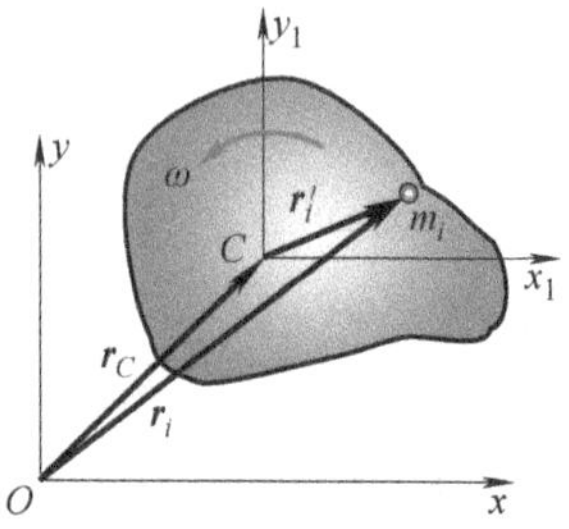

图　9-10

例 9-7　试求例 9-2 中的系统对轴 D 的动量矩。

解：如图 9-2 所示系统对轴 D 的动量矩为

$$L_D=-m_1v_1r-m_2v_2r-J_D\omega_D-J_E\omega_E-m_3v_3r$$

其中，$J_D=\dfrac{1}{2}m_4(2r)^2$，$J_E=\dfrac{1}{2}m_3r^2$，$\omega_D=\dfrac{v}{2r}$，$\omega_E=\dfrac{v}{2r}$，代入上式可得

$$L_D=-\frac{1}{4}(2m_1+8m_2+3m_3+4m_4)rv$$

负号表示顺时针方向。

例 9-8　如例 9-3 中图 9-3 所示，试求：（1）当轮子只滚不滑时，轮子在图示瞬时对平面上固定点 B 的动量矩；（2）当轮子又滚又滑时，若轮的 ω 已知，轮子在图示瞬时对平面上固定点 B 的动量矩。

解：1）当轮子只滚不滑时，轮对 B 点的动量矩，由式（9-24）有

$$J_C=J_A-me^2$$

$$\begin{aligned}L_B&=[m(R+e)v_C+J_C\omega]\\&=-[m(R+e)^2+J_A-me^2]\frac{v_A}{R}\\&=-[J_A+mR(R+2e)]\frac{v_A}{R}\end{aligned}$$

2）当轮子又滚又滑时，轮对 B 点的动量矩

$$\begin{aligned}L_B&=-mv_C(R+e)-J_C\omega\\&=-m(v_A+e\omega)(R+e)-(J_A-me^2)\omega\\&=-m(R+e)v_A-(J_A+mRe^2)\omega\end{aligned}$$

负号表示动量矩沿顺时针方向。

9.4.2　力系的冲量矩

力系中各力之冲量对某点 O 的矩的矢量和，称为力系对 O 点的冲量矩。并以 $\sum \boldsymbol{M}_O(\boldsymbol{I}_i)$ 表示，即

$$\sum \boldsymbol{M}_O(\boldsymbol{I}_i)=\sum \boldsymbol{r}_i\times\int_{t_1}^{t_2}\boldsymbol{F}_i\mathrm{d}t=\int_{t_1}^{t_2}\sum(\boldsymbol{r}_i\times\boldsymbol{F}_i)\mathrm{d}t$$

因为 $\sum(\boldsymbol{r}_i\times\boldsymbol{F}_i)=\sum \boldsymbol{M}_O(\boldsymbol{F}_i)=\boldsymbol{M}_O$ 为力系对 O 点的主矩，所以有

$$\sum \boldsymbol{M}_O(\boldsymbol{I}_i)=\int_{t_1}^{t_2}\boldsymbol{M}_O\mathrm{d}t \tag{9-30}$$

由此可见，力系对 O 点的冲量矩等于力系对 O 点的主矩在同一时间内的冲量矩。

9.5　质点系的动量矩定理

9.5.1　质点系对定点和定轴的动量矩定理

1. 微分形式

设一质点系有 n 个质点，第 i 个质点 M_i 的质量为 m_i，速度为 $\boldsymbol{v}_i$，质点系以外物体对该质点作用的外力的合力为 $\boldsymbol{F}_i^{\mathrm{e}}$，质点系内其他质点对该质点作用的内力的合力为 $\boldsymbol{F}_i^{\mathrm{i}}$。

利用 $\boldsymbol{a}_i=\frac{\mathrm{d}\boldsymbol{v}_i}{\mathrm{d}t}$，将牛顿第二定律 $m_i\boldsymbol{a}_i=\boldsymbol{F}_i^{\mathrm{e}}+\boldsymbol{F}_i^{\mathrm{i}}$ 等式两边与质点相对固定点 O 的矢径 $\boldsymbol{r}_i$ 做矢量积运算，得到

$$\boldsymbol{r}_i\times\frac{\mathrm{d}}{\mathrm{d}t}(m_i\boldsymbol{v}_i)=\boldsymbol{r}_i\times\boldsymbol{F}_i^{\mathrm{e}}+\boldsymbol{r}_i\times\boldsymbol{F}_i^{\mathrm{i}}$$

$\frac{\mathrm{d}}{\mathrm{d}t}(\boldsymbol{r}_i\times m_i\boldsymbol{v}_i)=\frac{\mathrm{d}\boldsymbol{r}_i}{\mathrm{d}t}\times m_i\boldsymbol{v}_i+\boldsymbol{r}_i\times\frac{\mathrm{d}}{\mathrm{d}t}(m_i\boldsymbol{v}_i)$，其中$\frac{\mathrm{d}\boldsymbol{r}_i}{\mathrm{d}t}=\boldsymbol{v}_i$，由于$\frac{\mathrm{d}\boldsymbol{r}_i}{\mathrm{d}t}\times m_i\boldsymbol{v}_i=0$，所以有

$$\boldsymbol{r}_i\times\frac{\mathrm{d}}{\mathrm{d}t}(m_i\boldsymbol{v}_i)=\frac{\mathrm{d}}{\mathrm{d}t}(\boldsymbol{r}_i\times m_i\boldsymbol{v}_i)=\frac{\mathrm{d}}{\mathrm{d}t}\sum\boldsymbol{M}_O(m_i\boldsymbol{v}_i)$$

因此得

$$\frac{\mathrm{d}}{\mathrm{d}t}\boldsymbol{M}_O(m_i\boldsymbol{v}_i)=\boldsymbol{M}_O(\boldsymbol{F}_i^{\mathrm{e}})+\boldsymbol{M}_O(\boldsymbol{F}_i^{\mathrm{i}})$$

对质点系中每个质点列出上述方程，并且相加，由于$\boldsymbol{M}_O(\boldsymbol{F}_i^{\mathrm{i}})=0$，且

$$\sum\frac{\mathrm{d}}{\mathrm{d}t}\boldsymbol{M}_O(m_i\boldsymbol{v}_i)=\frac{\mathrm{d}}{\mathrm{d}t}\sum\boldsymbol{M}_O(m_i\boldsymbol{v}_i)=\frac{\mathrm{d}\boldsymbol{L}_O}{\mathrm{d}t}$$

于是得

$$\frac{\mathrm{d}\boldsymbol{L}_O}{\mathrm{d}t}=\sum\boldsymbol{M}_O(\boldsymbol{F}_i^{\mathrm{e}}) \tag{9-31}$$

式（9-31）称为质点系动量矩定理：质点系对于某固定点 O 的动量矩对时间的一阶导数，等于作用于质点系的所有外力对同一点的矩的矢量和（或外力系对 O 点的主矩）。

式（9-31）为矢量式，具体应用时常用投影式。以固定点 O 为坐标原点建立直角坐标系 $Oxyz$，将式（9-31）向直角坐标轴上投影：

$$\left.\begin{aligned}\frac{\mathrm{d}L_x}{\mathrm{d}t}=\sum M_x(\boldsymbol{F}_i^{\mathrm{e}})\\ \frac{\mathrm{d}L_y}{\mathrm{d}t}=\sum M_y(\boldsymbol{F}_i^{\mathrm{e}})\\ \frac{\mathrm{d}L_z}{\mathrm{d}t}=\sum M_z(\boldsymbol{F}_i^{\mathrm{e}})\end{aligned}\right\} \tag{9-32}$$

即质点系对于某定轴的动量矩对时间的一阶导数等于作用于质点系的外力对同一轴的矩的代数和。

对定轴转动的刚体，设其上作用有主动力 $\boldsymbol{F}_1$，$\boldsymbol{F}_2$，…，$\boldsymbol{F}_n$，和轴承约束力 $\boldsymbol{F}_{Ax}$、$\boldsymbol{F}_{Ay}$、$\boldsymbol{F}_{Bx}$、$\boldsymbol{F}_{By}$、$\boldsymbol{F}_{Bz}$（图 9-11），这些力都是外力。刚体对 z 的转动惯量为 J_z，于是刚体对 z 轴的动量矩为

$$L_z=J_z\omega$$

由式（9-32），可得

$$\frac{\mathrm{d}L_z}{\mathrm{d}t}=\sum M_z(\boldsymbol{F}_i)+\sum M_z(\boldsymbol{F}_{\mathrm{N}i})$$

由于轴承的约束力对 z 轴的力矩等于零，于是有

$$\frac{\mathrm{d}}{\mathrm{d}t}(J_z\omega)=\sum M_z(\boldsymbol{F}_i)$$

因为 J_z 为常量，$\alpha=\frac{\mathrm{d}\omega}{\mathrm{d}t}=\frac{\mathrm{d}^2\varphi}{\mathrm{d}t^2}$，故上式可写为

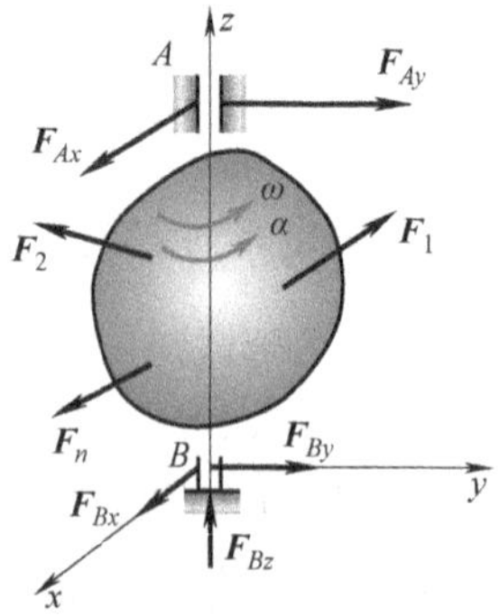

图 9-11

$$J_z\alpha=\sum M_z(\boldsymbol{F}_i) \tag{9-33}$$

或

$$J_z\frac{\mathrm{d}^2\varphi}{\mathrm{d}t^2}=\sum M_z(\boldsymbol{F}_i) \tag{9-34}$$

式（9-33）、式（9-34）称为**刚体绕定轴转动微分方程**，即**刚体对定轴的转动惯量与角加速度的乘积，等于作用于刚体的主动力对该轴的矩的代数和。**

应用刚体绕定轴转动微分方程，可求解刚体绕定轴转动的两类动力学问题，即已知刚体的转动规律，求作用于刚体上的主动力；已知作用于刚体上的主动力，求刚体的转动规律。

刚体绕定轴转动微分方程，虽然是只针对一个刚体建立的，但仍可解决由若干个刚体组成的定轴转动系统的动力学问题。其具体解法是，对每个定轴转动刚体分别写出相应的转动微分方程，然后进行联立求解。

例 9-9　飞轮重 P，半径为 R，转动惯量为 J_O，以角速度 ω_0 绕水平轴 O 转动，如图 9-12 所示。已知闸块与轮之间的动滑动摩擦系数为 f'，不计轴承的摩擦。求使飞轮经时间 T 停止转动所需加在闸块上的压力 $\boldsymbol{Q}$ 应为多大。不计闸块与滑槽间的摩擦。

解：取飞轮为研究对象。作用其上的力有法向压力 $\boldsymbol{F}_{\mathrm{N}}$（根据已知条件有 $\boldsymbol{F}_{\mathrm{N}}=\boldsymbol{Q}$）、摩擦力 $\boldsymbol{F}'$、重力 $\boldsymbol{P}$ 和轴承约束力 $\boldsymbol{F}_{Ox}$、$\boldsymbol{F}_{Oy}$。设 α 的转向如图 9-12 所示。根据刚体的定轴转动微分方程有

$$J_O\alpha=-F'R=-f'F_{\mathrm{N}}R$$

将 $\alpha=\dfrac{\mathrm{d}\omega}{\mathrm{d}t}$ 代入上式后积分：

$$\int_{\omega_0}^{0}J_O\mathrm{d}\omega=-\int_0^T f'F_{\mathrm{N}}R\mathrm{d}t$$

由此解得

$$Q=F_{\mathrm{N}}=\frac{J_O\omega_0}{f'RT}$$

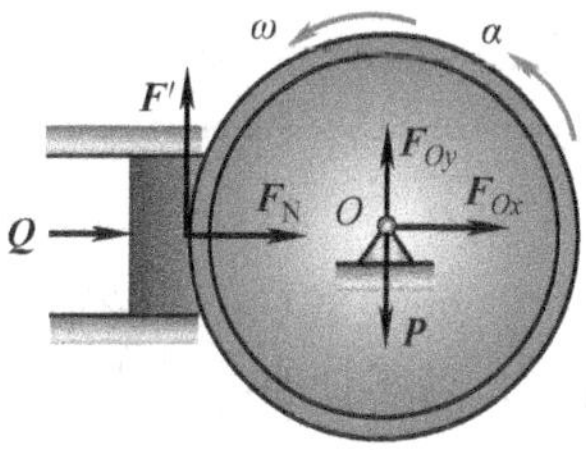

图　9-12

例 9-10　试用实验方法确定如图 9-13 所示的连杆对于通过点 O 水平轴的转动惯量。

解：具体做法是：先量出连杆重量 $\boldsymbol{P}$、重心位置 C 以及重心至轴 O 的距离 l。然后将 O 点用刃口支承起来，并使其绕 O 轴摆动（要尽量减小支承处的摩擦力矩），测定其微幅摆动的周期 T。根据对固定轴的动量矩定理，有

$$J_z\frac{\mathrm{d}^2\varphi}{\mathrm{d}t^2}=-Pl\sin\varphi$$

其中，J_z 是连杆对于轴 O 的转动惯量，当连杆做微幅摆动时，有 $\sin\varphi\approx\varphi$，则上式可为

$$\frac{\mathrm{d}^2\varphi}{\mathrm{d}t^2}+\frac{Pl}{J_z}\varphi=0$$

解此微分方程得

$$\varphi=\varphi_0\sin\left(\sqrt{\frac{Pl}{J_z}}t+\theta\right)$$

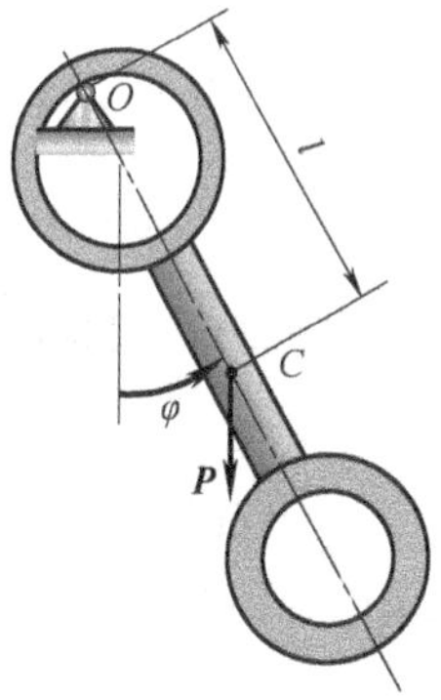

图　9-13

因为 $T\sqrt{\dfrac{Pl}{J_z}}=2\pi$，于是解得

$$J_z=\frac{T^2Pl}{4\pi^2}$$

2. 积分形式

将式（9-31）两边乘以 dt，得

$$\mathrm{d}\boldsymbol{L}_O=\sum\boldsymbol{M}_O(\boldsymbol{F}_i^{\mathrm{e}})\,\mathrm{d}t$$

将上式在时间间隔 $t_2\sim t_1$ 内进行积分可得

$$\boldsymbol{L}_{O2}-\boldsymbol{L}_{O1}=\int_{t_1}^{t_2}\sum\boldsymbol{M}_O(\boldsymbol{F}_i^{\mathrm{e}})\,\mathrm{d}t=\sum\boldsymbol{M}_O(\boldsymbol{I}_i^{\mathrm{e}}) \tag{9-35}$$

此即有限形式的质点系动量矩定理。式（9-35）表明：质点系动量矩的有限改变量等于外力系的主矩的冲量矩。

式（9-35）在直角坐标轴上的投影式分别为

$$\left.\begin{aligned}L_{2x}-L_{1x}&=\sum M_x(\boldsymbol{I}_i^{\mathrm{e}})\\L_{2y}-L_{1y}&=\sum M_y(\boldsymbol{I}_i^{\mathrm{e}})\\L_{2z}-L_{1z}&=\sum M_z(\boldsymbol{I}_i^{\mathrm{e}})\end{aligned}\right\} \tag{9-36}$$

必须强调，在动量矩定理中，由于不含内力，因此质点系的内力不能改变质点系动量矩。

例 9-11 已知重为 P_A 和 P_B 的物块 A 与 B，用不计质量的绳分别绕在半径为 R 与 r 的鼓轮上，鼓轮重 Q，对转轴 O 的转动惯量为 J_O，其上作用一力矩 M，斜面倾角为 θ，如图 9-14 所示，若不计摩擦，求物块 A 的加速度及轴承 O 处的约束力。

解：取整个系统（包括物块 A、B 和鼓轮 O）为研究对象，受力分析如图 9-14 所示。

（1）由动量矩定理求物块 A 的加速度

$$\frac{\mathrm{d}L_O}{\mathrm{d}t}=\sum M_O(\boldsymbol{F}_i^{\mathrm{e}}) \tag{a}$$

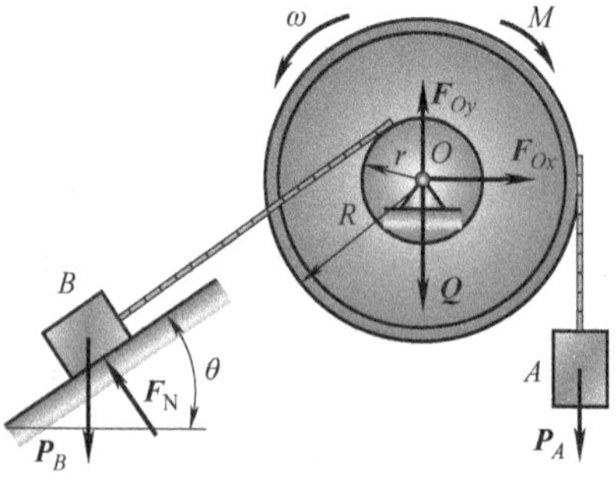

图 9-14

其中

$$L_O=J_O\omega+\frac{P_A}{g}v_AR+\frac{P_B}{g}v_Br=\left(J_O+\frac{P_A}{g}R^2+\frac{P_B}{g}r^2\right)\omega$$

$$\sum M_O(\boldsymbol{F}_i^{\mathrm{e}})=P_B\sin\theta\cdot r-M-P_AR$$

代入式（a），因 $\omega=\dfrac{v_A}{R}$，$\dfrac{\mathrm{d}v_A}{\mathrm{d}t}=a_A$，有

$$\left(J_O+\frac{P_A}{g}R^2+\frac{P_B}{g}r^2\right)\frac{a_A}{R}=P_B\sin\theta\cdot r-M-P_AR$$

解得

$$a_A=\frac{P_Br\sin\theta-M-P_AR}{J_Og+P_AR^2+P_Br^2}Rg \tag{b}$$

（2）由动量定理求轴承 O 处约束力

$$\left.\begin{aligned}\frac{\mathrm{d}p_x}{\mathrm{d}t}=\sum F_{ix}^{\mathrm{e}}\\ \frac{\mathrm{d}p_y}{\mathrm{d}t}=\sum F_{iy}^{\mathrm{e}}\end{aligned}\right\}\qquad(\mathrm{c})$$

其中，系统的动量在 x、y 轴上的投影分别为

$$\left.\begin{aligned}p_x&=-\frac{P_B}{g}v_B\cos\theta\\ p_y&=\frac{P_A}{g}v_A-\frac{P_B}{g}v_B\sin\theta\end{aligned}\right\}\qquad(\mathrm{d})$$

作用在系统的外力在 x、y 轴上的投影分别为

$$\left.\begin{aligned}\sum F_{ix}^{\mathrm{e}}&=F_{Ox}-F_{\mathrm{N}}\sin\theta=F_{Ox}-P_B\cos\theta\sin\theta\\ \sum F_{iy}^{\mathrm{e}}&=F_{Oy}-Q-P_A-P_B+F_{\mathrm{N}}\cos\theta=F_{Oy}-Q-P_A-P_B+P_B\cos^2\theta\end{aligned}\right\}\qquad(\mathrm{e})$$

将式（d）、（e）代入动量定理表达式（c），因 $\frac{\mathrm{d}v_A}{\mathrm{d}t}=a_A$，$\frac{\mathrm{d}v_B}{\mathrm{d}t}=a_B$ 且 $\frac{a_B}{r}=\frac{a_A}{R}$，有

$$-\frac{P_B}{g}\frac{r}{R}a_A\cos\theta=F_{Ox}-P_B\cos\theta\sin\theta$$

$$\left(\frac{P_A}{g}-\frac{P_B}{g}\frac{r}{R}\sin\theta\right)a_A=F_{Oy}-Q-P_A-P_B+P_B\cos^2\theta$$

将物块 A 的加速度表达式（b）代入上式，得

$$F_{Ox}=P_Br\cos\theta\left(\frac{\sin\theta}{r}-\frac{P_Br\sin\theta-M-P_AR}{J_Og+P_AR^2+P_Br^2}\right)$$

$$F_{Oy}=\frac{(P_AR-P_Br\sin\theta)(P_Br\sin\theta-M-P_AR)}{J_Og+P_AR^2+P_Br^2}+Q+P_A+P_B(1-\cos^2\theta)$$

---

3. 守恒定律

1）若质点系所受外力对某固定点 O 的主矩始终为零，则质点系对于点 O 的动量矩等于恒矢量，即当 $\sum \boldsymbol{M}_O(\boldsymbol{F}_i^{\mathrm{e}})=0$ 时，则

$$\boldsymbol{L}_O=\text{恒矢量}$$

2）若质点系所受外力对于某固定轴 z 力矩的代数和始终为零，则质点系对轴 z 的动量矩保持不变，即当 $\sum M_z(\boldsymbol{F}_i^{\mathrm{e}})=0$ 时，则

$$L_z=\text{恒量}$$

上述两种守恒情况中的恒矢量或恒量均由运动初始条件确定。

某些力学现象可以用动量矩守恒定律来解释。如花样滑冰运动员和芭蕾舞演员绕通过足尖的铅垂轴 z 旋转时，因重力和地面法向约束力对 z 轴的矩为零，而足尖与地面之间的摩擦力矩很小，故人体对 z 轴的动量矩近似守恒，即 $J_z\omega\approx$ 常量。这样，当手足收拢时，人体的转动惯量 J_z 减小，角速度 ω 加快；而当手足在水平方向伸展时，J_z 增大，ω 减慢。当火炮射击时，若以炮身和炮弹作为一个质点系，则在射击时，火药爆炸的压力是内力，

不能改变系统的动量矩，系统在射击前处于静止，动量矩为零，在射击后，炮膛的来复线使炮弹高速旋转，炮身应向相反方向转动，以保持系统的动量矩守恒。但是由于炮身被固定在炮架上，其转动被轴瓦所阻碍，因此在发射炮弹时炮身对轴瓦作用着附加动约束力。

9.5.2 质点系对任意动点的动量矩定理

1. 质点系对任意动点的动量矩

如图 9-15 所示，点 O 为定点，点 A 相对惯性系 $Oxyz$ 做任意运动，取以动点 A 为原点，并随 A 点做平动的坐标系 $Ax_1y_1z_1$，动点 A 的速度为 $\boldsymbol{v}_A$，质点 m_i 相对点 A 速度为 $\boldsymbol{v}_{ir}$，质点绝对速度为 $\boldsymbol{v}_i$。在计算质点系对动点 A 的动量矩时，必须区分质点系是相对于惯性坐标系的绝对运动，还是相对平动坐标系的相对运动。定义质点系绝对运动对动点 A 的动量矩为 $\boldsymbol{L}_A$，质点系相对运动对动点 A 的动量矩为 $\boldsymbol{L}'_A$，则

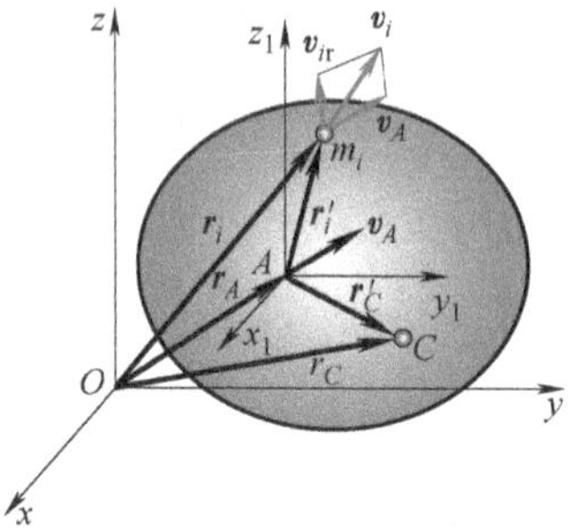

图 9-15

$$\boldsymbol{L}_A=\sum \boldsymbol{M}_A(m_i\boldsymbol{v}_i)=\sum \boldsymbol{r}'_i\times m_i\boldsymbol{v}_i \tag{9-37}$$

$$\boldsymbol{L}'_A=\sum \boldsymbol{M}_A(m_i\boldsymbol{v}_{ir})=\sum \boldsymbol{r}'_i\times m_i\boldsymbol{v}_{ir} \tag{9-38}$$

由于 $\boldsymbol{r}'_i=\boldsymbol{r}_i-\boldsymbol{r}_A$，所以有

$$\boldsymbol{L}_A=\sum(\boldsymbol{r}_i-\boldsymbol{r}_A)\times m_i\boldsymbol{v}_i=\sum \boldsymbol{r}_i\times m_i\boldsymbol{v}_i-\boldsymbol{r}_A\times\sum m_i\boldsymbol{v}_i$$

根据式（9-19），以及由质点系质心坐标得到 $\sum m_i\boldsymbol{v}_i=m\boldsymbol{v}_C$，所以有

$$\boldsymbol{L}_A=L_O-\boldsymbol{r}_A\times m\boldsymbol{v}_C \tag{9-39}$$

即质点系对任意动点 A 的绝对动量矩，等于质点系对定点 O 的动量矩，减去集中于 A 点的质点系动量对 O 点的矩。

如果将 A 点取在质心 C 上，则可得到质点系对固定点 O 和相对质心点 C 的动量矩之间的关系为

$$\boldsymbol{L}_O=\boldsymbol{L}_C+\boldsymbol{r}_C\times m\boldsymbol{v}_C$$

与式（9-24）得到相同的结论。

将速度合成定理 $\boldsymbol{v}_{ir}=\boldsymbol{v}_i-\boldsymbol{v}_A$ 代入式（9-38），则质点系对动点 A 的相对动量矩可表示为

$$\boldsymbol{L}'_A=\sum \boldsymbol{r}'_i\times m_i(\boldsymbol{v}_i-\boldsymbol{v}_A)=\sum \boldsymbol{r}'_i\times m_i\boldsymbol{v}_i-(\sum m_i\boldsymbol{r}'_i)\times\boldsymbol{v}_A$$

即

$$\boldsymbol{L}'_A=\boldsymbol{L}_A-m\boldsymbol{r}'_C\times\boldsymbol{v}_A \tag{9-40}$$

上式表明：若质点系对动点 A 的绝对动量矩和相对动量矩相等，需要满足 $\boldsymbol{r}'_C=0$、$\boldsymbol{v}_A=0$ 或者 $\boldsymbol{r}'_C/\!/\boldsymbol{v}_A$。由此得出，对固定点 O 的动量矩和相对动量矩相等，即

$$\boldsymbol{L}_O=\boldsymbol{L}'_O \tag{9-41}$$

对质心 C 的动量矩和相对动量矩也相等，即

$$\boldsymbol{L}_C=\boldsymbol{L}'_C \tag{9-42}$$

2. 质点系对任意动点的动量矩定理

由式（9-37），质点系对于动点 A 的动量矩定理可写成

$$
\begin{aligned}
\frac{\mathrm{d}\boldsymbol{L}_A}{\mathrm{d}t} &= \sum \frac{\mathrm{d}\boldsymbol{r}_i'}{\mathrm{d}t} \times m_i \boldsymbol{v}_i + \sum \boldsymbol{r}_i' \times \frac{\mathrm{d}(m_i \boldsymbol{v}_i)}{\mathrm{d}t} \\
&= \sum \frac{\mathrm{d}(\boldsymbol{r}_i - \boldsymbol{r}_A)}{\mathrm{d}t} \times m_i \boldsymbol{v}_i + \sum \boldsymbol{r}_i' \times (\boldsymbol{F}_i^{\mathrm{e}} + \boldsymbol{F}_i^{\mathrm{i}}) \\
&= \sum (\boldsymbol{v}_i - \boldsymbol{v}_A) \times m_i \boldsymbol{v}_i + \sum \boldsymbol{M}_A(\boldsymbol{F}_i^{\mathrm{e}}) \\
&= -\boldsymbol{v}_A \times \boldsymbol{p} + \sum \boldsymbol{M}_A(\boldsymbol{F}_i^{\mathrm{e}})
\end{aligned}
$$

也就是

$$
\frac{\mathrm{d}\boldsymbol{L}_A}{\mathrm{d}t} = \sum \boldsymbol{M}_A(\boldsymbol{F}_i^{\mathrm{e}}) - \boldsymbol{v}_A \times \boldsymbol{p} \tag{9-43}
$$

即质点系对于任意动点的动量矩对时间的一阶导数，等于作用于质点系的外力对该动点的矩与该动点速度与质点系动量的矢积之差。

同理，质点系对动点 A 的相对动量矩定理可表示为

$$
\begin{aligned}
\frac{\mathrm{d}\boldsymbol{L}_A'}{\mathrm{d}t} &= \sum \frac{\mathrm{d}\boldsymbol{r}_i'}{\mathrm{d}t} \times m_i \boldsymbol{v}_{i\mathrm{r}} + \sum \boldsymbol{r}_i' \times \frac{\mathrm{d}(m_i \boldsymbol{v}_{i\mathrm{r}})}{\mathrm{d}t} \\
&= \sum \boldsymbol{v}_{i\mathrm{r}} \times m_i \boldsymbol{v}_{i\mathrm{r}} + \sum \boldsymbol{r}_i' \times \frac{\mathrm{d}(m_i \boldsymbol{v}_i - m_i \boldsymbol{v}_A)}{\mathrm{d}t} \\
&= \sum \boldsymbol{r}_i' \times (\boldsymbol{F}_i^{\mathrm{e}} + \boldsymbol{F}_i^{\mathrm{i}}) - \sum m_i \boldsymbol{r}_i' \times \boldsymbol{a}_A \\
&= \sum \boldsymbol{M}_A(\boldsymbol{F}_i^{\mathrm{e}}) - m \boldsymbol{r}_C' \times \boldsymbol{a}_A
\end{aligned}
$$

即

$$
\frac{\mathrm{d}\boldsymbol{L}_A'}{\mathrm{d}t} = \sum \boldsymbol{M}_A(\boldsymbol{F}_i^{\mathrm{e}}) + \boldsymbol{r}_C' \times (-m\boldsymbol{a}_A) \tag{9-44}
$$

设 $F_{\mathrm{I}A} = -m\boldsymbol{a}_A$，为全部质量集中于质心 C 处的牵连惯性力，作用点在质心 C 上，式（9-44）表明：质点系对于任意动点的相对动量矩对时间的一阶导数，等于作用于质点系的外力以及加在质心上的牵连惯性力对该动点之矩的矢量和。

式（9-43）和式（9-44）说明，一般情况下，某点动量矩对时间的一阶导数，并不等于外力对该点之矩，只有当等式右边第二项，即修正项为零时两者才相等。将 A 点取在固定点 O 上，有 $v_O = 0$ 和 $a_O = 0$，式（9-43）和式（9-44）修正项都为零，则可以推导出对固定点动量矩定理，即式（9-31）。

9.5.3　质点系对质心的动量矩定理

若将 A 点取在质心 C 上，式（9-43）和式（9-44）中，$\boldsymbol{v}_C \times \boldsymbol{p} = \boldsymbol{v}_C \times m\boldsymbol{v}_C = 0$ 和 $\boldsymbol{r}_C' = 0$，式（9-39）和式（9-40）等式右边第二项都为零，再由式（9-38）可知，对质心 C 的动量矩和相对动量矩相等，则有

$$
\frac{\mathrm{d}\boldsymbol{L}_C}{\mathrm{d}t} = \sum \boldsymbol{M}_C(\boldsymbol{F}_i^{\mathrm{e}}) \tag{9-45}
$$

即质点系相对于质心的动量矩对时间的一阶导数，等于作用于质点系上的外力系对质心的主矩。这个结论称为质点系相对于质心的动量矩定理。

将式（9-45）向过质心的平动坐标系 z 轴上投影，得到质点系对过质心的平动坐标系 z

轴的动量矩定理：

$$\frac{\mathrm{d}L_{Cz}}{\mathrm{d}t}=\sum M_{Cz}(\boldsymbol{F}_i^{\mathrm{e}}) \tag{9-46}$$

可见，质点系相对于质心的动量矩定理与相对固定点的动量矩定理具有相同的形式。

如果质点系的外力对质心（或质心轴）的主矩为零，则质点系对质心（或质心轴）的动量矩保持不变。例如，跳水运动员跳离跳板后，受到的外力只有重力，而重力对质心的矩为零。因此运动员对其质心的动量矩保持不变。运动员在起跳时手脚伸展，使身体对于质心的转动惯量较大，这时身体的初角速度较小，运动员跃起后在空中收缩手脚，蜷曲全身，使转动惯量减小，从而获得较大的角速度，可在空中连翻几个筋斗。

9.6 动量定理、动量矩定理在动力学中的应用

9.6.1 在刚体动力学中的应用

由运动学知，刚体的平面运动可分解为随基点的平动和绕该基点的转动，在动力学中一般取质心作为基点。因此，刚体的运动分解为随质心的平动和绕质心的转动两部分。这两部分运动，分别由质点系的质心运动定理和相对于质心的动量矩定理来确定。

选取如图 9-16 所示的坐标系，设作用在刚体上的外力，可简化为作用在此平面内的平面力系。将质心运动定理和相对于质心的动量矩定理

$$m\boldsymbol{a}_C=\sum \boldsymbol{F}_i^{\mathrm{e}} \quad 和 \quad \frac{\mathrm{d}\boldsymbol{L}_C}{\mathrm{d}t}=\sum \boldsymbol{M}_C(\boldsymbol{F}_i^{\mathrm{e}})$$

取其投影形式，有

$$\left.\begin{aligned} ma_{Cx}&=\sum F_{ix}^{\mathrm{e}}\\ ma_{Cy}&=\sum F_{iy}^{\mathrm{e}}\\ J_C\alpha&=\sum M_C(F_i^{\mathrm{e}})\end{aligned}\right\} \quad 或 \quad \left.\begin{aligned} m\ddot{x}_C&=\sum F_{ix}^{\mathrm{e}}\\ m\ddot{y}_C&=\sum F_{iy}^{\mathrm{e}}\\ J_C\ddot{\varphi}&=\sum M_C(\boldsymbol{F}_i^{\mathrm{e}})\end{aligned}\right\} \tag{9-47}$$

这就是刚体平面运动的微分方程。通过此方程组可求解刚体平面运动动力学的两类问题。

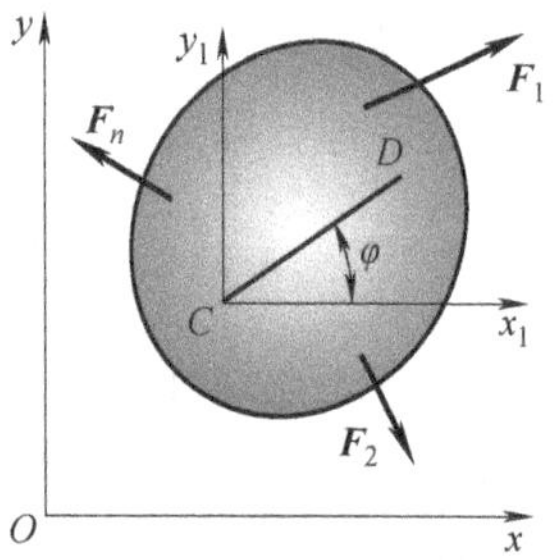

图 9-16

式（9-47）不仅适用于刚体平面运动，也适用于刚体平动和定轴转动。

当刚体平动时，各点速度相同，各点加速度相同，刚体相对于质心平动坐标系处于相对静止，故刚体对质心的动量矩恒为零，即

$$\boldsymbol{L}_C\equiv 0$$

根据质点系相对质心运动定理可得

$$\sum \boldsymbol{M}_C(\boldsymbol{F}_i^{\mathrm{e}})\equiv 0 \tag{9-48}$$

式（9-48）说明：平动刚体外力系对其质心的主矩恒等于零。这是刚体做平动时应该满足的条件，它经常被用来求解未知的约束力。

当刚体定轴转动时，式（9-47）中转动微分方程以定轴为矩心更为方便。

例 9-12　一质量为 m 的滑块 A 可在铅垂导槽内滑动。现以一铅垂的、偏离质心的力 $\boldsymbol{P}$ 向上推动滑块运动（图 9-17）。如已知滑块与导槽的动滑动摩擦系数为 f'，推力偏离质心的距离为 e，滑块其他尺寸见图。求滑块 A 的加速度。

解：以滑块 A 为研究对象，滑块 A 运动为平动，且质心 C 做直线运动。

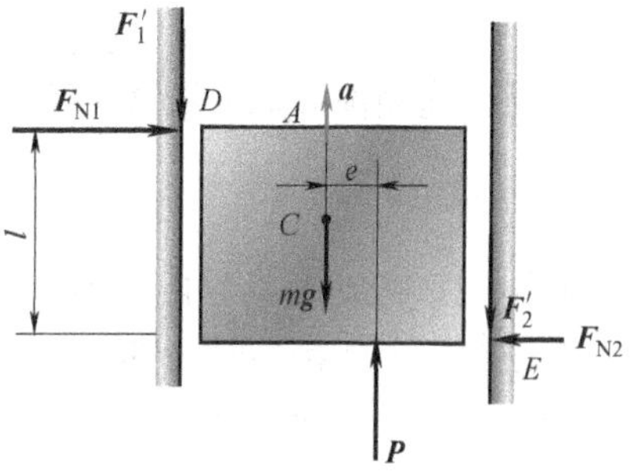

图　9-17

滑块所受外力有：重力 $m\boldsymbol{g}$，推力 $\boldsymbol{P}$，由于偏心推力使导槽于 D、E 两处产生的法向约束力 $\boldsymbol{F}_{N1}$ 和 $\boldsymbol{F}_{N2}$，以及摩擦力 $\boldsymbol{F}_1'$、$\boldsymbol{F}_2'$，且 $F_1'=f'F_{N1}$，$F_2'=f'F_{N2}$。

由式（9-47）得

$$ma=P-mg-F_1'-F_2' \tag{a}$$

$$0=F_{N1}-F_{N2} \tag{b}$$

于是有 $F_{N1}=F_{N2}$，$F_1'=F_2'$。

由式（9-47），并考虑到滑块 A 平动，其外力对质心 C 的主矩恒等于零，且 $F_1'=F_2'$，得

$$\sum M_C(\boldsymbol{F}_i^e)=0,\quad -\left(F_{N1}\frac{l}{2}+F_{N2}\frac{l}{2}\right)+Pe=0 \tag{c}$$

联立式（b）、（c）可得

$$F_{N1}=F_{N2}=\frac{e}{l}P$$

受到动滑动摩擦力为

$$F_1'=f'F_{N1}=\frac{e}{l}Pf',\quad F_2'=f'F_{N2}=\frac{e}{l}Pf'$$

于是由式（a）得加速度

$$a=\frac{l-2ef'}{ml}P-g$$

例 9-13　均质梁 AB 长 l，重 W，如图 9-18 所示，由铰链 A 和绳所支承。若突然剪断连接 B 点的软绳，求绳断前后，铰链 A 的约束力的改变量。

解：以梁为研究对象。绳未断以前是静力学问题。由静平衡方程可求出绳未剪断时，铰链 A 的约束力

$$F_{Ay1}=\frac{W}{2}$$

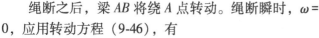

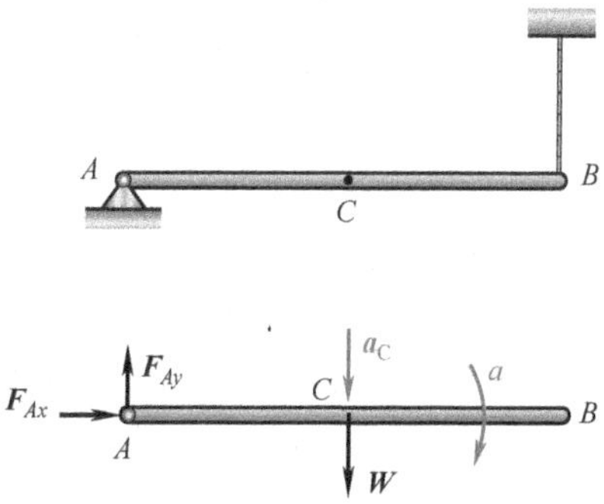

图　9-18

绳断之后，梁 AB 将绕 A 点转动。绳断瞬时，$\omega=0$，应用转动方程（9-46），有

$$\frac{1}{3}\frac{W}{g}l^2\alpha=W\frac{l}{2}$$

$$\alpha=\frac{3g}{2l}$$

再应用质心运动定理求约束力。图示瞬时，质心 C 的加速度 $a_C^n=0$，$a_C^t=\frac{l}{2}\alpha=\frac{3g}{4}$。

$$ma_{Cx}=\sum F_{ix}^{e},\quad F_{Ax2}=0$$

$$ma_{Cy}=\sum F_{iy}^{e},\quad \frac{W}{g}\frac{3g}{4}=W-F_{Ay2}$$

$$F_{Ay2}=W-\frac{3W}{4}=\frac{W}{4}$$

于是，绳断前后，铰链 A 约束力的改变量为

$$\Delta F_{Ay}=F_{Ay1}-F_{Ay2}=\frac{W}{2}-\frac{W}{4}=\frac{W}{4}$$

例 9-14 传动轴系如图 9-19 所示。设轴Ⅰ和Ⅱ的转动惯量分别为 J_1 和 J_2，传动比为 i_{12}，今在轴Ⅰ上作用主动力矩 M_1，轴Ⅱ上有阻力矩 M_2，转向如图 9-19 所示。设各处摩擦忽略不计，求轴Ⅰ的角加速度。

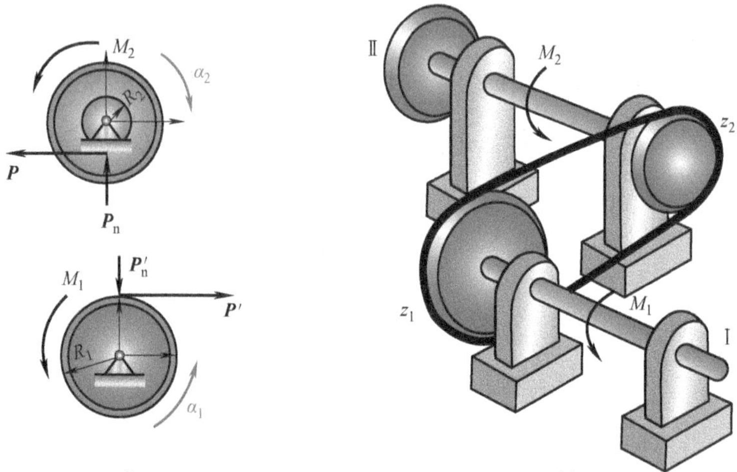

图 9-19

解： 分别取轴Ⅰ与轴Ⅱ为研究对象，它们的受力如图 9-19a 所示。按实际设轴Ⅰ和轴Ⅱ的转向分别为逆时针和顺时针，并且设 α_1 和 α_2 与各自转轴的转向一致。

对两定轴转动刚体，分别列出刚体的定轴转动微分方程

$$J_1\alpha_1=M_1-P'R_1 \tag{a}$$

$$J_2\alpha_2=PR_2-M_2 \tag{b}$$

其中，$P=P'$，$i_{12}=\dfrac{R_2}{R_1}=\dfrac{\alpha_1}{\alpha_2}$与式（a）、式（b）联立求解，得

$$\alpha_1=\frac{M_1-\dfrac{M_2}{i_{12}}}{J_1+\dfrac{J_2}{i_{12}^2}}$$

在解此类问题时，对两轴也可统一设成按逆时针（或顺时针）转向为正，分别列出定轴转动微分方程，但这时传动比一定按外啮合取负号，即 $i_{12}=-\dfrac{\alpha_1}{\alpha_2}$。然后进行联立求解，会

得到与上面同样的结果。

例 9-15　半径为 r、重为 P 的均质圆轮沿水平直线纯滚动，如图 9-20 所示。设轮对质心 C 的回转半径为 ρ，作用其上的力偶矩为 M。求轮心的加速度。如果圆轮与地面的静滑动摩擦因数为 f，问力偶矩 M 符合什么条件才不致使圆轮滑动？

解：取轮为研究对象，其受力如图 9-20 所示，按图示的坐标轴，取顺时针转向为正，列平面运动微分方程：

$$\frac{P}{g}a_{Cx}=F_s$$

$$\frac{P}{g}a_{Cy}=F_N-P$$

$$\frac{P}{g}\rho^2\alpha=M-F_s r$$

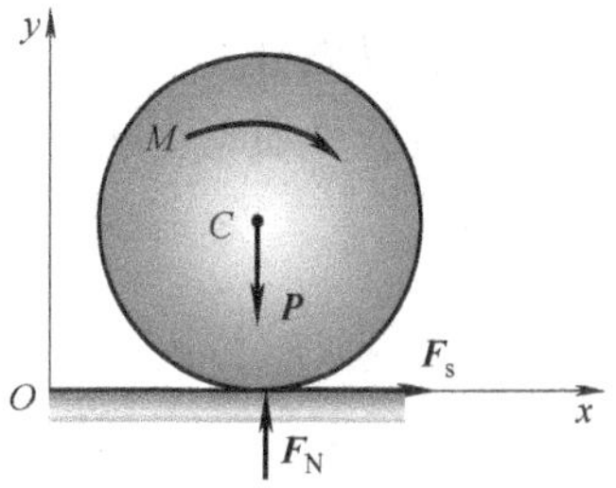

图　9-20

因为 $a_{Cy}=0$，$a_{Cx}=a_C$，$a_C=r\alpha$，将这些关系式与上面三个方程联立求解，得

$$a_C=\frac{Mr}{P(\rho^2+r^2)}g,\quad F_s=\frac{Mr}{\rho^2+r^2}$$

使圆轮纯滚动而不滑动，则必须满足 $F_s\leqslant fF_N$，即 $F_s\leqslant fP$。于是得到圆轮只滚不滑的条件为

$$M\leqslant fP\frac{\rho^2+r^2}{r}$$

例 9-16　如图 9-21 所示，一均质杆的质量为 m，长为 l，上端靠在光滑墙上，下端用水平绳系住支撑于光滑的地板上，倾角 $\theta=60°$。如将绳突然剪断后，求此时杆的角加速度及墙与地板约束力的改变量。

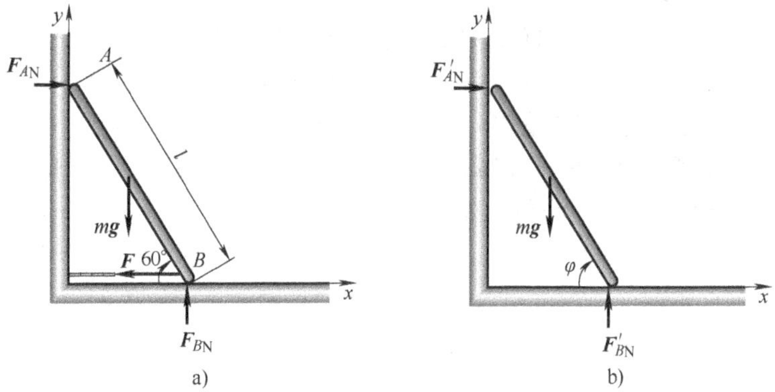

图　9-21

解：水平绳未剪断前，杆是静止平衡的，其静力分析如图 9-21a 所示，根据平衡方程得

$$\sum M_B(\boldsymbol{F}_i)=0\quad F_{AN}=\frac{1}{l\sin60°}\left(mg\frac{1}{2}\cos60°\right)=0.289mg$$

$$\sum F_{iy}=0\qquad F_{BN}=mg$$

$$\sum F_{ix}=0\qquad F=F_{AN}=0.289mg$$

绳剪断后，其受力如图 9-21b 所示。列刚体平面运动微分方程：

$$m\ddot{x}_C = F'_{AN}$$

$$m\ddot{y}_C = F'_{BN} - mg$$

$$J_C\ddot{\varphi} = F'_{AN}\frac{l}{2}\sin\varphi - F'_{BN}\frac{l}{2}\cos\varphi$$

三个运动微分方程中有 5 个未知量（F'_{AN}、F'_{BN}、$\ddot{x}_C$、$\ddot{y}_C$、$\ddot{\varphi}$），无法解出 F'_{AN}与 F'_{BN}。其实，根据约束性质，存在着 2 个运动学补充条件，即

$$\ddot{x}_C = -\frac{l}{2}\sin\varphi \cdot \ddot{\varphi} - \frac{l}{2}\cos\varphi \cdot (\dot{\varphi})^2$$

$$\ddot{y}_C = \frac{l}{2}\cos\varphi \cdot \ddot{\varphi} - \frac{l}{2}\sin\varphi \cdot (\dot{\varphi})^2$$

将此二式代入前三式中，消去 F'_{AN}、F'_{BN}后得

$$\left(J_C + \frac{1}{4}ml^2\right)\ddot{\varphi} = -mg\frac{l}{2}\cos\varphi$$

将 $J_C = \frac{1}{12}ml^2$、$\varphi = 60°$代入得

$$\ddot{\varphi} = -\frac{3}{4}g/l = -0.75g/l$$

将起始条件 $\varphi = 60°$，$\dot{\varphi} = 0$，$\ddot{\varphi} = -0.75g/l$ 代入上面诸式得

$$F'_{AN} = -m\frac{l}{2}\sin\varphi \cdot \ddot{\varphi} = 0.325mg$$

$$F'_{BN} = m\frac{l}{2}\cos\varphi \cdot \ddot{\varphi} + mg = 0.813mg$$

所以附加动约束力为

$$\Delta F_{AN} = F_{AN} - F'_{AN} = -0.036mg$$

$$\Delta F_{BN} = F_{BN} - F'_{BN} = 0.187mg$$

例 9-17 长 1m 的均质杆 AB 重 10kN，B 端用绳挂于 D 处，A 端用小轮连接搁置在光滑斜槽内。开始时，AB 杆静置于图 9-22a 所示位置，AB 与水平方向成 30°角，BD 处于铅直位置，然后释放。求此瞬时 AB 杆的角加速度。

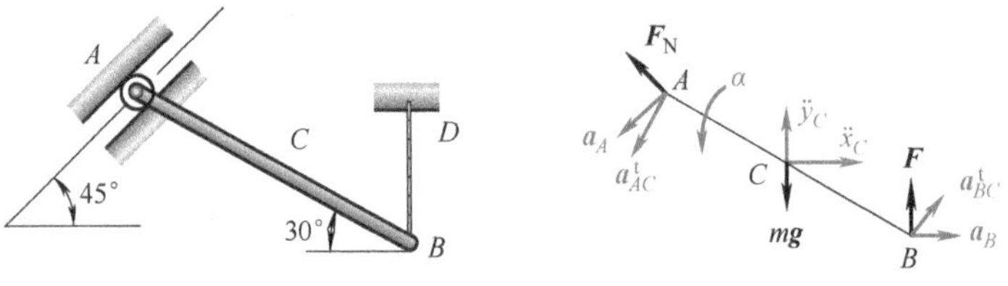

a) b)

图 9-22

解： 以 AB 杆为研究对象，其受力图如图 9-22b 所示。设质心 C 的加速度为 $\ddot{x}_C$、$\ddot{y}_C$，角加速度为 α，建立平面运动微分方程：

$$m\ddot{x}_C = -F_N\cos45° \tag{a}$$

$$m\ddot{y}_C = F - mg + F_N \sin 45^\circ \tag{b}$$

$$J_C\alpha = F\frac{l}{2}\cos 30^\circ - F_N\frac{l}{2}\sin 15^\circ \tag{c}$$

以上共有 F、F_N、$\ddot{x}_C$、$\ddot{y}_C$、α 五个未知数，要使方程得解，应从几何关系找补充方程。由运动分析，以 C 为基点，求 B 点的加速度：

$$\boldsymbol{a}_B = \boldsymbol{a}_C + \boldsymbol{a}_{BC}^{t} + \boldsymbol{a}_{BC}^{n}$$

在静止释放时，$\omega = 0$，所以，$a_{BC}^{n} = 0$，而 $a_{BC}^{t} = \frac{l}{2}\alpha$。上式向 y 轴投影，得

$$0 = \ddot{y}_C + \frac{l}{2}\alpha\cos 30^\circ \tag{d}$$

再以 C 为基点，求 A 点的加速度：

$$\boldsymbol{a}_A = \boldsymbol{a}_C + \boldsymbol{a}_{AC}^{t}$$

分别向 x、y 轴投影，得

$$-a_A\cos 45^\circ = \ddot{x}_C - \frac{l}{2}\alpha\cos 60^\circ \tag{e}$$

$$-a_A\sin 45^\circ = \ddot{y}_C - \frac{l}{2}\alpha\sin 60^\circ \tag{f}$$

联立式（a）~（f），六个方程对应六个未知数，可求解得角加速度为

$$\alpha = 0.67\text{grad/s}^2$$

9.6.2　在流体力学中的应用

流体是一种可变形质点系，当它流经弯管改变流速流向时，会引起动约束力，我们仅限于讨论不可压缩和理想的流体。

下面通过例题讨论流体在管道中流动时的动压力。

例 9-18　如图 9-23 所示为水流流经变截面弯管的示意图。设流体是不可压缩的，流动是稳定的。流体的体积流量为 Q，密度为 ρ。求流体对管壁的压力。

解：设流体对管壁的压力为 $\boldsymbol{F}_{N1}$，管壁对流体的约束力为 $\boldsymbol{F}_N$，由作用与反作用定律知，$\boldsymbol{F}_{N1} = -\boldsymbol{F}_N$。因此，可通过管壁对流体的约束力 $\boldsymbol{F}_N$ 来求 $\boldsymbol{F}_{N1}$。为此从管中任取一段流体 $AABB$ 为研究的质点系。设经过 dt 时间间隔，这部分流体流到 $aabb$ 位置，在 dt 时间间隔内流经截面的质量为

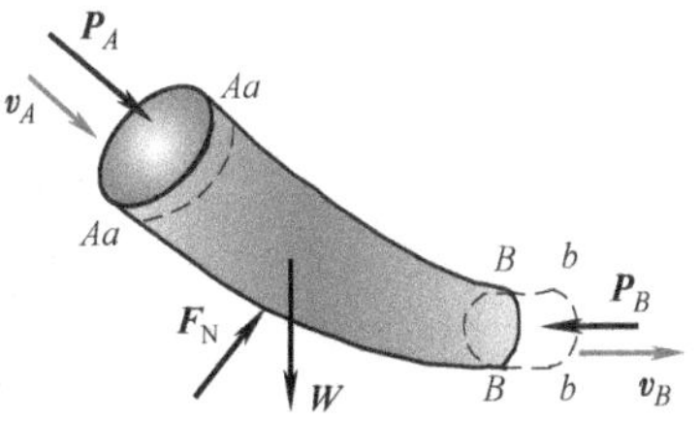

图　9-23

$$m = Q\rho\mathrm{d}t$$

在 dt 时间间隔内质点系动量的变化量为

$$\mathrm{d}\boldsymbol{p} = \boldsymbol{p}_{ab} - \boldsymbol{p}_{AB} = (\boldsymbol{p}'_{aB} + \boldsymbol{p}_{Bb}) - (\boldsymbol{p}_{Aa} + \boldsymbol{p}_{aB})$$

因为流动是稳定的，故有 $\boldsymbol{p}'_{aB} = \boldsymbol{p}_{aB}$。当 d$t$ 很小时，$AAaa$ 段和 $BBbb$ 段内各质点速度，分别记为 $\boldsymbol{v}_A$ 和 $\boldsymbol{v}_B$，于是得

$$\mathrm{d}\boldsymbol{p}=\boldsymbol{p}_{Bb}-\boldsymbol{p}_{Aa}=Q\rho\mathrm{d}t(\boldsymbol{v}_B-\boldsymbol{v}_A)$$

作用在 $AABB$ 段质点系上的外力有：重力 $\boldsymbol{W}$、管壁对质点系的约束力 $\boldsymbol{F}_{\mathrm{N}}$，以及两截面 AA 和 BB 上受到相邻流体的压力 $\boldsymbol{P}_A$ 和 $\boldsymbol{P}_B$。根据动量定理，应有

$$Q\rho(\boldsymbol{v}_B-\boldsymbol{v}_A)=\boldsymbol{W}+\boldsymbol{F}_{\mathrm{N}}+\boldsymbol{P}_A+\boldsymbol{P}_B$$

若将管壁对流体的约束力 $\boldsymbol{F}_{\mathrm{N}}$ 分为两部分：$\boldsymbol{F}_{\mathrm{N}'}$ 为不考虑流体动量改变时管壁的约束力，$\boldsymbol{F}_{\mathrm{N}''}$ 为由于流体动量变化而产生的附加动约束力。则 $\boldsymbol{F}_{\mathrm{N}'}$ 可通过 $\boldsymbol{W}+\boldsymbol{P}_A+\boldsymbol{P}_B+\boldsymbol{F}_{\mathrm{N}'}=0$ 计算，则附加动约束力 $\boldsymbol{F}_{\mathrm{N}''}$ 由下式确定：

$$\boldsymbol{F}_{\mathrm{N}''}=Q\rho(\boldsymbol{v}_B-\boldsymbol{v}_A)$$

流体对管壁的附加动压力 $\boldsymbol{F}_{\mathrm{N}''1}=-\boldsymbol{F}_{\mathrm{N}''}$，即

$$\boldsymbol{F}_{\mathrm{N}''1}=-Q\rho(\boldsymbol{v}_B-\boldsymbol{v}_A)$$

由此例计算结果知，流动液体对管壁的附加动压力大小等于单位时间流过的质量与流出流入速度增量的乘积，方向与速度增量方向相反。

对于平面问题，将上式向轴 x、y 投影，得

$$F_{\mathrm{N}''x}=Q\rho(v_{Ax}-v_{Bx})$$

$$F_{\mathrm{N}''y}=Q\rho(v_{Ay}-v_{By})$$

上面这个例子给出了流体在管道中流动的动压力（主矢）。现在，结合水轮机的例子，应用动量矩定理导出动压力主矩的公式或欧拉涡轮方程。动量矩定理在解决流体机械或质点系的动约束力的问题上，比用其他方法来得更简便。

例 9-19 水轮机受水流冲击而以匀角速度绕通过中心 O 的铅直轴（垂直于图示平面）转动，如图 9-24 所示。设总流量为 Q，水的密度为 ρ；水流入水轮机的流速为 $\boldsymbol{v}_1$，离开水轮机的流速为 $\boldsymbol{v}_2$，方向分别与轮缘切线间夹角为 β_1 及 β_2，$\boldsymbol{v}_1$ 和 $\boldsymbol{v}_2$ 均为绝对速度。假设水流是稳定的，求水流对水轮机的转动力矩。

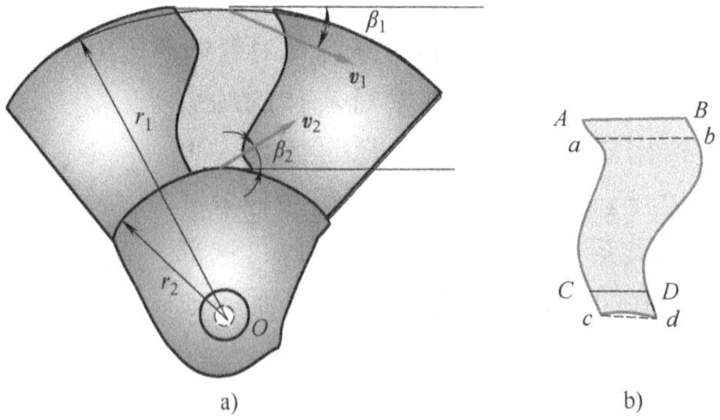

图 9-24

解： 欲求水流对水轮机的转动力矩，可先求叶片给水流的反力矩，因为它们二者是作用与反作用的关系，大小相等、转向相反。

取两叶片之间的水流为研究对象，如图 9-24b 所示。作用在水流上的外力有重力和叶片对水流的约束力，重力平行于 z 轴（竖直），所以外力矩只有叶片对水流的约束力的力矩 M_z'。

现计算水流的动量矩的改变量。设在 t 瞬时，水流在 $ABCD$ 位置，经过一段时间 $\mathrm{d}t$，即 $t+\mathrm{d}t$ 瞬时，水流在 $abcd$ 位置，因为水流是稳定的，即

$$\begin{aligned}\mathrm{d}L_z &= L_{abcd}-L_{ABCD}\\ &=(L_{abCD}+L_{CDcd})-(L_{ABab}+L_{abCD})\\ &=L_{CDcd}-L_{ABab}\\ &=\rho Q\mathrm{d}t\cdot v_2r_2\cos\beta_2-\rho Q\mathrm{d}t\cdot v_1r_1\cos\beta_1\end{aligned}$$

即

$$\mathrm{d}L_z=\rho Q\mathrm{d}t(v_2r_2\cos\beta_2-v_1r_1\cos\beta_1)$$

将其代入动量矩定理式（9-32），有

$$\rho Q(v_2r_2\cos\beta_2-v_1r_1\cos\beta_1)=M_z'$$

水流给水轮机的力矩为 M_z 为

$$M_z=\rho Q(v_1r_1\cos\beta_1-v_2r_2\cos\beta_2)$$

这是欧拉涡轮方程。当用于别的转动流体机械或变质点系问题时，外力矩中包含其他约束力的力矩，因此，可以用来求动约束力。

思　考　题

9-1　如图 9-25 所示的均质杆 AB，静止放在光滑水平面上，若将力 $\boldsymbol{F}$ 分别作用在 A 点和 B 点，试问两种情况下杆质心 C 的加速度是否相同？为什么？

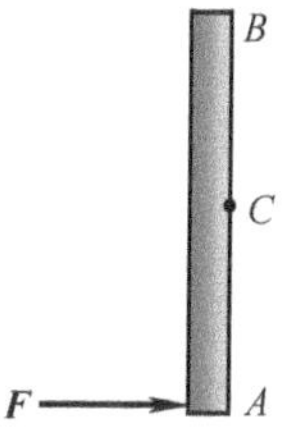

图　9-25

9-2　试比较图 9-26 中两种情况质点系的动量有何不同？

9-3　两均质杆 AC 和 BC，各重 Q_1 和 Q_2，在点 C 以铰链连接。两杆立于地上，A、B 两点间距离为 b，如图 9-27 所示。设地面绝对光滑，两杆将倒向地面。问当 $Q_1=Q_2$ 或 $Q_1=2Q_2$ 时，点 C 的运动轨迹是否相同？为什么？

9-4　质量为 m 的均质圆盘，平放在光滑的水平面上，其受力情况如图 9-28a、b、c 所示。试说明三种情况下圆盘将如何运动。设开始时圆盘静止，图中 $r=R/2$。

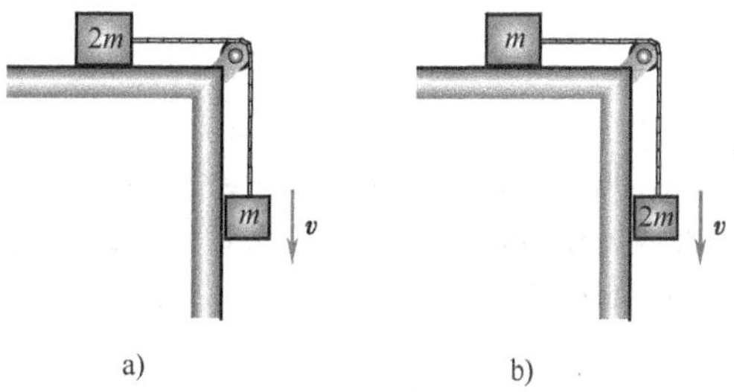

图　9-26

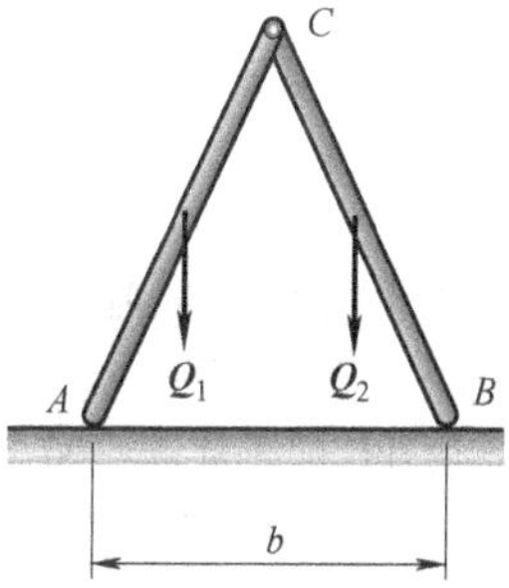

图　9-27

9-5 一半径为 R 的轮在水平面上只滚动而不滑动。如图 9-29 所示，不计滚动摩阻，试问在下列两种情况下，轮心的加速度是否相等？接触面的摩擦力是否相同？（1）在轮上作用一顺时针转向的力偶，力偶矩为 M；（2）在轮心作用一水平向右的力 $\boldsymbol{P}$，$P=M/R$。

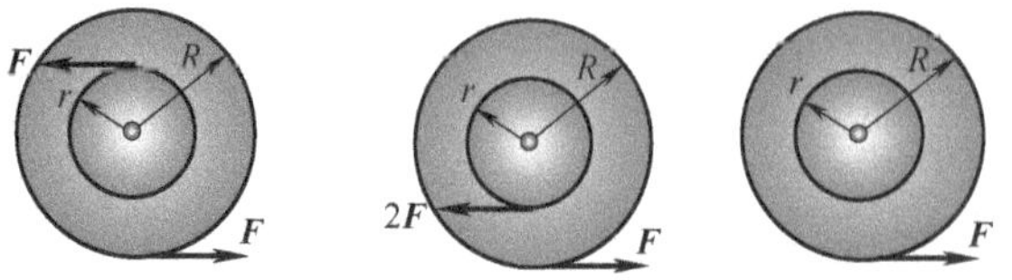

a)　　b)　　c)

图　9-28

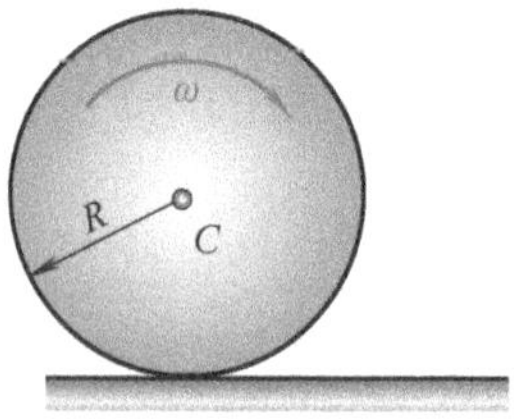

图　9-29

习　题

9-1 计算题 9-1 图所示各系统的动量 $\boldsymbol{p}$ 的大小。

（1）如题 9-1 图 a 所示，均质圆盘质量为 m，半径为 R，轮心 O 速度为 $\boldsymbol{v}_0$，沿着水平直线道路纯滚动。

（2）如题 9-1 图 b 所示，带传动机构中，两轮均质，质量分别为 m_1、m_2，半径分别为 R_1、R_2 且 O_1 轮的角速为 ω；带也均质，质量为 m_3。

（3）如题 9-1 图 c 所示，汽车车厢的速度为 $\boldsymbol{v}$，质量为 m'；前后车轮可视为均质，质量为 m，半径为 r。

（4）如题 9-1 图 d 所示，均质摇杆 O_1A、O_2B 质量均为 m，长为 l，角速度为 ω，AB 板质量为 m'。

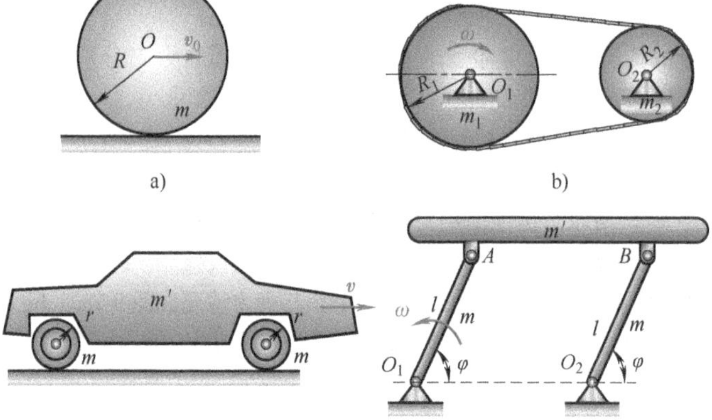

a)　　b)　　c)　　d)

题 9-1 图

9-2 三个重物的质量分别为 $m_1=20\text{kg}$，$m_2=15\text{kg}$，$m_3=10\text{kg}$，由一绕过两个定滑轮 M 和 N 的绳子相连接，如题 9-2 图所示。当重物 m_1 下降时，重物 m_2 在四棱柱 $ABCD$ 的上面向右移动，而重物 m_3 则沿斜面 AB 上升。四棱柱体的质量 $m=100\text{kg}$。如略去一切摩擦和绳子的重量，求当物块 m_1 下降 1m 时，四棱柱体相对于地面的位移（初始系统静止）。

9-3 如题 9-3 图所示，凸轮机构中，凸轮以等角速度 ω 绕定轴 O 转动。重 P 的滑杆 Ⅰ 借右端弹簧的推压而顶在凸轮上，当凸轮转动时，滑杆做往复运动。设凸轮为一均质圆盘重，重 Q，半径为 r，偏心距为 e。求在任一瞬时机座螺钉的动约束力。

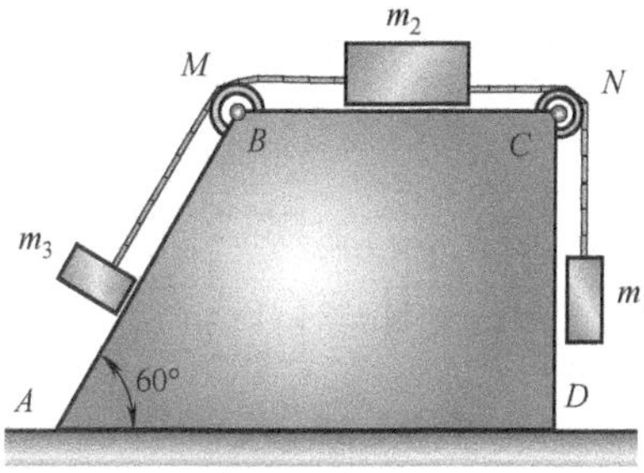

题 9-2 图

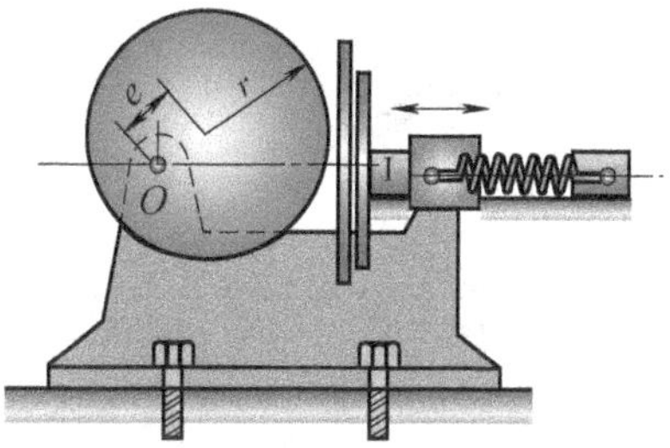

题 9-3 图

9-4　如题 9-4 图所示，均质杆 AB，长 l，直立在光滑的水平面上，求它从铅直位置无初速地倒下时端点 A 的轨迹。

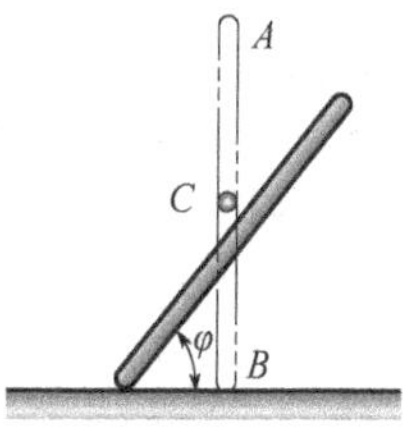

题 9-4 图

9-5　试用如题 9-5 图中给出的已知量，计算各图中均质物体在图示位置时，整个系统的动量 $\boldsymbol{p}$ 的大小和对 O 轴的动量矩 L_O。

9-6　半径为 R、质量为 m 的均质圆盘与长为 l、质量为 $m_杆$ 的均质细杆铰接，如题 9-6 图所示。杆以角速度 ω 绕定轴 O 转动，圆盘以相对角速度：（1）$\omega_r=\omega$；（2）$\omega_r=-\omega$ 相对 OA 杆转动。求系统对 O 轴的动量矩。

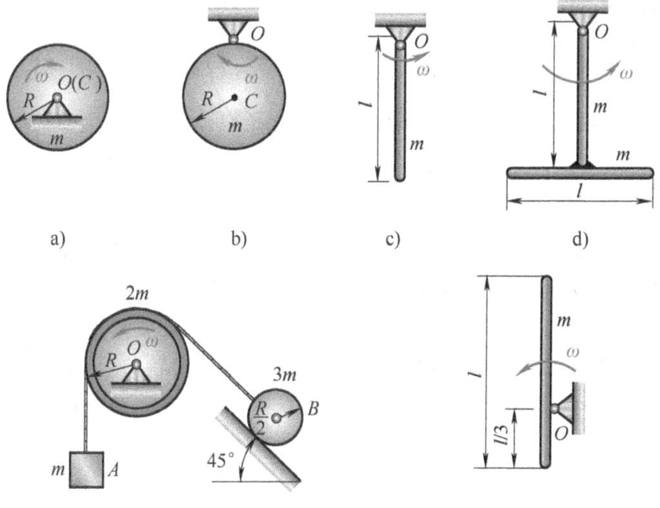

题 9-5 图

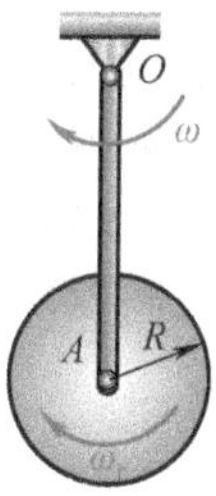

题 9-6 图

9-7　两小球 C、D 质量为 m，用长为 $2l$ 的均质杆连接，杆的质量为 $m_杆$，杆的中点固定在轴 AB 上，CD 与轴 AB 的交角为 θ，如题 9-7 图所示。如轴以角速度 ω 转动，求系统对转轴 AB 的动量矩。

9-8　如题 9-8 图示，椭圆规尺中，连杆 BD 均质，质量为 $2m_1$；滑块 B、D 质量为 m_2；曲柄 OA 均质，质量为 m_1；且 $BA=DA=OA=l$；曲柄 OA 以角速度 ω 绕 O 轴转动。求系统的动量及对转轴 O 的动量矩。

9-9　如题 9-9 图所示，转子 A 和 B 对转轴的转动惯量分别为 J_A 和 J_B，转子 A 原来静止，转子 B 具有角速度 ω_B，现用离合器 C 将两转子连接在一起，求两转子共同转动时的角速度 ω，不计轴承摩擦。

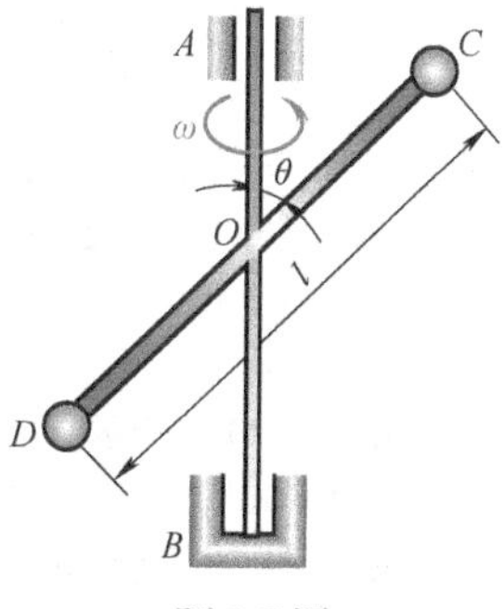

题 9-7 图

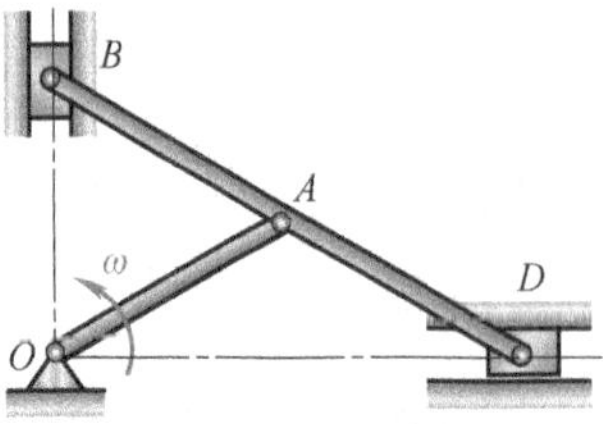

题 9-8 图

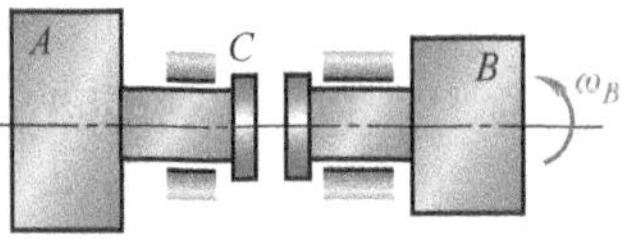

题 9-9 图

9-10 如题 9-10 图所示，一半径为 R、重为 P 的均质圆盘，可绕通过其中心 O 的铅直轴无摩擦地旋转，一重 Q 的人在盘上由点 B 按规律 $S=bt^2/2$ 沿半径为 r 的圆周行走。开始时，人和圆盘静止。求圆盘的角速度和角加速度。

9-11 如题 9-11 图所示，通风机的转动部分以初角速度 ω_0 绕中心轴转动，空气的阻力矩与角速度成正比，即 $M=k\omega$，其中 k 为常数。如转动部分对其轴的转动惯量为 J，问经过多少时间其转动角速度减少为初角速度的一半？在此时间内共转过多少转？

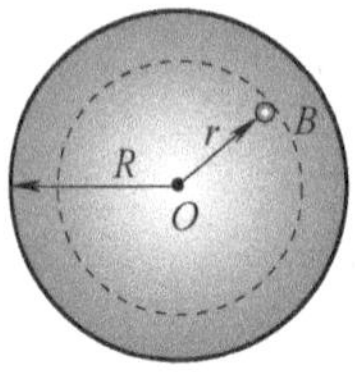

题 9-10 图

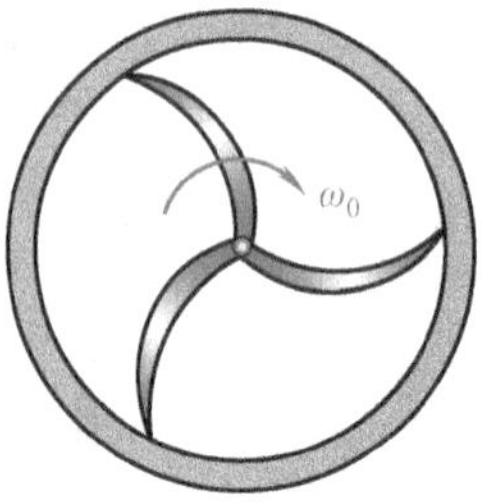

题 9-11 图

9-12 飞轮在力矩 $M_0\cos\omega t$ 作用下绕铅直轴转动，如题 9-12 图所示。在飞轮的轮辐有两个重量均为 P 的重物沿轮辐做周期性的运动。初瞬时 $r=r_0$。问 r 应满足什么条件，才能使飞轮以匀角速度 ω 转动。

9-13 均质圆轮 A 重 P_1，半径为 r_1，以角速度 ω 绕杆 OA 的 A 端转动，此时将轮放置在重 P_2 的另一均质圆轮 B 上，其半径为 r_2，如题 9-13 图所示。轮 B 原为静止，但可绕其中心轴自由转动。放置后，轮 A 的重量由轮 B 支持。略去轴承的摩擦和杆 OA 的重量，并设两轮间动摩擦系数为 f'。问自轮 A 放在轮 B 上到两轮间没有相对滑动为止要经过少时间？

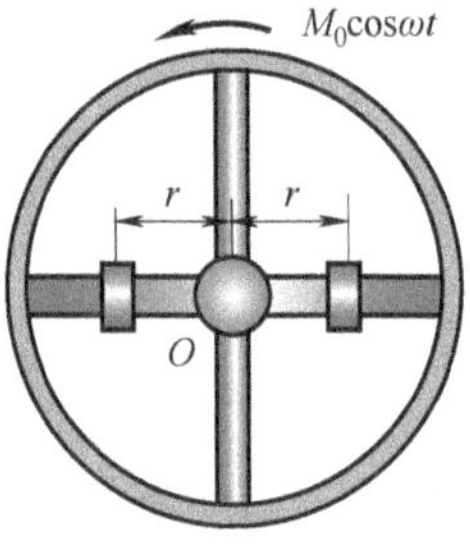

题 9-12 图

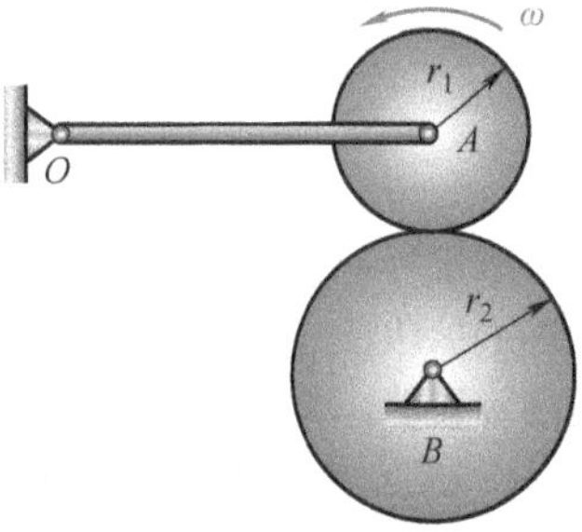

题 9-13 图

9-14 如题 9-14 图所示，电绞车提升一重为 P 的物体，在其主动轴上作用有一不变的力矩 M。已知主动轴和从动轴的转动惯量分别为 J_1 和 J_2；传动比 $z_2:z_1=i$；吊索缠绕在鼓轮上，此轮半径为 R，轴承的摩擦忽略不计，求重物的加速度。

9-15 长 l、质量为 m 的两均质杆 OA 和 AB 用铰链 O、A 连接，位于铅垂的平衡位置，如题 9-15 图所示。今在 AB 杆的 B 端作用一已知水平力 $\boldsymbol{F}$。求力 $\boldsymbol{F}$ 作用的瞬时两杆的角加速度 α_{OA} 和 α_{AB}。

9-16　重为 1000N、半径为 1m 的均质圆轮，以转速 $n=120\text{r/min}$ 绕 O 轴转动，如题 9-16 图所示。设有一常力 $\boldsymbol{P}$ 作用于闸杆，轮经 10s 后圆轮停止转动。已知动摩擦系数 $f'=0.1$，求力 $\boldsymbol{P}$ 的大小。

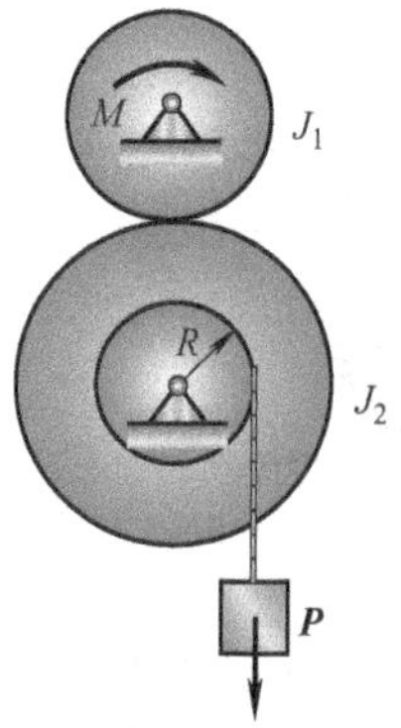

题 9-14 图

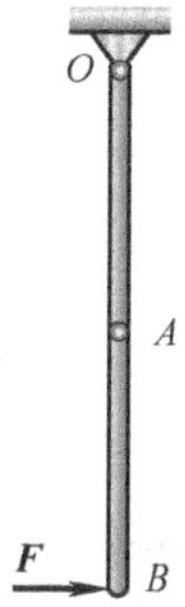

题 9-15 图

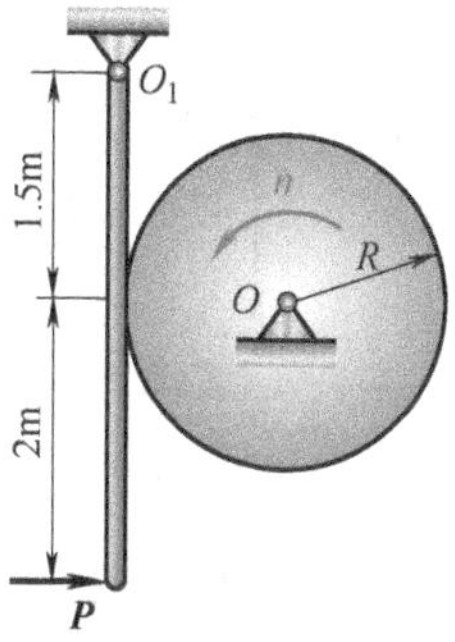

题 9-16 图

9-17　如题 9-17 图所示，两带轮的半径各为 R_1 和 R_2，其重量各为 P_1 和 P_2，两轮以传动带相连接，各绕两平行的固定轴转动。如在第一带轮上作用一主动力矩 M，在第二带轮上作用有阻力矩 M'。如带轮可视为均质圆盘，传动带与轮间无滑动，传动带质量略去不计，求第一个带轮的角加速度。

9-18　如题 9-18 图所示，质量为 m、半径为 R 的均质圆柱，由于重力作用沿粗糙斜面滚下，斜面倾角为 θ，圆柱与斜面的滑动摩擦系数为 f。求圆柱质心加速度在何种条件下圆柱才能纯滚动？

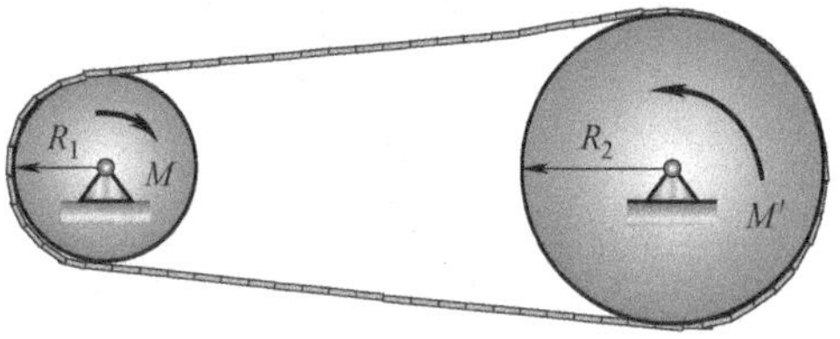

题 9-17 图

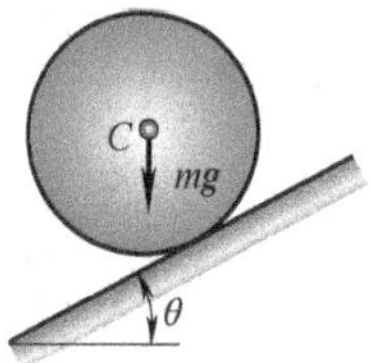

题 9-18 图

9-19　如题 9-19 图所示，均质滚子质量为 m，半径为 R，对轴 O 的回转半径为 ρ，在粗糙的水平面上做纯滚动。在滚子鼓轮上绕以绳，绳上有拉力 $\boldsymbol{F}$，方向与水平线成 θ 角，鼓轮半径为 r。求滚子轴 O 的加速度。

9-20　重物 A 重 P，系在绳子上，绳子跨过固定滑轮 B，并绕在鼓轮上，如题 9-20 图所示。由于重物下降，带动了鼓轮，使其沿水平轨道滚动而不滑动。设鼓轮中两轮半径为分别为 R、r，两轮固连在一起，总重为 Q，对于其水平轴 O 的回转半径为 ρ。求重物 A 的加速度。

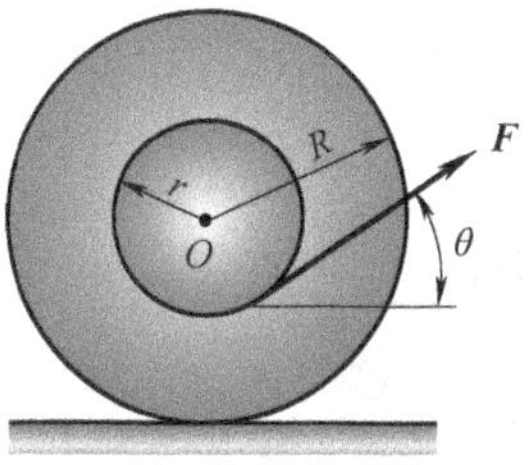

题 9-19 图

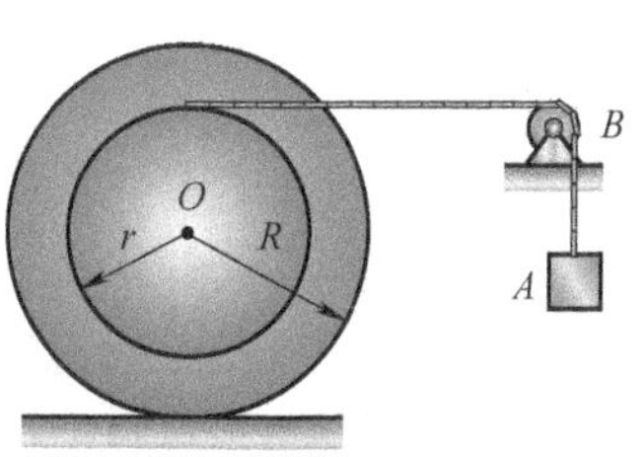

题 9-20 图

9-21　如题 9-21 图所示，均质杆 AB 长为 l，放在铅直平面内，杆的一端 A 靠在光滑墙上，另一端 B 放在光滑的水平地板上，并与墙成 φ 角。此后令杆由静止状态倒下，初始与墙夹角为 φ_0，求：(1) 杆在任意位置的角速度和角加速度；（2）当杆脱离墙时，此杆与铅直面所夹的角。

9-22 如题 9-22 图所示，板重 P，受水平力 $\boldsymbol{F}$ 作用，沿水平面运动，板与平面间摩擦因数为 f'，在板上放一重为 Q 的均质实心圆柱，此圆柱对板只滚不滑。求板的加速度。

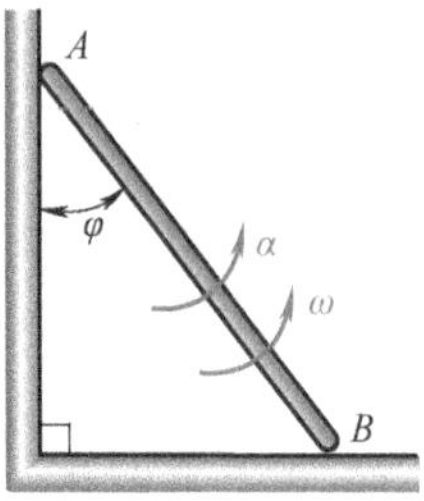

题 9-21 图

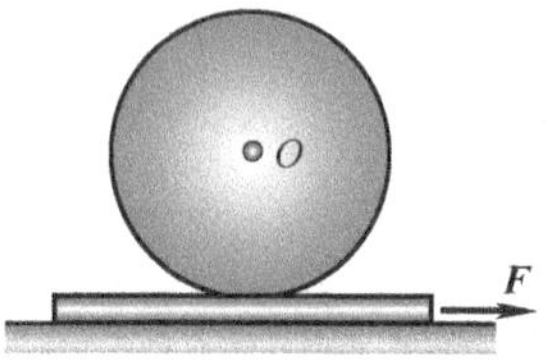

题 9-22 图

9-23 长 l、重 W 的均质细杆 AB 在 A 和 P 处用销钉连接在圆盘上，如题 9-23 图所示。设圆盘在铅垂平面内以等角速度 $\boldsymbol{\omega}$ 顺时针方向转动。当杆 AB 处于水平位置的瞬时，销钉 P 突然被抽掉，因而杆 AB 可以绕 A 点自由转动。试求在销钉 P 刚刚被抽掉的瞬时，杆 AB 的角加速度 α 和销钉 A 处的约束力。

9-24 均质实心圆柱体 A 和薄铁环 B 各重 W，半径都等于 r，两者用杆 AB 相连，无滑动地沿斜面滚下，斜面与水平面的夹角为 θ，如题 9-24 图所示。如杆的质量忽略不计，求杆 AB 的加速度和杆的内力。

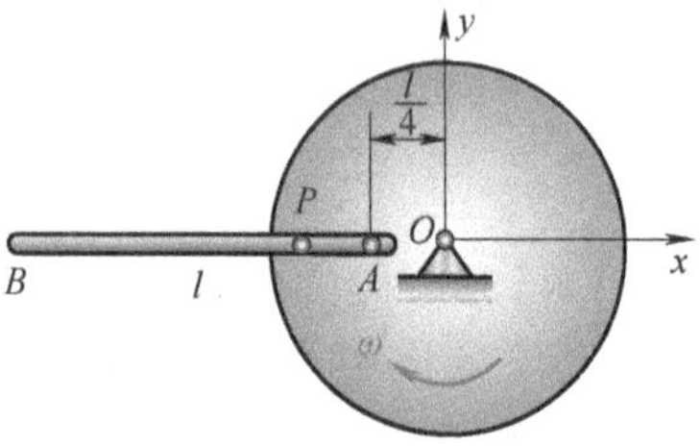

题 9-23 图

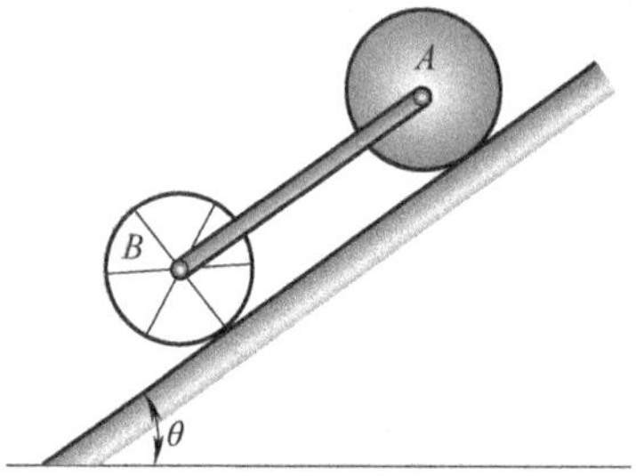

题 9-24 图

9-25 半径为 r 的均质圆柱体重 Q，放在粗糙水平面上，如题 9-25 图所示。设其中心初速度为 $\boldsymbol{v}_0$，方向水平向右，同时以初角速度 ω_0 顺时针转动，且有 $\omega_0 r<v_0$。设圆柱体与水平面间的摩擦系数为 f'，问经多少时间，圆柱体才能只滚不滑地向前运动，此时中心速度是多少？

9-26 如题 9-26 图所示，均质圆柱体重 P，半径为 r，放在倾角为 60°的斜面上。一细绳缠绕在圆柱体上，其一端固定于点 A，此绳与 A 相连部分与斜面平行。若圆柱体与斜面间的摩擦系数 $f=1/3$，试求其沿斜面落下的加速度 $\boldsymbol{a}_C$ 的值。

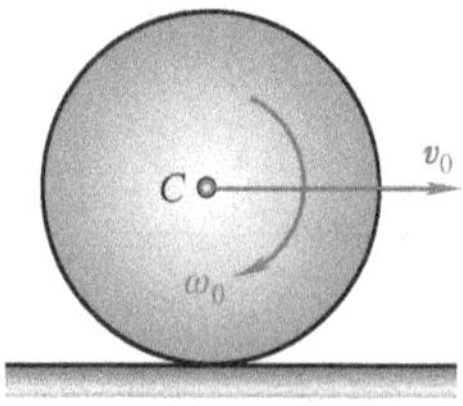

题 9-25 图

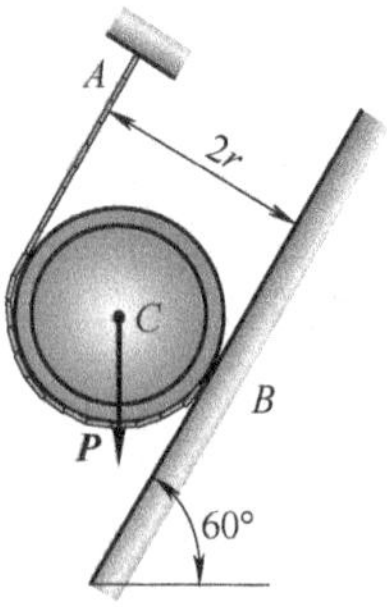

题 9-26 图

9-27　如题 9-27 图所示，均质圆柱体 A 和 B 的重量均为 P，半径均为 r，一绳一端缠在绕固定轴 O 转动的圆柱 A 上，绳的另一端绕在圆柱 B 上。摩擦不计，求圆柱体 B 下落时质心的加速度。

9-28　绕 A 点转动的 AB 杆上有一导槽，套在沿水平面做纯滚动的轮子轴心 O 上，如题 9-28 图所示。已知 AB 杆的质量 $m_1=24\text{kg}$，质心在离 A 点 0.08m 处，对 A 轴的回转半径为 $\rho_A=0.1\text{m}$；轮子的质量 $m_2=16\text{kg}$，半径 $r=0.06\text{m}$，对轮的质心 O 的回转半径 $\rho_O=0.03\text{m}$，除轮子与地面有足够大的摩擦力外，其余各处的摩擦力皆略去不计。试求轮子在图示位置无初速地开始运动时的角加速度。

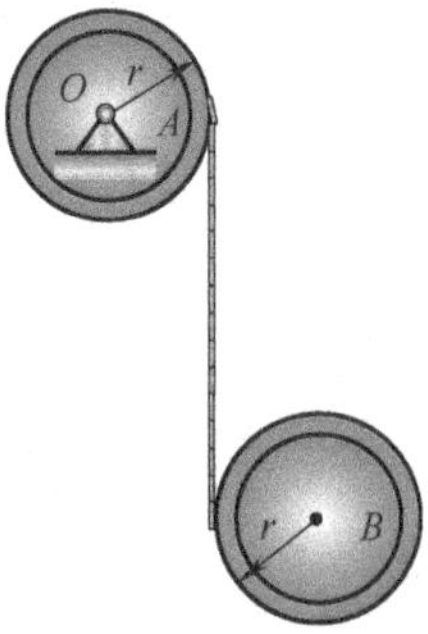

题 9-27 图

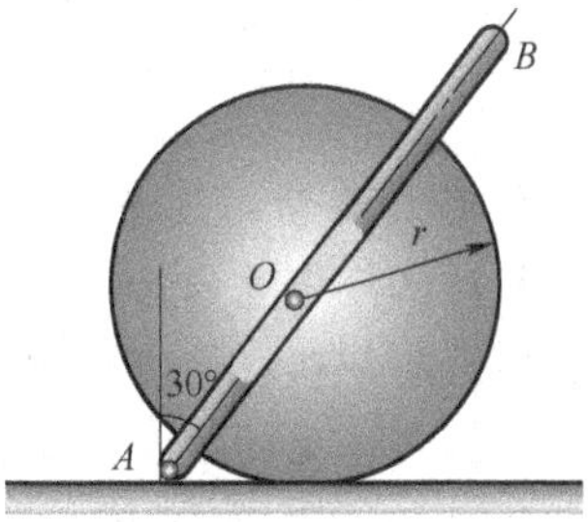

题 9-28 图

9-29　如题 9-29 图所示，半径为 r 的均质圆柱，静止于固定的半径为 R 的大圆柱顶点。受微小扰动后，沿大圆柱表面纯滚动，试求当两圆连心线与铅垂线夹角 φ 为多大时，此圆柱将与固定大圆柱面脱离。

9-30　如题 9-30 图所示，一条水管道有一个 45°的缩小弯头，其进口直径 $d_1=0.45\text{m}$，出口直径 $d_2=0.25\text{m}$，水的流量 $Q=0.28\text{m}^3/\text{s}$，试求弯头的附加动约束力。

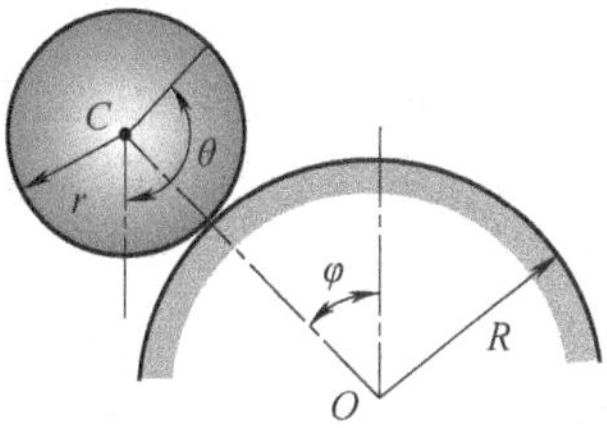

题 9-29 图

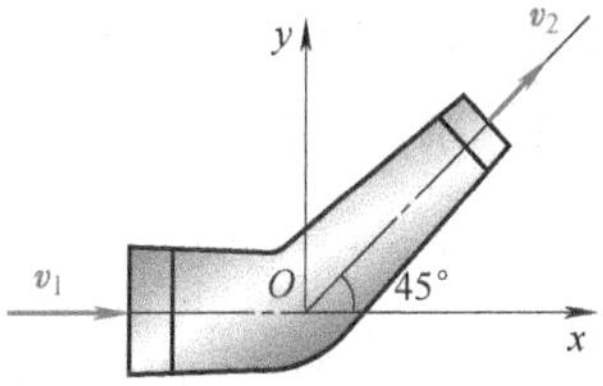

题 9-30 图

9-31　如题 9-31 图所示，求水柱对涡轮固定叶片附加动压力的水平分量。已知水的流量为 Q，密度为 ρ，水冲击叶片的平均速度为 $\boldsymbol{v}_1$，流出速度 $\boldsymbol{v}_2$ 与水平线成 θ 角。

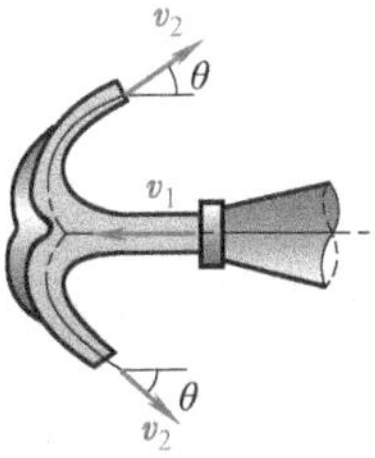

题 9-31 图

第10章 动能定理

能量是自然界各种形式运动的度量，如电能、热能、机械能等，各种能量可以相互转化。例如，当机床的电动机接上电源后开始转动，这时电能转化为机械能；机床在加工时，运动部件因摩擦而发热，有一些机械能转化为热能；物体做自由落体运动时，势能转化为动能等。各种形式的能量相互转化的关系以及机械能量的增减都与功有关。本章通过有关概念讨论物体机械运动中的动能、势能和力的功之间的联系，导出动能定理、机械能守恒定律等，最后介绍功率、功率方程和机械效率。

10.1 质点和质点系的动能

10.1.1 质点的动能

设质点的质量为 m，速度大小为 v，则质点的动能为 $mv^2/2$，它是恒为正的标量，动能与动量一样，也是机械运动的一种度量。动能的单位，在国际单位制中取为焦耳（J）。

10.1.2 质点系的动能

设质点系由 n 个质点组成，则质点系内各质点动能的算术和称为质点系的动能，即

$$T=\sum_{i=1}^{n}\frac{1}{2}m_iv_i^2 \tag{10-1}$$

10.1.3 刚体的动能

刚体是由无数质点组成的质点系。刚体做不同的运动时，其内各点的速度分布不同，所以有不同的动能表达式。

1. 刚体做平动的动能

当刚体做平动时，其上各点的速度都和质心的速度 $\boldsymbol{v}_C$ 相同。如果用 m 表示刚体的质量，则平动刚体的动能为

$$T=\sum\frac{1}{2}m_iv_i^2=\sum\frac{1}{2}m_iv_C^2=\frac{1}{2}(\sum m_i)v_C^2$$

故

$$T=\frac{1}{2}mv_C^2 \tag{10-2}$$

式（10-2）表明：平动刚体的动能等于刚体的质量与其质心速度平方的乘积的一半。可见，平动刚体的动能与质量集中于质心的质点的动能相同。

2. 刚体绕定轴转动的动能

设刚体以角速度 ω 绕固定轴 z 转动（图 10-1），刚体内第 i 个质点的质量为 m_i，到 z 轴的距离为 r_i，则该质点的速度为 $v_i=r_i\omega$，因此刚体的动能为

$$T=\sum\frac{1}{2}m_iv_i^2=\frac{1}{2}\left(\sum m_ir_i^2\right)\omega^2$$

故

$$T=\frac{1}{2}J_z\omega^2 \tag{10-3}$$

式中，$J_z=\sum m_ir_i^2$ 为刚体对转轴 z 的转动惯量。式（10-3）表明：绕固定轴转动刚体的动能等于刚体对转轴的转动惯量与其角速度平方乘积的一半。

3. 刚体做平面运动的动能

取刚体的质心 C 所在的平面图形，该图形在其自身平面内运动。如图 10-2 所示，设平面运动刚体的角速度为 ω，速度瞬心在 P 点，r_i 为任意点 M_i 到 P 点的距离，则平面运动刚体的动能为

$$T=\sum\frac{1}{2}m_iv_i^2=\sum\frac{1}{2}m_ir_i^2\omega^2=\frac{1}{2}\left(\sum m_ir_i^2\right)\omega^2$$

因 $\sum m_ir_i^2=J_P$ 是刚体对瞬心轴的转动惯量，所以有

$$T=\frac{1}{2}J_P\omega^2 \tag{10-4}$$

即刚体做平面运动时其动能等于刚体对瞬心轴的转动惯量与其角速度平方乘积的一半。

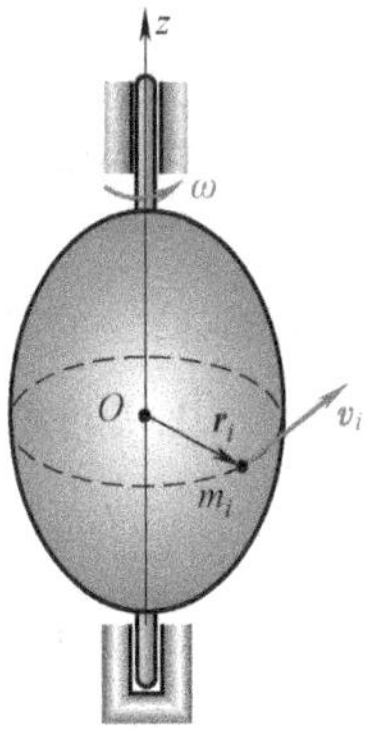

图 10-1

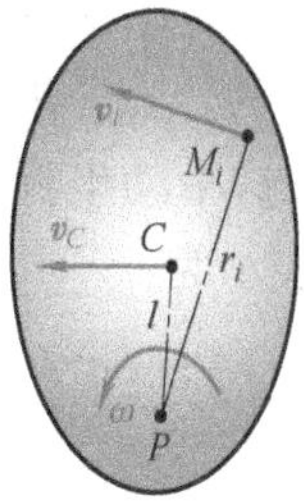

图 10-2

根据计算转动惯量的平行移轴定理有

$$J_P=J_C+ml^2$$

因此，平面运动刚体的动能还可以表示为

$$T=\frac{1}{2}J_C\omega^2+\frac{1}{2}ml^2\omega^2$$

因 $l\omega=v_C$ 是质心 C 的速度，于是有

$$T=\frac{1}{2}mv_C^2+\frac{1}{2}J_C\omega^2 \tag{10-5}$$

即平面运动刚体的动能等于随同质心平动的动能与绕质心转动的动能之和。

例 10-1　如图 10-3 所示，不可伸长的无重绳子绕过重 W 的滑轮 A，绳的一端连接在与滑轮具有相同半径和重量的轮 B 的中心，另一端吊住重为 $\boldsymbol{P}$ 的重物 C。重物 C 由静止开始运动，带动滑轮 A 转动，并使轮 B 无滑动滚动。已知轮 A、B 质量均匀分布，滑轮与绳之间无相对滑动，且不计滑轮轴的摩擦。若重物 C 下落 h 时的速度为 $\boldsymbol{v}$，求此瞬时系统的动能。

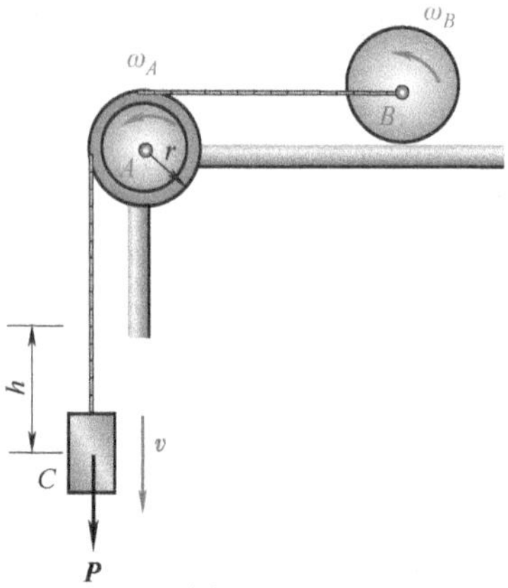

图　10-3

解：取 A、B 轮和重物 C 组成的系统为研究对象。

当重物 C 下落 h 时的速度为 v，轮 A、B 转动的角速度分别为 ω_A 和 ω_B，轮 B 的中心速度为 $r\omega_B$。此时，系统的动能为

$$T=\frac{1}{2}\frac{P}{g}v^2+\frac{1}{2}\left(\frac{1}{2}\frac{W}{g}r^2\right)\omega_A^2+\frac{1}{2}\left(\frac{1}{2}\frac{W}{g}r^2\right)\omega_B^2+\frac{1}{2}\frac{W}{g}(r\omega_B)^2$$

由于 $\omega_A=\frac{v}{r}$，$\omega_B=\frac{v_B}{r}=\frac{v}{r}$，故有

$$T=\frac{1}{2g}(P+2W)v^2$$

10.1.4　柯尼希定理

当质点系中各质点的运动较为复杂时，通过计算每个质点的动能的方法来得出质点系的动能往往不太方便，可以应用柯尼希定理计算质点系动能。

以质点系的质心 C 为原点，取平动坐标系 $Cx_1y_1z_1$（图 10-4），它以质心的速度 $\boldsymbol{v}_C$ 运动。设质点系内任一质点在这平动坐标系中的相对速度为 $\boldsymbol{v}_{ir}$，则由点的速度合成定理，质点系内任一点的速度 $\boldsymbol{v}_i$ 可表示为

$$\boldsymbol{v}_i=\boldsymbol{v}_C+\boldsymbol{v}_{ir}$$

由于

$$v_i^2=\boldsymbol{v}_i\cdot\boldsymbol{v}_i=v_C^2+v_{ir}^2+2\boldsymbol{v}_C\cdot\boldsymbol{v}_{ir}$$

因此质点系的动能为

$$T=\sum\frac{1}{2}m_iv_i^2=\sum\frac{1}{2}m_i(v_C^2+v_{ir}^2+2\boldsymbol{v}_C\cdot\boldsymbol{v}_{ir})$$

$$=\frac{1}{2}\sum m_iv_C^2+\sum\frac{1}{2}m_iv_{ir}^2+\boldsymbol{v}_C\cdot\sum m_i\boldsymbol{v}_{ir}$$

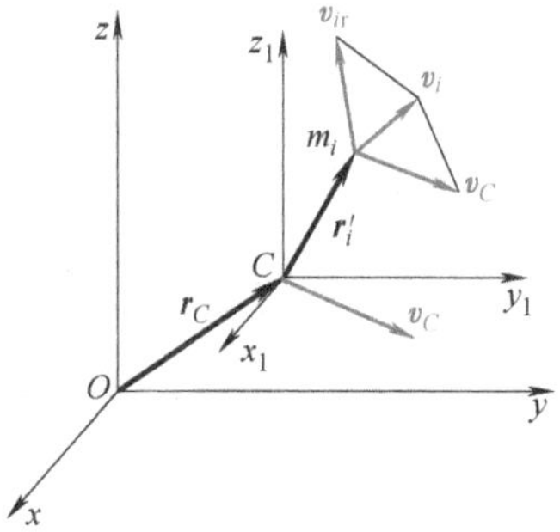

图　10-4

上式右端第三项中 $\sum m_i\boldsymbol{v}_{ir}$ 表示质点系相对质心坐标系运动的动量，根据质心公式，在质心坐标系中有

$$\sum m_i \boldsymbol{r}_i' = m\boldsymbol{r}_C'$$

其中，$\boldsymbol{r}_C'$为质心 C 的相对矢径，故恒为零，所以$\sum m_i \boldsymbol{v}_{ir}$恒等于零。于是

$$T = \frac{1}{2}mv_C^2 + T_r \tag{10-6}$$

式中，$T_r = \sum \frac{1}{2}m_i v_{ir}^2$表示质点系相对于质心平动坐标系运动的动能。即质点系在绝对运动中的动能等于它随质心平动的动能与相对于质心平动坐标系运动的动能之和。这就是柯尼希定理。

例 10-2 试计算以速度 $\boldsymbol{v}_0$ 前进的拖拉机的一条履带的动能（图 10-5）。已知轮轴间的距离为 L，轮的半径是 R，履带单位长度的质量为 ρ。

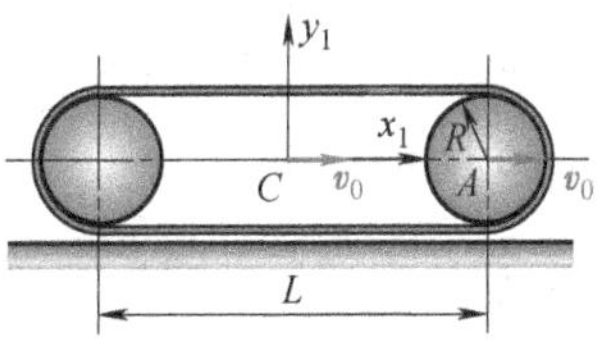

图 10-5

解：由对称性知，履带的质心始终位于两轴连线的中点，且 $\boldsymbol{v}_C = \boldsymbol{v}_0$，而履带各点相对于质心平动坐标系 $Cx_1y_1z_1$ 的速度大小相等，不难求得 $\boldsymbol{v}_r = \boldsymbol{v}_0$，故由柯尼希定理得履带的动能为

$$T = \frac{1}{2}mv_C^2 + \sum \frac{1}{2}m_i v_r^2 = \frac{1}{2}mv_0^2 + \frac{1}{2}\left(\sum m_i\right)v_0^2 = mv_0^2$$

又由题知

$$m = (2L + 2R\pi)\rho = 2(L + R\pi)\rho$$

最后得履带动能为

$$T = 2(L + R\pi)\rho v_0^2$$

10.2 力的功

在第 9 章中我们用冲量描写力在一段时间内对物体作用的累积效应。在这一章中我们用力的功表示力在一段路程上对物体作用的累积效应。下面介绍功的计算方法。

10.2.1 功的一般表达式

作用在质点上的力 $\boldsymbol{F}$ 与质点的无限小位移 $\mathrm{d}\boldsymbol{r}$ 的标积，称为力的元功，以 δW 表示，即

$$\delta W = \boldsymbol{F} \cdot \mathrm{d}\boldsymbol{r} \tag{10-7}$$

亦可写作

$$\delta W = \boldsymbol{F} \cdot \boldsymbol{v}\mathrm{d}t = F\cos\theta \mathrm{d}s = F_t \mathrm{d}s \tag{10-8}$$

式中，θ 为力 $\boldsymbol{F}$ 与轨迹切线间夹角，如图 10-6 所示。

建立直角坐标系 $Oxyz$，力 $\boldsymbol{F}$ 在各轴的投影为 F_x、F_y、F_z，$\mathrm{d}\boldsymbol{r}$ 在各轴上的投影为 $\mathrm{d}x$、$\mathrm{d}y$、$\mathrm{d}z$，于是

$$\boldsymbol{F} = F_x\boldsymbol{i} + F_y\boldsymbol{j} + F_z\boldsymbol{k}$$
$$\mathrm{d}\boldsymbol{r} = \mathrm{d}x\boldsymbol{i} + \mathrm{d}y\boldsymbol{j} + \mathrm{d}z\boldsymbol{k}$$

根据矢量运算规则，得到力的元功的解析表达式：

$$\delta W = F_x\mathrm{d}x + F_y\mathrm{d}y + F_z\mathrm{d}z \tag{10-9}$$

质点从 M_1 运动至 M_2，力所做的元功沿路径 M_1、M_2 的积分为

$$W=\int_{M_1}^{M_2}\boldsymbol{F}\cdot \mathrm{d}\boldsymbol{r} \tag{10-10}$$

$$W=\int_{M_1}^{M_2}F_t \mathrm{d}s \tag{10-11}$$

$$W=\int_{M_1}^{M_2}(F_x\mathrm{d}x+F_y\mathrm{d}y+F_z\mathrm{d}z) \tag{10-12}$$

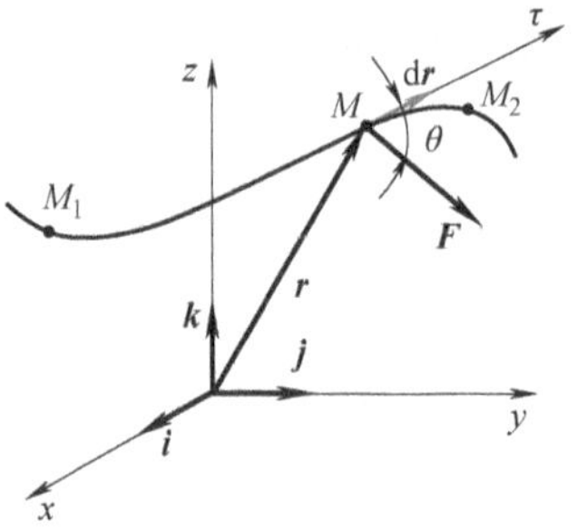

图 10-6

以上各元功表达式的右端，并不一定是某个函数的全微分，所以用 δW 表示元功，而不用 $\mathrm{d}W$。

功的量纲为

$$\dim W=\mathrm{ML}^2\mathrm{T}^{-2}$$

10.2.2 几种常见力的功

1. 重力的功

设物体在运动时只受重力作用，重心沿曲线轨迹由 M_1 运动到 M_2（图 10-7）。

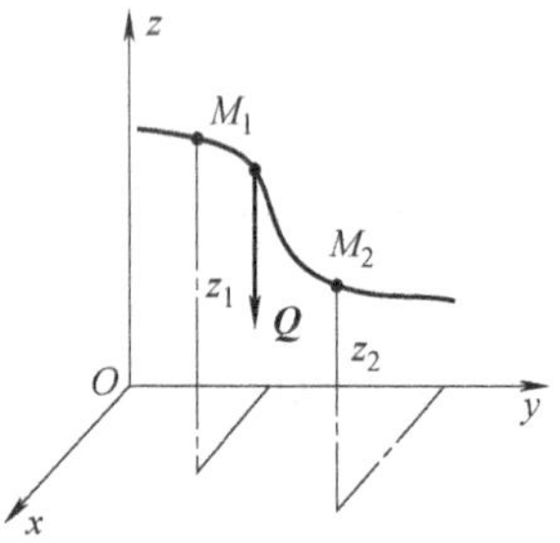

图 10-7

重力 $\boldsymbol{Q}$ 在直角坐标轴上的投影为

$$F_x=0,\quad F_y=0,\quad F_z=-Q$$

应用式（10-12）得

$$W=\int_{z_1}^{z_2}-Q\mathrm{d}z=Q(z_1-z_2) \tag{10-13}$$

由此可见，重力做的功仅与重心的起止位置有关，而与从 M_1 到 M_2 所走的路径无关。当重心下降时，重力做正功；当重心上升时，重力做负功。

2. 弹性力的功

设弹簧原长为 l_0，一端固定，另一端连接质点 M，点 M 从 M_1 位置运动到 M_2 位置（图 10-8）。设弹簧的刚度系数为 k，k 的单位取 N/m，则在弹性范围内，质点 M 所受的弹性力 $\boldsymbol{F}$ 可表示为

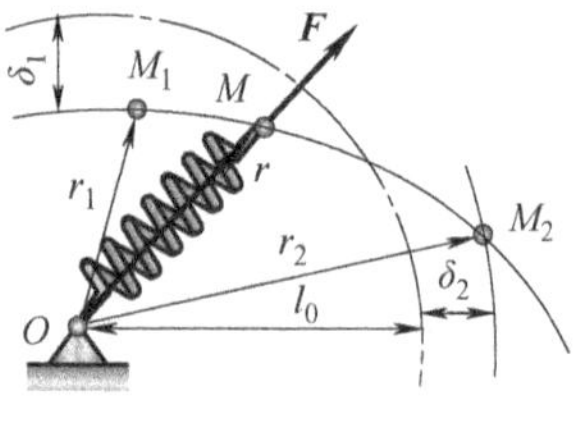

图 10-8

$$\boldsymbol{F}=-k(r-l_0)\boldsymbol{e}_r$$

式中，$\boldsymbol{e}_r=\boldsymbol{r}/r$，为矢量 $\boldsymbol{r}$ 方向的单位矢量。当弹簧伸长时，$r>l_0$，力 $\boldsymbol{F}$ 与 $\boldsymbol{e}_r$ 的方向相反；当弹簧被压缩时 $r<l_0$，力 $\boldsymbol{F}$ 与 $\boldsymbol{e}_r$ 的方向相同。

由式（10-10）得

$$W=\int_{M_1}^{M_2}\boldsymbol{F}\cdot \mathrm{d}\boldsymbol{r}=\int_{M_1}^{M_2}-k(r-l_0)\boldsymbol{e}_r\cdot \mathrm{d}\boldsymbol{r}=-k\int_{M_1}^{M_2}(r-l_0)\frac{\boldsymbol{r}}{r}\cdot \mathrm{d}\boldsymbol{r}$$

由于 $\boldsymbol{r}\cdot \mathrm{d}\boldsymbol{r}=\frac{1}{2}\mathrm{d}(\boldsymbol{r}\cdot\boldsymbol{r})=\frac{1}{2}\mathrm{d}r^2=r\mathrm{d}r$，故有

$$W=-k\int_{r_1}^{r_2}(r-l_0)\,dr=\frac{1}{2}k[(r_1-l_0)^2-(r_2-l_0)^2]$$

即

$$W=\frac{1}{2}k(\delta_1^2-\delta_2^2) \tag{10-14}$$

式中，$\delta_1=r_1-l_0$，$\delta_2=r_2-l_0$，分别为质点 M 在初位置 M_1 时及末位置 M_2 时弹簧的变形。由此可见，弹性力做的功只与 M 点的起止位置有关，而与从 M_1 点运动到 M_2 点的路径无关。

例 10-3　两杆组成的几何可变结构如图 10-9 所示。A 处为固定铰支座，B 处为辊轴支座。销钉 C 上挂一重物 D，质量为 m，一刚度系数为 k 的弹簧两端分别与 AC、BC 的中点连接。弹簧原长 $l_0=AC/2=BC/2$。试求当 $\angle CAB$ 由 60°变为 30°时，重物 D 的重力和弹性力所做的功。

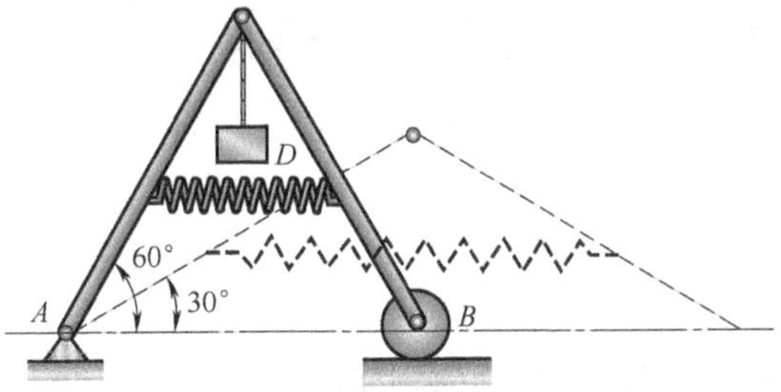

图　10-9

解：1）求重物 D 的重力所做的功。因为重物 D 的下降高度为

$$z_1-z_2=2l_0(\sin60°-\sin30°)=(\sqrt{3}-1)l_0$$

所以重力做的功为

$$W=mg(z_1-z_2)=mg(\sqrt{3}-1)l_0$$

2）求弹性力所做的功。当 $\angle CAB=60°$ 时

$$\delta_1=0$$

当 $\angle CAB=30°$ 时

$$\delta_2=2l_0\cos30°-l_0=(\sqrt{3}-1)l_0$$

所以弹性力的功为

$$W=\frac{1}{2}k(\delta_1^2-\delta_2^2)=-\frac{1}{2}k(\sqrt{3}-1)^2l_0^2=(\sqrt{3}-2)kl_0^2$$

---

3. 滑动摩擦力的功

物体沿图 10-10 所示的粗糙轨道滑动时，动滑动摩擦力 $F'=f'F_N$，其方向总与滑动方向相反，所以功恒为负值，由式（10-11）知

$$W=-\int_{M_1}^{M_2}F'\,ds=-\int_{M_1}^{M_2}f'F_N\,ds \tag{10-15}$$

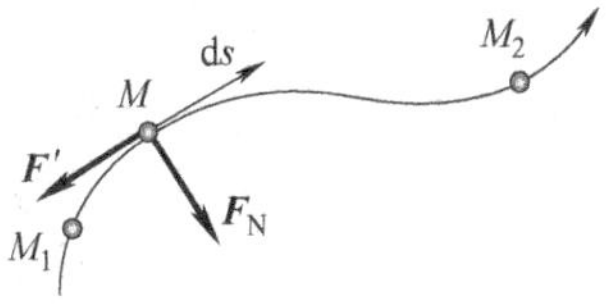

图　10-10

这是曲线积分，因此，动滑动摩擦力的功不仅与起止位置有关，还与路径有关。

4. 只滚不滑处摩擦力的功

当物体沿固定面做只滚不滑运动即纯滚动时，如图 10-11 所示纯滚动的圆轮，它与地面之间没有相对滑动，其滑动摩擦力属于静滑动摩擦力。圆轮纯滚动时，轮与地面的接触点 P 是圆轮在此瞬时的速度瞬心，$v_P=0$，由式（10-10）得

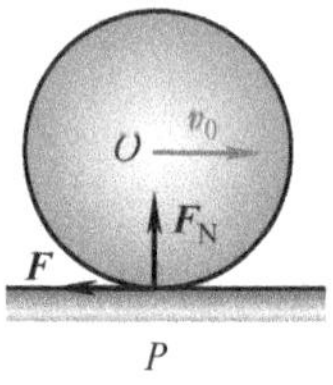

图 10-11

$$\delta W=\boldsymbol{F}\cdot \mathrm{d}\boldsymbol{r}_P=\boldsymbol{F}\cdot \boldsymbol{v}_P\mathrm{d}t=0 \tag{10-16}$$

即圆轮沿固定轨道滚动而无滑动时，滑动摩擦力不做功。

10.2.3 汇交力系合力的功

设在物体的 M 点上作用有 n 个力 $\boldsymbol{F}_1$，$\boldsymbol{F}_2$，…，$\boldsymbol{F}_n$，则该力系有一合力 $\boldsymbol{R}=\sum \boldsymbol{F}_i$ 作用于同一点，故合力功为

$$W=\int_{M_1}^{M_2}\boldsymbol{R}\cdot \mathrm{d}\boldsymbol{r}=\int_{M_1}^{M_2}\sum \boldsymbol{F}_i\cdot \mathrm{d}\boldsymbol{r}=\sum \int_{M_1}^{M_2}\boldsymbol{F}_i\cdot \mathrm{d}\boldsymbol{r}=\sum W_i \tag{10-17}$$

即合力在某一路程上所做的功等于各个分力在同一路程上所做的功的代数和。

10.2.4 作用于刚体上的力系的功

1. 刚体做平动时力系的功

当刚体做平动时刚体内各点的位移相同，如以质心的位移 $\mathrm{d}\boldsymbol{r}_C$ 代表刚体的位移，则作用于刚体上力系的元功之和为

$$\sum \delta W_i=\sum \boldsymbol{F}_i\cdot \mathrm{d}\boldsymbol{r}_C=(\sum \boldsymbol{F}_i)\cdot \mathrm{d}\boldsymbol{r}_C$$

即

$$\sum \delta W_i=\boldsymbol{F}'_{\mathrm{R}}\cdot \mathrm{d}\boldsymbol{r}_C \tag{10-18}$$

式中，$\boldsymbol{F}'_{\mathrm{R}}=\sum \boldsymbol{F}_i$，为作用于刚体上力系的主矢。

2. 刚体绕定轴转动时力系的功

当刚体做定轴转动时（图 10-12），作用在刚体上的力 $\boldsymbol{F}_i$ 的元功为

$$\delta W_i=F_{i\mathrm{t}}\mathrm{d}s_i=F_{i\mathrm{t}}r_i\mathrm{d}\varphi$$

式中，$F_{i\mathrm{t}}r_i=M_z(\boldsymbol{F}_i)$，是力 $\boldsymbol{F}_i$ 对于转轴 z 之矩。于是作用在定轴转动刚体上的力系的元功为

$$\sum \delta W_i=\sum m_z(\boldsymbol{F}_i)\mathrm{d}\varphi=M_z\mathrm{d}\varphi \tag{10-19}$$

式中，$M_z=\sum m_z(\boldsymbol{F}_i)$，为力系对于转轴 z 的主矩。

如果作用在刚体上是力偶，则力偶所做的功仍可用上式计算，其中 M_z 为力偶矩矢 $\boldsymbol{M}$ 在 z 轴上的投影。

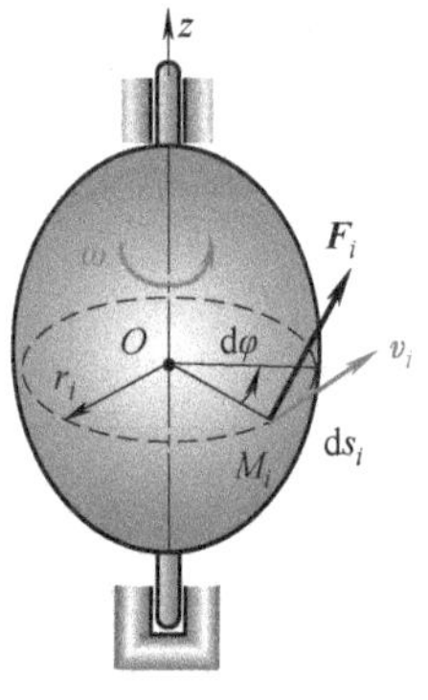

图 10-12

3. 刚体做平面运动时力系的功

选质心 C 为基点建立随同质心平动的坐标系，如图 10-4 所示，根据矢量关系 $\boldsymbol{r}_i=\boldsymbol{r}_C+\boldsymbol{r}'_i$，则力 $\boldsymbol{F}_i$ 的元功为

$$\delta W_i=\boldsymbol{F}_i\cdot \mathrm{d}\boldsymbol{r}_i=\boldsymbol{F}_i\cdot \mathrm{d}\boldsymbol{r}_C+\boldsymbol{F}_i\cdot \mathrm{d}\boldsymbol{r}'_i$$

由于

$$F_i \cdot dr_i' = F_{it} r_i' d\varphi = m_C(F_i) d\varphi$$

代入前式并对所有力求和，得力系的元功计算式为

$$\begin{aligned}\sum \delta W_i &= \sum F_i \cdot dr_C + \sum m_C(F_i) d\varphi \\ &= F_R' \cdot dr_C + M_C d\varphi\end{aligned} \tag{10-20}$$

式中，F_R'是力系的主矢量；$M_C=\sum m_C(F_i)$，是力系对过点 C 轴的主矩。

上面的结果也可表述为刚体做平面运动时，可将作用在刚体上的力系向质心简化为一力和一力偶，力系的元功就等于此力在质心位移上的元功与此力偶在刚体角位移上的元功的和。

上述结论也适用于做任意运动的刚体。

例 10-4　半径为 R 的圆柱体沿固定水平面做纯滚动，试分别求圆心 C 沿其轨迹移动距离 s 时，作用于其上的静滑动摩擦力和滚动摩阻力偶的功（图 10-13）。

解：圆柱体做平面运动。由运动学知，点 B 为圆柱体的速度瞬心。由式（10-16）知，圆柱体沿固定面做纯滚动时，静滑动摩擦力的功为零。

滚动摩阻力偶的功可利用滚动摩阻力偶矩 $M=\delta F_N$ 来计算，所以它的元功为

$$\delta W = -M d\varphi = -\frac{\delta F_N}{R} ds$$

如 F_N 及 R 均为常量，滚动一段路程 s 后滚动摩阻力偶的功为

$$W = \int_0^s -\frac{\delta F_N}{R} ds = -\frac{\delta F_N}{R} s$$

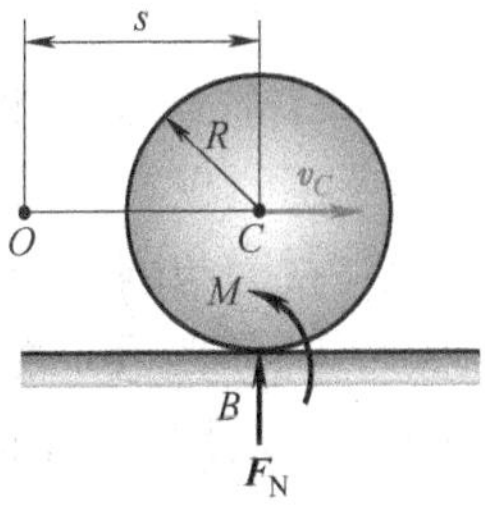

图　10-13

可见滚动摩阻力偶的功为负功，且其绝对值 $|W|$ 与圆柱半径成反比。

10.2.5　质点系内力做的功

内力总是成对出现，设质点系中质点 A 和质点 B 之间的相互作用为 F_A 和 F_B（图 10-14）。根据作用力与反作用定律有

$$F_A = -F_B$$

这时作用力的元功之和为

$$\delta W = F_A \cdot dr_A + F_B \cdot dr_B = F_A \cdot d(r_A - r_B)$$

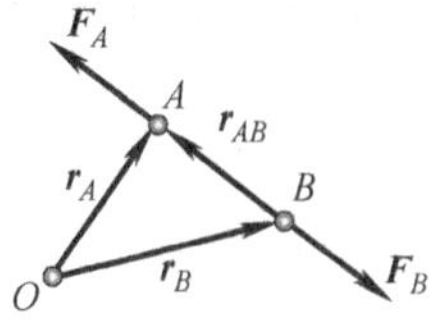

图　10-14

即

$$\delta W = F_A \cdot dr_{AB} \tag{10-21}$$

式中，r_{AB}为点 A 相对于点 B 的矢径；dr_{AB}为 A 相对 B 的相对位移。在一般质点系中，两个质点之间的距离是可变的，因而，可变质点系内力所做功的和一般不等于零，弹性力就是一个例子。但是，刚体内任意两点间的距离始终保持不变，所以刚体内力做功的和恒等于零。

10.2.6　约束力的功

在许多情形下约束力不做功或者约束力做功之和等于零，即 $\sum \delta W_{iN}=0$，这种约束称为

理想约束。现在将常见的几种做功为零的约束力说明如下。

（1）光滑的固定支承面、轴承、销钉和滚动支座约束

在此情形下约束力 $\boldsymbol{F}_N$ 总是和它作用点的微小位移 $d\boldsymbol{r}$ 相垂直，如光滑的固定支承面约束（图 10-15），所以约束力 $\boldsymbol{F}_N$ 的元功恒为零。

（2）光滑活动铰链约束

当两个刚体由光滑铰链连接而一起运动时，如图 10-16 所示，由于接触点（相互作用力的作用点）可视为总是重合的，即 $\boldsymbol{r}_{AB}=0$，因此 $d\boldsymbol{r}_{AB}=0$，根据式（10-21），约束力的元功之和也为零。

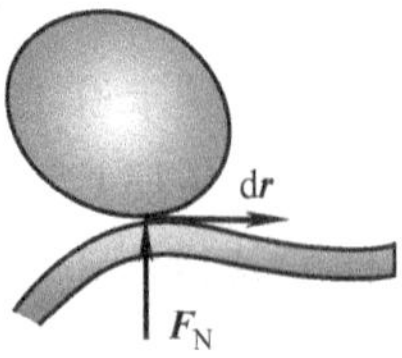

图 10-15

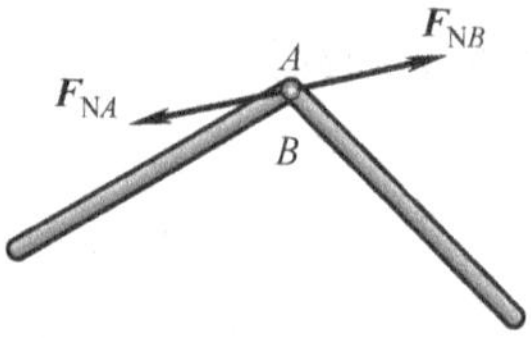

图 10-16

（3）柔软而不可伸长的绳索约束

由于绳索仅在拉紧时才受力，而绳索具有不可伸长的性质，故绳上任一截面之间的相互作用力可视为与刚体之间的作用类似，因此其内力的元功之和等于零。

（4）物体沿固定曲面做纯滚动

当物体沿固定曲面做纯滚动时，法向约束力的功为零，由例 10-4 知，静滑动摩擦力的功为零，滚动摩阻力偶功为 $W=-\frac{\delta F_N}{R}s$，如不计滚动摩阻力偶时，此类约束也属于理想约束。

10.3 动能定理和功率方程

动能定理建立了作用在物体上的力的功和物体动能改变之间的关系。现在直接从牛顿定律出发导出动能定理。

10.3.1 质点的动能定理

设质点质量为 m，在合力 $\boldsymbol{F}$ 作用下沿曲线运动，取质点的运动微分方程的矢量形式：

$$m\frac{d\boldsymbol{v}}{dt}=\boldsymbol{F}$$

在方程两边分别点乘 $\boldsymbol{v}dt$ 和 $d\boldsymbol{r}$，得

$$m\frac{d\boldsymbol{v}}{dt}\cdot\boldsymbol{v}dt=\boldsymbol{F}\cdot d\boldsymbol{r}$$

等号右端为 $\boldsymbol{F}$ 在 $d\boldsymbol{r}$ 上的元功 δW，左端又可改写为

$$md\boldsymbol{v}\cdot\boldsymbol{v}=\frac{m}{2}d(\boldsymbol{v}\cdot\boldsymbol{v})=d\left(\frac{1}{2}mv^2\right)$$

故得

$$\mathrm{d}\left(\frac{1}{2}mv^2\right)=\delta W \tag{10-22}$$

式（10-22）表明：质点动能的微分等于作用于质点上的力的元功。这是质点动能定理的微分形式。

设质点从 M_1 位置沿曲线运动到 M_2 位置时，它的速度的大小由 v_1 变为 v_2，积分式（10-22），得

$$\frac{1}{2}mv_2^2-\frac{1}{2}mv_1^2=W_{12} \tag{10-23}$$

式（10-23）表明：质点的动能在某一路程上的改变，等于作用在质点上的力在同一路程上所做的功。这是质点动能定理的积分形式。

由式（10-22）、式（10-23）可见，力做正功，质点动能增加；力做负功，质点动能减少。

10.3.2　质点系动能定理

设质点系由 n 个质点组成。对每一个质点写出其动能定理的微分形式，则有

$$\mathrm{d}\left(\frac{1}{2}m_iv_i^2\right)=\delta W_i^{\mathrm{e}}+\delta W_i^{\mathrm{i}}$$

式中，δW_i^{e}、δW_i^{i}分别为作用于该质点上的外力与内力在微小路程上的元功。对以上 n 个方程求和，有

$$\sum\mathrm{d}\left(\frac{1}{2}m_iv_i^2\right)=\sum\delta W_i^{\mathrm{e}}+\sum\delta W_i^{\mathrm{i}}$$

由于 $\sum\mathrm{d}\left(\frac{1}{2}m_iv_i^2\right)=\mathrm{d}\sum\left(\frac{1}{2}m_iv_i^2\right)=\mathrm{d}T$，上式可写成

$$\mathrm{d}T=\sum\delta W_i^{\mathrm{e}}+\sum\delta W_i^{\mathrm{i}}$$

在讨论力的功时，我们知道，在一般情况下，质点系内力功之和 $\sum\delta W_i^{\mathrm{i}}$ 不等于零。为了应用上的方便，质点系动能定理还可以表述为另一种形式，即把作用在质点系上的所有的力，不按外力与内力分类，而以主动力与约束力来分类，因此有

$$\mathrm{d}T=\sum\delta W_{i\mathrm{F}}+\sum\delta W_{i\mathrm{N}}$$

式中，$\sum\delta W_{i\mathrm{F}}$、$\sum\delta W_{i\mathrm{N}}$分别表示主动力和约束力的元功。在理想约束条件下，$\sum\delta W_{i\mathrm{N}}=0$，于是上式可写成

$$\mathrm{d}T=\sum\delta W_{i\mathrm{F}} \tag{10-24}$$

即在理想约束条件下，质点系动能的微分等于作用于该质点系的全部主动力的元功的总和。式（10-24）称为质点系动能定理的微分形式。

对式（10-24）积分，得

$$T_2-T_1=\sum W_{i\mathrm{F}} \tag{10-25}$$

式中，T_1 和 T_2 分别表示质点系在某一段运动过程的起点和终点的动能。式（10-25）表明：在理想约束条件下，质点系在某一段运动过程中，动能的改变量等于作用于质点系的全部主动力在这段过程中所做功的总和。式（10-25）称为质点系动能定理的积分形式。

由式（10-25）可见，式中不包含理想的约束力，因此在求解动力学问题时，如不需要

求出这些做功为零的约束力，则应用此式显得特别方便。当约束不是理想情形时，如考虑摩擦力做功，则可把摩擦力当作主动力看待，从而式（10-25）仍可应用。

例 10-5　置于水平面内的行星齿轮机构的曲柄 OO_1 受不变力矩 M 的作用而绕固定轴 O 转动，由曲柄带动的齿轮Ⅰ在固定齿轮Ⅱ上滚动（图 10-17）。设曲柄 OO_1 长为 l，质量为 m，并认为是均质细杆；齿轮Ⅰ的半径为 r_1，质量为 m_1，并认为是均质圆盘。试求曲柄由静止转过 φ 角后的角速度和角加速度（不计摩擦）。

解：取整个系统为研究对象。曲柄和齿轮Ⅰ分别做定轴转动和平面运动。由速度分析可得出曲柄的角速度 ω 和齿轮Ⅰ的角速度 ω_1 的关系是 $r_1\omega_1=l\omega$，故整个系统的动能为

$$T=\frac{1}{2}J_O\omega^2+\frac{1}{2}m_1v_{O_1}^2+\frac{1}{2}J_{O_1}\omega_1^2$$

$$=\frac{1}{2}\frac{ml^2}{3}\omega^2+\frac{1}{2}m_1(l\omega)^2+\frac{1}{2}\frac{m_1r_1^2}{2}\left(\frac{l\omega}{r_1}\right)^2$$

$$=\frac{1}{2}\left(\frac{m}{3}+\frac{3m_1}{2}\right)l^2\omega^2$$

图　10-17

系统在水平面内运动，重力不做功。此外，光滑铰链及光滑接触面等所有约束力做功之和为零。只有主动力矩 M 做正功，由式（10-25）得

$$\frac{1}{2}\left(\frac{m}{3}+\frac{3m_1}{2}\right)l^2\omega^2-0=M\varphi$$

故可求出曲柄的角速度：

$$\omega^2=\frac{12M}{(2m+9m_1)l^2}\varphi \tag{a}$$

$$\omega=\sqrt{\frac{12M}{(2m+9m_1)l^2}\varphi} \tag{b}$$

式（b）表示的是 ω 与 φ 的函数关系，将式（a）两边对时间 t 求导数，有

$$2\omega\frac{\mathrm{d}\omega}{\mathrm{d}t}=\frac{12M}{(2m+9m_1)l^2}\frac{\mathrm{d}\varphi}{\mathrm{d}t}$$

注意其中 $\frac{\mathrm{d}\omega}{\mathrm{d}t}=\alpha$，$\frac{\mathrm{d}\varphi}{\mathrm{d}t}=\omega$，消去 ω 后得到

$$\alpha=\frac{6M}{(2m+9m_1)l^2}$$

本例由于方程中不出现约束力而使解题过程大大简化。

例 10-6　滑块 A 质量为 $m_1=40\text{kg}$，可沿倾角为 $\theta=30°$ 的斜面滑动（图 10-18）。滑块连接在不可伸长的绳上。绳绕过质量为 $m_2=4\text{kg}$ 的定滑轮 B 缠绕在均质圆柱 O 上。圆柱的质量 $m_3=80\text{kg}$，可沿水平面只滚不滑。在圆柱中心 O 连接一刚度系数 $k=100\text{N/m}$ 的弹簧。忽略绳的质量、滚动摩擦及滑轮轴上的摩擦，滑块与斜面间的动滑动摩擦系数 $f'=0.15$。求当滑块沿斜面下滑 $s=1\text{m}$ 时的速度和加速度。初瞬时系统处于静止，弹簧未变形，滑轮的质量沿边缘均匀分布。

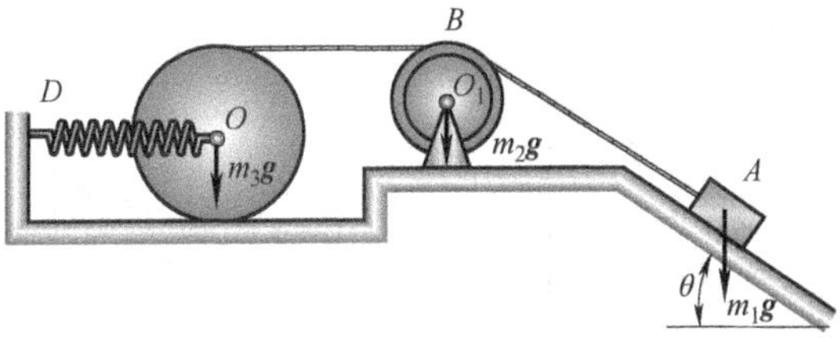

图 10-18

解：研究整个系统。设滑块 A 沿斜面下滑一段距离 s 时，速度为 $\boldsymbol{v}_A$，则系统的动能为

$$\begin{aligned}T_2 &=\frac{1}{2}m_1v_A^2+\frac{1}{2}J_{O_1}\omega_B^2+\frac{1}{2}m_3v_O^2+\frac{1}{2}J_O\omega_O^2\\&=\frac{1}{2}m_1v_A^2+\frac{1}{2}m_2v_A^2+\frac{1}{2}m_3\left(\frac{v_A}{2}\right)^2+\frac{1}{4}m_3\left(\frac{v_A}{2}\right)^2\\&=37v_A^2\end{aligned}$$

系统的初动能 $T_1=0$。

在计算功时，要计算摩擦力的功。做功的力还有滑块的重力和弹簧力。因此

$$\begin{aligned}\sum W_{iF} &=m_1gs\sin\theta-f'm_1gs\cos\theta+\frac{k}{2}(0-\delta_2^2)\\&=m_1gs(\sin\theta-f'\cos\theta)-\frac{k}{8}s^2\\&=145.1s-12.5s^2\end{aligned}$$

把这些结果代入式（10-25）中，得出

$$v_A^2=3.92s-0.34s^2 \tag{*}$$

当滑块沿斜面下滑 $s=1\text{m}$ 时，速度为

$$v_A=1.89\text{m/s}$$

把式（*）两边对时间求导数，消去等式两边的 v_A，得出

$$a_A=1.96-0.34s$$

当 $s=1\text{m}$ 时

$$a_A=1.62\text{m/s}^2$$

例 10-7 匀质细直杆 AB 长为 l，质量为 m，上端 B 靠在光滑铅直墙面上，下端与匀质圆柱的中心 A 铰接（图 10-19a）。圆柱的质量为 $m_{柱}$，半径为 R，放在粗糙的水平面上做纯滚动，其滚动摩阻忽略不计。当 AB 杆与水平线的夹角 $\theta=45°$时，该系统由静止开始运动，试求此瞬时圆柱质心 A 的加速度。

解：本题为已知主动力求加速度 $\boldsymbol{a}_A$，宜用微分形式的动能定理求解。取整个系统为研究对象，杆 AB 和圆柱 A 都做平面运动，受力及运动分析如图 10-19b 所示。点 P 和 D 分别为圆柱和杆在图示任意位置时的速度瞬心。以 ω_1 和 ω_2 分别表示杆和圆柱的角速度，$\boldsymbol{v}_A$ 和 $\boldsymbol{a}_A$ 分别表示点 A 的速度和加速度，$\boldsymbol{v}_C$ 表示杆 AB 质心 C 的速度。根据微分形式的动能定理，有

$$\mathrm{d}T=\sum\delta W \tag{a}$$

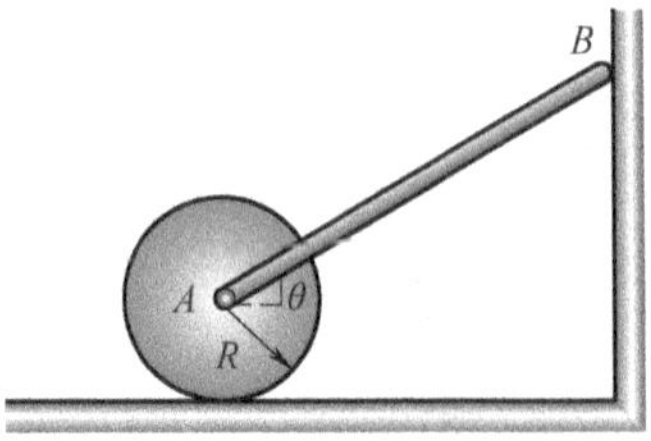

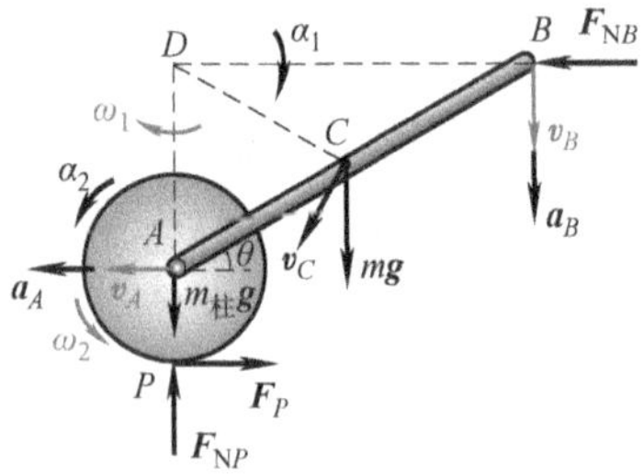

图 10-19

其中

$$T=\frac{1}{2}mv_C^2+\frac{1}{2}\left(\frac{ml^2}{12}\right)\omega_1^2+\frac{1}{2}m_{柱}\,v_A^2+\frac{1}{2}\left(\frac{1}{2}m_{柱}\,R^2\right)\omega_2^2 \tag{b}$$

因为 $v_A=R\omega_2$，又 $\omega_1=\frac{v_A}{AD}=\frac{v_A}{l\sin\theta}$，$v_C=DC\cdot\omega_1=\frac{v_A}{2\sin\theta}$。把上述表达式代入式（b），得系统的动能

$$T=\frac{1}{12}\left(\frac{2m}{\sin^2\theta}+9m_{柱}\right)v_A^2 \tag{c}$$

由于系统为理想约束，只有重力 mg 做功，所以元功为

$$\sum\delta W_{iF}=mg\mathrm{d}y_C=mgv_C\cos\theta\mathrm{d}t=\frac{1}{2}mgv_A\cot\theta\mathrm{d}t \tag{d}$$

把式（c）和（d）代入式（a），同时注意到 $\dot{\theta}=-\omega_1=-\frac{v_A}{l\sin\theta}$，得

$$\frac{1}{6}\left[a_A\left(\frac{2m}{\sin^2\theta}+9m_{柱}\right)+2v_A^2\,\frac{m\cos\theta}{l\sin^4\theta}\right]v_A\mathrm{d}t=\frac{1}{2}mgv_A\cot\theta\mathrm{d}t$$

故

$$a_A=\frac{3mg\cot\theta-2mv_A^2\,\frac{\cos\theta}{l\sin^4\theta}}{\frac{2m}{\sin^2\theta}+9m_{柱}} \tag{e}$$

因为在运动的初瞬时 $\theta=45°$，$v_A=0$，代入式（e）得该瞬时圆柱质心 A 的加速度

$$a_A=\frac{3m}{4m+9m_{柱}}g(\text{水平向左})$$

讨论：

1）如果将 $\theta=45°$代入式（c），系统的动能在 $\theta=45°$时的值为

$$T=\frac{1}{12}(4m+9m_{柱})v_A^2 \tag{f}$$

将式（f）微分，再与式（d）一起代入式（a），同样可得 $a_A=\frac{3m}{4m+9m_{柱}}g$，但是，这种

做法在概念上是错误的。取式（f）的微分，在效果上是将式（c）中的参数视做常量，而实际上系统动能的微分应看作变量。请读者考虑这样做为何能达到与正确解法同样的结果？

2）本题也可分别取圆柱和杆子为研究对象，应用刚体平面运动微分方程，或相对于速度瞬心轴的动量矩定理，或达朗贝尔原理进行求解，读者可自行练习。

10.3.3 功率方程

在工程实际中，不仅要知道一部机器能做多少功，更需要知道单位时间能做多少功。单位时间力所做的功称为功率，以 P 表示，即

$$P=\frac{\delta W}{\mathrm{d}t} \tag{10-26}$$

由于力的元功为 $\delta W=\boldsymbol{F}\cdot \mathrm{d}\boldsymbol{r}$，因此功率可表示为

$$P=\boldsymbol{F}\cdot\frac{\mathrm{d}\boldsymbol{r}}{\mathrm{d}t}=\boldsymbol{F}\cdot\boldsymbol{v}=F_{\mathrm{t}}v \tag{10-27}$$

式（10-27）表明：功率等于切向力的大小与力作用点速度大小的乘积。

如果力是作用于定轴转动刚体上，则力的功率为

$$P=\frac{\delta W}{\mathrm{d}t}=M_z\frac{\mathrm{d}\varphi}{\mathrm{d}t}=M_z\omega \tag{10-28}$$

式（10-28）表明：作用于定轴转动刚体上的力的功率等于该力对转轴之矩与刚体转动角速度的乘积。

在国际单位制中，功率的单位为 W（1W=1J/s），常用单位还有 kW。

在工程实际中还常用［米制］马力（ps）和英制马力（hp）。各种单位制的换算关系为

$$1\mathrm{ps}=735.5\mathrm{W}$$

$$1\mathrm{hp}=745.7\mathrm{W}$$

取质点系动能定理的微分形式，两边除以 dt 得

$$\frac{\mathrm{d}T}{\mathrm{d}t}=\sum_{i=1}^{n}\frac{\delta W_i}{\mathrm{d}t}=\sum_{i=1}^{n}P_i \tag{10-29}$$

式（10-29）称为功率方程，即质点系动能对时间的一阶导数等于作用于质点系的功率。

功率方程给出了动能变化率与功率之间的关系。动能与速度有关，其变化率含有加速度项，因而功率方程也就给出了系统的加速度与作用力之间的关系。由于功率方程中不含理想约束的约束力，因而用功率方程求解系统的加速度，建立系统的微分方程是很方便的。

10.4 势力场·势能·机械能守恒定律

10.4.1 势力场

如果质点在某一空间内的任何位置都受有一定大小和方向的力的作用，这部分空间就称为力场。如果质点在某一力场内运动时，场力对于质点所做的功仅与质点的起止位置有关，而与质点运动的路径无关，则这样的力场称为势力场，或保守力场。质点在势力场内所受的

力称为有势力或保守力。重力、弹性力、万有引力都具有这种特性。而有些力，譬如摩擦力，就不具有这种特性。

10.4.2 势能

在势力场中，质点从点 M 运动到任选的点 M_0，有势力所做的功称为质点在点 M 相对于点 M_0 的势能，以 V 表示，则

$$V=\int_{M}^{M_0}\boldsymbol{F}\cdot\mathrm{d}\boldsymbol{r}=\int_{M}^{M_0}F_x\mathrm{d}x+F_y\mathrm{d}y+F_z\mathrm{d}z \tag{10-30}$$

显然，质点在点 M_0 处的势能恒等于零，我们称它为零势能点。在势力场中，势能的大小是相对于零势能点而言的。为了比较同一势力场中质点在不同位置时势能的大小，必须取同一个零势能点 M_0，若质点在 M_1 和 M_2 处的势能为 V_1 和 V_2，则

$$V_1=\int_{M_1}^{M_0}\boldsymbol{F}\cdot\mathrm{d}\boldsymbol{r},\quad V_2=\int_{M_2}^{M_0}\boldsymbol{F}\cdot\mathrm{d}\boldsymbol{r}$$

由于势力场中零势能点 M_0 可以任意选取，因此对于不同的零势能点，同一位置的势能可以有不同的数值。

现在计算两种常见的势力场中的势能。

（1）重力场

对于重力场，如把零势能点选在图 10-7 中 Oxy 平面（$z_0=0$）内，则质点在任一位置处的重力势能为

$$V=\int_{z}^{z_0}-Q\mathrm{d}z=Qz \tag{10-31}$$

（2）弹性力场

对于弹性力场，如把零势能点选在图 10-8 中 $r=l_0$（弹簧原长）处，则任一位置处的弹性势能为

$$V=\frac{1}{2}(r-l_0)^2=\frac{1}{2}k\delta^2 \tag{10-32}$$

以上讨论的是一个质点受到一个有势力作用时，势能的定义及其计算，对于受有 n 个有势力作用的质点系，计算它在某位置的势能，必须选择一个“零位置”，在这个位置上，各有势力各有相对应的零势能点。质点系从某位置到零位置的运动过程中，有势力所做功的代数和称为质点系在某位置的势能。

以质点系在重力场中的势能为例，质点系由某一位置运动到零位置时，重力做的功的总和即为质点系在该位置的势能，即

$$V=P(z_C-z_{C0}) \tag{10-33}$$

式中，z_C、z_{C0}为质点系的质心坐标，若取 $z_{C0}=0$ 为零位置，则 $V=Pz_C$。

10.4.3 有势力的功和势能的关系

质点系在势力场中运动，有势力的功可用势能计算。

设某个有势力的作用点在质点系的运动过程中，从点 M_1 到点 M_2，则该力所做的功为 W_{12}。

若另取一点 M_0，从 M_1 到 M_0、M_2 到 M_0 有势力所做的功分别为 W_{10}和 W_{20}。由于有势力

的功与轨迹形状无关，因此可以认为质点从 M_1 经过点 M_2 到点 M_0，于是有势力的功为

$$W_{10}=W_{12}+W_{20}$$

或

$$W_{12}=W_{10}-W_{20}$$

选取 M_0 为零势能点，则 M_1 和 M_2 处的势能分别等于从这两点到零势能点做的功，即

$$V_1=W_{10},\quad V_2=W_{20}$$

于是得

$$W_{12}=V_1-V_2 \tag{10-34}$$

即有势力所做的功等于质点系在运动过程的初始与终了位置的势能的差。

容易证明，当质点系受数个有势力作用，在势力场中运动时，各有势力所做功的代数和等于质点系在运动过程的初始与终了位置的势能的差。

10.4.4 有势力和势能的关系

如前所述，势能的大小因其在势力场中的位置不同而异，可表示为坐标的单值连续函数 $V(x,y,z)$，称为势能函数。由式（10-30）得

$$V=\int_{M}^{M_0}(F_x\mathrm{d}x+F_y\mathrm{d}y+F_z\mathrm{d}z)$$

或

$$V=-\int_{M_0}^{M}(F_x\mathrm{d}x+F_y\mathrm{d}y+F_z\mathrm{d}z)$$

注意到有势力的功与路径无关，其元功必是函数 V 的全微分，即

$$\mathrm{d}V=-(F_x\mathrm{d}x+F_y\mathrm{d}y+F_z\mathrm{d}z)$$

由高等数学知，V 的全微分表达式为

$$\mathrm{d}V=\frac{\partial V}{\partial x}\mathrm{d}x+\frac{\partial V}{\partial y}\mathrm{d}y+\frac{\partial V}{\partial z}\mathrm{d}z$$

比较上面两式得到

$$\left.\begin{aligned}F_x&=-\frac{\partial V}{\partial x}\\F_y&=-\frac{\partial V}{\partial y}\\F_z&=-\frac{\partial V}{\partial z}\end{aligned}\right\} \tag{10-35}$$

式（10-35）表明：有势力在各轴上的投影等于势能函数对于相应坐标的偏导数的负值。

10.4.5 机械能守恒定律

设质点系的有势力的总功为 W_{12}，由式（10-34）有

$$W_{12}=V_1-V_2$$

根据质点系的动能定理知

$$W_{12}=T_2-T_1$$

于是可得

$$T_2+V_2=T_1+V_1=\text{常量} \tag{10-36}$$

质点系的动能与势能之和称为机械能，式（10-36）表明：质点系在势力场内运动时机械能保持不变，这就是机械能守恒定律。

当质点系在非保守力作用下运动时，机械能不再守恒。例如，摩擦力做功时总是使机械能减少，值得注意的是减少的能量并未消灭，而是转化为其他形式的能量（如热能），总能量仍然是守恒的。今以 W_{12}^{R}代表非保守力的功，则式（10-36）可改写为

$$T_1+V_1=T_2+V_2+W_{12}^{\mathrm{R}}$$

令 $E_1=T_1+V_1$，$E_2=T_2+V_2$，则

$$E_1=E_2+W_{12}^{\mathrm{R}}$$

或

$$E_1-E_2=W_{12}^{\mathrm{R}} \tag{10-37}$$

式（10-37）表明：机械能的变化等于非保守力的功。

例 10-8　质量为 $m_1=10\text{kg}$ 的均质圆盘用铰链与质量 $m_2=5\text{kg}$ 的均质杆 AB 相连，如果安装成如图 10-20a 所示位置即 $\theta=60°$时，系统处于静止状态。求杆 AB 落到 $\theta=0°$位置时的角速度。假定圆盘是无滑动地滚动，略去导轨与滑块间的摩擦和圆盘的尺寸。

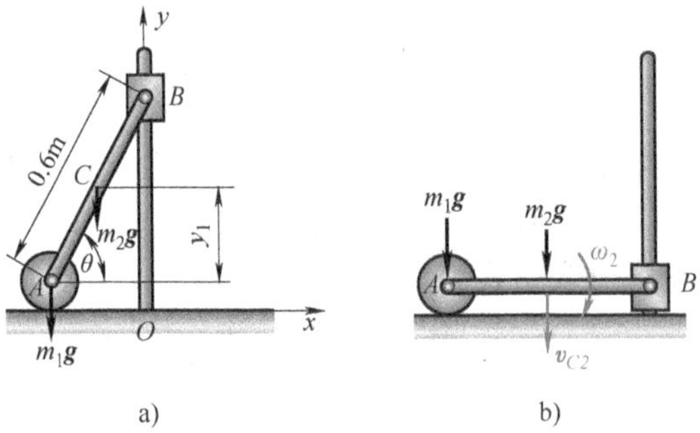

图　10-20

解：杆 AB 做平面运动，圆盘和杆 AB 处于初位置时如图 10-20a 所示，处于末位置时如图 10-20b 所示。建立平面坐标系 Oxy，当处于初位置时，系统处于静止，这时动能 $T_1=0$。若选过 A 点的水平面为零势面，则势能 $V_1=m_2gy_1$；当系统达到末位置即 $\theta=0°$时，杆 AB 具有角速度 ω_2，这时动能 $T_2=\dfrac{1}{2}m_2v_{C2}^2+\dfrac{1}{2}J_C\omega_2^2$，而势能 $V_2=0$。按机械能守恒定律得

$$T_1+V_1=T_2+V_2$$

即

$$0+m_2gy_1=\frac{1}{2}m_2v_{C2}^2+\frac{1}{2}J_C\omega_2^2+0 \tag{a}$$

也就是

$$5\times9.8\times(0.3\sin60°)=\frac{1}{2}(5v_{C2}^2)+\frac{1}{2}\times\frac{1}{12}\times5(0.6\omega_2)^2 \tag{b}$$

由于 A 点为速度瞬时中心，则有质心 C 的速度

$$v_{C2}=0.3\omega_2 \tag{c}$$

将式（c）代入式（b）可得

$$\omega_2=6.5\text{rad/s}$$

10.5 动力学普遍定理的综合应用

动量定理、动量矩定理和动能定理通常称为动力学的普遍定理。这些定理从不同的方面给出了研究对象（质点或质点系）的运动特征量和力的作用量之间的关系。它们可分为两类：动量定理和动量矩定理属于一类，动能定理属于另一类。前者是矢量形式，后者是标量形式；两者都用于研究机械运动，而后者还用于研究机械运动与其他运动形式有能量转化的问题。

质点系动力学普遍定理提供了求解质点和质点系动力学问题的一般方法。由于各个定理有各自的特点，这就需要根据问题的性质和所给的条件及要求，恰当地选择合适的定理。由于选用普遍定理解题有相当的灵活性，不可能定出几条固定不变的规则，因而综合应用普遍定理求解动力学问题必须根据问题的具体条件和要求灵活掌握。下面介绍求解动力学综合应用问题的一般方法和步骤，仅供参考。

10.5.1 一般方法

1）首先判断是否是某种运动守恒问题，如动量守恒、质心运动守恒、动量矩守恒或相对于质心的动量矩守恒等。若是守恒问题，可根据相应的守恒定律求未知的运动（速度、角速度或位移）。

2）对于非自由质点系，建立动力学方程时，若已知主动力求质点系的运动，最好使方程中不包含未知的约束力。这时，如果质点系在保守力作用下（或有非保守力作用，但非保守力不做功），用机械能守恒定律较为方便。如约束力不做功可用质点系动能定理。如约束力与某定轴相交或平行，可用质点系动量矩定理。如约束力均与某轴垂直，可用质点系动量定理或质心运动定理在此轴上的投影式。

3）若已知运动（包括用动能定理和动量矩定理求得的运动），求质点系的约束力。通常用动量定理（包括质心运动定理）和动量矩定理。若要求的是内力，则需取分离体或用动能定理。

4）对于既要求运动又要求力的综合性问题，总的思路是，先求运动，再求力。对有的问题虽只求运动，但问题比较复杂时，往往用一个定理不能求解。以上两种问题需要综合应用动力学普通定理求解，求解时还要充分利用题中的附加条件（如运动学关系、库仑摩擦定律等），增列补充方程，使方程中的未知数与方程数相等，方能求解。

10.5.2 解题步骤

1）选取研究对象。首先明确所研究的质点系包括哪些物体，是整个系统还是其中的某一部分。

2）物体的受力分析和运动分析。根据所选研究对象，画出受力图和运动分析图；分清

每个物体的运动形式、特点，为计算基本物理量和建立运动学补充方程做准备。

3）选择定理。根据以上分析及对已知量和待求量的分析，选取合适的定理，建立方程式。

4）求解并讨论。

例 10-9 如图 10-21 所示长为 l 的均质杆 OA，在 A 点铰接一半径 $r=l/3$ 的均质圆盘。杆与圆盘的质量均为 m。开始时用绳 AB 吊起，使杆 OA 处于水平。试求：割断绳 AB 瞬时及绳割断后杆下落到铅垂位置时轴承 O 的约束力。

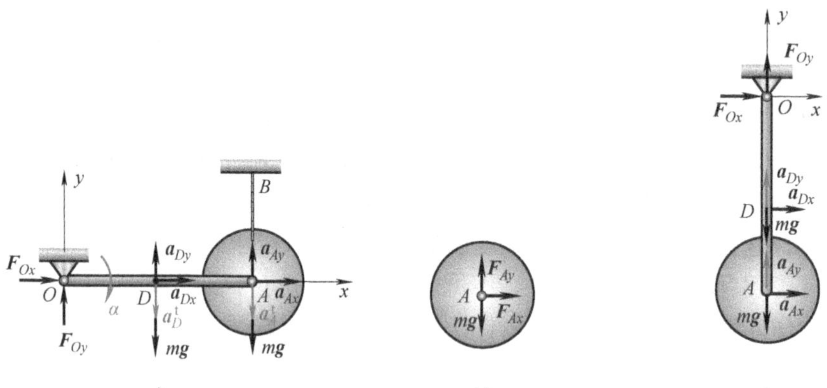

图 10-21

解： 此题为已知主动力求约束力的问题，须先求得加速度。

以圆盘为研究对象。圆盘在任一位置受力如图 10-21b 所示，根据相对质心的动量矩定理：

$$J_A\alpha_A=M_A^e=0$$

即 $\omega_A=$常数，由于初瞬时 $\omega_{A0}=0$，故

$$\omega_A=0$$

这说明圆盘始终做平动，而没有转动。

以整体为研究对象，其受力如图 10-21a 所示，应用对固定轴 O 的动量矩定理：

$$\frac{\mathrm{d}L_O}{\mathrm{d}t}=M_O^e$$

对系统运动的任一瞬时，存在下列关系：

$$\frac{\mathrm{d}L_O}{\mathrm{d}t}=\frac{\mathrm{d}}{\mathrm{d}t}(J_O\omega+mv_Al)=J_O\alpha+ma_A^tl=(J_O+ml^2)\alpha$$

故对绳子割断之瞬时，可以写出

$$(J_O+ml^2)\alpha=mg\left(\frac{l}{2}\right)+mgl=\frac{3}{2}mgl$$

由此，并注意到 $J_O=\frac{1}{3}ml^2$，可以解出

$$\alpha=\frac{9}{8}\frac{g}{l}$$

由运动学知 $a_D^{\mathrm{t}}=\dfrac{l}{2}\alpha$，$a_A^{\mathrm{t}}=l\alpha$，由于在绳子割断瞬时 $\omega=0$，故 $a_D^{\mathrm{n}}=a_A^{\mathrm{n}}=0$。

再由质心运动定理：

$$m_{总}\,a_{Cx}=\sum F_{ix}^{\mathrm{e}},\quad m_{总}\,a_{Cy}=\sum F_{iy}^{\mathrm{e}}$$

由此对整体有

$$ma_{Dx}+ma_{Ax}=F_{Ox}$$
$$ma_{Dy}+ma_{Ay}=F_{Oy}-2mg$$

由于在绳子割断瞬时，$a_{Dx}=a_{Ax}=0$，$a_{Dy}=-a_D^{\mathrm{t}}=-\dfrac{l}{2}\alpha$，$a_{Ay}=-a_A^{\mathrm{t}}=-l\alpha$，代入上式可得

$$F_{Ox}=0$$
$$F_{Oy}=2mg-\frac{3}{2}ml\alpha=2mg-\frac{3}{2}ml\left(\frac{9}{8}\frac{g}{l}\right)=0.31mg$$

当 OA 杆下落到铅垂位置时，整体的受力图如图 10-21c 所示。先由动能定理求 OA 杆自水平位置转到铅垂位置时的角速度 ω，故由动能定理：

$$T_2-T_1=\sum W_{i\mathrm{F}}$$

其中

$$T_1=0,\quad T_2=\frac{1}{2}J_O\omega^2+\frac{1}{2}mv_A^2$$
$$\sum W_{i\mathrm{F}}=mg\left(\frac{l}{2}\right)+mgl=\frac{3}{2}mgl$$

并注意到 $J_O=\dfrac{1}{3}ml^2$，$v_A=l\omega$，代入上式可得

$$\frac{1}{2}J_O\omega^2+\frac{1}{2}mv_A^2=\frac{3}{2}mgl$$

即

$$\omega^2=\frac{9}{4}\frac{g}{l}$$

再求 OA 杆在铅垂位置时的角加速度，对整体应用对固定点 O 的动量矩定理：

$$J_O\alpha+ml^2\alpha=0$$

由此得

$$\alpha=0$$

再根据质心运动定理，以整体有

$$ma_{Dx}+ma_{Ax}=F_{Ox}$$
$$ma_{Dy}+ma_{Ay}=F_{Oy}-2mg$$

但运动学关系变为

$$a_{Dx}=-a_D^{\mathrm{t}}=-\frac{l}{2}\alpha=0,\quad a_{Dy}=a_D^{\mathrm{n}}=\frac{l}{2}\omega^2$$
$$a_{Ax}=-a_A^{\mathrm{t}}=-l\alpha=0,\quad a_{Ay}=a_A^{\mathrm{n}}=l\omega^2$$

由此解得

$$F_{Ox}=0$$

$$F_{Oy}=2mg+\frac{3}{2}ml\omega^2=2mg+\frac{3}{2}ml\left(\frac{9}{4}\frac{g}{l}\right)=5.38mg$$

例 10-10 匀质杆 AB，质量为 m，长度为 l，偏置在粗糙平台上，如图 10-22a 所示。由于自重，直杆自水平位置，即 $\theta=0°$开始，无初速地绕台角 E 转动，当转至 θ_1 位置时，开始滑动。若已知质心偏置系数 K 和静滑动摩擦系数 f_s，求将要滑动时的角度 θ_1。

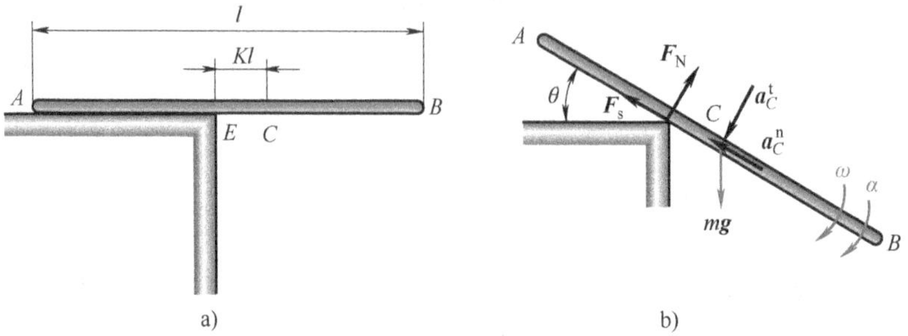

图 10-22

解： 本题的关键在于，求出杆绕台角 E 转至角度 θ_1 时的摩擦力 $F_s=F_{max}=f_sF_N$。先求运动后求力，宜用动能定理先求 ω。

假设物体绕 E 点转至角度 θ_1 时，它的角速度为 ω，依据动能定理，有

$$\frac{1}{2}J_E\omega^2-0=mgKl\sin\theta_1$$

式中，

$$J_E=\frac{1}{12}ml^2+mK^2l^2$$

得

$$\omega^2=\frac{2gK\sin\theta_1}{\left(\frac{1}{12}+K^2\right)l}=\frac{24gK\sin\theta_1}{(1+12K^2)l} \tag{a}$$

再列杆 AB 对点 E 的定轴转动微分方程：

$$J_E\alpha=mgKl\cos\theta_1$$

得

$$\alpha=\frac{gK\cos\theta_1}{\left(\frac{1}{12}+K^2\right)l}=\frac{12gK\cos\theta_1}{(1+12K^2)l} \tag{b}$$

由式（a）、式（b），可求质心的加速度

$$\left.\begin{aligned}a_C^n&=Kl\omega^2=\frac{24K^2\sin\theta_1}{1+12K^2}g\\a_C^t&=Kl\alpha=\frac{12K^2\cos\theta_1}{1+12K^2}g\end{aligned}\right\} \tag{c}$$

应用质心运动定理

$$ma_C^{\mathrm{n}} = F_{\mathrm{s}} - mg\sin\theta_1$$

$$ma_C^{\mathrm{t}} = mg\cos\theta_1 - F_{\mathrm{N}} \tag{d}$$

将式（c）代入式（d），解得

$$F_{\mathrm{s}} = mg\frac{24K^2\sin\theta_1}{1+12K^2} + mg\sin\theta_1 \tag{e}$$

$$F_{\mathrm{N}} = mg\cos\theta_1 - mg\frac{12K^2\cos\theta_1}{1+12K^2} \tag{f}$$

将式（e）及式（f）代入 $F_{\mathrm{s}} = f_{\mathrm{s}}F_{\mathrm{N}}$，得

$$mg\frac{24K^2\sin\theta_1}{1+12K^2} + mg\sin\theta_1 = f_{\mathrm{s}}\left(mg\cos\theta_1 - mg\frac{12K^2\cos\theta_1}{1+12K^2}\right)$$

即

$$(36K^2+1)\sin\theta_1 = f_{\mathrm{s}}\cos\theta_1$$

$$\tan\theta_1 = \frac{f_{\mathrm{s}}}{1+36K^2}$$

得

$$\theta_1 = \arctan\left(\frac{f_{\mathrm{s}}}{1+36K^2}\right)$$

例 10-11　如图 10-23 所示，缠绕在半径为 $2r$ 的定滑轮 O 上的不可伸长的细绳，跨过半径为 r 的动滑轮 C，另一端固定在 A 点，绳子的伸出段均铅直。定滑轮和动滑轮均可视为质量为 m 的匀质圆盘。动滑轮的轮心 C 上悬挂一质量也为 m 的物块 D。假设绳子与滑轮间无相对滑动，轴承 O 处的摩擦和绳子的重量均忽略不计。若在轮 O 上作用一矩为 M 的常值力偶，试求：（1）物块 D 的加速度；（2）绳子 AB 段的拉力。

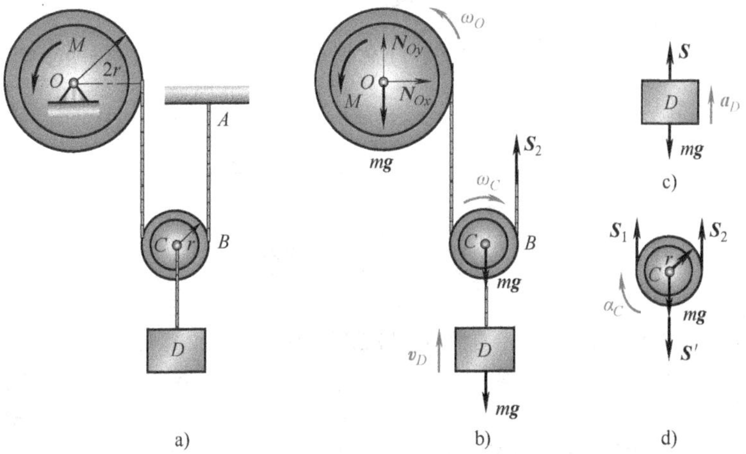

图　10-23

解：1）求物块 D 的加速度 a_D。取整个系统为研究对象，如图 10-23b 所示。任一瞬时系统的动能为

$$T=\frac{1}{2}J_O\omega_O^2+\frac{1}{2}mv_C^2+\frac{1}{2}J_C\omega_C^2+\frac{1}{2}mv_D^2$$
$$=\frac{1}{2}\times\frac{1}{2}m(2r)^2\left(\frac{2v_D}{2r}\right)^2+\frac{1}{2}mv_D^2+\frac{1}{2}\times\frac{1}{2}mr^2\left(\frac{v_D}{r}\right)^2+\frac{1}{2}mv_D^2$$
$$=\frac{9}{4}mv_D^2$$

当物块 D 上升 $\mathrm{d}s$ 时，系统主动力的元功之和

$$\sum\delta W_{iF}=M\mathrm{d}\varphi-2mg\mathrm{d}s=\left(\frac{M}{r}-2mg\right)\mathrm{d}s$$

根据动能定理：

$$\mathrm{d}T=\sum\delta W_{iF}$$

有

$$\frac{9}{2}mv_D\mathrm{d}v_D=\left(\frac{M}{r}-2mg\right)\mathrm{d}s$$

上式两边同除以 $\mathrm{d}t$，且注意到，$\mathrm{d}v_D/\mathrm{d}t=a_D$，$\mathrm{d}s/\mathrm{d}t=v_D$，可求得

$$a_D=\frac{2}{9mr}(M-2mgr) \tag{a}$$

2）求绳 AB 段拉力。先取物块 D 为研究对象（图 10-23c）。根据牛顿第二定律

$$m\boldsymbol{a}=\boldsymbol{F} \tag{b}$$

有

$$ma_D=S-mg \tag{c}$$

再取轮 C 为研究对象（图 10-23d）。根据刚体平面运动微分方程有

$$ma_C=S_1+S_2-mg-S' \tag{d}$$

$$\frac{1}{2}mr^2\alpha_C=(S_1-S_2)r \tag{e}$$

联立求解（b）、（c）、（d）、（e）四式，注意到 $a_C=r\alpha_C$，$S=S'$，可得所求绳 AB 段拉力；即

$$S_2=\frac{3}{4}ma_D+mg=\frac{M}{6r}+\frac{2}{3}mg$$

思考题

10-1 圆轮在矩为 M 的力偶作用下沿直线轨道做无滑动地滚动，如图 10-24 所示。接触处动滑动摩擦系数为 f'，圆轮重为 W，半径为 R。试问圆轮转过一圈，外力做功之和等于多少？

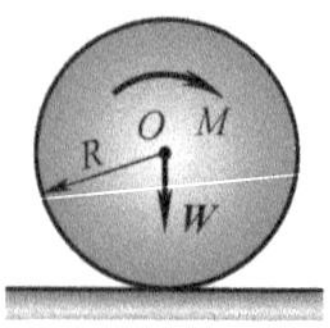

图 10-24

10-2 图 10-25a 中，圆轮在 $\boldsymbol{F}$ 作用下纯滚动，轮心移动距离 s 时，则 $\boldsymbol{F}$ 力的功 $W_F=F\cdot s$；图 10-25b 中，圆轮由细绳缠绕下滑距离 s 时，则 $W=-F\cdot s$，对吗？

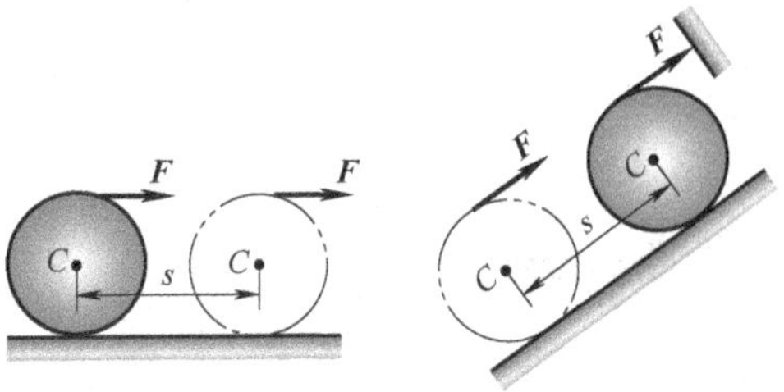

a)　　　b)

图 10-25

10-3 在图 10-26a 中，物块 A 质量为 m_1，杆 AB 质量为 m_2，则系统的总动能为 $T=\frac{1}{2}m_1v^2+\frac{1}{2}m_2\left(v+\frac{l}{2}\omega\right)^2$ 对吗？在图 10-26b 中，齿轮 C 与齿条 OA 的接点为 B，若齿轮的质量为 m，且相对齿条 OA 以 ω_2 滚动，齿条以角速度 ω_1 绕 O 点转动，则齿轮的动能为 $T=\frac{1}{2}m(\omega_2R)^2+\frac{1}{2}J_C(\omega_2-\omega_1)^2$ 对吗？

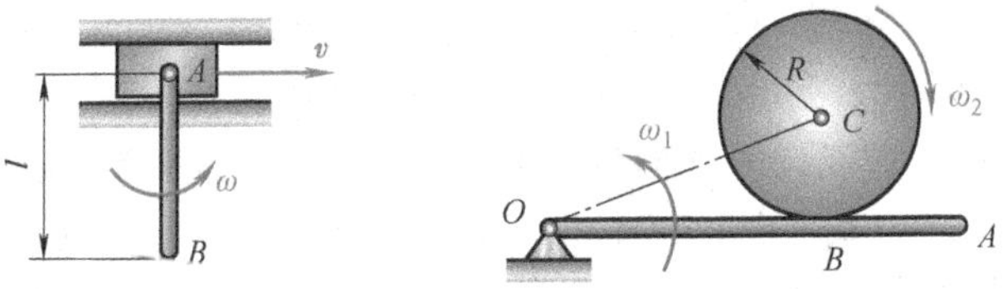

a)　　　b)

图 10-26

10-4 如图 10-27 所示质量为 m_1 的均质杆 OA，一端铰接在质量为 m_2 的均质圆盘中心，另一端放在水平面上，圆盘在地面上做纯滚动，圆心速度为 $\boldsymbol{v}$，则系统的动能为多少？

10-5 如图 10-28 所示，质量为 m 的均质细圆环半径为 R，其上固结一个质量也为 m 的质点 A。细圆环在水平面上做纯滚动，图示瞬时角速度为 ω，则系统的动能为多少？

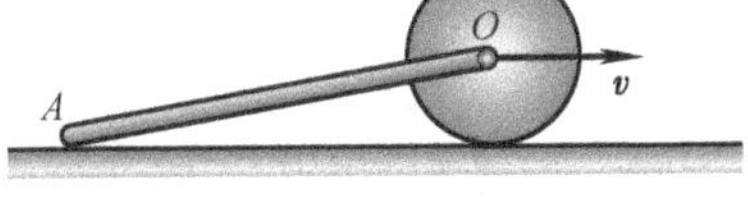

图 10-27

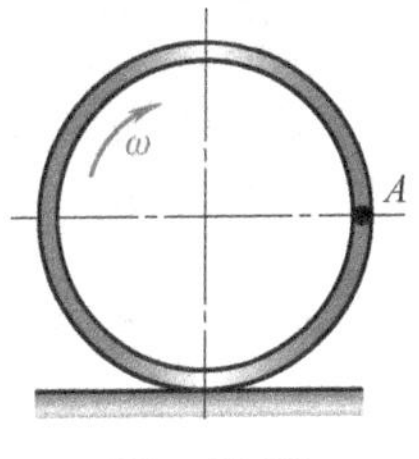

图 10-28

10-6 圆盘可绕 O 轴转动，图示瞬时角速度为 ω。质量为 m 的小球 A 沿圆盘径向运动，如图 10-29 所示，当 $OA=s$ 时相对于圆盘的速度为 $\boldsymbol{v}_r$，则质点 A 对轴 O 的动量矩的大小为多少？

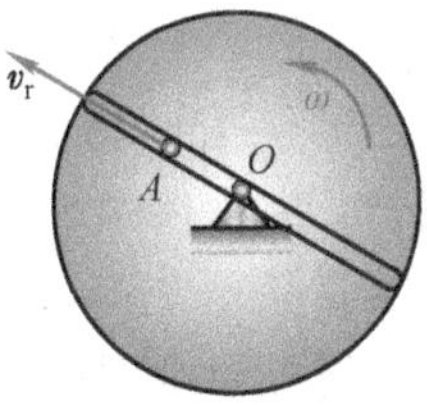

图 10-29

10-7 图 10-30 所示一端固结于 O 点的弹簧，另一端可自由运动，弹簧原长 $l_0=2b/3$，弹簧的刚度系数为 k，若以 B 点为零势能点，则 A 处的弹性势能为多少？

10-8 如图 10-31 所示两种不同材料的均质细长杆焊接成直杆 ABC，AB 段为一种材料，长度为 a，质量为 m_1；BC 段为另一种材料，长度为 b，质量为 m_2，杆 ABC 以匀角速度 ω 绕轴 A 转动，则其对轴 A 的动量矩大小为多少？

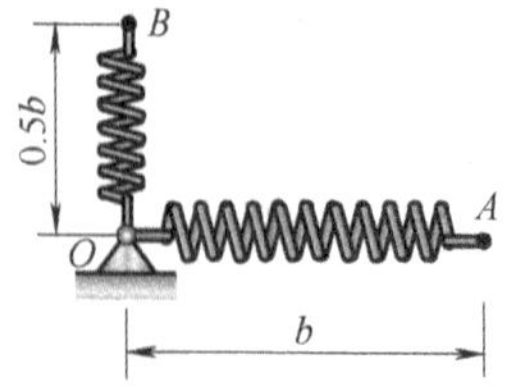

图 10-30

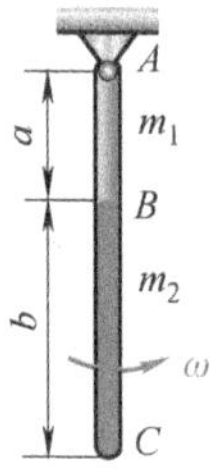

图 10-31

习题

10-1 计算题 10-1 图示各系统的动能 T：

（1）如题 10-1 图 a 所示，三角滑块 A 以速度 $\boldsymbol{v}_1$ 沿水平面滑动，而滑块 B 以相对速度 $\boldsymbol{v}_2$ 沿滑块 A 斜面滑下。A、B 滑块质量分别为 m_1、m_2。

（2）如题 10-1 图 b 所示，汽车以速度 $\boldsymbol{v}_0$ 沿平直道路行驶。已知汽车的总质量为 m，轮子的质量均为 m_1，半径均为 r 且可视为均质圆盘，共有 6 个轮子。（车轮沿地面纯滚动）

（3）如题 10-1 图 c 所示，半径为 R、质量为 m_1 的均质圆轮 A，沿水平直线轨道做无滑动地滚动，轮心的速度为 $\boldsymbol{v}$；均质摆杆 AB，在 A 端与轮 A 质心铰接，其质量为 m_2，长为 l，相对 A 摆动的角速度为 $\dot{\varphi}$。

（4）如题 10-1 图 d 所示天车，质量 $m_1 = 1200\text{kg}$，速度 $v = 100\text{cm/s}$，重物质量 $m_2 = 400\text{kg}$，摆动角速度 $\omega = 0.5\text{rad/s}$，摆长 $l = 1\text{m}$，摆角 $\theta = 30°$。

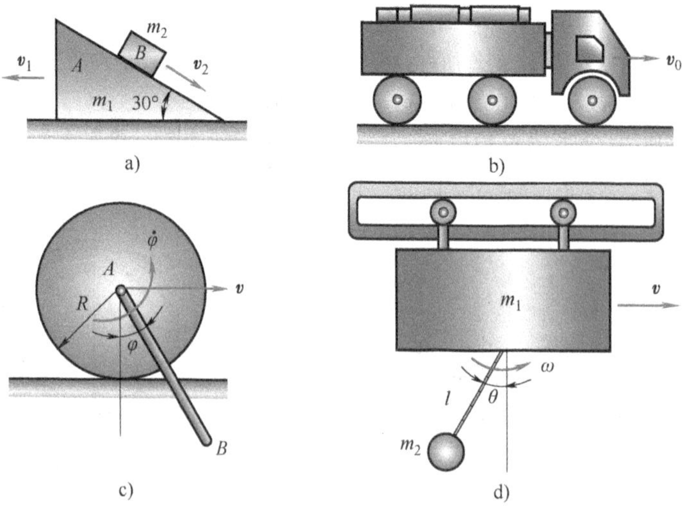

题 10-1 图

10-2 如题 10-2 图所示，均质轮 O 和 A，质量和半径均相同，分别为 m 和 R。轮 O 以角速度 ω 做定轴转动，并通过绕在两轮上的无重细绳带动轮 A 在与直绳部分平行的平面上做纯滚动。试求系统所具有的动能。

10-3 曲柄 OA 可绕固定齿轮Ⅰ的轴 O 转动，A 端带有动齿轮Ⅱ，两齿轮用链条相连，如题 10-3 图所示。如已知两齿轮的半径均为 r，重量均为 P，且可视为均质圆盘；曲柄长为 l，重量为 Q，可视为均质细杆；链条的重为 W，可视为不可伸长的均质细绳。求曲柄以匀角速度 ω 转动时系统的动能。

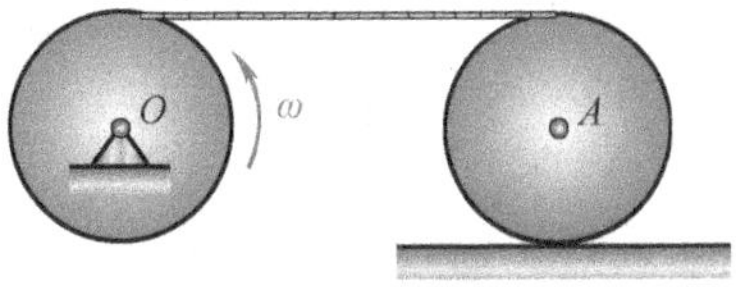

题 10-2 图

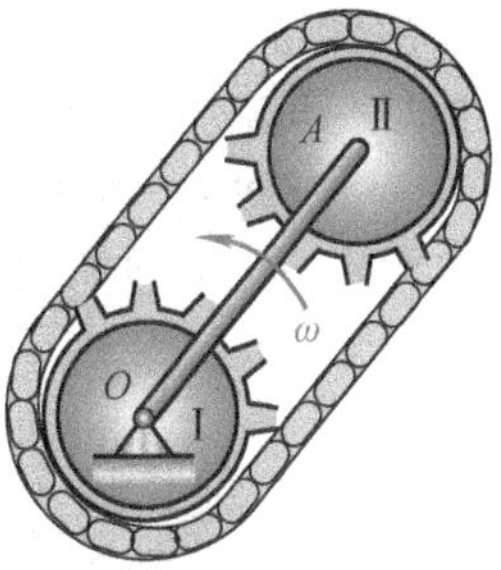

题 10-3 图

10-4 长为 l、重为 P 的均质杆 OA 以球铰链 O 固定，并以等角速度 ω 绕铅直线转动，如题 10-4 图所示。如杆与铅直线的交角为 θ，求杆的动能。

10-5 如题 10-5 图所示，一纯滚圆轮重 P，半径为 R 和 r，拉力 $\boldsymbol{F}$ 与水平成 θ 角，轮与支承水平面间的静摩擦系数为 f，滚动摩阻系数为 δ。求轮心 C 移动 s 过程中所有力的功。

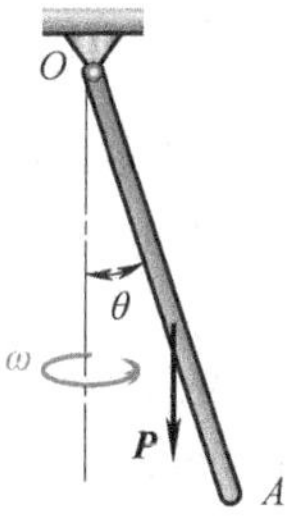

题 10-4 图

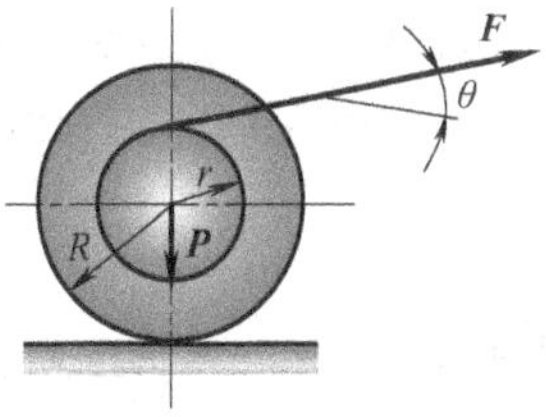

题 10-5 图

10-6 如题 10-6 图所示，弹簧原长 $l=0.1\text{m}$，刚度系数 $k=4.9\text{kN/m}$，一端固定在点 O，此点在半径为 $R=0.1\text{m}$ 的圆周上。如弹簧的另一端由点 B 拉至点 A 和由点 A 拉至点 D，分别计算弹簧力所做的功。$AC\perp BC$，OA 和 BD 为直径。

10-7 如题 10-7 图所示，两个弹簧用布条连在一起，弹簧的拉力最初为 600N，刚度系数均为 $k=2\text{kN/m}$。质量为 40kg 的物体 A 从高 h 处自由落下，重物落到布条上以后下沉的最大距离为 1m。不计弹簧与布条的质量，求高度 h。

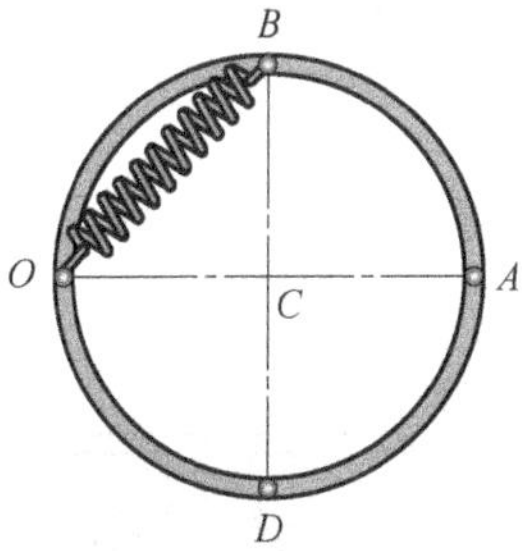

题 10-6 图

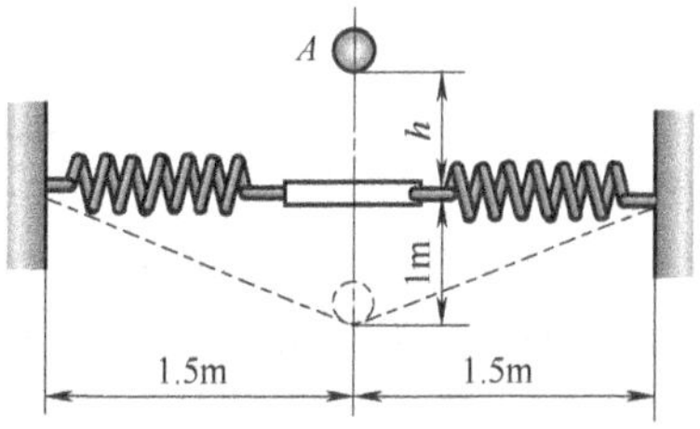

题 10-7 图

10-8 弯成直角、重 $2P$ 的均质杆（题 10-8 图），可在水平面 Oxy 内绕定轴 Oz 转动，同时带动由铰链连接的连杆 AA_1 和 BB_1 以及各重 Q 的滑块 A_1 和 B_1 运动。已知 $OA=OB=AA_1=BB_1=b$，$\angle AOA_1=45°$，连杆为重 P 的均质杆。设在杆 AOB 上作用一不变转矩 M，初始时杆 AOB 的角速度等于零，求它转过 N 转时的角速度。

10-9 长为 b、质量为 m_0 的两均质杆 AB 和 BC 在 B 点用铰链相连。杆 AB 的 A 端和固定铰链支座相连，杆 BC 在 C 处用铰链与一均质圆柱体连接（题 10-9 图）。圆柱的质量为 m，半径为 r。在 B 点作用一铅垂力 $\boldsymbol{F}$。A、C 两点处于同一水平线上，杆 AB 与水平线夹角为 θ。初始时系统静止不动，求系统运动到杆 AB 和杆 BC 均处于水平位置时，杆 AB 的角速度 ω。设圆柱在水平面上滚动而无相对滑动。

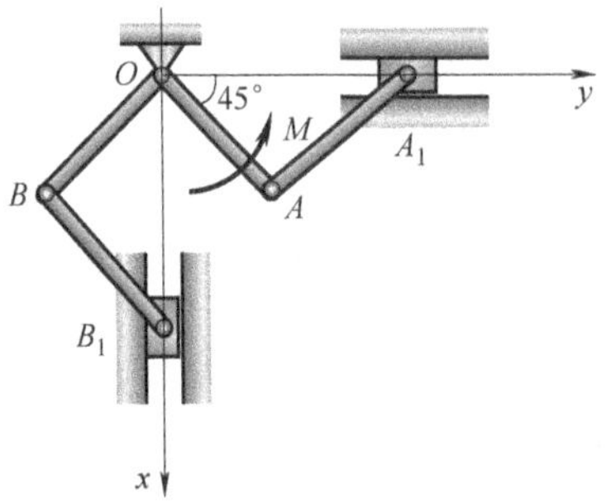

题 10-8 图

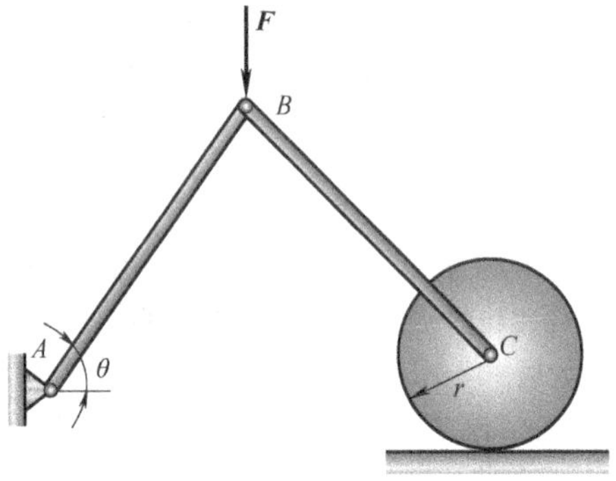

题 10-9 图

10-10 两均质杆 AC 和 BC 各重 P，长均为 L，在点 C 由铰链相连接，放在光滑的水平面上，如题 10-10 图所示。由于 A 和 B 端的滑动，杆系在其铅直面内落下，求铰链 C 与地面相碰时的速度 $\boldsymbol{v}$ 的大小。点 C 的初始高度为 h，开始时杆系静止。

10-11 在题 10-11 图所示滑轮组中悬挂两个重物。其中 M_1 重 P_1，M_2 重 P_2，定滑轮 O_2 的半径为 r_2，重 W_2；动滑轮 O_1 的半径为 r_1，重 W_1。两轮都视为均质圆盘。如绳重和摩擦略去不计，并设 $P_1>2P_2-W_1$，求重物 M_1 由静止下降距离 h 时的速度。

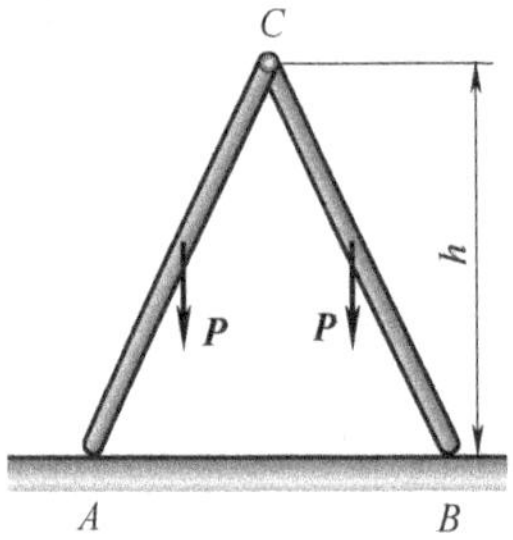

题 10-10 图

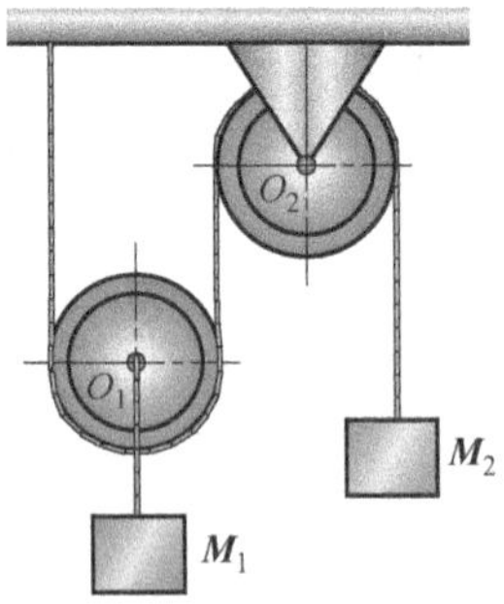

题 10-11 图

10-12 制动装置如题 10-12 图所示，已知 $l=0.5\text{m}$，$b=0.1\text{m}$。制动轮（可视为均质薄圆环）的质量为 20kg，半径 $r=0.1\text{m}$，以转速 $n_0=1000\text{r/min}$ 转动。闸瓦与制动轮间的动摩擦系数 $f'=0.6$，如果要使制动后制动轮转过 100 转而停止，试求在手柄上应该加的压力 $\boldsymbol{P}$ 的大小。

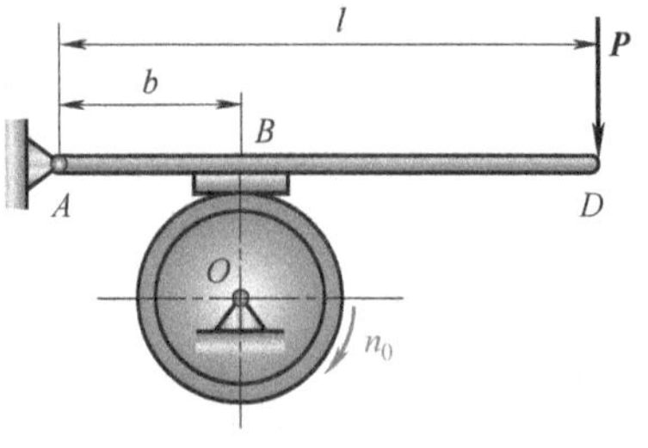

题 10-12 图

10-13 连杆 AB 重 40N，长 $l=0.6\text{m}$，可视为均质细杆；圆盘重 60N，连杆在题 10-13 图所示位置由静止开始释放，A 端沿光滑杆滑下。求：(1) 当 A 端碰到弹簧时（AB 处于水平位置）连杆的角速度 ω；(2) 弹簧最大变形量 δ，设弹簧刚度系数 $k=2\text{kN/m}$（圆盘只滚不滑）。

10-14 两均质细杆 AB、BO 长均为 l，质量均为 m，在 B 端铰接，OB 杆一端 O 为铰链支座，AB 杆 A 端为一小滚轮。在 AB 上作用一不变力偶矩 M，并在题 10-14 图所示位置由静止开始运动，系统在铅直平面内运动，试求 A 碰到支座 O 时，A 端的速度。

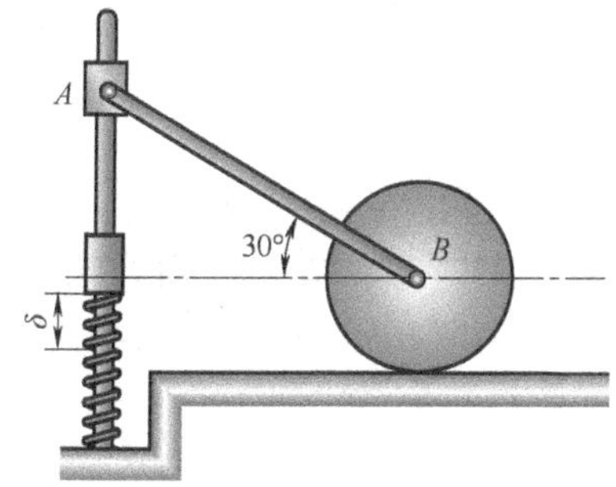

题 10-13 图

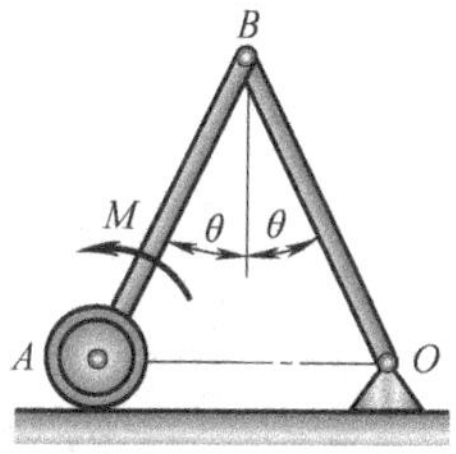

题 10-14 图

10-15 如题 10-15 图所示行星轮机构，三齿轮均视为均质圆盘，质量为 m_1，半径为 R。曲柄 O_1O_3 视为均质细杆，质量为 m_2，在曲柄上作用有一常力偶矩 M，使系统从静止状态进入运动。如不计摩擦，且机构在水平面运动，试求曲柄转过 φ 角时的角速度和角加速度。

10-16 如题 10-16 图所示，圆盘和滑块的质量均为 m，圆盘的半径为 r，视为匀质。杆 OA 平行于斜面，质量不计。斜面的倾角为 θ，滑块与斜面间的摩擦系数为 f，圆盘在斜面上做无滑滚动。求滑块的加速度和杆的内力。

题 10-15 图

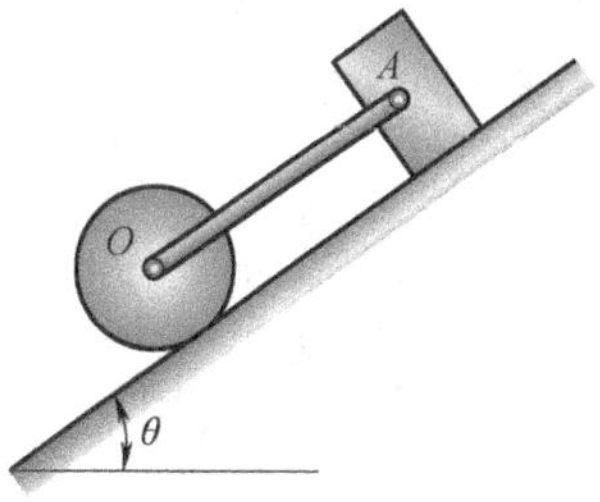

题 10-16 图

10-17 小环 M 套在位于铅直面内的大圆环上，并与固定于点 A 的弹簧连接，如题 10-17 图所示。小环不受摩擦地沿大圆环滑下，欲使小环在最低点时对大圆环的压力等于零，弹簧的刚度系数应多大？大圆环的半径 $r=0.2\text{m}$，小环的重量为 $P=5\text{N}$。在初瞬时 $AM=0.2\text{m}$，并为弹簧的原长；小环初速为零；弹簧重量略去不计。

10-18 物 A 重为 P_1，沿楔状物 D 的斜面下降，同时借绕过滑轮 C 的绳使重 P_2 的物体 B 上升，如题 10-18 图所示。斜面与水平成 θ 角，滑轮和绳的质量及一切摩擦均略去不计。求楔状物 D 作用于地板凸出部分 E 的水平压力。

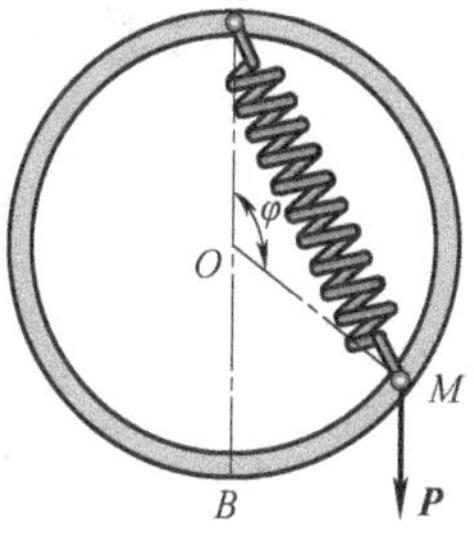

题 10-17 图

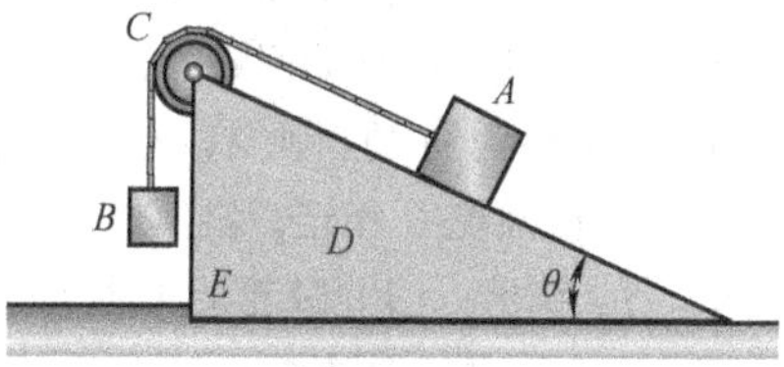

题 10-18 图

10-19 如题 10-19 图所示，三棱柱 A 沿三棱柱 B 的光滑斜面滑动，A 和 B 各重 P 和 Q，三棱柱 B 的斜面与水平面成 θ 角。如开始时物系静止，求运动时三棱柱 B 的加速度，忽略摩擦。

10-20 如题 10-20 图所示，无重杆一端固连一重为 P_2 的小球 B，另一端用铰链连接于棱柱体 A 的中心 C。棱柱体重 P_1，放在光滑水平面上。$BC=l$，略去摩擦和小球的半径。求杆摆至铅垂位置时小球 B 和物体 A 的速度。假定开始释放时杆处于水平位置，且系统静止。

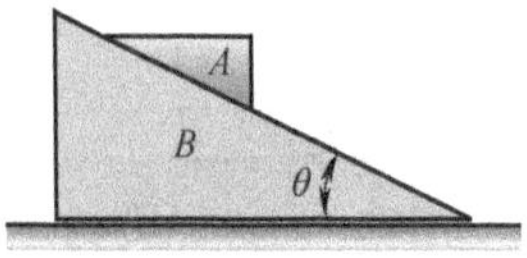

题 10-19 图

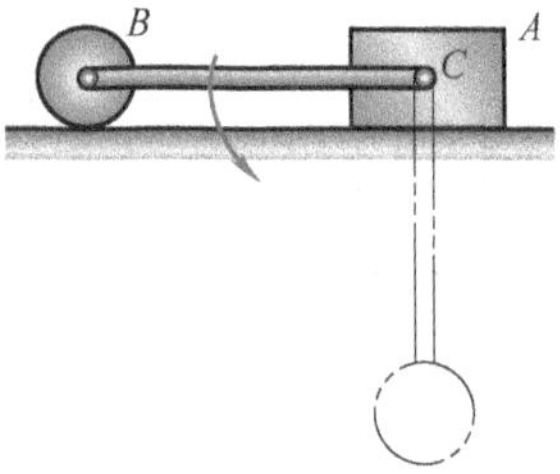

题 10-20 图

10-21 如题 10-21 图所示，圆环以角速度 ω 绕铅直轴 AC 自由转动。此圆环半径为 R，对轴的转动惯量为 J。在圆环中的点 A 放一质量为 m 的小球。设由于微小的干扰小球离开点 A，试求当小球到达点 B 和点 C 时，圆环的角速度和质点的速度。圆环中的摩擦忽略不计。

10-22 在题 10-22 图所示机构中，已知物块 M 的质量为 m_1，均质滑轮 A 与均质滚子 B 半径相等，质量均为 m_2，斜面倾角为 β，弹簧刚度系数为 k，$m_1g>m_2g\sin\beta$，滚子做纯滚动。初始时弹簧为原长，绳的倾斜段和弹簧与斜面平行。试求当物块下落 h 距离时：（1）物块 M 的加速度；（2）轮 A 和滚子之间绳索的张力；（3）斜面对滚子的摩擦力。

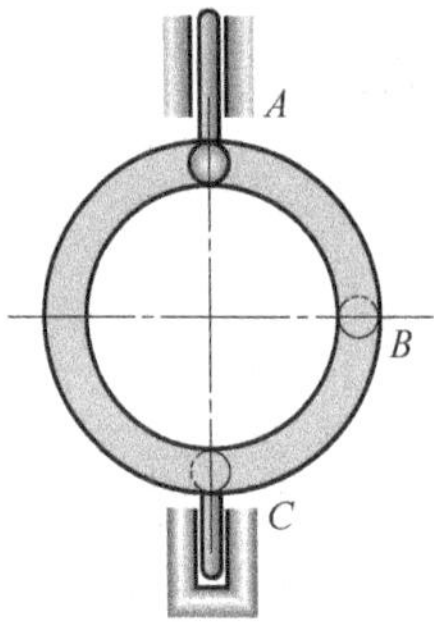

题 10-21 图

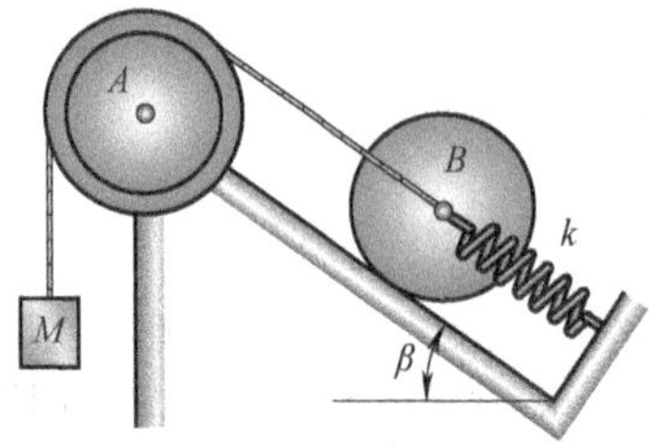

题 10-22 图

10-23 在题 10-23 图所示机构中，已知两物块 A、B 重均为 P，均质滑轮 O、O_1 重均为 Q。若物块 A 的初速为 $\boldsymbol{v}_0$，当 A 下落 h 时其速度为 $2\boldsymbol{v}_0$。绳与轮之间无相对滑动。试求物块 B 与水平面之间的动摩擦系数。

10-24 在题 10-24 图所示机构中，鼓轮 B 质量为 m，内、外半径分别为 r 和 R，对转轴 O 的回旋半径为 ρ，其上绕有细绳，一端吊一质量为 m 的物块 A，另一端与质量为 m_C、半径为 r 的均质圆轮 C 相连，斜面倾角为 φ，绳的倾斜段与斜面平行。试求：（1）鼓轮的角加速度 α；（2）斜面的摩擦力及连接物块 A 的绳子的张力（表示为 α 的函数）。

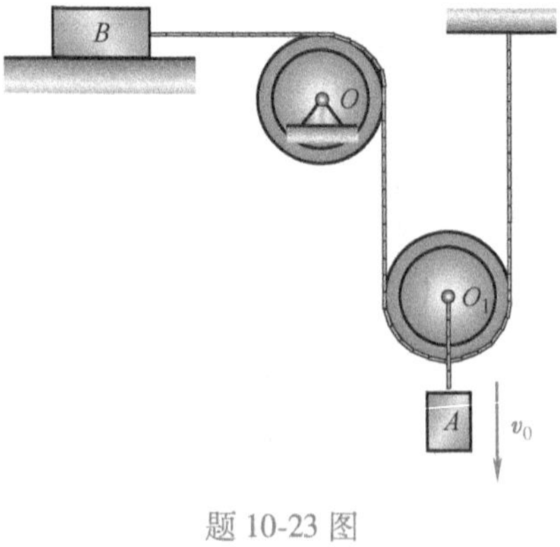

题 10-23 图

10-25　均质棒 AB 重 $P=4\text{N}$，其两端悬挂在两条平行绳上，棒处在水平位置，如题 10-25 图所示。设其中一绳折断，求此瞬时另一绳的张力 $\boldsymbol{F}$。

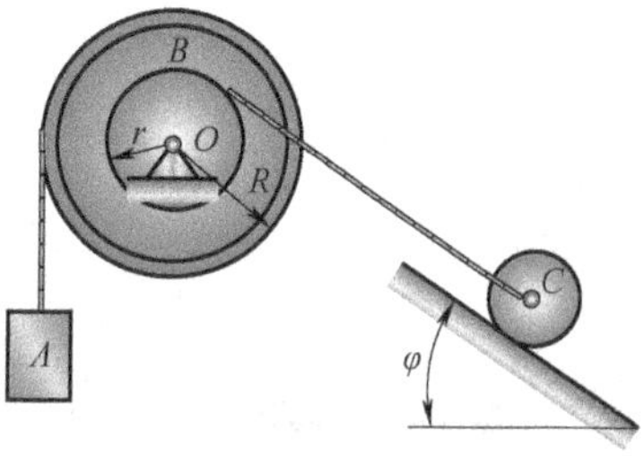

题 10-24 图

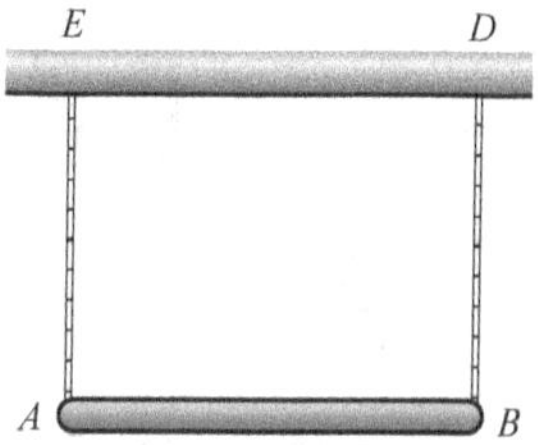

题 10-25 图

10-26　如题 10-26 图所示，半径为 r 的均质圆柱体，初始时静止在台边上，且 $\theta=0°$，受到小扰动后无滑动地滚下，当 $\theta=30°$ 时，刚刚发生滑动现象。求圆柱与台角之间的静滑动摩擦系数。

10-27　均质杆 AB 长 l，其下端抵在阶梯地面保持在铅直位置，如题 10-27 图中的双点画线所示。今若由此开始释放，试求杆的 A 端开始离开阶梯地面时的 θ 角。

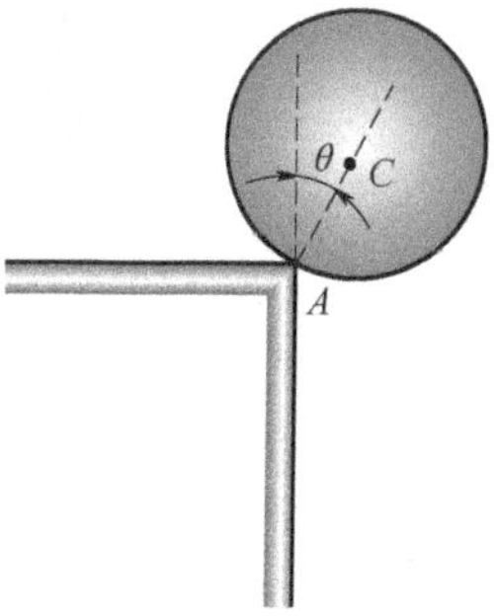

题 10-26 图

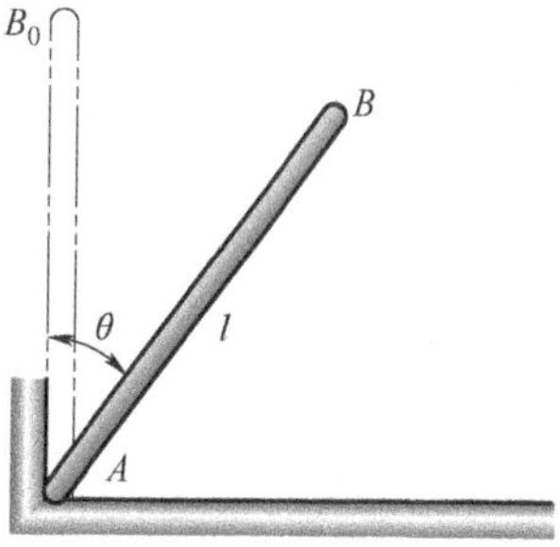

题 10-27 图

10-28　如题 10-28 图所示，三棱柱体 ABC 重 P，放在光滑的水平面上，可以无摩擦地滑动。重量为 Q 的均质圆柱体 O 由静止沿斜面 AB 向下滚动而不滑动。如斜面的倾角为 θ，求三棱柱体的加速度。

10-29　如题 10-29 图所示，均质细杆 AB 长 l，重 Q，由直立位置开始滑动，上端 A 沿墙壁向下滑，下端 B 沿地板向右滑，不计摩擦。求细杆在任一位置 φ 时的角速度 ω、角加速度 α 和 A、B 处的约束力。

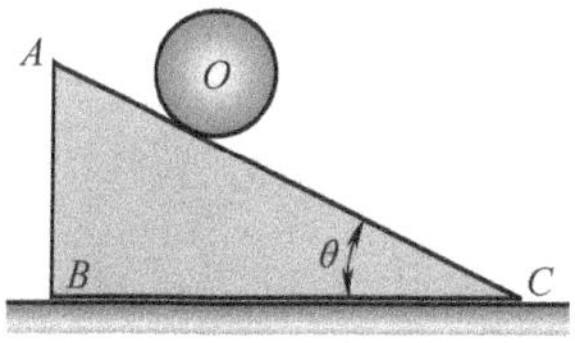

题 10-28 图

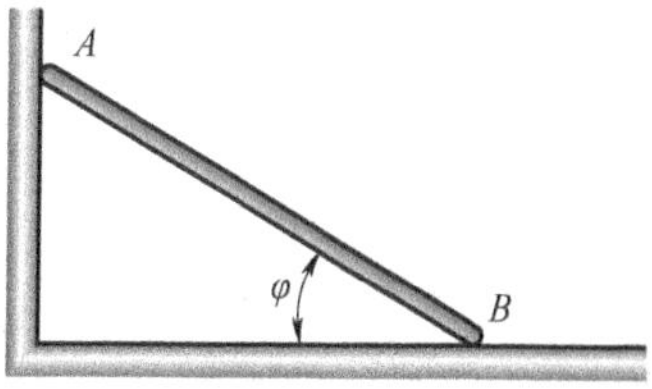

题 10-29 图

10-30　在题 10-30 图所示机构中，沿斜面滚动的圆柱体 O' 和鼓轮 O 为均质物体，各重 P 和 Q，半径均为 R。绳子不能伸缩，其质量略去不计。粗糙斜面的倾角为 θ，只计滑动摩擦，不计滚动摩擦。如在鼓轮上作用一常力偶矩 M。求：(1) 鼓轮的角加速度；(2) 轴承 O 的水平约束力。

10-31　半径为 r 的均质圆柱体静止放在平直的传动带上，如题 10-31 图所示。今在传动带上作用一力

$\boldsymbol{P}$，其大小足以导致传动带和圆柱体之间产生滑动；设圆柱体与传动带间的动摩擦因数为 f'。试求：（1）圆柱体到达双点画线位置所需的时间；（2）在此位置时圆柱体的角速度 ω。

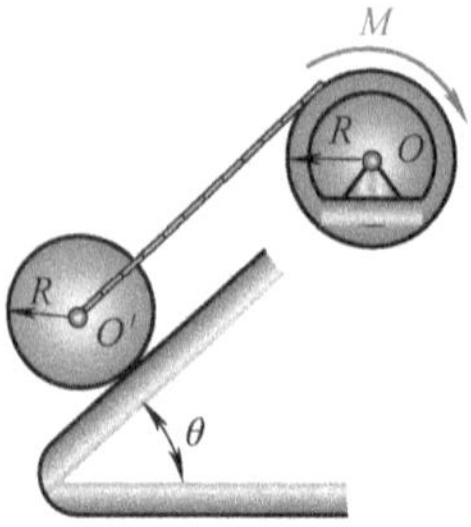

题 10-30 图

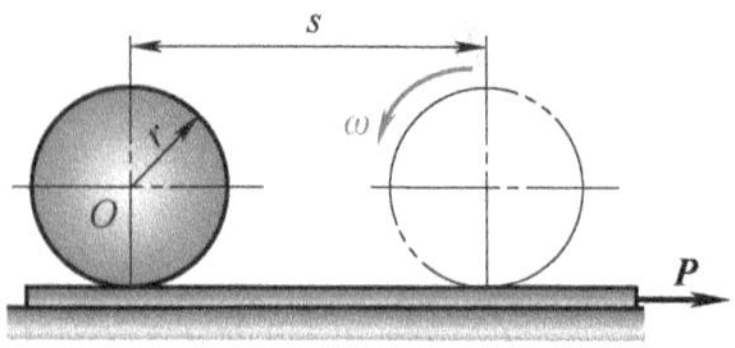

题 10-31 图

11

第 11 章 达朗贝尔原理

达朗贝尔原理是一种解决非自由质点系动力学问题的普遍方法。这种方法的基本思想是用静力学中研究平衡问题的方法来研究动力学问题，因此又称为动静法。对于解决已知运动求约束力的问题显得特别方便，在工程技术中得到广泛的应用。

11.1 惯性力 · 达朗贝尔原理

11.1.1 质点的达朗贝尔原理

设一个质量为 m 的质点，受到固定曲线的约束而沿此曲线运动，质点的加速度为 $\boldsymbol{a}$，作用于质点的主动力为 $\boldsymbol{F}$，约束力为 $\boldsymbol{F}_N$，如图 11-1 所示，根据牛顿第二定律有

$$m\boldsymbol{a}=\boldsymbol{F}+\boldsymbol{F}_N$$

将上式中的 $m\boldsymbol{a}$ 移到等号右端，有

$$\boldsymbol{F}+\boldsymbol{F}_N-m\boldsymbol{a}=0$$

令

$$\boldsymbol{F}_I=-m\boldsymbol{a} \tag{11-1}$$

则有

$$\boldsymbol{F}+\boldsymbol{F}_N+\boldsymbol{F}_I=0 \tag{11-2}$$

式（11-2）在形式上是一个平衡方程。若假想 $\boldsymbol{F}_I$ 是一个力，它的大小等于质点的质量与加速度的乘积，方向与加速度的方向相反，因为这个力与质点的惯性有关，所以称为质点的惯性力。式（11-2）可叙述如下：当非自由质点运动时，如果在质点上除了作用有真实的主动力和约束力外，再假想地加上惯性力，则这些力在形式上组成平衡力系。这就是质点的达朗贝尔原理。

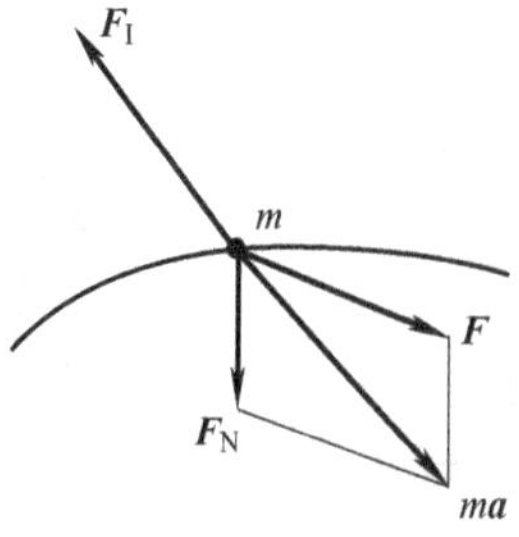

图 11-1

应该强调指出，质点受的真实力只有主动力和约束力，惯性力是虚加在质点上的，因此上述的“平衡力系”实际上并不存在，但在质点上假想地加上惯性力后，就可以用静力学的平衡理论和方法求解质点的动力学问题。因此说，达朗贝尔原理提供了一种研究质点动力学问题的新方法。虽然动静法只不过是一个方法而已，但它在动力学问题中的应用十分广泛。特别是在求解动约束力时，它的优点就显著地表现出来了。

应用质点的达朗贝尔原理时，根据需要将式（11-2）向直角坐标轴或自然轴上投影。

例 11-1　有一圆锥摆，如图 11-2 所示。重 $P=9.8\text{N}$ 的小球系于长 $l=30\text{cm}$ 的绳上，绳的另一端则系在固定点 O，并与铅直线成 $\varphi=60°$角。如小球在水平面内做匀速圆周运动，求小球的速度 $\boldsymbol{v}$ 与绳的张力 $\boldsymbol{F}$ 的大小。

解：以小球为研究对象。如图 11-2 所示，在小球上除作用有重力 $\boldsymbol{P}$ 和绳拉力 $\boldsymbol{F}$ 外，加上法向惯性力 $\boldsymbol{F}_{\mathrm{I}}^{\mathrm{n}}$，则

$$F_{\mathrm{I}}^{\mathrm{n}}=\frac{P}{g}a_{\mathrm{n}}=\frac{P}{g}\frac{v^2}{l\sin\varphi}$$

根据达朗贝尔原理，这三个力在形式上组成平衡力系，即

$$\boldsymbol{F}+\boldsymbol{P}+\boldsymbol{F}_{\mathrm{I}}^{\mathrm{n}}=0$$

取上式在自然轴上的投影式，有

$$\sum F_{i\mathrm{n}}=0,\quad F\sin\varphi-\frac{P}{g}\frac{v^2}{l\sin\varphi}=0$$

$$\sum F_{i\mathrm{b}}=0,\quad F\cos\varphi-P=0$$

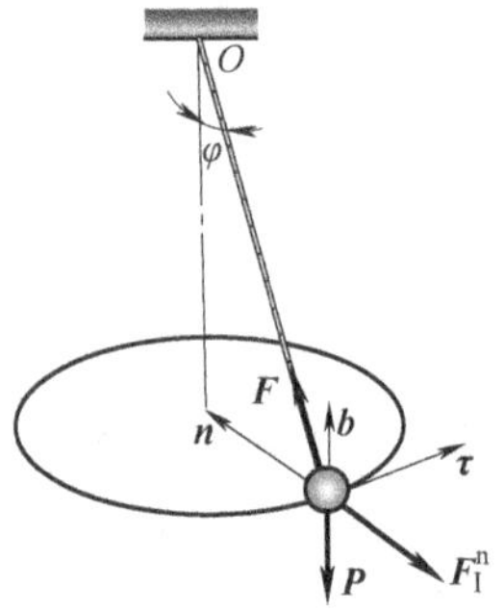

图　11-2

解得

$$F=\frac{P}{\cos\varphi}=19.6\text{N}$$

$$v=\sqrt{\frac{Fgl\sin^2\varphi}{P}}=2.1\text{m/s}$$

11.1.2　质点系的达朗贝尔原理

设由 n 个质点组成的质点系，其内任一质点的质量为 m_i，加速度为 $\boldsymbol{a}_i$，作用在该质点上的外力为 $\boldsymbol{F}_i^{\mathrm{e}}$，内力为 $\boldsymbol{F}_i^{\mathrm{i}}$。如果对该质点假想地加上它的惯性力 $\boldsymbol{F}_{\mathrm{I}i}=-m_i\boldsymbol{a}_i$，则根据质点的达朗贝尔原理可写出

$$\boldsymbol{F}_i^{\mathrm{e}}+\boldsymbol{F}_i^{\mathrm{i}}+\boldsymbol{F}_{\mathrm{I}i}=0$$

如果对质点系中的每个质点都假想地加上各自的惯性力，由于作用于每个质点的力与惯性力形成平衡力系，则作用于整个质点系的力系也必然是平衡力系。由静力学中力系的平衡条件，力系的主矢和对任意点的主矩应分别等于零。即

$$\sum\boldsymbol{F}_i^{\mathrm{e}}+\sum\boldsymbol{F}_i^{\mathrm{i}}+\sum\boldsymbol{F}_{\mathrm{I}i}=0$$

$$\sum\boldsymbol{M}_O(\boldsymbol{F}_i^{\mathrm{e}})+\sum\boldsymbol{M}_O(\boldsymbol{F}_i^{\mathrm{i}})+\sum\boldsymbol{M}_O(\boldsymbol{F}_{\mathrm{I}i})=0$$

因为质点系的内力总是成对的，并且彼此等值反向，因此有 $\sum\boldsymbol{F}_i^{\mathrm{i}}=0$ 和 $\sum\boldsymbol{M}_O(\boldsymbol{F}_i^{\mathrm{i}})=0$，于是得

$$\left.\begin{aligned}&\sum\boldsymbol{F}_i^{\mathrm{e}}+\sum\boldsymbol{F}_{\mathrm{I}i}=0\\&\sum\boldsymbol{M}_O(\boldsymbol{F}_i^{\mathrm{e}})+\sum\boldsymbol{M}_O(\boldsymbol{F}_{\mathrm{I}i})=0\end{aligned}\right\}\tag{11-3}$$

即如果对质点系中每个质点都假想地加上各自的惯性力，则质点系的所有外力和所有质点的惯性力在形式上组成平衡力系，这就是质点系的达朗贝尔原理。

在应用时，可将式（11-3）取投影形式的平衡方程。对于平面任意力系，若取直角坐标系，则有

$$\left.\begin{aligned}&\sum \boldsymbol{F}_{ix}^{e}+\sum \boldsymbol{F}_{\mathrm{I}ix}=0\\&\sum \boldsymbol{F}_{iy}^{e}+\sum \boldsymbol{F}_{\mathrm{I}iy}=0\\&\sum \boldsymbol{M}_{O}(\boldsymbol{F}_{i}^{e})+\sum \boldsymbol{M}_{O}(\boldsymbol{F}_{\mathrm{I}i})=0\end{aligned}\right\} \tag{11-4}$$

对于空间任意力系有

$$\left.\begin{aligned}&\sum \boldsymbol{F}_{ix}^{e}+\sum \boldsymbol{F}_{\mathrm{I}ix}=0\\&\sum \boldsymbol{F}_{iy}^{e}+\sum \boldsymbol{F}_{\mathrm{I}iy}=0\\&\sum \boldsymbol{F}_{iz}^{e}+\sum \boldsymbol{F}_{\mathrm{I}iz}=0\\&\sum M_{x}(\boldsymbol{F}_{i}^{e})+\sum M_{x}(\boldsymbol{F}_{\mathrm{I}i})=0\\&\sum M_{y}(\boldsymbol{F}_{i}^{e})+\sum M_{y}(\boldsymbol{F}_{\mathrm{I}i})=0\\&\sum M_{z}(\boldsymbol{F}_{i}^{e})+\sum M_{z}(\boldsymbol{F}_{\mathrm{I}i})=0\end{aligned}\right\} \tag{11-5}$$

例 11-2　重为 P 的物块 A 沿与铅垂面夹角为 θ 的悬臂梁下滑，如图 11-3 所示。已知外伸部分梁长 l，梁重为 W，不计摩擦，求物块下滑至离固定端 O 的距离为 s 时，固定端 O 的约束力。

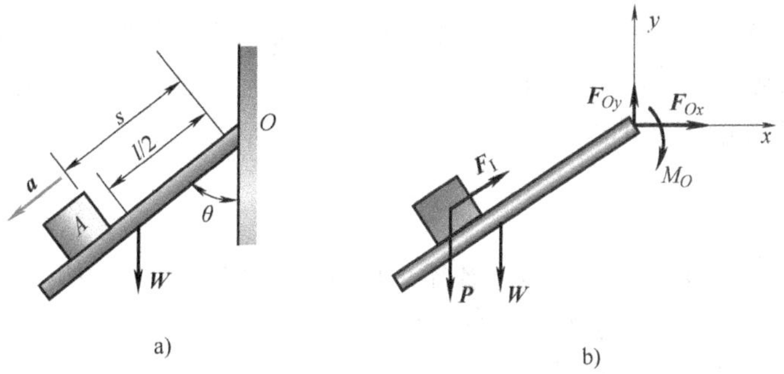

图　11-3

解：以悬臂梁和物块所组成的系统为研究对象，滑块下滑的加速度

$$a=g\cos\theta$$

系统的外力及约束力如图 11-3 所示，其中物块的惯性力与 $\boldsymbol{a}$ 反向，大小为

$$F_{\mathrm{I}}=\frac{P}{g}a=P\cos\theta$$

根据达朗贝尔原理，主动力 $\boldsymbol{P}$、$\boldsymbol{W}$，约束力 $\boldsymbol{F}_{Ox}$、$\boldsymbol{F}_{Oy}$、$\boldsymbol{M}_{O}$ 与惯性力 $\boldsymbol{F}_{\mathrm{I}}$ 构成平衡力系。建立平衡方程

$$\sum F_{ix}=0,\qquad F_{Ox}+F_{\mathrm{I}}\sin\theta=0$$

$$\sum F_{iy}=0,\qquad F_{Oy}+F_{\mathrm{I}}\cos\theta-P-W=0$$

$$\sum M_{O}(\boldsymbol{F}_{i})=0,\quad -M_{O}+Ps\sin\theta+W\frac{l}{2}\sin\theta=0$$

解得

$$F_{Ox}=-P\sin\theta\cos\theta$$
$$F_{Oy}=P\sin^2\theta+W$$
$$M_O=Ps\sin\theta+W\frac{l}{2}\sin\theta$$

11.2 刚体惯性力系的简化

应用达朗贝尔原理求解刚体或刚体系的动力学问题时，应将惯性力系进行简化。由静力学中力系的简化理论知道：在一般情况下任意力系向一点简化，可得到一个力和一个力偶，其力的大小和方向由力系的主矢决定，其力偶的矩由力系对于简化中心的主矩决定。

首先研究惯性力系的主矢。设刚体内任一质点 M_i 的质量为 m_i，加速度为 $\boldsymbol{a}_i$，刚体的质量为 m，其质心的加速度为 $\boldsymbol{a}_C$，则惯性力系的主矢为

$$\boldsymbol{F}_{\mathrm{IR}}=\sum\boldsymbol{F}_{\mathrm{I}i}=\sum-m_i\boldsymbol{a}_i=-\sum m_i\boldsymbol{a}_i$$

由质心公式 $\sum m_i\boldsymbol{r}_i=m\boldsymbol{r}_C$，可得 $\sum m_i\boldsymbol{a}_i=m\boldsymbol{a}_C$，于是有

$$\boldsymbol{F}_{\mathrm{IR}}=-m\boldsymbol{a}_C \tag{11-6}$$

上式表明：无论刚体做什么运动，惯性力系的主矢都等于刚体的质量与其质心加速度的乘积，方向与质心加速度的方向相反。惯性力系的主矢与简化中心的选择无关，至于惯性力系的主矩，它与简化中心的选择和刚体运动形式有关。下面分别对刚体做平动、绕定轴转动和平面运动时的惯性力系进行简化。

11.2.1 刚体做平动

当刚体做平动时，每一瞬时刚体内各质点的加速度相同，将平动刚体内各点都加上惯性力，则惯性力系是与重力系相类似的平行力系，如图 11-4 所示，这个力系可简化为通过质心的合力，即

$$\boldsymbol{F}_{\mathrm{IR}}=-m\boldsymbol{a}_C \tag{11-7}$$

于是得结论：平动刚体的惯性力系可以简化为通过质心的合力，其大小等于刚体的质量与加速度的乘积，合力的方向与加速度方向相反。

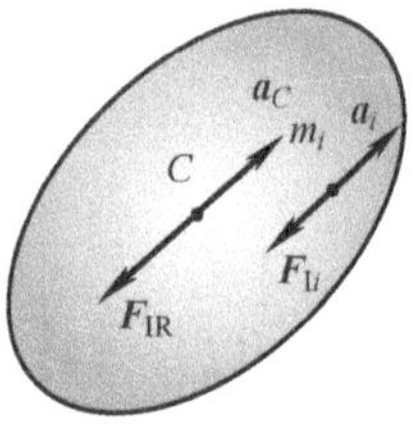

图 11-4

11.2.2 刚体绕定轴转动

这里仅讨论刚体绕质量对称平面的垂直轴转动的情形。此时可先将刚体的空间惯性力系简化为在其对称平面内的平面力系，再将此平面力系向对称平面与转轴的交点 O 简化。取简化中心 O 为原点的直角坐标轴，如图 11-5 所示。设刚体的角速度为 ω，角加速度为 α，刚体内任一质点的质量为 m_i，到转轴的垂矩为 r_i，所受惯性力 $\boldsymbol{F}_{\mathrm{I}i}=\boldsymbol{F}^{\mathrm{t}}_{\mathrm{I}i}+\boldsymbol{F}^{\mathrm{n}}_{\mathrm{I}i}$，于是 $\boldsymbol{F}^{\mathrm{n}}_{\mathrm{I}i}$ 通过点 O，对点 O 的矩为零，若惯性力系的主矢和对点 O 的主矩分别记为 $\boldsymbol{F}_{\mathrm{IR}}$ 和 $M_{\mathrm{I}O}$，则惯性力系向点 O 简化的惯性力和惯性力偶的矩分别为

$$\left.\begin{aligned} \boldsymbol{F}_{\mathrm{IR}}&=-m\boldsymbol{a}_C \\ M_{\mathrm{I}O}&=\sum M_O(\boldsymbol{F}_{\mathrm{I}i})=\sum M_O(\boldsymbol{F}_{\mathrm{I}i}^{\mathrm{t}})=-\alpha\sum m_i r_i^2=-J_O\alpha \end{aligned}\right\} \tag{11-8}$$

式中，$J_O=\sum m_i r_i^{\,2}$，为刚体对转轴 O 的转动惯量。

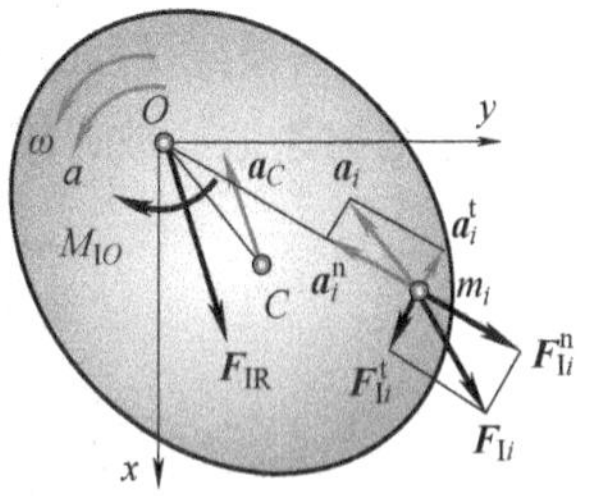

图　11-5

以上结果表明：绕质量对称平面垂直轴转动刚体的惯性力系，向转轴与对称面的交点 O 简化的结果为一个通过点 O 的惯性力和一个惯性力偶。力的大小等于刚体的质量与质心加速度的乘积，方向与质心加速度方向相反；力偶矩的大小等于刚体对轴的转动惯量与角加速度的乘积，转向与角加速度转向相反。

以下讨论几种运动的特殊情况：

1）刚体做匀速转动且转轴不通过质心 C（图 11-6a），这时因角加速度 $\alpha=0$，故 $M_{\mathrm{I}O}=0$，因而惯性力系合成为一通过点 O 的法向惯性力 $F_{\mathrm{IR}}^{\mathrm{n}}$，大小等于 $mr_C\omega^2$，方向与质心加速度方向相反。

2）转轴通过质心 C，且角加速度 $\alpha\neq0$（图 11-6b），这时 $a_C=0$，故简化结果只是一个惯性力偶，其矩 $M_{\mathrm{I}C}=J_C\alpha$，转向与角加速度转向相反。$J_C$ 为刚体对通过质心轴的转动惯量。

3）刚体做匀速转动且转轴通过质心 C（图 11-6c）。这时惯性力系的主矢与对转轴的主矩同时为零。

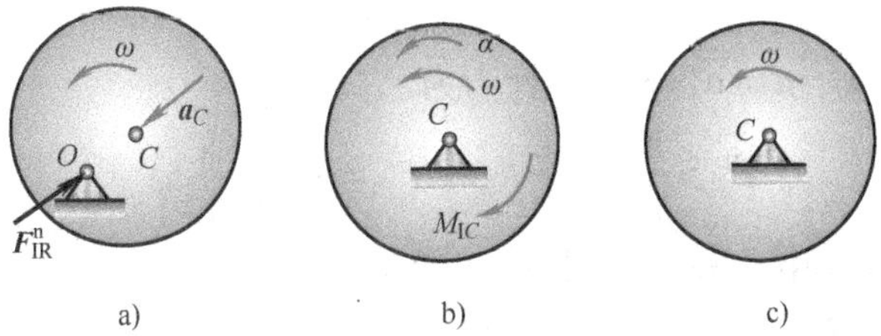

图　11-6

11.2.3　刚体做平面运动

现在我们讨论具有质量对称面且刚体平行此平面运动的情形。取对称面为平面图形，如图 11-7 所示，显然刚体的惯性力系可简化为在对称平面的平面力系，由运动学知若取质心 C 为基点，则刚体的运动可分解为随质心平动和绕垂直于对称面的质心轴转动。由平动刚体及定轴转动刚体的惯性力系的简化结果可知：随质心平动的惯性力系可简化为通过质心的惯性力，绕质心轴转动的惯性力系可简化为一惯性力偶，则有

$$\left.\begin{aligned} \boldsymbol{F}_{\mathrm{IR}}&=-m\boldsymbol{a}_C \\ M_{\mathrm{I}C}&=-J_C\alpha \end{aligned}\right\} \tag{11-9}$$

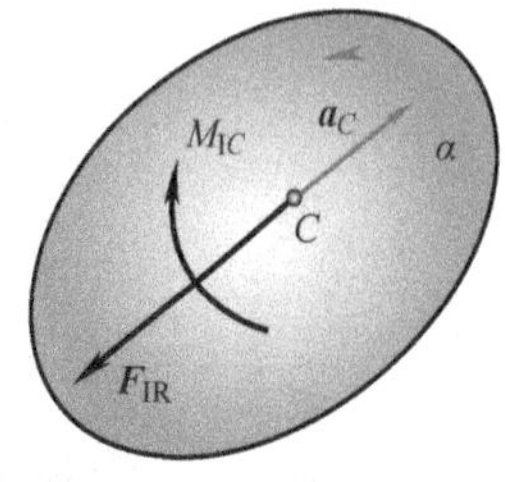

图　11-7

式中，J_C 是刚体对通过垂直于对称面的质心轴的转动惯量；$\boldsymbol{a}_C$ 是刚体质心的加速度；α 是刚体转动的角加速度。

于是得结论：有对称平面的刚体，且平行于该平面运动时，刚体的惯性力系可以简化为在对称平面内的一个力和一个力偶。这个力通过质心，其大小等于刚体质量与质心加速度的乘积，其方向与

质心加速度方向相反；这个力偶的矩等于对通过质心且垂直于对称面的轴的转动惯量与角加速度的乘积，其转向与角加速度的转向相反。

例 11-3　一匀质杆 AB 重 W，以两根等长且平行的绳吊起，如图 11-8a 所示。设杆 AB 在图示位置无初速地释放，求两绳的拉力在释放瞬间和 AB 运动到最低位置时各等于多少？

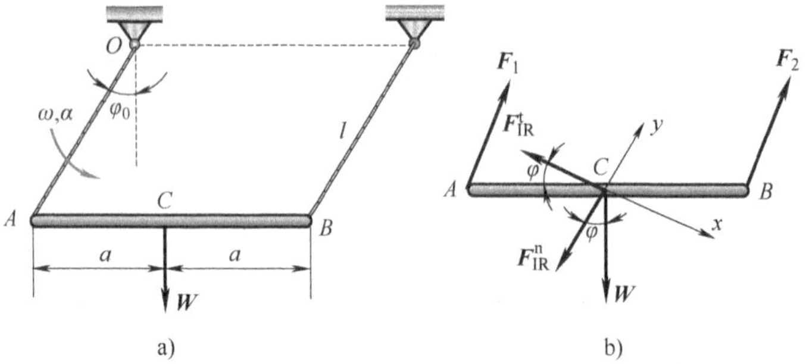

图　11-8

解：本题需要求解 AB 位于两个不同位置处的约束力。因此，我们可以先在一般位置处求出其约束力，然后再代入特殊位置的值即可。

以 AB 杆为研究对象。设 OA 与铅垂线成 φ 角，此时受主动力 $\boldsymbol{W}$，约束力 $\boldsymbol{F}_1$、$\boldsymbol{F}_2$，如图 11-8b 所示。

因为 AB 做平动，$\boldsymbol{a}_C=\boldsymbol{a}_A=\boldsymbol{a}_A^{\mathrm{n}}+\boldsymbol{a}_A^{\mathrm{t}}$，惯性力为

$$F_{\mathrm{IR}}^{\mathrm{t}}=\frac{W}{g}a_A^{\mathrm{t}}=\frac{W}{g}l\alpha,\quad F_{\mathrm{IR}}^{\mathrm{n}}=\frac{W}{g}a_A^{\mathrm{n}}=\frac{W}{g}l\omega^2$$

方向如图 11-8b 所示（其中 ω 和 α 分别为 OA 的角速度和角加速度）。

建立坐标，得平衡方程为

$$\sum F_{ix}=0,\qquad W\sin\varphi-F_{\mathrm{IR}}^{\mathrm{t}}=0$$

$$\sum F_{iy}=0,\qquad -F_{\mathrm{IR}}^{\mathrm{n}}-W\cos\varphi+F_1+F_2=0$$

$$\sum M_C(\boldsymbol{F}_i)=0,\quad -F_1a\cos\varphi+F_2a\cos\varphi=0$$

解方程得

$$F_1=F_2=\frac{1}{2}(W\cos\varphi+F_{\mathrm{IR}}^{\mathrm{n}})$$

$$F_{\mathrm{IR}}^{\mathrm{t}}=W\sin\varphi$$

考虑到 $F_{\mathrm{IR}}^{\mathrm{t}}=\frac{W}{g}l\alpha=\frac{W}{g}l\frac{\mathrm{d}\omega}{\mathrm{d}t}$，故代入上述第二式得

$$\frac{\mathrm{d}\omega}{\mathrm{d}t}=\frac{g}{l}\sin\varphi$$

$$\frac{\mathrm{d}\omega}{\mathrm{d}\varphi}\cdot\frac{\mathrm{d}\varphi}{\mathrm{d}t}=\frac{g}{l}\sin\varphi$$

考虑到 ω 和 φ 的转向，由运动学知，$\omega=-\frac{\mathrm{d}\varphi}{\mathrm{d}t}$，于是有

$$\int_0^{\omega}\omega\mathrm{d}\omega=-\int_{\varphi_0}^{\varphi}\frac{g}{l}\sin\varphi\mathrm{d}\varphi$$

解得

$$\omega^2=\frac{2g}{l}(\cos\varphi-\cos\varphi_0)$$

因此，惯性力

$$F_{\mathrm{IR}}^{\mathrm{n}}=\frac{W}{g}l\omega^2=2W(\cos\varphi-\cos\varphi_0)$$

于是得

$$F_1=F_2=\frac{W}{2}(3\cos\varphi-2\cos\varphi_0)$$

当 $\varphi=\varphi_0$ 时，即初瞬时有

$$F_1=F_2=\frac{W}{2}\cos\varphi_0$$

当 $\varphi=0$，即 AB 于最低位置时有

$$F_1=F_2=\frac{W}{2}(3-2\cos\varphi_0)$$

例 11-4　均质圆盘重 W，在铅垂面内绕水平轴 A 转动，如图 11-9 所示。开始运动时，直径 AB 在水平位置，初速为零。求此时盘心 O 的加速度及 A 点的约束力。

解：以圆盘为研究对象，做定轴转动。转轴垂直于质量对称面，故其惯性力系可简化为作用于 A 点的力 $\boldsymbol{F}_{\mathrm{IR}}$ 及一力偶，其矩以 M_{IA} 表示。由于圆盘初速为零，故此时 $\boldsymbol{F}_{\mathrm{IR}}=-\frac{W}{g}\boldsymbol{a}_O$，于是

$$F_{\mathrm{IR}}=\frac{W}{g}r\alpha$$

$$M_{\mathrm{IA}}=J_A\alpha=\frac{3W}{2g}r^2\alpha$$

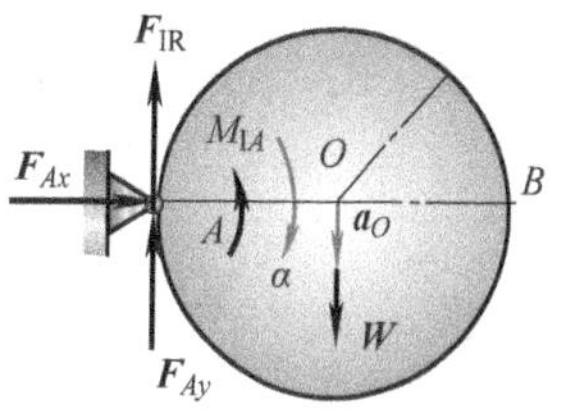

图　11-9

根据达朗贝尔原理，圆盘上作用的主动力 $\boldsymbol{W}$、约束力 $\boldsymbol{F}_A$ 与惯性力 $\boldsymbol{F}_{\mathrm{IR}}$、惯性力偶 M_{IA} 构成平衡力系。由

$$\sum M_A(\boldsymbol{F}_i)=0,\quad M_{\mathrm{IA}}-Wr=0$$

于是解得

$$\alpha=\frac{2g}{3r}$$

故开始时盘心的加速度为

$$a_O=r\alpha=\frac{2g}{3}$$

为求 A 处约束力，列出平衡方程

$$\sum F_{ix}=0,\quad F_{Ax}=0$$

$$\sum F_{iy}=0,\quad F_{Ay}+F_{\mathrm{IR}}-W=0$$

于是得

$$F_{Ax}=0,\quad F_{Ay}=\frac{1}{3}W$$

例 11-5　均质圆柱体重 W，被水平绳拉着在水平面上做纯滚动。绳子跨过定滑轮 B 而系一重 Q 的物体 A，如图 11-10 所示。不计绳及定滑轮重。求滚子中心的加速度及绳的张力。

解：先以圆柱体为研究对象。圆柱体做平面运动，惯性力系简化为作用于质心的力及一力偶

$$F_{\mathrm{IR}}=\frac{W}{g}a_C$$

$$M_{\mathrm{IC}}=\frac{1}{2}\frac{W}{g}r^2\alpha=\frac{W}{2g}ra_C$$

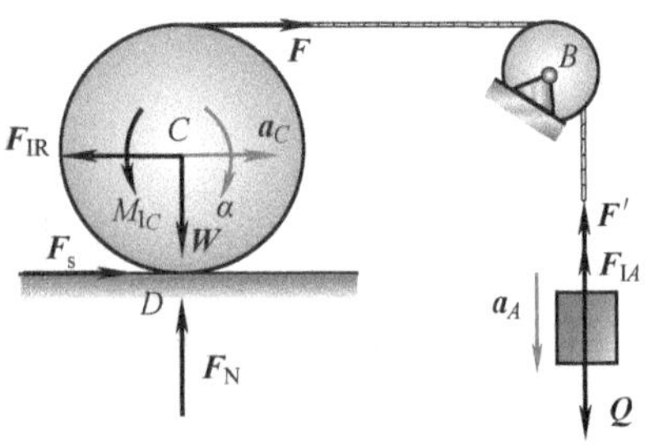

图　11-10

作用于圆柱体的 $\boldsymbol{F}_s$、$\boldsymbol{F}_N$、$\boldsymbol{F}$、$\boldsymbol{W}$、$\boldsymbol{F}_{\mathrm{IR}}$、$M_{\mathrm{IC}}$ 构成平衡力系。由平衡方程

$$\sum M_D(\boldsymbol{F}_i)=0,\quad M_{\mathrm{IC}}+F_{\mathrm{IR}}r-F\cdot 2r=0$$

即

$$\frac{W}{2g}ra_C+\frac{W}{g}ra_C-F\cdot 2r=0 \tag{a}$$

其次，以物体 A 为研究对象，$\boldsymbol{F}'$、$\boldsymbol{F}_{\mathrm{IR}}$、$\boldsymbol{Q}$ 三力构成平衡力系，有

$$\sum F_{iy}=0\quad F'+F_{\mathrm{IA}}-Q=0$$

其中，$F'=F$，$F_{\mathrm{IA}}=\dfrac{Q}{g}a_A=\dfrac{Q}{g}\cdot 2a_C$，故上式为

$$F+\frac{2Q}{g}a_C-Q=0 \tag{b}$$

联立式（a）、式（b）解得

$$a_C=\frac{4Qg}{3W+8Q}$$

将 a_C 代入式（a）或式（b），可得绳的张力为

$$F=\frac{QW}{3W+8Q}$$

例 11-6　两均质细杆 AB 和 BD 长度均为 l，质量均为 m，用光滑圆柱铰链 B 相连接，并自由地挂在铅垂位置。A 为光滑的固定铰支座，今以已知水平力 $\boldsymbol{F}$ 加于 AB 杆的中点，求此时杆 AB 和 BD 的角加速度 α_{AB} 与 α_{BD} 及 A 点的约束力。

解：以整体为研究对象，系统所受真实外力有 AB、BD 的重力（其值均为 mg）、水平力 $\boldsymbol{F}$ 及 A 处约束力 $\boldsymbol{F}_{Ax}$、$\boldsymbol{F}_{Ay}$。

以 A 为原点，建立坐标系 Axy，设 α_{AB}、α_{BD} 转向如图 11-11a 所示，AB 做定轴转动。由于初始瞬时静止，故对于此瞬时 AB 杆质心的加速度为 $a_1=\dfrac{1}{2}l\alpha_{AB}$，方向水平向右。$BD$ 杆做平面运动。由于初始瞬时静止，故此瞬时 BD 杆质心的加速度应为 $a_2=l\alpha_{AB}+\dfrac{1}{2}l\alpha_{BD}$，方向为

水平向右。

AB 杆的惯性力系向 *A* 点简化为 $F_{I1}=ma_1=\frac{1}{2}ml\alpha_{AB}$，$M_{I1}=J_A\alpha_{AB}=\frac{1}{3}ml^2\alpha_{AB}$；*BD* 杆惯性力系向质心 *C* 简化为 $F_{I2}=ma_2=ml\alpha_{AB}+\frac{1}{2}ml\alpha_{BD}$，$M_{I2}=J_C\alpha_{BD}=\frac{1}{12}ml^2\alpha_{BD}$。

根据达朗贝尔原理，对图示坐标系有平衡方程

$$\sum F_{ix}=0,\qquad F+F_{Ax}-F_{I1}-F_{I2}=0$$

$$\sum F_{iy}=0,\qquad F_{Ay}-2mg=0$$

$$\sum M_A(\boldsymbol{F}_i)=0,\quad F\frac{l}{2}-F_{I2}\frac{3}{2}l-M_{I1}-M_{I2}=0$$

代入各惯性力的表达式得

$$\left.\begin{aligned}&F+F_{Ax}-\frac{3}{2}ml\alpha_{AB}-\frac{1}{2}ml\alpha_{BD}=0\\&F_{Ay}-2mg=0\\&F\frac{l}{2}-\frac{11}{6}ml^2\alpha_{AB}-\frac{5}{6}ml^2\alpha_{BD}=0\end{aligned}\right\}\tag{a}$$

再以 *BD* 杆为研究对象，所受真实外力有重力 $m\boldsymbol{g}$，*B* 点约束力 $\boldsymbol{F}_{Bx}$、$\boldsymbol{F}_{By}$，如图 11-11b 所示。

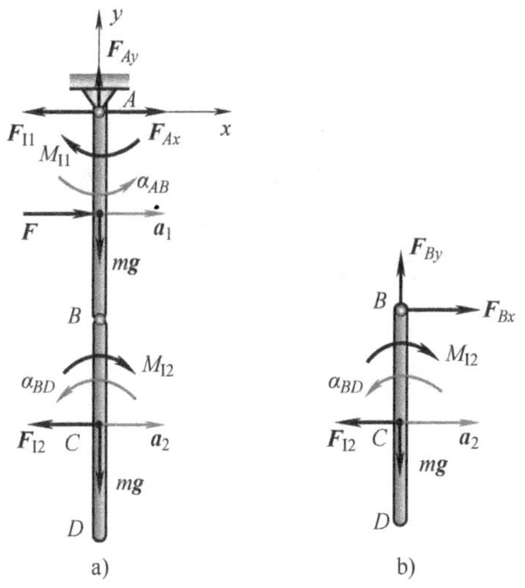

图　11-11

BD 杆惯性力系向质心 *C* 简化为 $F_{I2}=ml\alpha_{AB}+\frac{1}{2}ml\alpha_{BD}$，$M_{I2}=\frac{1}{12}ml^2\alpha_{BD}$。

根据达朗贝尔定理有

$$\sum M_B(\boldsymbol{F}_i)=0,\quad F_{I2}\frac{l}{2}+M_{I2}=0$$

代入 F_{I2}、M_{I2}的表达式得

$$\alpha_{AB}+\frac{2}{3}\alpha_{BD}=0 \tag{b}$$

联立式（a）、式（b）解得

$$F_{Ax}=-\frac{5}{14}F,\quad F_{Ay}=2mg$$

$$\alpha_{AB}=\frac{6F}{7ml},\qquad \alpha_{BD}=\frac{9F}{7ml}$$

例 11-7　均质直杆重为 P，长为 L，A 端为球铰链连接，B 端自由，以匀角速度 ω 绕铅垂轴 Az 转动（$\beta>0$）。求杆与铅垂直线的夹角 β 和铰链 A 处的约束力（图 11-12a）。

解：以杆 AB 为研究对象。杆做定轴转动，由于转轴不垂直杆的对称平面，用动静法分析时，杆的惯性力系的简化就不适用转轴垂直对称平面时的结论，而要另外进行分析。

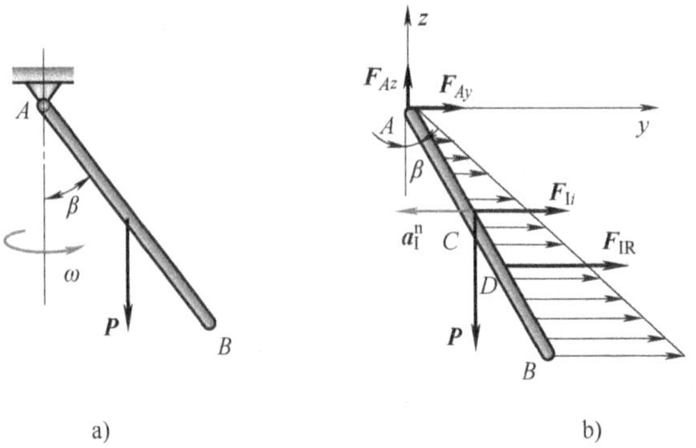

图　11-12

当杆匀速转动时，β 为常数，杆上距 A 端 r 处的质点 M 只有向心加速度，大小为

$$a_I^n=\omega^2 r\sin\beta$$

故杆上各点只有法向惯性力，方向垂直于 Az 轴向外，大小与距离 r 成正比；在 A 端处为零，在 B 端处最大，呈三角形分布，如图 11-12b 所示。

由于杆质心 C 的加速度 $a_C=\frac{L}{2}\sin\beta\cdot\omega^2$，此力系合力的大小为 $F_{IR}=ma_C$，即

$$F_{IR}=\frac{P}{g}\frac{L}{2}\sin\beta\cdot\omega^2$$

再用合力矩定理确定合力作用点位置 D，以 A 为矩心，设 r 处微段长度为 $\mathrm{d}r$，质量为 $\mathrm{d}m=\frac{P}{gL}\cdot\mathrm{d}r$，则由 $M_A(\boldsymbol{F}_{IR})=\sum M_A(\boldsymbol{F}_{Ii})$ 可得

$$F_{IR}\cdot AD\cos\beta=\int_0^L r\cos\beta\cdot\frac{P\omega^2}{gL}r\sin\beta\cdot\mathrm{d}r=\int_0^L\frac{P\omega^2}{gL}\frac{\sin2\beta}{2}\cdot r^2\mathrm{d}r$$

$$=\frac{PL^2\omega^2}{6g}\sin2\beta$$

以 F_{IR} 的值代入，解得

$$AD=\frac{PL^2\omega^2}{6g}\sin2\beta\Big/\frac{PL\omega^2}{2g}\sin\beta\cdot\cos\beta=\frac{2}{3}L$$

可见惯性力的合力作用线并不通过质心 C，而通过杆长 $\frac{2}{3}$ 处，如图 11-12b 所示，也就是通过惯性力组成的三角形的形心。

杆受的外力有重力 $\boldsymbol{P}$ 及球铰 A 的约束力 $\boldsymbol{F}_{Ay}$、$\boldsymbol{F}_{Az}$，它们与惯性力的合力组成一平衡的平面任意力系。由平衡方程

$$\sum M_A(\boldsymbol{F}_i)=0,\quad \frac{2}{3}L\cos\beta\,\frac{PL\omega^2}{2g}\sin\beta-P\,\frac{L}{2}\sin\beta=0$$

$$\sum F_{iy}=0,\quad F_{\mathrm{IR}}+F_{Ay}=0$$

$$\sum F_{iz}=0,\quad F_{Az}-P=0$$

解得

$$\beta=\arccos\frac{3g}{2L\omega^2}$$

$$F_{Ay}=-\frac{PL\omega^2}{2g}\sin\beta$$

$$F_{Az}=P$$

11.3 绕定轴转动刚体的轴承动约束力

刚体定轴转动时，轴承约束力不仅与刚体所受的主动力有关，而且还与它本身的惯性力系有关，由主动力引起的轴承约束力称为静约束力。由惯性力引起的轴承约束力称为动约束力。静约束力和动约束力之和称为总约束力。

在高速的旋转机械中，由于转子质量的不均匀性以及制造或安装时的误差，转子对于转动轴线常常产生偏心或偏角，引起轴承动约束力，这种动约束力的数值远远超过静约束力，会引起机器的强烈振动或破坏。因此研究产生动约束力的原因和避免出现动约束力的条件，具有实际意义。

我们研究一般情况下（即刚体的质量相对于转轴成任意分布），定轴转动刚体轴承动约束力的问题。

11.3.1　一般情况下转动刚体惯性力系的简化

以转轴上任一点 O 为简化中心，取点 O 为直角坐标轴系的原点，如图 11-13 所示。设刚体的角速度为 ω，角加速度为 α，刚体内任一质点的质量为 m_i，到转轴的距离为 r_i，质点的坐标为 x_i、y_i、z_i。

质点的惯性力 $F_{\mathrm{I}i}=-ma_i$ 可分解为切向惯性力 $F_{\mathrm{I}i}^{\mathrm{t}}$ 和法向惯性力 $F_{\mathrm{I}i}^{\mathrm{n}}$，它们的方向如图所示。大小分别为

$$F_{\mathrm{I}i}^{\mathrm{t}}=m_ia_i^{\mathrm{t}}=m_i\alpha r_i$$

$$F_{\mathrm{I}i}^{\mathrm{n}}=m_ia_i^{\mathrm{n}}=m_i\omega^2 r_i$$

因此质点的惯性力在 x、y 轴上的投影为

$$F_{\mathrm{I}i}^{x}=m_ir_i\alpha\sin\varphi_i+m_ir_i\omega^2\cos\varphi_i=m_iy_i\alpha+m_ix_i\omega^2$$

$$F_{Ii}^{y}=-m_ir_i\alpha\cos\varphi_i+m_ir_i\omega^2\sin\varphi_i=-m_ix_i\alpha+m_iy_i\omega^2$$

$$F_{Ii}^{z}=0$$

从而，刚体的惯性力系的主矢在 x、y 轴上的投影为

$$\left.\begin{aligned}F_{IR}^{x}&=\sum m_iy_i\alpha+\sum m_ix_i\omega^2=my_C\alpha+mx_C\omega^2\\F_{IR}^{y}&=\sum(-m_ix_i\alpha)+\sum m_iy_i\omega^2=mx_C\alpha+my_C\omega^2\\F_{IR}^{z}&=0\end{aligned}\right\}\tag{11-10}$$

刚体的惯性力系对点 O 的主矩在 x 轴上的投影为

$$\begin{aligned}M_{Ix}&=\sum M_x(\boldsymbol{F}_{Ii})=\sum M_x(\boldsymbol{F}_{Ii}^{t})+\sum M_x(\boldsymbol{F}_{Ii}^{n})\\&=\sum m_i\alpha r_i\cos\varphi_iz_i-\sum m_i\omega^2r_i\sin\varphi_iz_i\end{aligned}$$

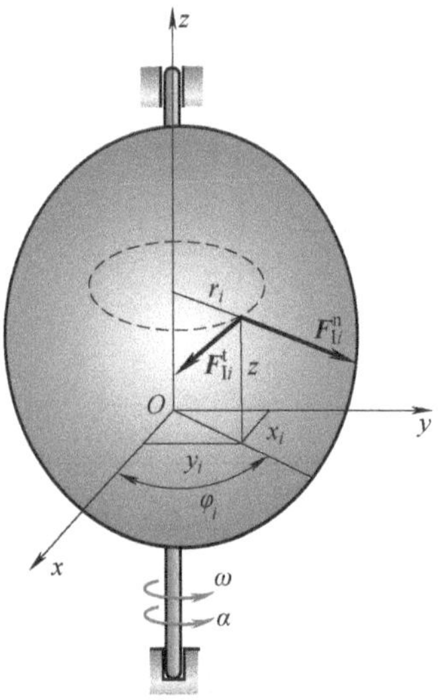

图 11-13

由于 $\cos\varphi_i=\dfrac{x_i}{r_i}$，$\sin\varphi_i=\dfrac{y_i}{r_i}$，于是解得

$$M_{Ix}=\alpha\sum m_ix_iz_i-\omega^2\sum m_iy_iz_i$$

由式（9-17）知，$\sum m_ix_iz_i$ 和 $\sum m_iy_iz_i$ 为刚体对于过点 O 的轴 x、z 和轴 y、z 的惯性积即

$$J_{xz}=\sum m_ix_iz_i$$

$$J_{yz}=\sum m_iy_iz_i$$

于是惯性力系对于点 O 的主矩在 x 轴上的投影为

$$M_{Ix}=J_{xz}\alpha-J_{yz}\omega^2\tag{11-11}$$

同理可得惯性力系对点 O 的主矩在 y 轴上的投影为

$$M_{Iy}=J_{yz}\alpha-J_{xz}\omega^2\tag{11-12}$$

惯性力系对于点 O 的主矩在 z 轴上的投影为

$$\begin{aligned}M_{Iz}&=\sum M_z(\boldsymbol{F}_{Ii})=\sum M_z(\boldsymbol{F}_{Ii}^{t})+\sum M_z(\boldsymbol{F}_{Ii}^{n})\\&=-\sum m_i\alpha r_i\cdot r_i=-\alpha\sum m_ir_i^2=-J_z\alpha\end{aligned}\tag{11-13}$$

式中，$J_z=\sum m_ir_i^{\ 2}$ 是刚体对于 z 轴的转动惯量；负号表示力矩转向与角加速度转向相反。

11.3.2 避免出现轴承动约束力的条件

设刚体在主动力系 $\boldsymbol{F}_1,\boldsymbol{F}_2,\cdots,\boldsymbol{F}_n$ 的作用下绕 AB 轴转动，如图 11-14 所示，某瞬时的角速度为 ω，角加速度为 α。取点 O 为直角坐标系的原点，z 轴沿转轴 BA，轴承总约束在坐标轴上的分力分别为 $\boldsymbol{F}_{Ax}$、$\boldsymbol{F}_{Ay}$ 和 $\boldsymbol{F}_{Bx}$、$\boldsymbol{F}_{By}$、$\boldsymbol{F}_{Bz}$。将此刚体的主动力系向 O 点简化，得一力 $\boldsymbol{F}_R$ 和一力偶 M。若在刚体上分别加上每个质点的惯性力 $\boldsymbol{F}_{Ii}$，则整个刚体的主动力系、约束力系和刚体的惯性力系组成一平衡力系，根据达朗贝尔原理，平衡方程为

$$\left.\begin{aligned}F_{Rx}+F_{Ax}+F_{Bx}+F_{IR}^{x}&=0\\F_{Ry}+F_{Ay}+F_{By}+F_{IR}^{y}&=0\\F_{Rz}+F_{Bz}&=0\\M_x+M_x(F_{Ay})+M_x(F_{By})+M_{Ix}&=0\\M_y+M_y(F_{Ax})+M_y(F_{Bx})+M_{Iy}&=0\\M_z+M_{Iz}&=0\end{aligned}\right\}\tag{11-14}$$

由前五个方程可求解出轴承总约束力，由于动约束力是由惯性力引起的，要是动约束力等于零，必须有

$$F_{IR}^{x}=F_{IR}^{y}=0$$

$$M_{Ix}=M_{Iy}=0$$

即轴承动约束力等于零的条件是：惯性力系主矢等于零，惯性力系对于点 O 的主矩在 x 轴和 y 轴的投影等于零。

由式（11-10）、式（11-11）、式（11-12）知

$$\left.\begin{aligned}x_C=y_C=0\\ J_{xz}=J_{yz}=0\end{aligned}\right\}\qquad(11\text{-}15)$$

于是得结论：**刚体绕定轴转动时，避免出现轴承动约束力的条件是：转轴通过刚体的质心，刚体对转轴的惯性积等于零。**

如果刚体对于通过点 O 的 z 轴的惯性积 J_{xz} 和 J_{yz} 等于零，则此 z 轴为该点的惯性主轴，它通过质心，是中心惯性主轴。于是上述结论也可叙述如下：**避免出现轴承动约束力的条件是：刚体的转轴应取刚体的中心惯性主轴。**

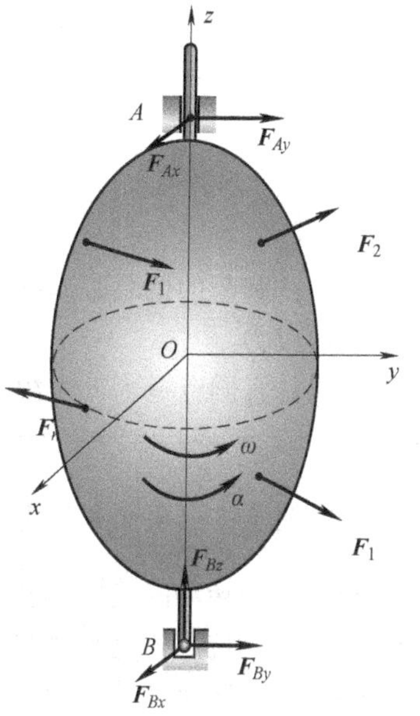

图　11-14

例 11-8　两个质量分别为 m_1 和 m_2 的薄圆盘垂直安装在水平轴 AB 上。圆盘的偏心距 e_1 和 e_2 互成 90°角分布，如图 11-15 所示，如果转子以等角速度 ω 转动，求轴承的动约束力。

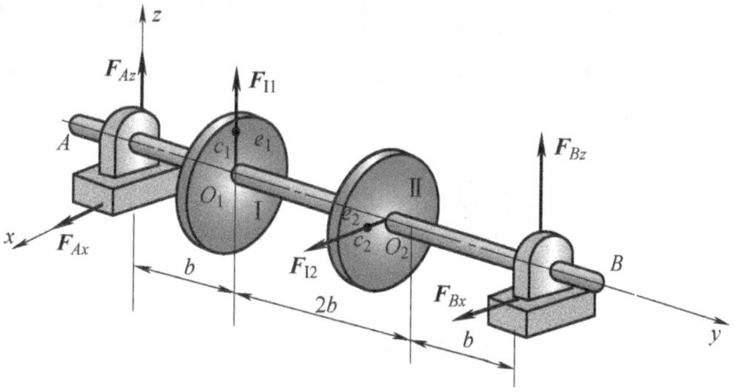

图　11-15

解：取整体为研究对象，受力如图所示。由于 y 轴是圆盘 I 过 O_1 点的惯性主轴，所以圆盘 I 上只有惯性力 $\boldsymbol{F}_{I1}$，$F_{I1}=m_1e_1\omega^2$；同样，圆盘 II 上只有惯性力 $\boldsymbol{F}_{I2}$，$F_{I2}=m_2e_2\omega^2$。由达朗贝尔原理

$$\sum M_x(\boldsymbol{F}_i)=0,\quad F_{Bz}\cdot 4b+F_{I1}\cdot b=0$$

$$F_{Bz}=-\frac{1}{4}m_1e_1\omega^2$$

$$\sum M_z(\boldsymbol{F}_i)=0,\quad -F_{Bx}\cdot 4b-F_{I2}\cdot 3b=0$$

$$F_{Bx}=-\frac{3}{4}m_2e_2\omega^2$$

$$\sum F_{ix}=0, \qquad F_{Ax}+F_{Bx}+F_{12}=0$$

$$F_{Ax}=-\frac{1}{4}m_2e_2\omega^2$$

$$\sum F_{iz}=0, \qquad F_{Az}+F_{Bz}+F_{11}=0$$

$$F_{Az}=-\frac{3}{4}m_1e_1\omega^2$$

讨论：圆盘的偏心距 e 可能不大，但动约束力和 ω^2 成正比，当 ω 足够大时，会引起很大的动约束力。

如果计入圆盘重力，求出的轴承约束力为总约束力。它是静约束力和动约束力之和。

11.3.3 转子的静平衡和动平衡概念

对于定轴转动的刚体，若其重心在转轴上，且刚体除重力外无其他主动力作用，则刚体能静止于任何位置，这种现象称为静平衡。定轴转动刚体当其转轴为刚体的中心惯性主轴时，轴承不会产生动约束力，这种现象称为动平衡，式（11-15）称为动平衡条件。经过静平衡的转子，不一定实现动平衡。

在工程中，为了消除动约束力，对转速较高的物体如汽轮机转子、电机转子等，要求转轴是中心惯性主轴，所以把它们总是设计成有对称轴的或有对称面的，并且转轴是对称轴或通过质心垂直于对称面。然而实际中，由于转子材料的不均匀或制造误差、安装误差等，都可能使转子的转轴偏离中心惯性主轴。为了确保机器运行安全可靠，避免出现轴承动约束力，对于高速转动的刚体通常要在专门的试验机上进行动平衡试验，根据实验数据，在刚体的适当位置附加质量或去掉一些质量，使其达到动平衡。有关动平衡机的原理和操作，将在机械原理和有关专业课中讲述。

思 考 题

11-1 试判断下列说法是否正确。为什么？

（1）两物体质量相同，加速度大小相等，则其惯性力相同。

（2）动静法就是把动力学问题变成静力学问题。

（3）做平动的刚体，它的惯性力系向任一点简化结果均为一合力，其大小 $F_{IR}=ma_C$。

11-2 如图 11-16a 所示，滑轮的转动惯量为 J_O，绳两端物重 $W_1=W_2$，问在下述两种情况下滑轮两边绳的张力是否相等：（1）物块Ⅱ做匀速运动；（2）物块Ⅱ加速运动。

11-3 如图 11-16 所示，图 a 中挂物块Ⅱ的绳端，在图 b 中作用以力 W_2。问当两图中物块Ⅰ的加速度相同时，图 a、b 中相对应的绳段受的张力是否相同，为什么？

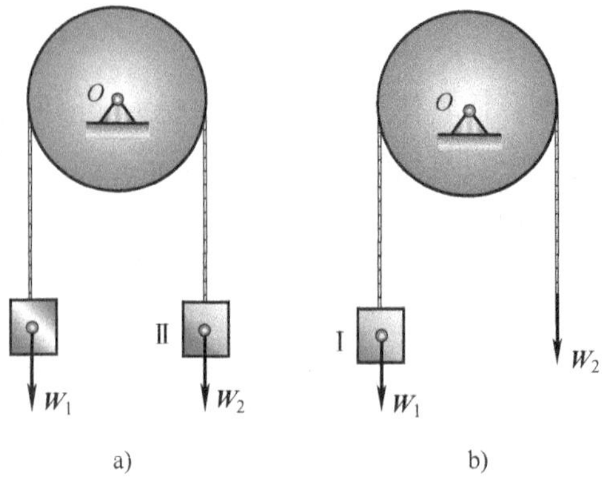

图 11-16

11-4 绕定轴转动刚体的惯性力系向轴心 O 简化，

或向质心 C 简化，如图 11-17 所示，其简化结果是否相同？

11-5　圆轮重 G，半径为 R，沿水平面纯滚动，如图 11-18 所示，不计滚阻，试问在下列两种情况下，轮心的加速度及接触面的摩擦力是否相等：(1) 在轮上作用一矩为 M 的顺时针方向力偶；(2) 在轮心上作用一水平向右、大小为 M/R 的力 $\boldsymbol{P}$。

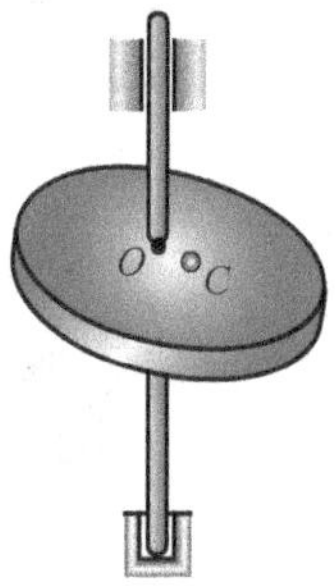

图　11-17

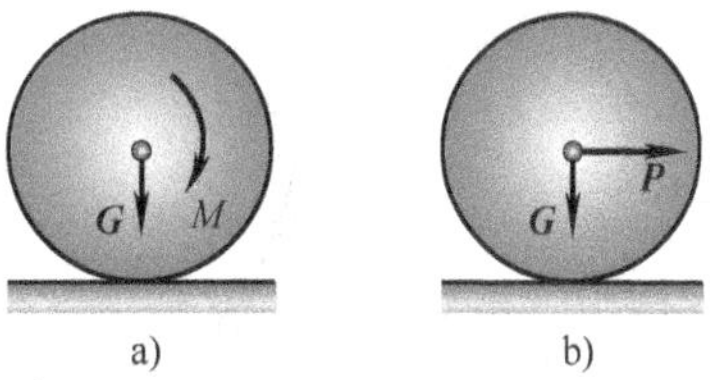

图　11-18

11-6　一等截面均质杆 OA，长 l，重 P，在水平面内以匀角速度 ω 绕铅直轴 O 转动，如图 11-19 所示。试分析距转动轴 h 处断面上的轴向力的大小，并分析在哪个截面上的轴向力最大？

11-7　应用达朗贝尔原理所列的力矩平衡方程与动量矩定理有何异同？

11-8　分析图 11-20 所示火车主动轮曲拐销 A 与轮心 O 连线的另一端设置均重铁 B 的作用。

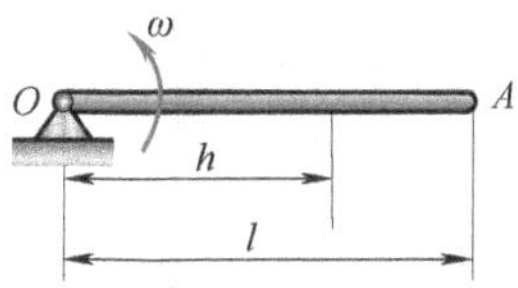

图　11-19

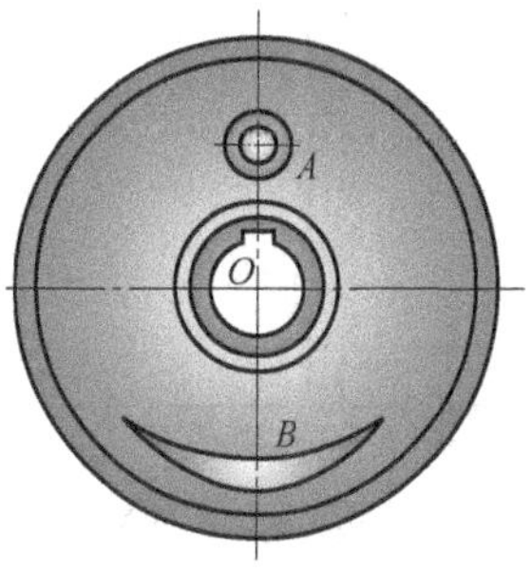

图　11-20

习　题

11-1　试计算并在图上画出下列各刚体惯性力系在图示位置的简化结果。刚体可视为均质的，其质量 m。(1) 尺寸如题 11-1 图 a 的板，以加速度 $\boldsymbol{a}$ 沿固定水平面滑动；(2) 在题 11-1 图 b 中，半径为 R 的圆盘，绕偏心轴 O 以角速度 ω、角加速度 α 转动；(3) 在题 11-1 图 c 中，半径为 R 的圆柱，沿水平面以角速度 ω、角加速度 α 滚动而不滑动；(4) 在题 11-1 图 d 中，长为 l 的细直杆，绕轴 O 以角速度 ω、角加速度 α 转动；(5) 在题 11-1 图 e 中，平行四边形机构中的连杆 AB，其曲柄以匀角速度 ω 转动；(6) 在题 11-1 图 f 中，齿轮链条机构的齿轮Ⅱ、轮Ⅰ固定，杆 OA 转动的角速度为 ω，角加速度为 α。

11-2　如题 11-2 图所示一凸轮导板机构。偏心圆盘圆心为 O，半径为 r，偏心距 $O_1O=e$，绕 O_1 轴以匀角速度 ω 转动。当导板 AB 在最低位置时，弹簧的压缩量 b，导板重为 W。要使导板在运动过程中始终不离开偏心轮，求弹簧刚度系数 k。

11-3　两重物 $P=20\text{kN}$ 和 $Q=8\text{kN}$，连接如题 11-3 图所示，并由电动机 A 拖动。如电动机转子的绳的张力为 3kN，不计滑轮重，求重物 P 的加速度和绳 D 的张力。

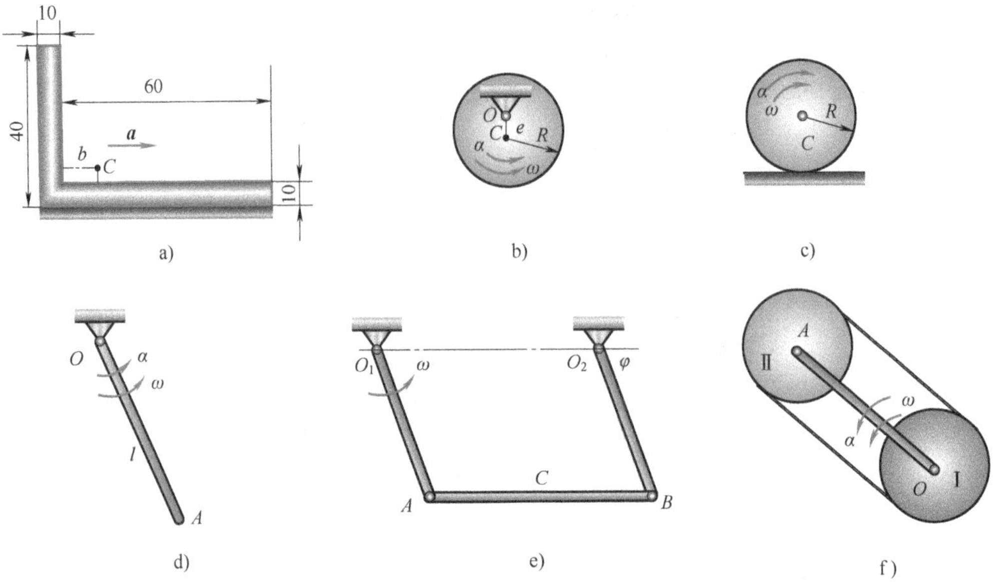

题 11-1 图

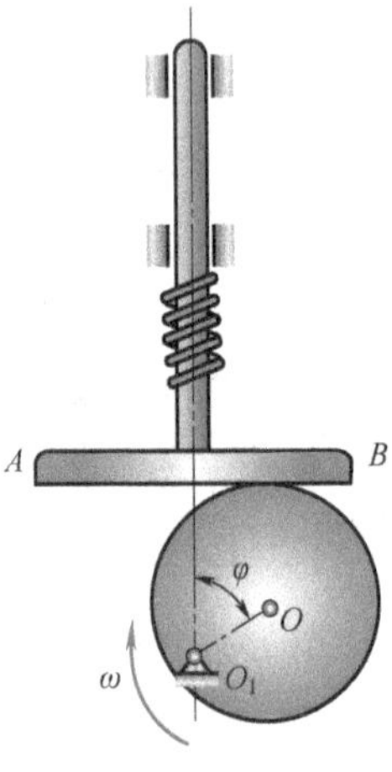

题 11-2 图

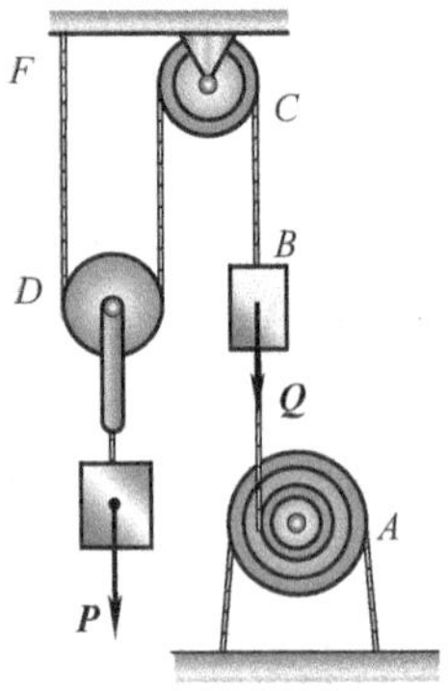

题 11-3 图

11-4 如题 11-4 图所示，露天装载机转弯时，弯道半径为 ρ，装载机重 P，重心高出水平地面 h，内外轮间的距离为 b，设轮与地面的摩擦系数为 f，求：(1) 转弯时的极限速度，即不至于打滑和倾倒的最大速度；(2) 若要求当转弯速度过大时，先打滑后倾倒，则应有什么条件？ (3) 如装载机的最小转弯半径（自后轮外侧算起）为 570cm，轮距为 225cm，摩擦系数取 0.5，则极限速度为多少？

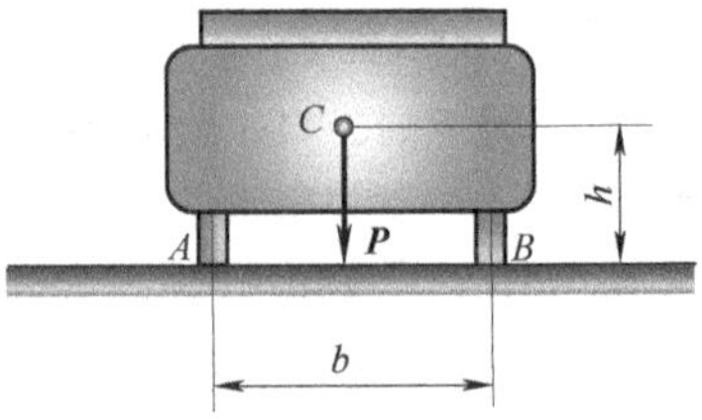

题 11-4 图

11-5 运送货物的小车转载着质量为 m 的货箱如题 11-5 图所示。货箱可视为均质长方体，侧面宽 $d=1\text{m}$，高 $h=2\text{m}$，货车与车间的摩擦系数 $f=0.35$，试求安全运送时所许可的小车的最大加速度。

11-6 正方形均质板重 40N，在铅直平面内以三根软绳拉住，板的边长 $b=10\text{cm}$，如题 11-6 图所示。求 (1) 当软绳 FG 剪断后，木板开始运动的加速度以及 AD 和 BE 两绳的张力；(2) 当 AD 和 BE 两绳位于铅直位置时，木板中心 C 的加速度和两绳的张力。

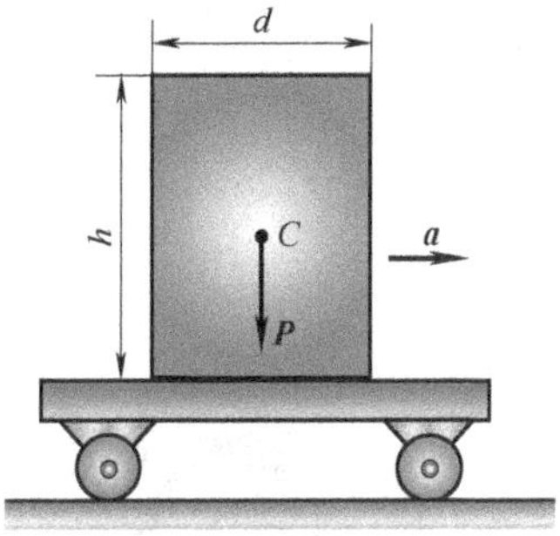

题 11-5 图

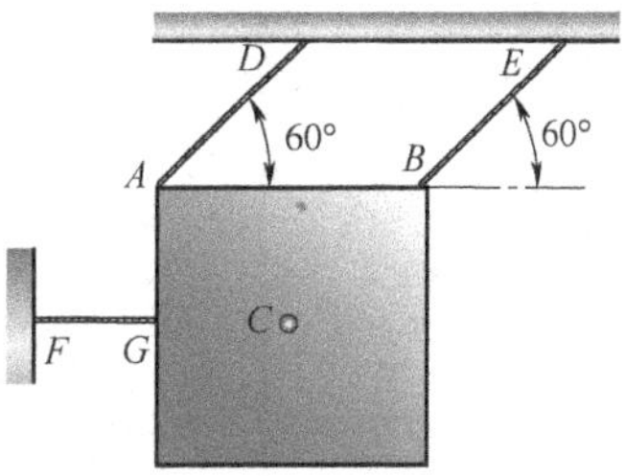

题 11-6 图

11-7　正方形薄板 $ABED$，边长为 b，重量为 P，可在铅垂平面内绕轴 A 转动。在其顶点 E 系一无重绳 EH，使 AB 边在水平位置，如题 11-7 图所示。如将绳 EH 剪断，求此瞬时板的角加速度及轴 A 处的约束力。

11-8　均质杆长 l，重 W，被铰链 A 和绳子支持，如题 11-8 图所示。若连接 B 点的绳子突然断掉，试求：(1) 铰链支座 A 的约束力；(2) B 点的加速度。

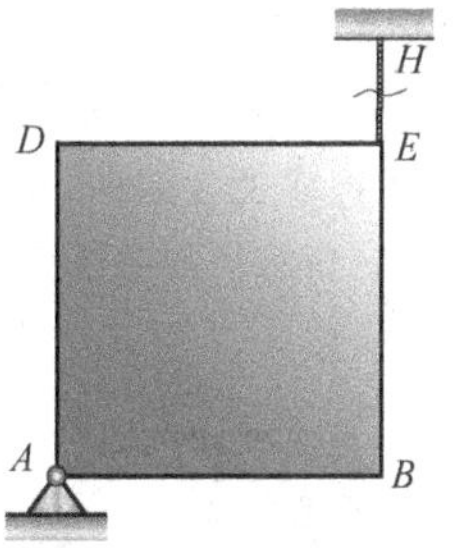

题 11-7 图

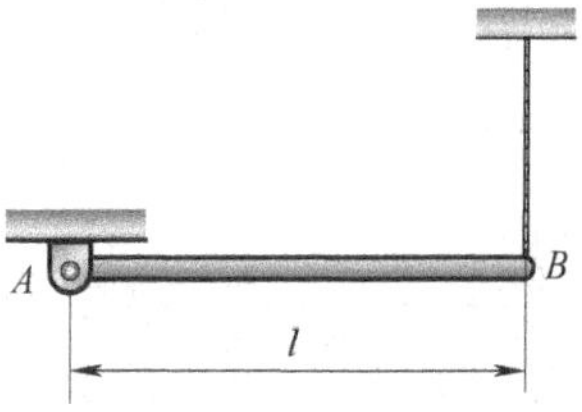

题 11-8 图

11-9　质量为 m、长为 l 的均质杆 AB 的一端 A 焊接于半径为 r 的圆盘边缘上，如题 11-9 图所示。今盘以角速度 α 绕中心 O 转动。图示位置角速度为 ω，求此时 AB 杆上 A 端由于转动所受的力。

11-10　如题 11-10 图所示均质杆 AB 长为 l，重 P，以等角速度 ω 绕 z 轴转动。求杆与铅直线的夹角 β 及铰链 A 的约束力。

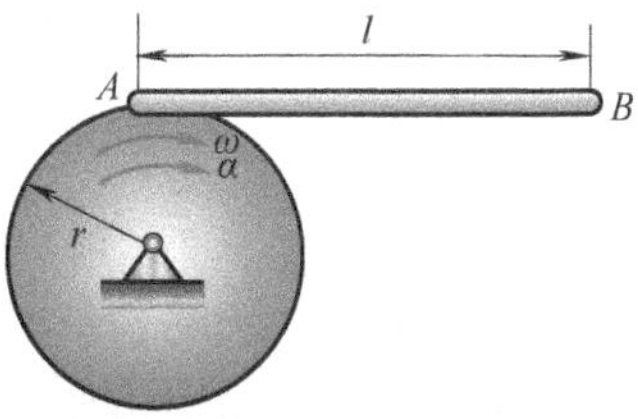

题 11-9 图

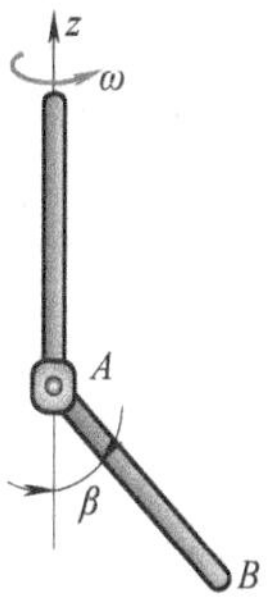

题 11-10 图

11-11　两细长的均质直杆，长各为 a 和 b，互成直角地固结在一起，其顶点 O 则与铅直轴以铰链相连，此轴以等角速度 ω 转动，如题 11-11 图所示。求长为 a 的杆离铅直线的偏角 φ 与 ω 间的关系。

11-12　如题 11-12 图所示，均质细杆 AB 光滑铰接于水平圆盘上的 A 点，而另一端 B 则以一绳与圆盘的中心 C 相连。已知杆的质量 $m=4\text{kg}$，长 $l=0.25\text{m}$，绳长 $a=0.15\text{m}$，且 $AO \perp BO$。求圆盘以匀角速度 $\omega=10\text{rad/s}$ 绕 O 转动时，绳 BO 的张力。

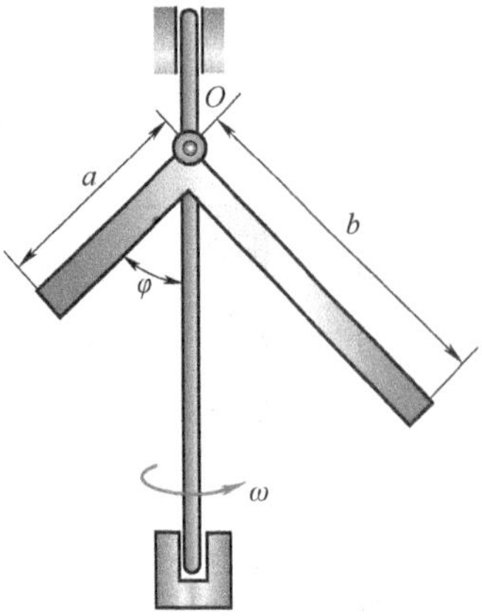

题 11-11 图

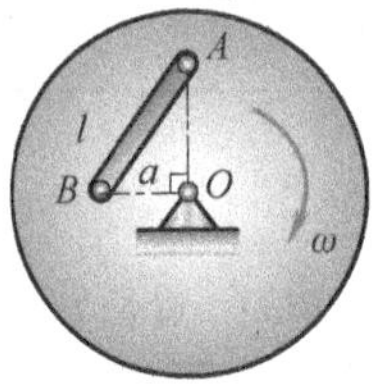

题 11-12 图

11-13 如题 11-13 图所示，长方形均质平板长 $a=20\text{cm}$，宽 $b=15\text{cm}$，质量为 27kg，由两个销 A 和 B 悬挂。如果突然撤去销 B，求在撤去销 B 的瞬时平板的角加速度和销 A 的约束力。

11-14 一半径为 R 的光滑圆环平置于光滑水平面上，并可绕通过环心与其垂直的轴 O 转动；另有一均质杆 AB 长为$\sqrt{2}R$，重为 W，A 端铰接于环的内缘，B 端始终压在轮缘上，如题 11-14 图所示。已知 $R=400\text{cm}$，$W=100\text{N}$，若在某瞬时 $\omega=3\text{rad/s}$，$\alpha=6\text{rad/s}^2$，求杆 A、B 端在水平面内所受的力。

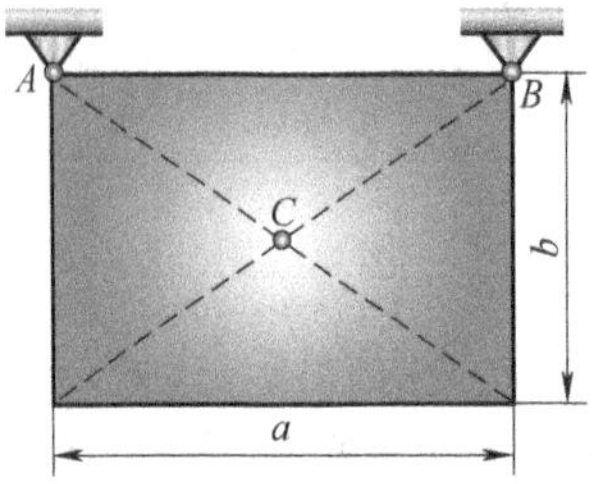

题 11-13 图

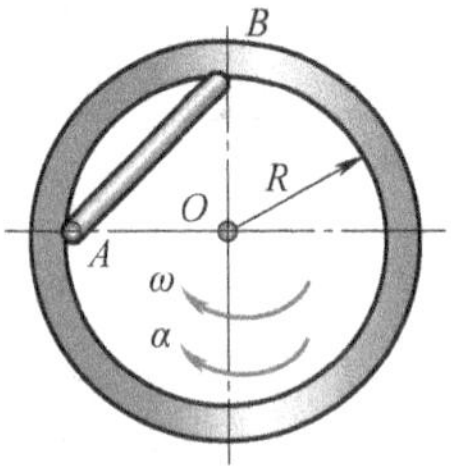

题 11-14 图

11-15 如题 11-15 图所示，轮的质量为 2kg，半径 $R=150\text{mm}$，质心 C 离几何中心 O 的距离为 $r=50\text{mm}$，轮对质心的回转半径 $\rho=75\text{mm}$。当轮做纯滚动时，它的角速度是变化的。在图示 C、O 位于同一高度时，$\omega=12\text{rad/s}$。求此时轮的角加速度。

11-16 如题 11-16 图所示，均质板重 Q，放在两个均质圆柱滚子上，滚子各重$\dfrac{Q}{2}$，其半径均为 r。如在板上作用一水平力 $\boldsymbol{P}$ 并设滚子无滑动，求板的加速度。

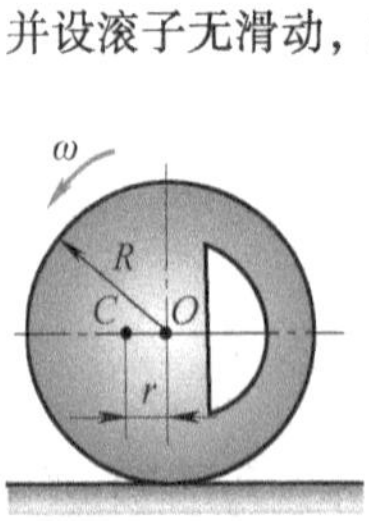

题 11-15 图

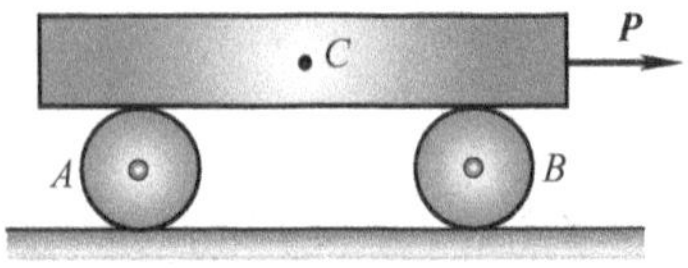

题 11-16 图

11-17 如题 11-17 图所示，一重物 A 质量为 m_A，当其下降时，借一无重量且不可伸长的绳使 C 在水平轨道内滚动而不滑动，绳子跨过一不计质量的定滑轮 D 并绕在滑轮 B 上，滑轮 B 的半径为 R，牢固地装在

滚子 C 上，滚子 C 的半径为 r，两者总质量为 m_C，其对与图面垂直的 C 轴的回转半径为 ρ。试求重物 A 的加速度 $\boldsymbol{a}_A$。

11-18　如题 11-18 图所示，质量 $m=50\text{kg}$ 的均质细直杆 AB，一端 A 搁在光滑水平面上，另一端 B 由质量可以不计的绳子系在固定点 D，且 ABD 在同一铅直平面内，当绳处于水平位置时，杆由静止开始下落，求在此瞬时：（1）杆的角加速度；（2）绳子 BD 的拉力；（3）A 点约束力。已知：杆 AB 长 $l=2.5\text{m}$，绳 BD 长 $b=1\text{m}$，D 点高出地面 $h=2\text{m}$。

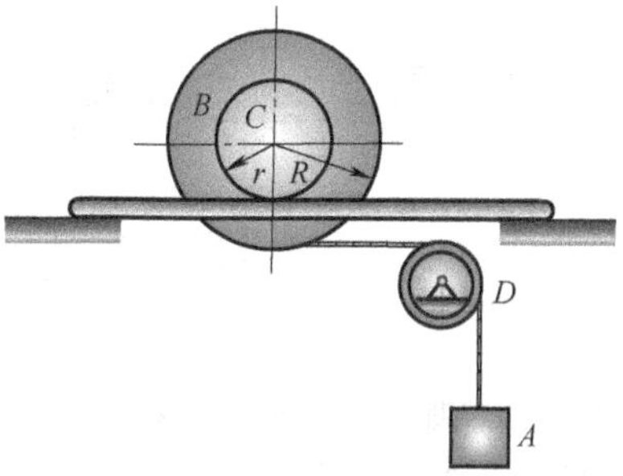

题 11-17 图

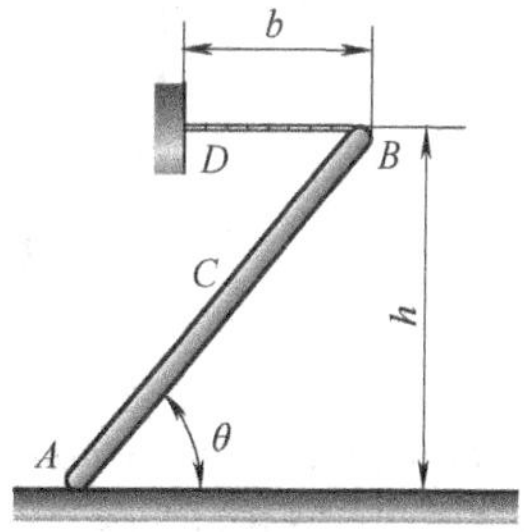

题 11-18 图

11-19　杆 AB 和 BO_1 其单位长度的质量为 m，连接如题 11-19 图所示。圆盘在铅垂平面内绕 O 轴做等角速度 ω_0 转动，求图示位置时，作用在 AB 杆上 A 点和 B 点的力。

11-20　如题 11-20 图所示，质量为 m、长为 l 的均质细杆 BC，以光滑铰链与悬臂梁 AB 相连。梁 AB 的质量和长度分别与 BC 相同。试求 BC 杆从铅垂位置静止开始运动至水平时，A 端的约束力。

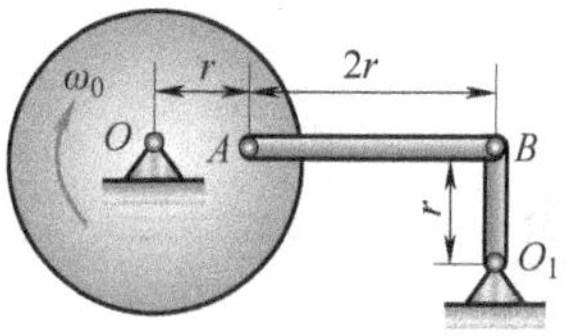

题 11-19 图

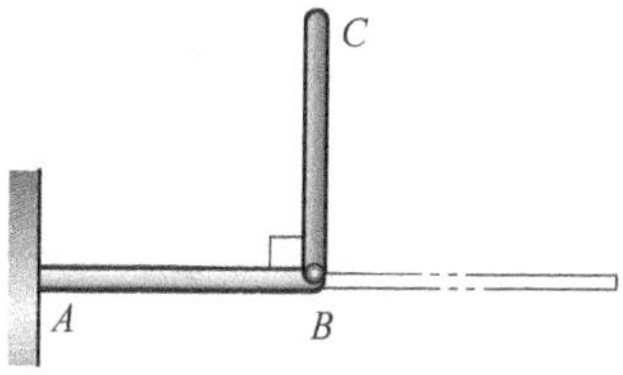

题 11-20 图

11-21　一均质圆柱体重为 P，沿倾斜板自 O 点由静止开始纯滚动。板的倾角为 θ，如题 11-21 图所示，试求圆柱体运动至 $OA=s$ 时，平板在 O 点的约束力。板重不计。

11-22　均质细杆 AB 长 $l=1.2\text{m}$，质量为 $m=3\text{kg}$，$\beta=30°$，不计滚子的质量和摩擦，在如题 11-22 图所示位置从静止开始运动时，求：（1）杆 AB 的角加速度；（2）A 点的加速度；（3）斜面对滚子 A 的约束力。

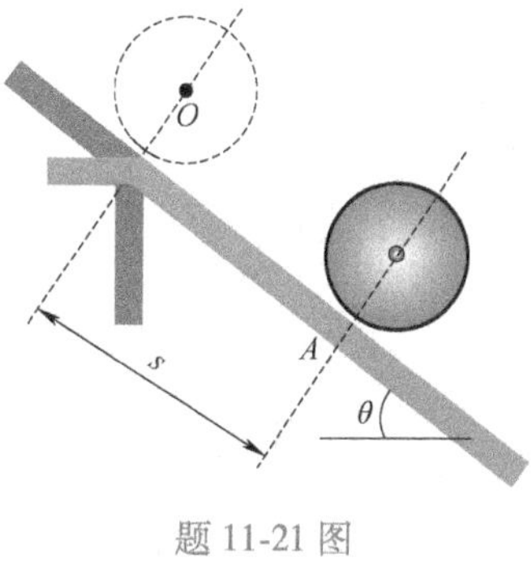

题 11-21 图

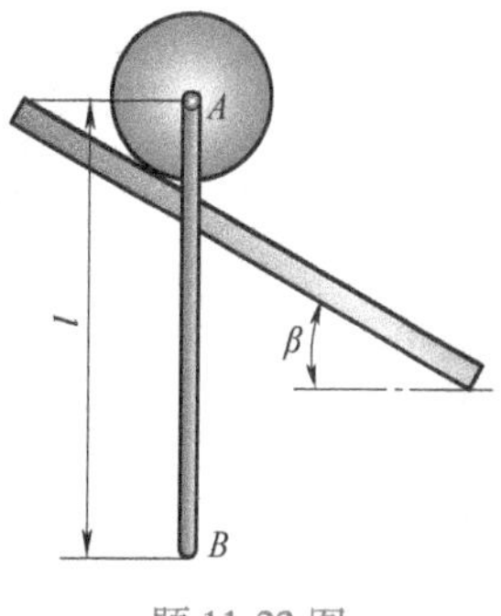

题 11-22 图

11-23 两重物 M_1 和 M_2 分别重 P_1 和 P_2，用绕过滑轮 B 的绳连接，如题 11-23 图所示。如果忽略绳、杆、滑轮重量及摩擦，$AC=a$，$AB=b$，$\angle ACD=\theta$，求杆 CD 受的力。

11-24 均质杆 AB，质量为 m，长为 l，用两无重绳悬挂成水平位置，如题 11-24 图所示，θ 角为已知。某瞬时绳 BD 突然断开，AB 杆开始运动。求断开瞬时，端点 A 的加速度以及绳 AE 的张力。

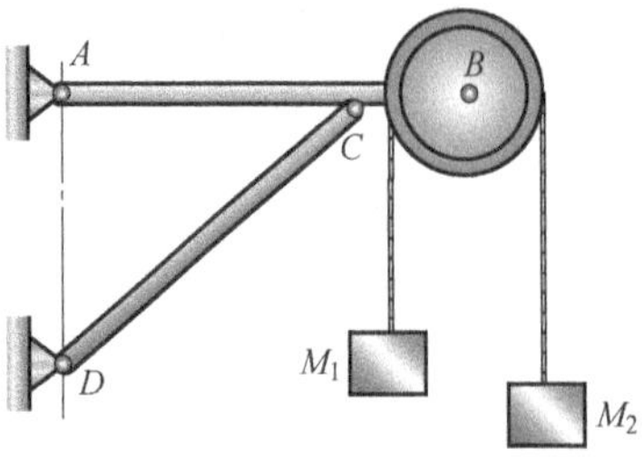

题 11-23 图

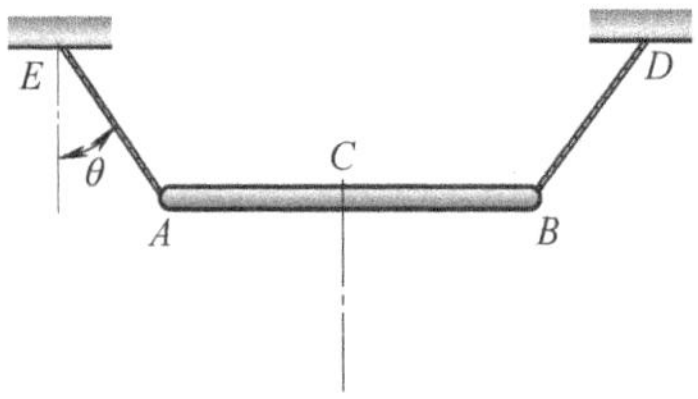

题 11-24 图

11-25 边长 $l=0.25\text{m}$、质量 $m=2\text{kg}$ 的正方形均质物块，借助于 O 点上的小滚轴可在光滑水平面上自由运动。滚轴的大小及摩擦均可忽略。如果该物块在题 11-25 图所示的铅直位置静止释放，试计算 OA 边水平时，物块的角速度、角加速度及滚轴 O 的约束力。

11-26 如题 11-26 图所示，长为 l、质量为 m 的均质细直杆 AB 借助于 A 端小滚轴可以在光滑水平面上自由运动，滚轴的尺寸及质量均可忽略。如果该杆在铅垂位置静止释放，试计算当杆 AB 处于水平时，杆的角速度、角加速度及滚轴 A 所受地面的约束力。

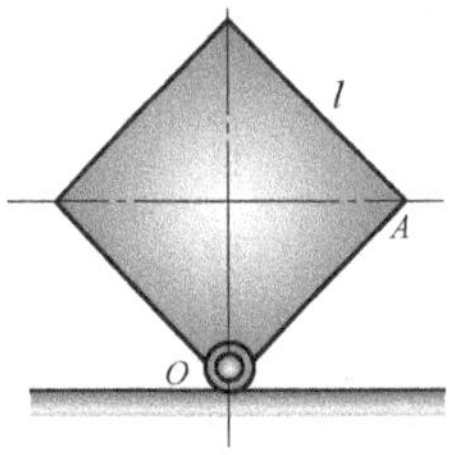

题 11-25 图

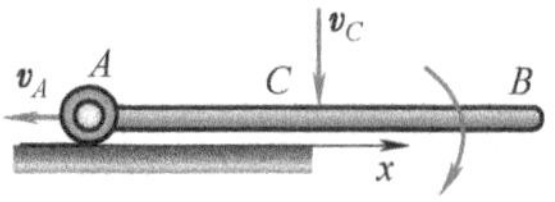

题 11-26 图

11-27 如题 11-27 图所示，均质薄圆盘装在水平轴中部，圆盘盘面的法线与轴线成 β 大小的交角，且偏心距 $OC=e$，圆盘质量为 m，半径为 r。设取图示的与圆盘及轴固结的 $Oxyz$ 坐标系，其 x 轴沿直径方向，z 轴与轴线重合。求当圆盘和轴以匀角速度 ω 转动时轴承的动约束力的投影。两轴承间的距离 $AB=2a$。

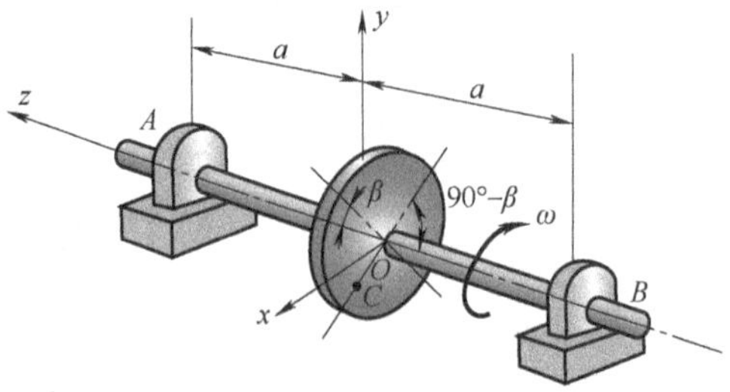

题 11-27 图

第 12 章 虚位移原理

虚位移原理是分析静力学的基础，其采用功的概念分析系统的平衡问题，给出了一般质点系平衡的必要与充分条件，是研究静力学平衡问题的另一途径。

在静力学中，我们研究了刚体在外力作用下平衡的问题。用静力学的方法解决刚体系统平衡问题时，由于外力中包括未知的约束力，因此在求解过程中，需要取几次研究对象，列出足够多的平衡方程，从中消去不需要的未知量，才能求得所需结果。而对于一般质点系来说，它只是平衡的必要条件，而不是充分条件。

本章将引入分析力学的几个基本概念，主要介绍运用虚位移原理研究一般质点系平衡的方法，该方法具有非常重要的工程应用价值。

12.1 约束广义坐标和自由度

12.1.1 约束及其分类

质点系的机械运动可由一组坐标来描述。比如一个质点的运动可由位置矢径 $\boldsymbol{r}$ 或 x、y、z 三个直角坐标来描述。由 n 个质点组成的质点系，其各质点每一瞬时在空间中所占据的位置以及质点系的形状可由 n 个位置矢径或 $3n$ 个直角坐标来描述。质点系中各质点在空间位置的集合称为质点系的位形，位形也就是位置和形状。

对质点或质点系的位形和运动预先约定的限制条件称为约束，本书仅讨论限制质点位置和速度的约束。在刚体静力学中，约束是通过直观的约束力表示的。在分析力学中用统一的数学形式来表示质点系所受的约束。在一般情况下，约束可通过质点系中各质点的坐标、速度以及时间的数学方程来表示，表示限制条件的方程称为约束方程。

根据约束方程的形式可对约束进行如下分类。

(1) 几何约束和运动约束

如果约束方程中只包含坐标（有时还有时间），或者说，约束只限制质点或质点系在空间的几何位置，则这种约束称为几何约束。例如，质点 M 被限制在固定曲面上运动（图 12-1），其约束方程为

$$f(x,y,z)=0$$

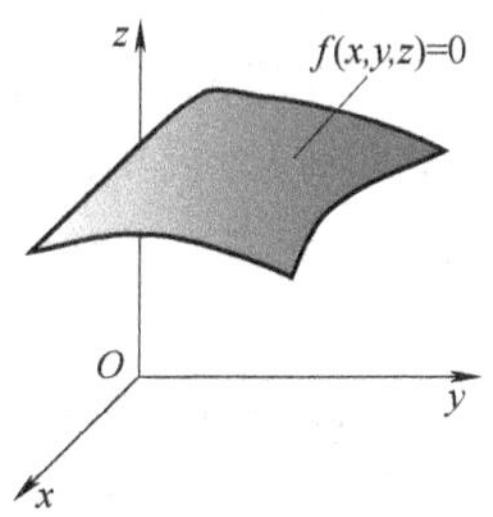

图 12-1

由刚性杆连接的单摆（图 12-2）的约束方程为

$$x^2+y^2=l^2$$

曲柄连杆机构（图 12-3）的约束方程为

$$x_A^2+y_A^2=r^2$$
$$(x_B-x_A)^2+(y_B-y_A)^2=l^2$$
$$y_B=0$$

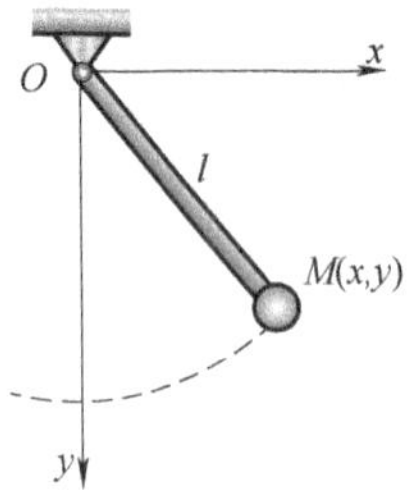

图 12-2

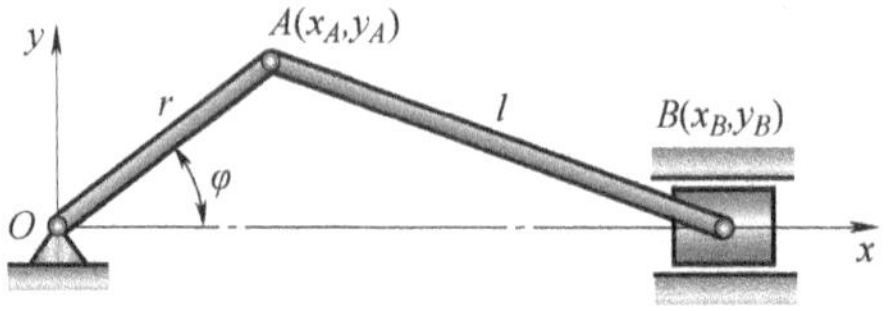

图 12-3

从约束方程可以看出，固定曲面、单摆和曲柄连杆机构的约束都属于几何约束。

如果约束方程中，含有坐标对时间的导数，或者说，约束能限制质点系中质点的速度，则这种约束称为运动约束。例如，图 12-4 所示的轮子在粗糙水平面上纯滚动时，轮子除了受到几何约束 $y_A=r$ 外，还受到做纯滚动的运动学条件限制，即每一瞬时轮缘上与平面接触点 P 点的速度等于零，这就是运动约束，其约束方程为

$$v_A-r\omega=0$$

因为 $v_A=\dot{x}_A$，$\omega=\dot{\varphi}$，可得 $\dot{x}_A-r\dot{\varphi}=0$，此约束方程可写成某函数的全微分形式，即 $\mathrm{d}(x_A-r\varphi)=0$，进一步可积分为有限方程（非微分方程）$x_A-r\varphi=\text{const}$，其约束方程转化为几何约束的形式。可见，可积分的运动约束方程在物理实质上和几何约束没有区别。

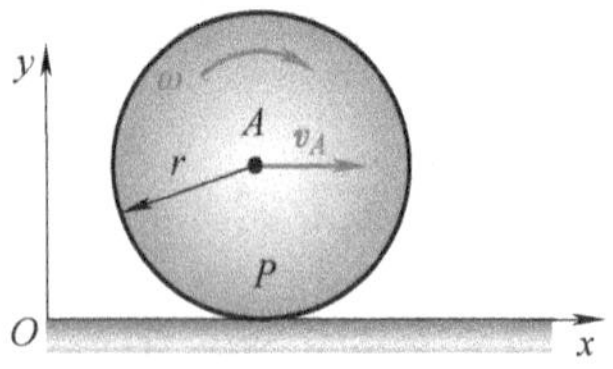

图 12-4

（2）完整约束和非完整约束

几何约束和可积分的运动约束实质上属于同一范畴的约束，它们统称为完整约束。如上述轮子在粗糙水平面上纯滚动的问题。并不是所有的运动约束方程都可以经过积分后化成有限形式的，不可积分的运动约束，称为非完整约束。

（3）定常约束和非定常约束

如果约束方程中不显含时间 t，即约束条件不随时间而变化，则这种约束称为定常约束。上面各例中提到的约束，都属于定常约束。如果约束方程中显含时间 t，即约束条件随时间而变化，则这种约束称为非定常约束。例如，摆长 l 随时间而变化的单摆（图 12-5），设单摆的原长为 l_0，拉动绳子的速度为常数 v_0，则其约束方程为

$$x^2+y^2=(l_0-v_0t)^2$$

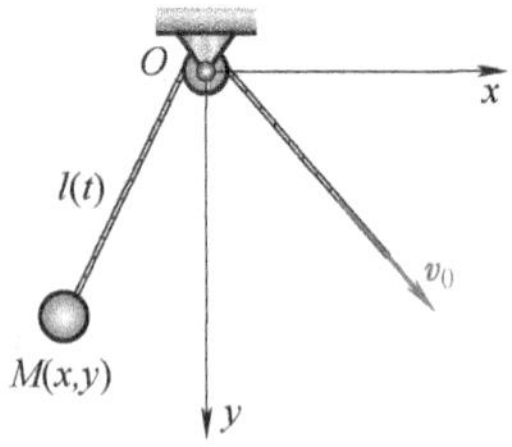

图 12-5

可以看到，约束方程中显含时间 t，所以它属于非定常约束。

（4）双面约束和单面约束

如果约束不仅限制物体沿某一方向的位移，同时也能限制沿相反方向的位移，则这种约

束称为双面约束。例如，如图 12-2 所示的单摆中，摆杆不仅限制质点 M 沿杆的拉伸方向的位移，同时也限制它沿杆压缩方向的位移。这种约束就是双面约束。如果约束仅限制物体沿某一方向的位移，而不能限制沿相反方向的位移，则这种约束称为单面约束。例如，在上述单摆中，如果把摆杆换成绳子，因为绳子只能限制质点 M 沿绳子伸长方向的位移，而不能限制它沿绳子缩短方向的位移，这种约束就是单面约束。

双面约束的约束方程是等式，而单面约束的约束方程是不等式。例如，上述双面约束的单摆，其约束方程为

$$x^2+y^2=l^2$$

单面约束的单摆，其约束方程为

$$x^2+y^2\leqslant l^2$$

本章涉及的约束只限于完整的双面约束，其约束方程的一般形式为

$$f_j(x_1,y_1,z_1;x_2,y_2,z_2;\cdots;x_n,y_n,z_n;t)=0 \quad (j=1,2,\cdots,s) \tag{12-1}$$

式中，n 为质点系中质点的数目；s 是约束方程的数目。

12.1.2 广义坐标和自由度

在一般情况下，由 n 个质点组成的质点系，若受到 s 个完整约束作用，则质点系的 $3n$ 个坐标并不完全是独立的，只有 $3n-s$ 个坐标是独立的，其余的坐标可由约束方程确定。

用来确定质点系位形的独立参数，称为广义坐标，通常用 q_j $(j=1,2,\cdots,k)$ 表示。广义坐标的数目为 $k=3n-s$。既然采用直角坐标法和广义坐标法均可以描述质点系的位置，那么它们之间必定存在相互的变换关系。在完整、双面约束条件下，如以 k 个独立变量 $q_1,q_2,\cdots,q_k$ 表示质点系的广义坐标，则质点系中任一质点 M_i 的矢径 $\boldsymbol{r}_i$ 可以表示为广义坐标的函数。其表达式为

$$\boldsymbol{r}_i=\boldsymbol{r}_i(q_1,q_2,\cdots,q_k,t) \quad (i=1,2,\cdots,n) \tag{12-2}$$

质点 M_i 的直角坐标 x_i，y_i，z_i 也可以表示为广义坐标的函数：

$$\left.\begin{aligned} x_i&=x_i(q_1,q_2,\cdots,q_k,t)\\ y_i&=y_i(q_1,q_2,\cdots,q_k,t)\\ z_i&=z_i(q_1,q_2,\cdots,q_k,t)\\ &(i=1,2,\cdots,n)\end{aligned}\right\} \tag{12-3}$$

广义坐标可根据系统的具体结构和问题的要求来选取，能够唯一地确定系统位置的独立参数都可以作为广义坐标。例如，在图 12-3 所示的曲柄连杆机构中，A、B 两点的 4 个坐标 x_A、y_A、x_B、y_B 须满足三个约束方程，因此，只有 1 个坐标是独立的，其余 3 个坐标可由三个约束方程确定。若选取曲柄 OA 的转角 φ 作为广义坐标，当角 φ 确定后，A、B 两点的 4 个坐标都可以通过角 φ 表示：

$$\begin{aligned} x_A&=r\cos\varphi\\ y_A&=r\sin\varphi\\ x_B&=r\cos\varphi+\sqrt{l^2-r^2\sin^2\varphi}\\ y_B&=0\end{aligned}$$

这样，整个曲柄连杆机构的位置就确定了。

如图 12-6 所示的双摆，O 为固定铰链支座，A 球、B 球分别用长为 l_1 和 l_2 的刚性杆铰接而成，系统运动保持在铅垂平面内。A、B 两点的 4 个坐标 x_A、y_A、x_B、y_B 须满足两个约束方程：

$$x_A^2+y_A^2=l_1^2$$

$$(x_B-x_A)^2+(y_B-y_A)^2=l_2^2$$

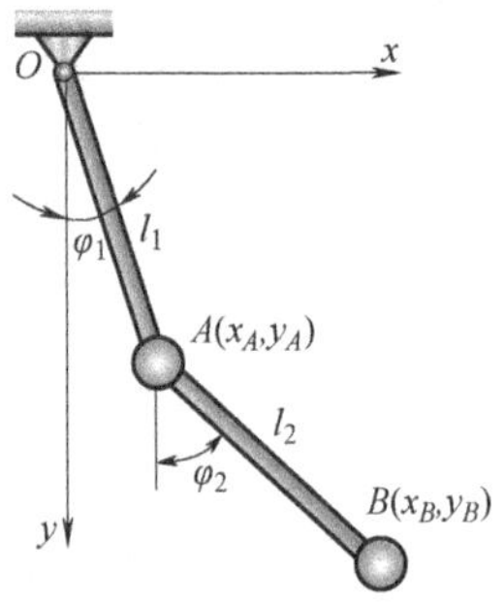

图 12-6

因而，只有 2 个坐标是独立的。选取刚性杆 l_1 和 l_2 与铅垂线的夹角 φ_1 和 φ_2 作为广义坐标，可确定系统的 A、B 位置，即

$$x_A=l_1\sin\varphi_1$$

$$y_A=l_1\cos\varphi_1$$

$$x_B=l_1\sin\varphi_1+l_2\sin\varphi_2$$

$$y_B=l_1\cos\varphi_1+l_2\cos\varphi_2$$

由以上两个例子可以看出，采用彼此不独立的直角坐标来确定系统的位置，有时并不是好的方案，而适当选取一组彼此独立的参数来确定质点系的位置，是比较方便的。对于同一质点系，广义坐标的选取并不是唯一的，可以取直角坐标，也可以取角度、弧长或其他参数。例如，图 12-3 所示曲柄连杆机构的广义坐标，可取曲柄 OA 的转角 φ，也可取 B 点的坐标 x_B；图 12-6 所示双摆的广义坐标，既可取 φ_1、φ_2，也可取 x_A、x_B 或 y_A、y_B 等。

如上所述，当质点系受完整约束时，确定质点系运动位置的广义坐标虽然不是唯一的，但每组广义坐标的数目却是相同的，均为 $k=3n-s$。确定具有完整约束的质点系位置所需的独立参数的数目，称为质点系的自由度数，简称自由度。在完整约束的条件下，非自由质点系的广义坐标的数目与自由度数目相同。例如，图 12-3 曲柄连杆机构的自由度为 1，图 12-6 所示双摆的自由度为 2。

12.2 虚位移和虚功

12.2.1 虚位移

在某固定瞬时和一定位形上，质点或质点系符合约束条件的假想的任何无限小位移，称为该质点或质点系的虚位移。由于任何物理运动都需要经过时间的演进才会有实际的位移，所以称保持时间不变的位移为虚位移。虚位移可以是线位移，也可以是角位移。为了区别于实位移，虚位移用变分符号 δ 表示，如 $\delta\boldsymbol{r}$、$\delta\varphi$、δs、δx、δy、δz 等。δ 是等时变分运算，也就是假想约束“凝固”不动的微分运算，计算方法与微分 d 相同。

设由 n 个质点组成的质点系，受到 s 个相互独立的完整约束作用，约束可以表示为以下形式：

$$f_j(\boldsymbol{r}_1,\boldsymbol{r}_2,\cdots\boldsymbol{r}_n,t)=0 \quad (j=1,2,\cdots,s) \tag{12-4}$$

在给定时刻 t，质点系上任一质点 M_i 的矢径为 $\boldsymbol{r}_i$，用 $\delta\boldsymbol{r}_i$ 表示该质点的虚位移，则质点系的虚位移 $\delta\boldsymbol{r}_1,\delta\boldsymbol{r}_2,\cdots,\delta\boldsymbol{r}_n$ 应满足

$$\sum_{i=1}^{n}\frac{\partial f_j}{\partial \boldsymbol{r}_i}\cdot\delta\boldsymbol{r}_i=0 \quad (j=1,2,\cdots,s) \tag{12-5}$$

若将质点 M_i 的虚位移 $\delta\boldsymbol{r}_i$ 和矢量$\dfrac{\partial f_j}{\partial \boldsymbol{r}_i}$用直角坐标表示，即

$$\delta\boldsymbol{r}_i=\delta x_i\boldsymbol{i}+\delta y_i\boldsymbol{j}+\delta z_i\boldsymbol{k}$$

$$\frac{\partial f_j}{\partial \boldsymbol{r}_i}=\frac{\partial f_j}{\partial x_i}\boldsymbol{i}+\frac{\partial f_j}{\partial y_i}\boldsymbol{j}+\frac{\partial f_j}{\partial z_i}\boldsymbol{k}$$

可得方程（12-5）的解析形式为

$$\sum_{i=1}^{n}\left(\frac{\partial f_j}{\partial x_i}\delta x_i+\frac{\partial f_j}{\partial y_i}\delta y_i+\frac{\partial f_j}{\partial z_i}\delta z_i\right)=0\quad (j=1,2,\cdots,s)\tag{12-6}$$

在本章运用虚位移原理求解静力学问题时，找出虚位移或虚位移分量必须满足的关系式是非常重要的。方程（12-5）给出了质点的虚位移 $\delta\boldsymbol{r}_1,\delta\boldsymbol{r}_2,\cdots,\delta\boldsymbol{r}_n$ 必须满足的关系式，方程（12-6）给出了虚位移的直角坐标 δx_1、δy_1、δz_1，δx_2、δy_2、δz_2，$\cdots$，δx_n、δy_n、δz_n 必须满足的关系式。

例如，如图 12-2 所示的单摆中，质点 M 的约束方程为

$$x^2+y^2=l^2$$

对上式进行变分运算，就可得到质点 M 的虚位移 $\delta\boldsymbol{r}$ 的直角坐标 δx、δy 应满足的关系式

$$2x\delta x+2y\delta y=0$$

必须注意的是：虚位移与真实运动发生的位移是有区别的。

设在 t 时刻，质点系上任一质点 M_i 的矢径为 $\boldsymbol{r}_i$，则在无限小的时间间隔 $\mathrm{d}t$ 内，质点 M_i 的无限小位移为

$$\mathrm{d}\boldsymbol{r}_i=\mathrm{d}x_i\boldsymbol{i}+\mathrm{d}y_i\boldsymbol{j}+\mathrm{d}z_i\boldsymbol{k}$$

由约束方程（12-4），$\mathrm{d}\boldsymbol{r}_i$ 应满足

$$\sum_{i=1}^{n}\left(\frac{\partial f_j}{\partial x_i}\mathrm{d}x_i+\frac{\partial f_j}{\partial y_i}\mathrm{d}y_i+\frac{\partial f_j}{\partial z_i}\mathrm{d}z_i\right)+\frac{\partial f_j}{\partial t}\mathrm{d}t=0\quad (j=1,2,\cdots,s)\tag{12-7}$$

虚位移与真实位移（简称实位移）是不同的概念。

1）虚位移是无限小的位移，即使是质点产生虚位移也不致改变原来的平衡条件，而实位移可以是无限小的位移，也可以是有限的位移。

2）虚位移是假想的，仅决定于质点系所受的约束，与质点系所受的力、时间以及质点系的运动情况无关。实位移不仅决定于质点系所受的约束，也和所受力、时间以及运动的初始条件有关。

3）虚位移只是纯几何的概念，完全与时间无关，而实位移是在一定的时间内发生的。

12.2.2　广义虚位移

在完整约束条件下，设由 n 个质点组成的质点系具有 k 个自由度，其位置可用 k 个广义坐标 q_j（$j=1,2,\cdots,k$）来确定。由于广义坐标是彼此独立的，分别使 k 个广义坐标获得变分 δq_j（$j=1,2,\cdots,k$），则可得到质点系的 k 个彼此独立的虚位移。**广义坐标的变分 δq_j 称为广义虚位移**。受完整约束的质点系，其独立虚位移的数目等于质点系的自由度。

质点系中任一质点 M_i 的虚位移 $\delta\boldsymbol{r}_i$ 可以表示为广义虚位移的函数，可将式（12-2）作变分运算得到，即

$$\delta \boldsymbol{r}_i=\frac{\partial \boldsymbol{r}_i}{\partial q_1}\delta q_1+\frac{\partial \boldsymbol{r}_i}{\partial q_2}\delta q_2+\cdots+\frac{\partial \boldsymbol{r}_i}{\partial q_k}\delta q_k=\sum_{j=1}^{k}\frac{\partial \boldsymbol{r}_i}{\partial q_j}\delta q_j \quad (i=1,2,\cdots,n) \tag{12-8}$$

同理，虚位移 $\delta \boldsymbol{r}_i$ 的直角坐标 δx_i、δy_i、δz_i 也可以表示为广义虚位移的函数，可将式（12-3）作变分运算得到，即

$$\left.\begin{aligned}\delta x_i&=\frac{\partial x_i}{\partial q_1}\delta q_1+\frac{\partial x_i}{\partial q_2}\delta q_2+\cdots+\frac{\partial x_i}{\partial q_k}\delta q_k=\sum_{j=1}^{k}\frac{\partial x_i}{\partial q_j}\delta q_j\\ \delta y_i&=\frac{\partial y_i}{\partial q_1}\delta q_1+\frac{\partial y_i}{\partial q_2}\delta q_2+\cdots+\frac{\partial y_i}{\partial q_k}\delta q_k=\sum_{j=1}^{k}\frac{\partial y_i}{\partial q_j}\delta q_j\\ \delta z_i&=\frac{\partial z_i}{\partial q_1}\delta q_1+\frac{\partial z_i}{\partial q_2}\delta q_2+\cdots+\frac{\partial z_i}{\partial q_k}\delta q_k=\sum_{j=1}^{k}\frac{\partial z_i}{\partial q_j}\delta q_j\\ &(i=1,2,\cdots,n)\end{aligned}\right\} \tag{12-9}$$

12.2.3 虚功

设质点受到力 $\boldsymbol{F}$ 的作用，若质点发生虚位移 $\delta \boldsymbol{r}$，则力矢量 $\boldsymbol{F}$ 在虚位移 $\delta \boldsymbol{r}$ 上所做的元功称为力的虚功，记为 δW。由功的定义有

$$\delta W=\boldsymbol{F}\cdot\delta \boldsymbol{r} \tag{12-10}$$

虚位移原理是通过力在虚位移中所做的虚功来讨论质点系的平衡问题。本书中的虚功与实位移中的元功虽然采用同一符号 δW，但它们之间是有本质区别的。元功是力在真实位移中的功，而虚功是力在假想的虚位移中的功，所以虚功也是假想的。

12.2.4 理想约束

如果约束力在质点系的任何虚位移中的虚功之和等于零，则这种约束称为理想约束。如以 $\boldsymbol{F}_{\mathrm{N}i}$表示作用在质点系中任一质点 M_i 上的约束力，$\delta \boldsymbol{r}_i$ 表示该质点的虚位移，$\delta W_{\mathrm{N}i}$表示约束力 $\boldsymbol{F}_{\mathrm{N}i}$在虚位移 $\delta \boldsymbol{r}_i$ 中所做的虚功，则质点系的理想约束条件可表示为

$$\sum\delta W_{\mathrm{N}i}=\sum\boldsymbol{F}_{\mathrm{N}i}\cdot\delta \boldsymbol{r}_i=0 \tag{12-11}$$

在第 10 章中所介绍的光滑固定面约束、光滑铰链约束、不可伸长的柔索、无重刚杆等约束，都符合式（12-11），因而都是理想约束。仿照第 10 章的证明，将其中的实位移换成虚位移即可得到式（12-11）。

12.3 虚位移原理及应用

在建立了虚位移、虚功和理想约束的概念后，现在给出虚位移原理：

具有理想约束的质点系，在给定位置上保持平衡的充要条件是：作用于质点系的所有主动力在任何虚位移上的虚功之和等于零。

若以 $\boldsymbol{F}_i$ 表示作用在质点系上任一质点 M_i 上的主动力，$\delta \boldsymbol{r}_i$ 表示该质点的虚位移，则虚位移原理的数学表达式（也可称几何形式表达式）为

$$\sum\delta W_{\mathrm{F}i}=\sum\boldsymbol{F}_i\cdot\delta \boldsymbol{r}_i=0 \tag{12-12}$$

写成解析形式则为

$$\sum(F_{ix}\delta x_i+F_{iy}\delta y_i+F_{iz}\delta z_i)=0 \tag{12-13}$$

式中，F_{ix}、F_{iy}、F_{iz}，δx_i、δy_i、δz_i 分别表示主动力 $\boldsymbol{F}_i$ 和虚位移 $\delta\boldsymbol{r}_i$ 在直角坐标上的投影。虚位移原理也称为虚功原理，由拉格朗日于 1764 年提出。式（12-12）与式（12-13）是质点系平衡的最一般条件，称为虚功方程或静力学普遍方程。

下面来证明虚位移原理的必要性与充分性。

必要性的证明。即要证明：如果质点系平衡，则式（12-12）成立。

当质点系平衡时，质点系中所有质点都处于平衡。因此，作用于质点系中任一质点 M_i 的主动力的合力 $\boldsymbol{F}_i$ 与约束力的合力 $\boldsymbol{F}_{Ni}$ 的矢量和必为零，即

$$\boldsymbol{F}_i+\boldsymbol{F}_{Ni}=0$$

于是 $\boldsymbol{F}_i$ 与 $\boldsymbol{F}_{Ni}$ 在虚位移 $\delta\boldsymbol{r}_i$ 中的虚功之和也必为零，即

$$\boldsymbol{F}_i\cdot\delta\boldsymbol{r}_i+\boldsymbol{F}_{Ni}\cdot\delta\boldsymbol{r}_i=0$$

对质点系中每一质点都能写出这样一个等式。将这些等式相加，得

$$\sum\boldsymbol{F}_i\cdot\delta\boldsymbol{r}_i+\sum\boldsymbol{F}_{Ni}\cdot\delta\boldsymbol{r}_i=0$$

对于理想约束，上式第二项等于零，于是得

$$\sum\boldsymbol{F}_i\cdot\delta\boldsymbol{r}_i=0$$

充分性的证明。即要证明：如果式（12-12）成立，则原来静止的质点系必保持静止。

采用反证法。设式（12-12）成立时，质点系不平衡，那么至少有一个质点将从静止进入运动。设质点 M_i 在主动力 $\boldsymbol{F}_i$ 与约束力 $\boldsymbol{F}_{Ni}$ 的作用下从静止开始进入运动（图 12-7），因而该质点在 $\boldsymbol{F}_i$ 与 $\boldsymbol{F}_{Ni}$ 的合力 $\boldsymbol{F}_{Ri}$ 作用下产生的实位移 $\mathrm{d}\boldsymbol{r}_i$ 与 $\boldsymbol{F}_{Ri}$ 是同方向的，因而，力 $\boldsymbol{F}_{Ri}$ 做正功，即有

$$\boldsymbol{F}_{Ri}\cdot\mathrm{d}\boldsymbol{r}_i=(\boldsymbol{F}_i+\boldsymbol{F}_{Ni})\cdot\mathrm{d}\boldsymbol{r}_i>0$$

因在定常约束的情况下，实位移 $\mathrm{d}\boldsymbol{r}_i$ 是虚位移中的一个，故 $\mathrm{d}\boldsymbol{r}_i$ 可用 $\delta\boldsymbol{r}_i$ 代替，有

$$(\boldsymbol{F}_i+\boldsymbol{F}_{Ni})\cdot\delta\boldsymbol{r}_i>0$$

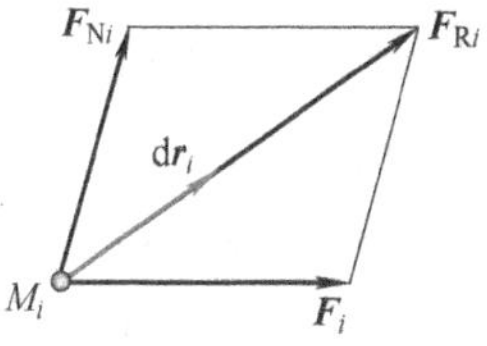

图　12-7

对于其他从静止进入运动的质点都有同样的不等式，而对于仍维持静止的那些质点则得到等式。

把质点系内所有各质点的上述表达式加在一起，其左端之和必大于零，即

$$\sum(\boldsymbol{F}_i+\boldsymbol{F}_{Ni})\cdot\delta\boldsymbol{r}_i>0$$

或

$$\sum\boldsymbol{F}_i\cdot\delta\boldsymbol{r}_i+\sum\boldsymbol{F}_{Ni}\cdot\delta\boldsymbol{r}_i>0$$

因为质点系具有理想约束，有 $\sum\boldsymbol{F}_{Ni}\cdot\delta\boldsymbol{r}_i=0$，从而得

$$\sum\boldsymbol{F}_i\cdot\delta\boldsymbol{r}_i>0$$

这个结果与原假设条件式（12-12）相矛盾，因此，满足式（12-12）的质点系，不可能有任何质点由静止进入运动，即质点系必保持平衡。（证毕）

虚位移原理在理论上具有很重要的意义，它是分析静力学的基础，在弹性力学、结构力学中也有广泛的应用。在工程实际中，虚位移原理可用来求解以下静力学问题：

1）质点系处于平衡状态时，求主动力之间的关系或平衡位置。

在虚位移原理中，由于方程中不含未知的约束力，因此，对于受理想约束的复杂系统的

平衡问题，应用此原理求解就很方便。当约束不是理想约束，如有摩擦力做功时，只要将摩擦力视为主动力，在虚功方程中计入摩擦力所做的虚功即可。

2）求质点系在已知主动力作用下平衡时的约束力。

工程中很大一部分问题是求约束力，就虚位移原理来说，因为平衡条件中不包括约束力，似乎使用虚位移原理求不出约束力。实际上将虚位移原理与解除约束原理相结合，就能方便地求出所要求的约束力。特别是对复杂的系统更是如此。解除约束原理是指以约束力代替相应的约束。此时约束对系统的位移限制即被解除，原来不允许的虚位移现在已经允许。换言之，约束力已转化为主动力。采用这个方法，利用虚位移原理可以求出相应的约束力。

下面举例说明虚位移原理在工程实际中的应用。

例 12-1 曲柄连杆机构如图 12-8 所示，$OA=AB=l$。求机构在图示位置平衡时，主动力 $\boldsymbol{F}$ 和 $\boldsymbol{Q}$ 之间关系。

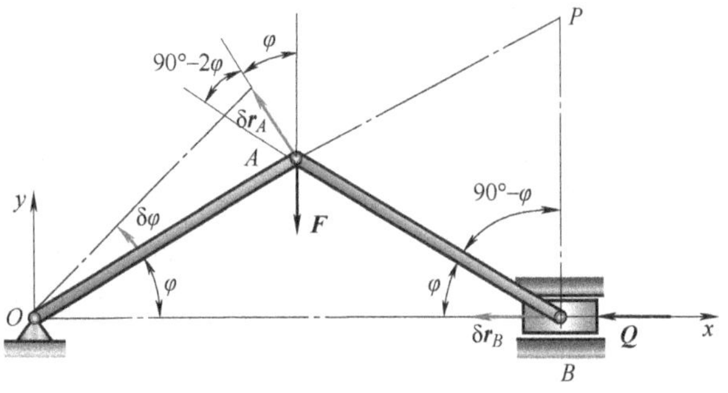

图 12-8

解：作用在机构上的主动力有 $\boldsymbol{F}$ 和 $\boldsymbol{Q}$，约束都是理想的。下面用两种方法求解。

解法 1：几何法

设给曲柄 OA 杆 A 端以虚位移 $\delta\boldsymbol{r}_A$，则 B 点相应地有虚位移 $\delta\boldsymbol{r}_B$，如图 12-8 所示。

根据虚功方程（12-12）可得

$$\boldsymbol{F}\cdot\delta\boldsymbol{r}_A+\boldsymbol{Q}\cdot\delta\boldsymbol{r}_B=0$$

或

$$-F\delta r_A\cos\varphi+Q\delta r_B=0$$

上式改写成

$$\frac{Q}{F}=\frac{\delta r_A}{\delta r_B}\cos\varphi \tag{a}$$

式中，δr_A、δr_B 分别是 $\delta\boldsymbol{r}_A$ 和 $\delta\boldsymbol{r}_B$ 的大小。

由于连杆 AB 是刚性杆，其两端虚位移在 AB 上投影应相等，即

$$\delta r_A\cos(90°-2\varphi)=\delta r_B\cos\varphi$$

或

$$\frac{\delta r_A}{\delta r_B}=\frac{\cos\varphi}{\cos(90°-2\varphi)}=\frac{1}{2\sin\varphi} \tag{b}$$

以式（b）代入式（a），即得所求 $\boldsymbol{F}$ 和 $\boldsymbol{Q}$ 之间关系：

$$\frac{Q}{F}=\frac{\cos\varphi}{2\sin\varphi}=\frac{1}{2}\cot\varphi$$

解法 2：解析法

建立以 O 为原点的直角坐标系 Oxy，如图 12-8 所示。根据虚功方程（12-13），有

$$(-F)\delta y_A+(-Q)\delta x_B=0 \tag{c}$$

坐标 y_A、x_B 分别为

$$\left.\begin{aligned} y_A&=l\sin\varphi \\ x_B&=2l\cos\varphi \end{aligned}\right\} \tag{d}$$

对此二式变分运算得

$$\delta y_A=l\cos\varphi\delta\varphi,\quad \delta x_B=-2l\sin\varphi\delta\varphi$$

将此二式代入式（c）得

$$(F\cos\varphi-2Q\sin\varphi)l\delta\varphi=0$$

因为 $\delta\varphi\neq0$，故有

$$F\cos\varphi-2Q\sin\varphi=0$$

由此求得

$$\frac{Q}{F}=\frac{\cos\varphi}{2\sin\varphi}=\frac{1}{2}\cot\varphi$$

另外，列出式（c）之后，也可以改用下面的方法进行求解。先建立 y_A 和 x_B 之间的关系：

$$y_A^2+\left(\frac{x_B}{2}\right)^2=l^2$$

然后对上式进行变分运算，得

$$2y_A\delta y_A+\frac{1}{2}x_B\delta x_B=0 \tag{e}$$

这样，由式（c）、式（d）、式（e）即可求得所需解答。

【点评】质点系中各点的虚位移常常不是独立的。正确地建立各虚位移之间的关系是虚功方程解题的关键。常用以下两种方法建立虚位移之间关系：

1）几何法。用几何法可根据约束的几何关系直接找出各点的虚位移之间的关系，也可根据刚体上各点虚位移之间的关系与各点速度之间的关系相同，通过运动学中建立各点速度之间关系的方法来找出各点虚位移之间的关系，称之为“虚速度法”。如平动刚体上各点虚位移相等；定轴转动刚体上各点虚位移与该点到转轴的距离成正比。对平面运动刚体，可用基点法、速度投影法或速度瞬心法等；对点的复合运动，可用速度合成定理。在各方法中只需要把速度换成虚位移即可。对复杂机构，几何法十分有效。

对本例来说，$\dfrac{\delta r_A}{\delta r_B}=\dfrac{v_A}{v_B}$，连杆 AB 做平面运动，图示位置，其速度瞬心在点 P，得

$$\frac{\delta r_A}{\delta r_B}=\frac{AP}{BP}=\frac{\sin(90°-2\varphi)}{\sin2\varphi}=\frac{1}{2\sin\varphi}$$

此结果与上面求得的式（b）相同。

2）解析法。用解析法时，应选取恰当的固定坐标系，建立约束方程或给定各主动力作

用点的坐标，将各力作用点的坐标表示为广义坐标的函数，然后对坐标进行变分运算，便可确定各虚位移之间的关系。

例 12-2 如图 12-9a 所示，四杆机构 $OABO_1$ 通过连杆 ED 带动滑块 D 沿水平滑道运动。已知曲柄 OA 长 r，摇杆 O_1BE 长 l，且 $O_1B=BE$。在图示位置，曲柄 OA 与水平线的夹角为 φ，连杆 AB、摇杆 O_1E 分别处于水平、铅直位置。为保证该机构在图示位置处于平衡状态，作用力 Q 与力偶矩 M 应满足什么条件？

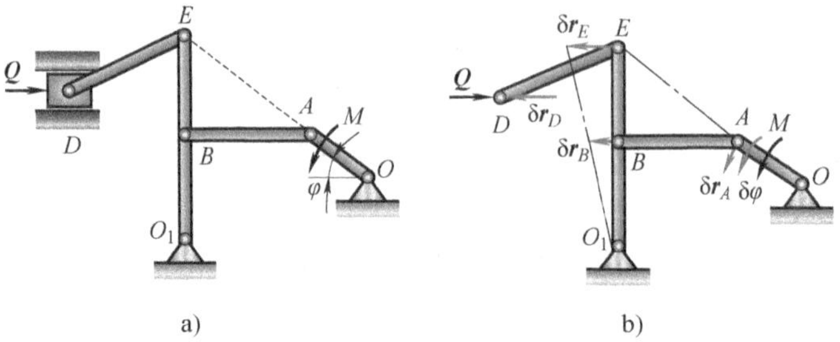

图 12-9

解：设给 OA 杆虚位移 $\delta\varphi$。与之对应，滑块 D 及整个机构的虚位移如图 12-9b 所示。由虚功方程（12-12）得

$$M\delta\varphi-Q\delta r_D=0 \tag{a}$$

下面用几何法求 $\delta\varphi$ 与 δr_D 的关系。

在图示位置，曲柄 OA 有绕 O 轴转动的虚位移

$$\delta r_A=r\delta\varphi$$

连杆 AB 有平面运动的虚位移，此瞬时为绕瞬心 P 点瞬时转动（该瞬时，P 点与 E 点重合）。A、B 两点的虚位移的大小与它们到瞬心 P 的距离成正比，即

$$\frac{\delta r_B}{\delta r_A}=\frac{BE}{AE}=\sin\varphi$$

得

$$\delta r_B=\delta r_A\sin\varphi=r\sin\varphi\delta\varphi$$

摆杆 O_1B 有绕 O_1 轴转动的虚位移，B、E 两点的虚位移的大小与它们到 O_1 的距离成正比，因为 $O_1B=BE$，则

$$\delta r_E=2\delta r_B=2r\sin\varphi\delta\varphi$$

ED 有平面运动的虚位移，在图示位置为瞬时平移，有

$$\delta r_D=\delta r_E=2r\sin\varphi\delta\varphi \tag{b}$$

式（b）代入式（a），整理后，得

$$(M-2Qr\sin\varphi)\delta\varphi=0$$

因为 $\delta\varphi\neq0$，得

$$M=2Qr\sin\varphi$$

这就是保证该机构在图示位置处于平衡状态的条件。这道题如果选用静力学的方法求解，要分别以 OA、AB、O_1E 和滑块 D 为研究对象，画受力图，建立相应的平衡方程。在这些方程中，会出现一些内力（如铰链 A、B 和二力杆 ED 的内力等）。从方程中消去这些内

力，才获得 M 和 Q 之间的关系。这种解法要比上述解法麻烦许多。

例 12-3 如图 12-10 所示的机构中，$OA=0.2\text{m}$，$O_1D=0.15\text{m}$，弹簧的刚度系数 $k=10000\text{N/m}$，弹簧拉伸变形 $h=0.02\text{m}$，$M_1=200\text{N}\cdot\text{m}$。试求系统处于图示平衡时的 M_2 的大小。

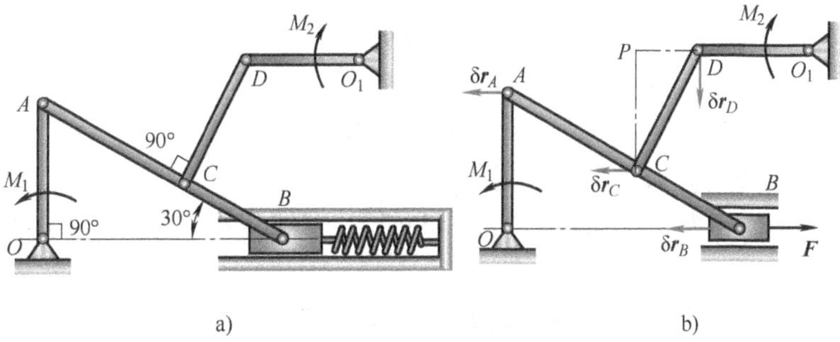

图 12-10

解：解除弹簧约束，把弹簧力 $\boldsymbol{F}$ 与力偶矩 M_1、M_2 一样视为主动力。给 A 点一虚位移 $\delta\boldsymbol{r}_A$，则 C、B、D 分别有虚位移 $\delta\boldsymbol{r}_C$、$\delta\boldsymbol{r}_B$ 和 $\delta\boldsymbol{r}_D$，如图 12-10b 所示。

根据虚功方程有

$$M_1\frac{\delta r_A}{OA}-M_2\frac{\delta r_D}{O_1D}-kh\delta r_B=0 \qquad (*)$$

因为

$$\delta r_A=\delta r_B=\delta r_C$$

$$\delta r_C\cos60^\circ=\delta r_D\cos30^\circ$$

所以式（*）改变为

$$M_1\frac{\delta r_A}{OA}-\frac{M_2}{O_1D}\frac{\cos60^\circ}{\cos30^\circ}\delta r_A-kh\delta r_A=0$$

因 $\delta r_A\neq0$，因此有

$$M_2=O_1D\frac{\cos30^\circ}{\cos60^\circ}\left(\frac{M_1}{OA}-kh\right)$$

代入已知数值，得

$$M_2=0.15\text{m}\times\sqrt{3}\times\left(\frac{200}{0.2}-10000\times0.02\right)\text{N}=207.84\text{N}\cdot\text{m}$$

例 12-4 如图 12-11 所示为一平面机构。已知各杆与弹簧原长均为 l，重量均略去不计。滑块 A 重为 W，弹簧刚度系数为 k，铅直导槽是光滑的。求平衡时重量 W 和角度 θ 之间的关系。

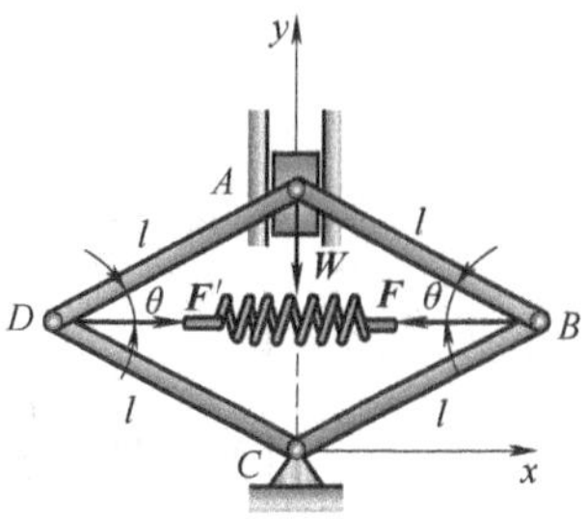

图 12-11

解：去掉弹簧，以相应的弹簧力 $\boldsymbol{F}$ 和 $\boldsymbol{F}'$ 代替，则机构的约束可视为理想约束。机构上的主动力除重力 $\boldsymbol{W}$ 外，还有弹簧力 $\boldsymbol{F}$ 和 $\boldsymbol{F}'$。

建立如图 12-11 所示的直角坐标系，列写虚功方程：

$$-W\delta y_A-F\delta x_B+F'\delta x_D=0 \qquad (a)$$

各主动力作用点的坐标为

$$y_A=2l\sin\theta,\quad x_B=l\cos\theta,\quad x_D=-l\cos\theta$$

对上式进行变分运算，得

$$\delta y_A=2l\cos\theta\delta\theta \tag{b}$$

$$\delta x_B=-l\sin\theta\delta\theta \tag{c}$$

$$\delta x_D=-l\sin\theta\delta\theta \tag{d}$$

已知

$$F=F'=k(2l\cos\theta-l)=kl(2\cos\theta-1) \tag{e}$$

将式（b）~式（e）代入式（a），得

$$-W\cdot 2l\cos\theta\delta\theta-kl(2\cos\theta-1)(-l\sin\theta\delta\theta)+kl(2\cos\theta-1)(l\sin\theta\delta\theta)=0$$

化简后，得

$$[-W+kl(2\sin\theta-\tan\theta)]\delta\theta=0$$

因 $\delta\theta\neq0$，因此有

$$-W+kl(2\sin\theta-\tan\theta)=0$$

由此求得

$$W=kl(2\sin\theta-\tan\theta)$$

例 12-5 多跨梁由 AB、BC 和 CE 三部分组成，载荷分布如图 12-12a 所示。已知 $P=5\text{kN}$，$q=2\text{kN/m}$，力偶矩 $M=12\text{kN}\cdot\text{m}$，不计梁重。求固定端 A 的约束力（图中尺寸单位为 m）。

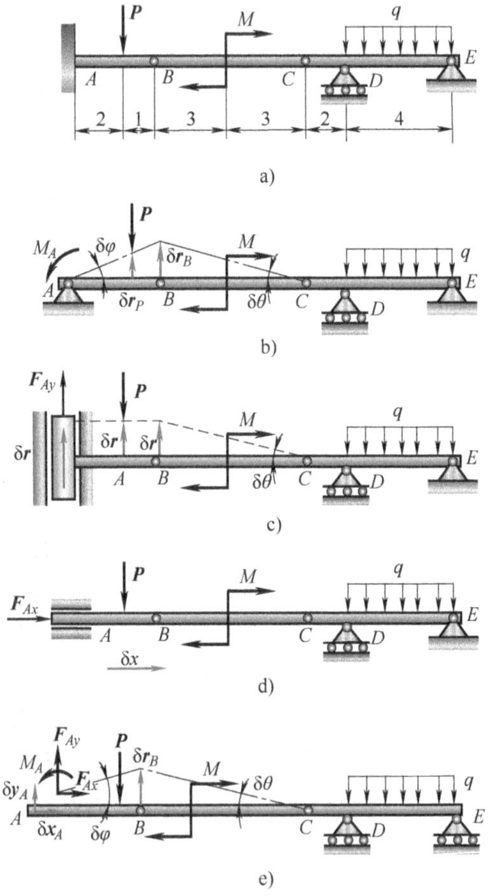

图 12-12

解：解法 1：逐一解除约束

1）求固定端 A 的约束力偶 M_A。

为了求 A 端约束力偶，可解除限制梁 AB 转动的约束（即将固定端改为固定铰链支座），而以相应的约束力偶 M_A 代之，并把此力偶 M_A 看作主动力，如图 12-12b 所示。

给梁 AB 以虚位移 $\delta\varphi$，梁 BC 有虚位移 $\delta\theta$，则多跨梁各处的虚位移如图 12-12b 中点画线所示。

列出虚功方程：

$$M_A\delta\varphi-P\delta r_P+M\delta\theta=0 \tag{a}$$

由图中几何关系有

$$\delta r_P=2\delta\varphi$$

$$\delta\theta=\frac{3}{6}\delta\varphi=\frac{1}{2}\delta\varphi$$

代入式（a）有

$$\left(M_A-2P+\frac{1}{2}M\right)\delta\varphi=0$$

因 $\delta\varphi\neq0$，故有

$$M_A-2P+\frac{1}{2}M=0$$

由此求得

$$M_A=2P-\frac{1}{2}M=\left(2\times5-\frac{1}{2}\times12\right)\text{kN}\cdot\text{m}=4\text{kN}\cdot\text{m}$$

2）求铅直约束力 $\boldsymbol{F}_{Ay}$。

为了求 A 端铅直约束力 $\boldsymbol{F}_{Ay}$，可解除限制梁 AB 铅直方向平动的约束（即将固定端改为铅直滑槽），而以相应的约束力 $\boldsymbol{F}_{Ay}$代之，并把它看作主动力，给梁 AB 以铅直虚位移 $\delta\boldsymbol{r}$，梁 BC 有虚位移 $\delta\theta$，则多跨梁各处的虚位移如图 12-12c 所示。

列出虚功方程：

$$F_{Ay}\delta r-P\delta r+M\delta\theta=0 \tag{b}$$

由图中几何关系有

$$\delta\theta=\frac{\delta r}{BC}=\frac{1}{6}\delta r$$

代入式（b）得

$$\left(F_{Ay}-P+\frac{1}{6}M\right)\delta r=0$$

因 $\delta r\neq0$，故有

$$F_{Ay}-P+\frac{1}{6}M=0$$

由此求得

$$F_{Ay}=P-\frac{1}{6}M=\left(5-\frac{12}{6}\right)\text{kN}=3\text{kN}$$

3）求水平约束力 $\boldsymbol{F}_{Ax}$。

为了求 A 端水平约束力 $\boldsymbol{F}_{Ax}$，可解除限制梁 AB 水平方向平动的约束（即将固定端改为水平滑槽），而以相应的约束力 $\boldsymbol{F}_{Ax}$代之，并把它看作主动力，如图 12-12d 所示。

给梁一水平虚位移 $\delta\boldsymbol{x}$，列出虚功方程

$$F_{Ax}\delta x=0 \tag{c}$$

因 $\delta x\neq0$，故得

$$F_{Ax}=0$$

解法 2：同时解除固定端 A 处的 3 个约束，相应的约束力用 $\boldsymbol{F}_{Ax}$、$\boldsymbol{F}_{Ay}$及 M_A 代之，并将其视为主动力，令 A 点的虚位移 $\delta\boldsymbol{r}_A$ 在直角坐标上的投影为 δx_A，δy_A，梁 AB 的虚转角为 $\delta\varphi$，梁 BC 有虚位移 $\delta\theta$，则多跨梁各处的虚位移如图 12-12e 点画线所示。

列出虚功方程：

$$F_{Ax}\delta x_A+F_{Ay}\delta y_A+M_A\delta\varphi-P\delta y_P+M\delta\theta=0 \tag{d}$$

由图中几何关系有

$$\delta r_B=\delta y_A+3\delta\varphi=6\delta\theta$$

$$\delta y_P=\delta y_A+2\delta\varphi$$

代入式（d）得

$$F_{Ax}\delta x_A+\left(F_{Ay}-P+\frac{M}{6}\right)\delta y_A+\left(M_A-2P+\frac{M}{2}\right)\delta\varphi=0$$

因 $\delta x_A\neq0$，$\delta y_A\neq0$，$\delta\varphi\neq0$，故得

$$F_{Ax}=0,\quad F_{Ay}=P-\frac{M}{6}=3\text{kN},\quad M_A=2P-\frac{M}{2}=4\text{kN}\cdot\text{m}$$

现将运用虚位移原理求解非自由质点系平衡问题的方法和步骤归纳如下：

1）选取研究对象。根据已知条件判断系统的约束类型和自由度数，若系统存在非理想约束（如摩擦力、弹性力），则把相应的非理想约束力视为主动力。一般选取整个系统为研究对象。

2）受力分析，画受力图。欲求主动力之间的关系或系统的平衡位置，只需画出主动力。若欲求约束力，可把对应约束解除，代之以约束力并视为主动力，这时系统的自由度将增加。

3）建立各主动力作用点虚位移之间的关系。若用几何法，需在受力图上画出各力作用点的虚位移，根据虚速度法建立虚位移关系；若用解析法，需选取固定坐标系，写出各力的作用点的坐标并求其变分。

4）建立虚功方程并求解。在计算主动力的虚功时，需特别注意虚功的正负号；当用几何法时，常用虚位移的绝对值，根据主动力和虚位移的方向确定虚功的正负号；当用解析法时，因坐标及其变分都是代数量，可用虚位移投影的代数量与力投影的代数量计算虚功。

12.4 以广义坐标表示的质点系平衡条件

如果我们引用广义坐标，虚位移原理可以表示为更简洁的形式。将式（12-8）代入虚功方程（12-12）可得

$$\sum_{i=1}^{n}\delta W_{Fi}=\sum_{i=1}^{n}\boldsymbol{F}_i\cdot\left(\sum_{j=1}^{k}\frac{\partial\boldsymbol{r}_i}{\partial q_j}\delta q_j\right)=0$$

交换上式中 i 与 j 相加的次序，得

$$\sum_{i=1}^{n}\delta W_{Fi}=\sum_{j=1}^{k}\left(\sum_{i=1}^{n}\boldsymbol{F}_i\cdot\frac{\partial\boldsymbol{r}_i}{\partial q_j}\right)\delta q_j=0$$

或写为

$$\sum_{i=1}^{n}\delta W_{Fi}=\sum_{j=1}^{k}Q_j\delta q_j=0 \qquad (12\text{-}14)$$

其中

$$Q_j=\sum_{i=1}^{n}\boldsymbol{F}_i\cdot\frac{\partial\boldsymbol{r}_i}{\partial q_j}=\sum_{i=1}^{n}\left(F_{ix}\frac{\partial x_i}{\partial q_j}+F_{iy}\frac{\partial y_i}{\partial q_j}+F_{iz}\frac{\partial z_i}{\partial q_j}\right)\quad(j=1,2,\cdots,k) \qquad (12\text{-}15)$$

Q_j 称为对应于广义坐标 q_j 的广义力，实际上，它是诸主动力在 q_j 方向投影之和。

由于广义坐标变分 δq_j 的任意性，因此要使方程（12-14）恒成立，则所有 δq_j 前的系数都应等于零，即

$$Q_j=0\quad(j=1,2,\cdots,k) \qquad (12\text{-}16)$$

式（12-16）说明：具有理想约束的质点系，给定位置平衡的充要条件：对应于每一广义坐标的广义力都等于零。这就是以广义坐标表示的质点系平衡条件。

式（12-16）是一组平衡方程，方程的数目等于质点系的广义坐标的数目，对于具有完整约束的质点系来说，也就是等于质点系的自由度。

因为广义力与广义虚位移的乘积为功的量纲，所以广义力的量纲由它所对应的广义虚位移而定。当 δq_j 的量纲是长度时，Q_j 是力的量纲；当 δq_j 为角位移时，Q_j 是力矩的量纲。

当已知作用于质点系的各主动力 F_i 时，则可利用式（12-15）来计算各广义力 Q_j。但是，用下述方法计算各广义力 Q_j 往往会更为方便。

若要求 Q_j，因为广义虚位移相互独立，故可令 δq_j 不为零，其余广义虚位移都等于零。这样就可以求出所有主动力在广义虚位移 δq_j 中所做的虚功之和，并以 $\sum_{i=1}^{n}\delta W_F^j$表示。由式（12-14）得

$$\sum_{i=1}^{n}\delta W_{\mathrm{F}i}^{j}=Q_j\delta q_j$$

因此，有

$$Q_j=\frac{\sum_{i=1}^{n}\delta W_{\mathrm{F}i}^{j}}{\delta q_j}\quad (j=1,2,\cdots,k) \tag{12-17}$$

利用虚功来求广义力往往是很方便的，在解决实际问题时常采用这种方法。

作用在质点系上的主动力都是有势力的情形下，广义力有更简明的表达形式。这时，质点系势能 V 可以表示为质点系中各质点的直角坐标或广义坐标的函数：

$$V=V(x_1,y_1,z_1;x_2,y_2,z_2;\cdots;x_n,y_n,z_n)=V(q_1,q_2,\cdots,q_k)$$

由式（10-35）有

$$F_{ix}=-\frac{\partial V}{\partial x_i},\quad F_{iy}=-\frac{\partial V}{\partial y_i},\quad F_{iz}=-\frac{\partial V}{\partial z_i}$$

将这些关系代入式（12-15）得

$$Q_j=\sum_{i=1}^{n}\left(-\frac{\partial V}{\partial x_i}\frac{\partial x_i}{\partial q_j}-\frac{\partial V}{\partial y_i}\frac{\partial y_i}{\partial q_j}-\frac{\partial V}{\partial z_i}\frac{\partial z_i}{\partial q_j}\right)$$

有

$$Q_j=-\frac{\partial V}{\partial q_j} \tag{12-18}$$

即广义力等于质点系的势能对相应广义坐标的偏导数的负值。于是平衡的充要条件式（12-16）可写成

$$\frac{\partial V}{\partial q_j}=0\quad (j=1,2,\cdots,k) \tag{12-19}$$

即在势力场中，具有理想约束的质点系平衡的充要条件是：势能对于每个广义坐标的偏导数分别等于零。

例 12-6　平面机构在如图 12-13 所示位置上平衡。力偶矩 M 已知，$AB=\frac{1}{2}CD=l$，不计

各构件重量和摩擦。求水平力 $\boldsymbol{F}$ 和 $\boldsymbol{P}$ 的大小。

解：机构的自由度为 2，选取角 φ 逆时针（曲柄 AB 与 x 轴的夹角，图未标出）和 x_D（滑块 D 的 x 坐标）为广义坐标。为求 φ 对应的广义力 Q_1，可令 $\delta\varphi\neq0$（逆时针），而 $\delta x_D=0$，即让曲柄 AB 绕 A 轴发生逆时针方向微小转动，滑块 D 保持不动。显然，B、C 两点的虚位移的关系为 $\delta r_B=\delta r_1=l\delta\varphi$。$M$、$\boldsymbol{F}$ 在虚位移 $\delta\varphi$ 中有虚功，而力 $\boldsymbol{P}$ 没有虚功。于是，由平衡条件得

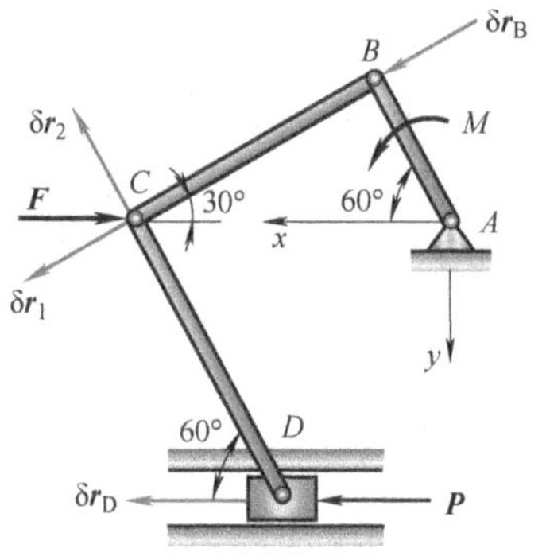

图 12-13

$$Q_1=\sum\delta W_1/\delta\varphi=(M\delta\varphi-F\cos30^\circ\delta r_1)/\delta\varphi=0$$

即

$$M\delta\varphi-F\cos30^\circ\delta r_1=0$$

代入关系式 $\delta r_1=l\delta\varphi$ 后得

$$F=\frac{2\sqrt{3}M}{3l}$$

又令 $\delta x_D\neq0$（←），而 $\delta\varphi=0$，即让滑块 D 发生向左的虚位移，曲柄 AB 不动。此时机构可动部分相当于用杆 BC 作曲柄、杆 CD 作连杆组成的曲柄连杆机构。C 点的虚位移 $\delta\boldsymbol{r}_2$ 垂直于杆 BC，且有关系式 $\delta r_2=\delta r_D\cos60^\circ$。于是，由平衡条件得

$$Q_2=\frac{\sum\delta W_2}{\delta r_D}=\frac{P\delta r_D-F\cos60^\circ\delta r_2}{\delta r_D}=0$$

即

$$P\delta r_D-F\cos60^\circ\delta r_2=0$$

代入关系式 $\delta r_2=\dfrac{1}{2}\delta r_D$，求得

$$P=\frac{\sqrt{3}M}{6l}$$

例 12-7 如图 12-14 所示，重物 A 和 B 分别连接在细绳两端，重物 A 放置在粗糙的水平面上，重物 B 绕过定滑轮 E 铅直悬挂。在动滑轮 H 的轴心上挂一重物 C，设重物 A 重量为 $2P$，重物 B 重量为 P。试求平衡时重物 C 的重量 W 以及重物 A 与水平面间的滑动摩擦系数。

解：首先分析此系统的自由度数，因为 A、B、C 三个重物中，必须给定两个重物的位置，另一个位置才能确定，因此系统具有两个自由度。

选取重物 A 的水平坐标 x_A 和重物 B 的铅直坐标 y_B 为广义坐标，则对应的虚位移为 δx_A 和 δy_B。

首先令 $\delta x_A\neq0$，$\delta y_B=0$，此时重物 C 的虚位移 $\delta y_C=\dfrac{1}{2}\delta x_A$。设重物 A 与台面间的摩擦力为 $\boldsymbol{F}_A$，将它作为主动力。这样主动力所做虚功的和为

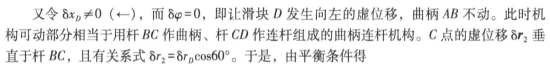

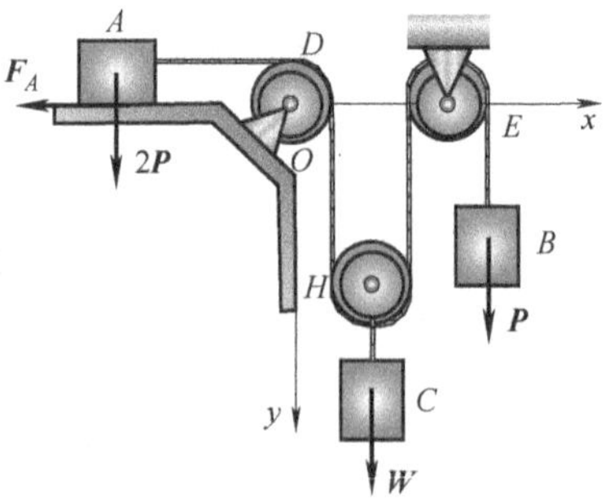

图 12-14

$$\sum \delta W_{Fi} = -F_A \delta x_A + W\delta y_C = \left(-F_A + \frac{1}{2}W\right)\delta x_A$$

对应广义坐标 x_A 的广义力为

$$Q_A = \frac{\sum \delta W_F}{\delta x_A} = \frac{1}{2}W - F_A$$

再令 $\delta y_B \neq 0$，$\delta x_A = 0$，同理可解得

$$Q_B = \frac{\sum \delta W_F}{\delta y_B} = \frac{1}{2}W - P$$

因为系统平衡时应有 $Q_A = Q_B = 0$，由 $Q_B = 0$，解得

$$W = 2P$$

由 $Q_A = 0$，解得

$$F_A = \frac{1}{2}W = P$$

因此平衡时，重物 A 与水平面的滑动摩擦系数

$$f \geqslant \frac{F_A}{2P} = 0.5$$

思 考 题

12-1 应用虚位移原理求解有摩擦的平衡问题时，与无摩擦情况比较有何不同？

12-2 如图 12-15 所示的小滑块 A 的虚位移和大滑块 B 的虚位移有何公式关系？设它们不分离。

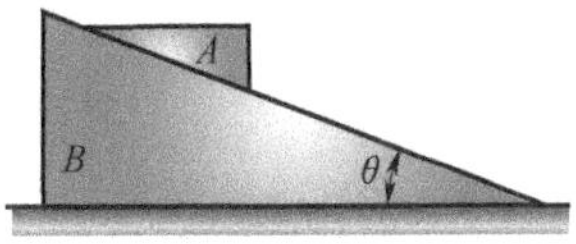

图 12-15

12-3 试分析如图 12-16 所示两个平面机构的自由度数。

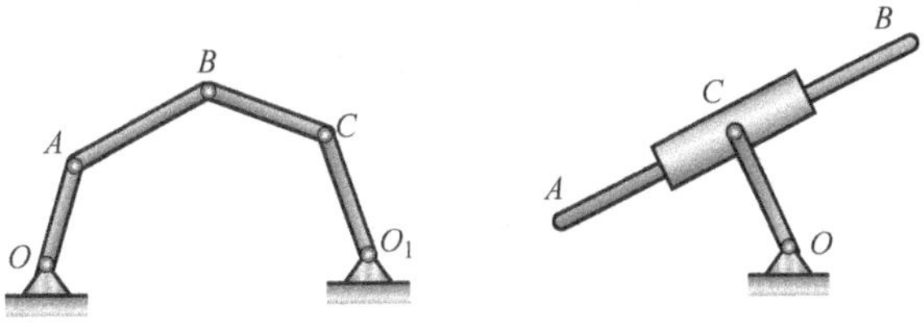

图 12-16

12-4 试用虚位移原理证明平面任意力系的平衡条件为

$$\sum F_{ix} = 0,\quad \sum F_{iy} = 0,\quad \sum M_O(\boldsymbol{F}_i) = 0$$

12-5 如图 12-17 所示机构中连杆 OA、AB 长度均为 l，重量均不计，若用虚位移原理求解在铅直力 $\boldsymbol{F}_1$ 和水平力 $\boldsymbol{F}_2$ 作用下保持平衡时（不计摩擦），必要的虚位移之间的关系有哪些（方向在图中画出），平衡时角 θ 的值为多少？

12-6 如图 12-18 所示系统中，滑块 A 的质量为 m_1，其上作用有水平力 $\boldsymbol{F}$，重物 B 的质量为 m_2，$AB = l$，整个机构在铅直平面内，不计杆的质量。若选取 x 和 φ 作为系统的广义坐标，则与之相应的广义力 Q_x、Q_φ 分别为多少？

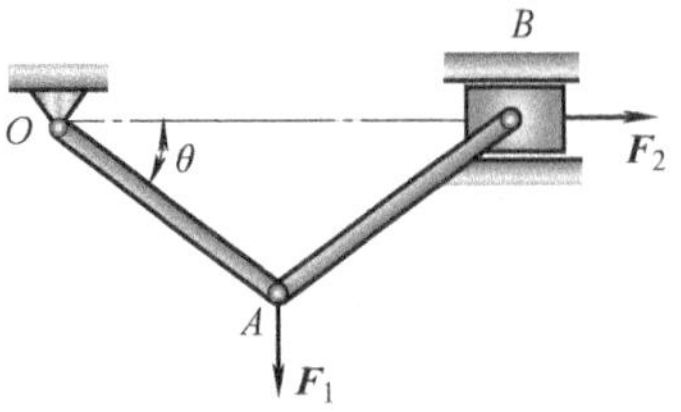

图　12-17

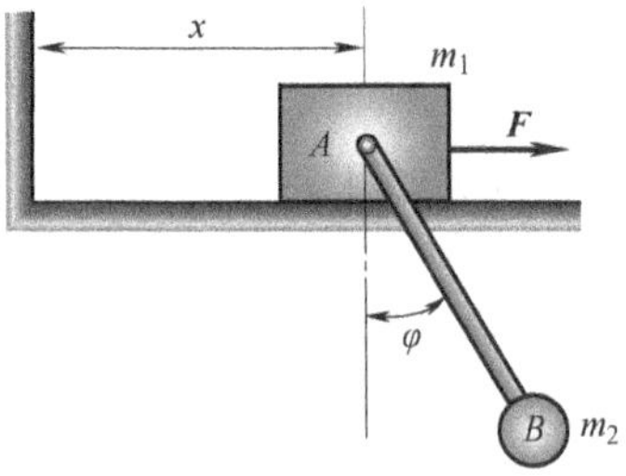

图　12-18

12-7　试确定如图 12-19a、b 所示系统的自由度数 k。

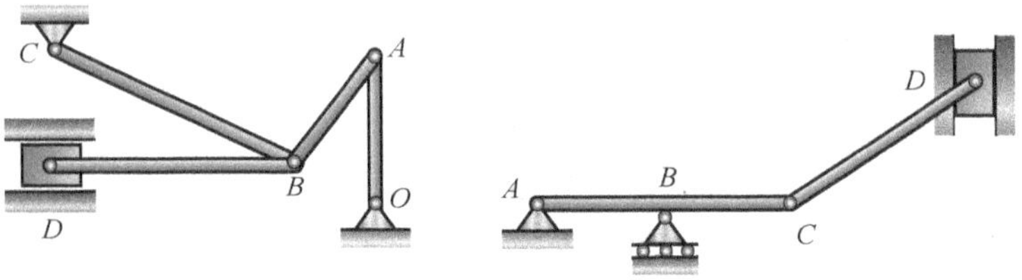

a)　　　　b)

图　12-19

12-8　在铅锤面内，由六根等长刚杆铰接而成的系统如图 12-20 所示，其独立的一组广义坐标为多少？

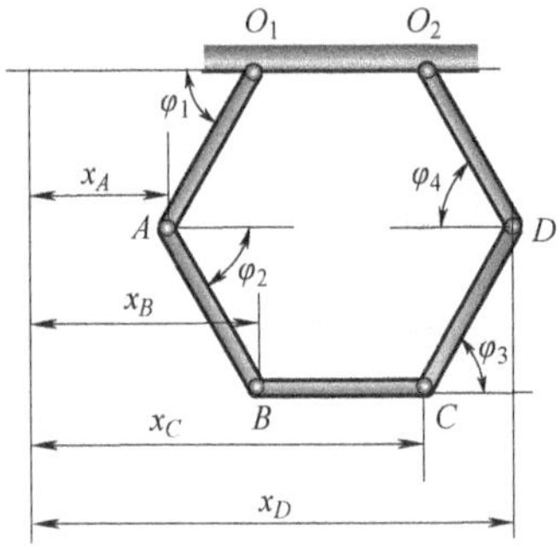

图　12-20

习　题

12-1　如题 12-1 图所示，在曲柄式压榨机的销钉 B 上作用水平力 $\boldsymbol{P}$，此力位于平面 ABC 内，其作用线平分 $\angle ABC$。设 $AB=BC$，$\angle ABC=2\theta$，各处摩擦及杆重不计，求压榨机对物体的压力。

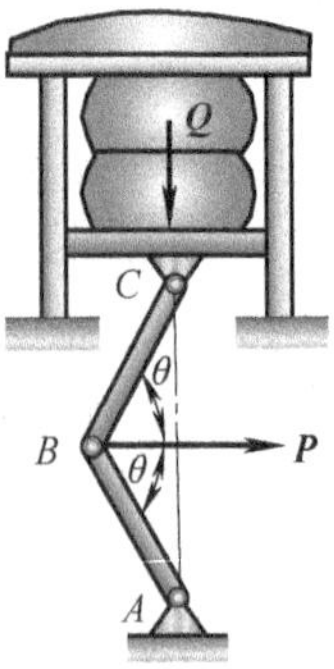

题 12-1 图

12-2　如题 12-2 图所示，在压缩机的手轮上作用一力偶，其矩为 M。手轮轴的两端各有螺距同为 h，但方向相反的螺纹。螺纹上各套有一个螺母 A 和 B，这两个螺母分别与长为 a 的杆相铰接，四杆形成菱形框。此菱形框的点 D 固定不动，而点 C 连接在压缩机的水平压板上。求当菱形框的顶角等于 2φ 时，压缩机对被压物体的压力。

12-3　如题 12-3 图所示为一台秤的构造简图，已知 $BC=OD$，$BC=\dfrac{1}{10}AB$，秤锤重 $Q=1\text{kN}$，各构件质量均忽略不计。求平衡时秤台上的物重 $\boldsymbol{P}$ 的值。

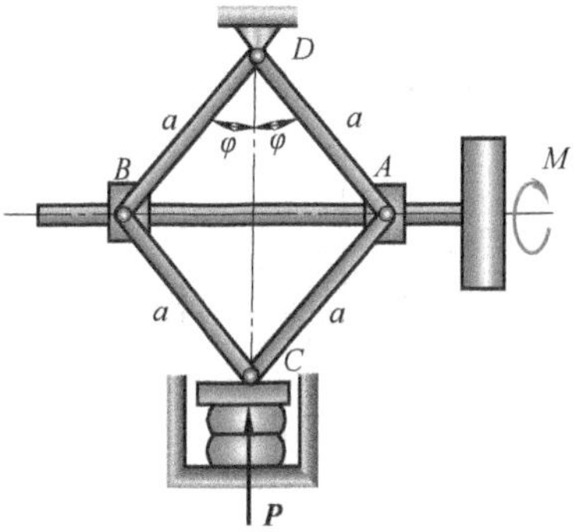

题 12-2 图

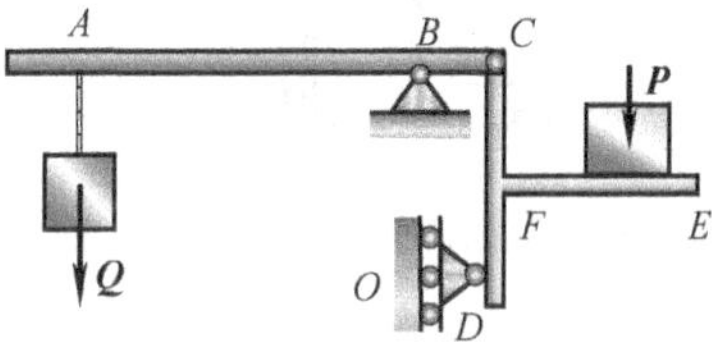

题 12-3 图

12-4　如题 12-4 图所示一折梯，AC、BC 长度均为 l，重均为 P，放在粗糙水平地面上，设梯子与地面之间的静滑动摩擦系数为 f。求平衡时，梯子与水平面所成的最小角 θ_{min}。

12-5　如题 12-5 图所示，摇杆机构位于水平面上，已知 $OO_1=OA$。机构上受到力偶矩 M_1 和 M_2 的作用。已知机构在可能的任意角度 φ 下处于平衡，试用虚位移原理求 M_1 和 M_2 之间的关系。

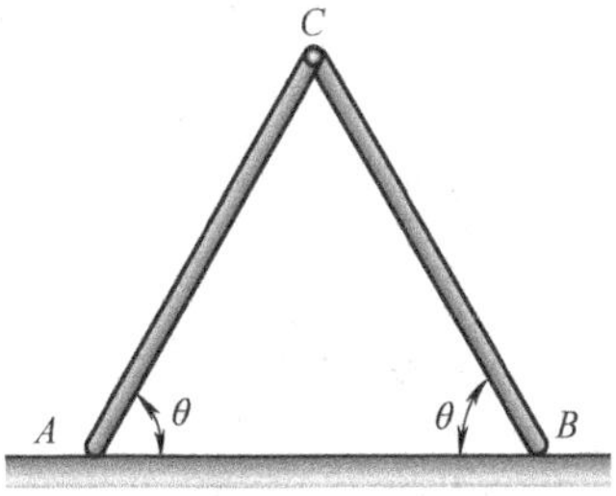

题 12-4 图

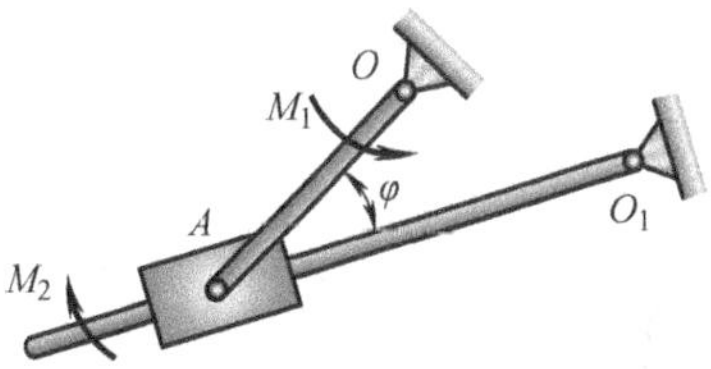

题 12-5 图

12-6　如题 12-6 图所示机构中，曲柄 OA 上作用一力偶，其矩为 M，另在滑块 D 上作用水平力 $\boldsymbol{P}$。机构尺寸如图所示。求当机构平衡时 P 与 M 的关系。

12-7　借滑轮机构将两物体 A 和 B 悬挂如题 12-7 图所示。如绳和滑轮重量不计，当两物体平衡时，求重量 P_A 与 P_B 的关系。

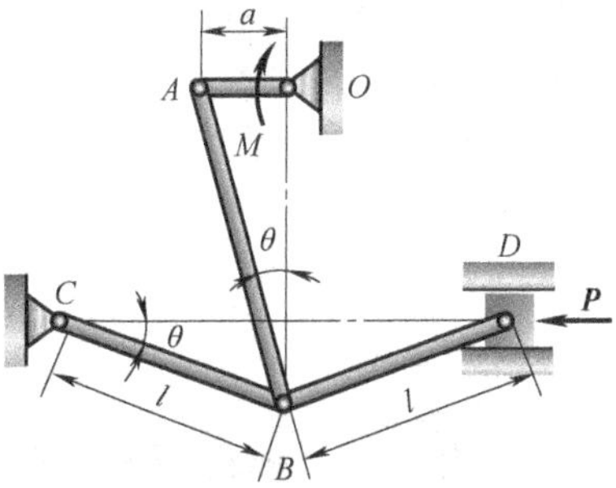

题 12-6 图

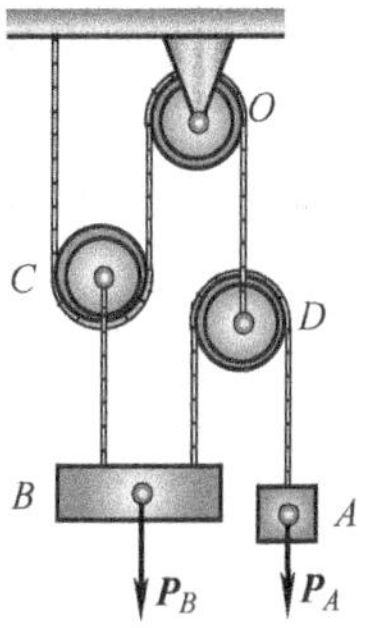

题 12-7 图

12-8　如题 12-8 图所示，滑套 D 套在光滑直杆 AB 上，并带动杆 CD 在铅直滑道上滑动。已知 $\theta=0°$时弹簧等于原长，弹簧刚度系数 $k=5\text{kN/m}$，求系统在任意位置（θ 角）平衡时，应加多大的力偶矩 M。

12-9　重为 $Q=100\text{N}$ 的板用等长杆 AB、CD 支持如题 12-9 图所示。不计杆重。欲使系统在 $\theta=30°$位置保持平衡，问施加在板上的水平力 $\boldsymbol{F}$ 应等于多少？

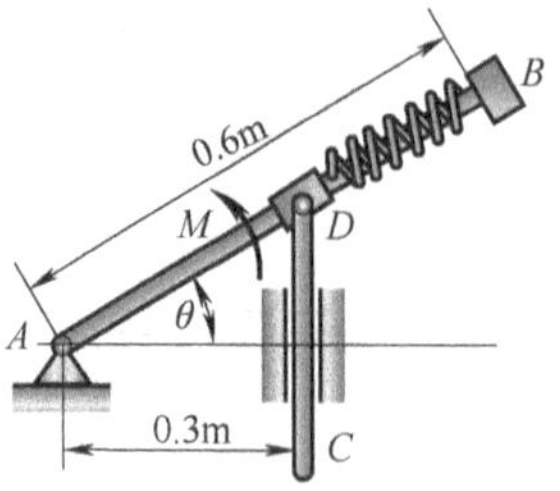

题 12-8 图

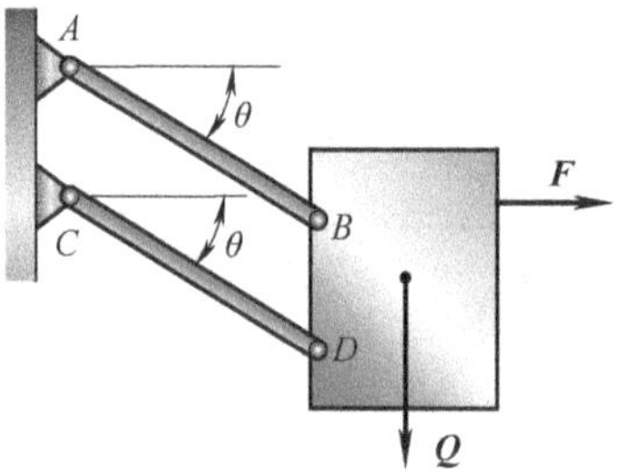

题 12-9 图

12-10 题 12-9 图中如果把作用于板上的水平力改为作用在 AB 杆上一力偶，其他条件不变，试求此力偶矩应等于多少？设两杆长均为 0.2m。

12-11 如题 12-11 图所示，两均质杆 AB 与 CD 长度分别为 l_1、l_2，分别重 P、Q，两杆的一端 A、D 分别靠在光滑铅直墙上，另一端 B、C 在光滑水平地面的同一处。求平衡时两杆与水平面所成夹角 φ_1 与 φ_2 之间的关系。

12-12 如题 12-12 图所示两等长杆 AB 与 BC 在点 B 用铰链连接，又在杆的 D、E 两点用弹簧连接。弹簧的刚度系数为 k，当距离 $AC=a$ 时，弹簧内拉力为零。如在点 C 作用一水平力 $\boldsymbol{F}$，使系统处于平衡状态，求距离 AC 之值，设 $AB=BC=l$，$BD=b$，杆重不计。

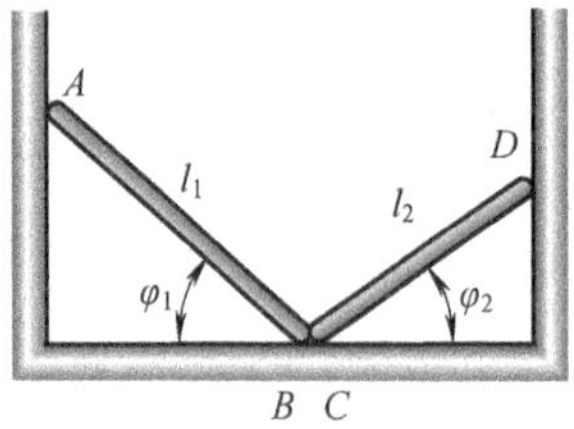

题 12-11 图

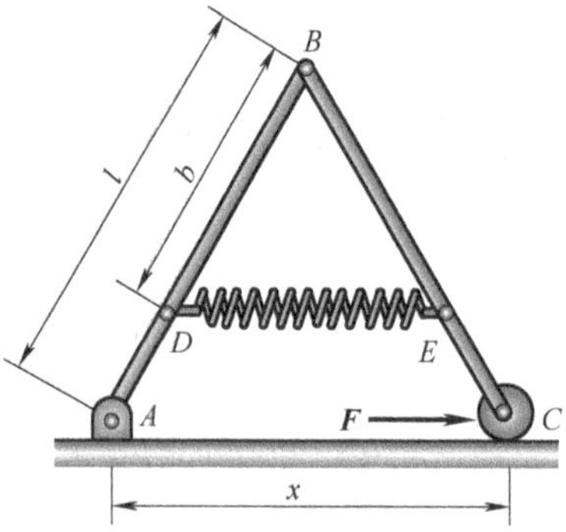

题 12-12 图

12-13 如题 12-13 图所示机构中，曲柄 AB 和连杆 BC 为均质杆，具有相同的长度，重量均为 P。滑块 C 的重量为 Q，可沿倾角为 θ 的导轨 AD 滑动，设约束都是理想的，求系统在铅垂面内的平衡位置。

12-14 如题 12-14 图所示，平面机构在力偶矩 M 和力 $\boldsymbol{P}$ 作用下平衡于图示位置（点 O_1、B、C 和 O_2、A 分别在两条水平线上，O_1A 和 O_2C 都是铅垂线）。已知 $O_1A=L$，不计各杆重量和摩擦。求此时 M 和 P 的关系。

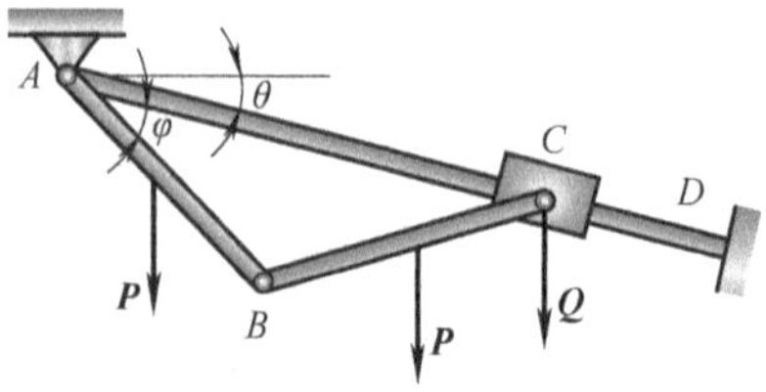

题 12-13 图

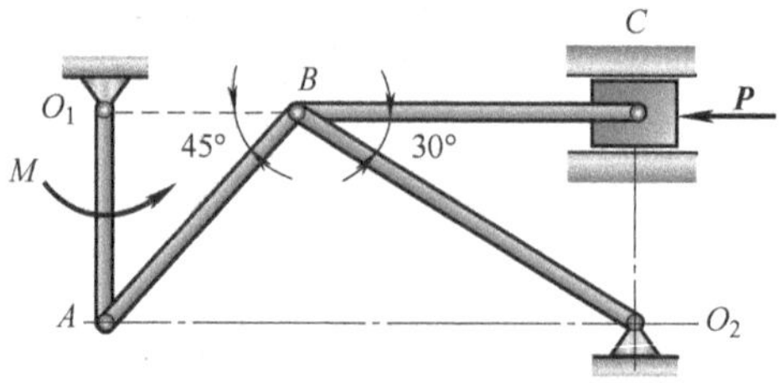

题 12-14 图

12-15 如题 12-15 图所示平面机构，两杆的长度相等。A 为铰链支座，C 为光滑小滚轮，在 B 点挂有重 W 的重物，D、E 两点用弹簧连接。已知弹簧原长为 l，刚度系数为 k，其他尺寸如图。不计各杆自重，求机构的平衡位置（以 θ 表示）。

12-16 如题 12-16 图所示小球 A 重为 W，小球 B 重为 $W/2$，以长为 0.3m 的杆 AB 相连，放在一半径 $R=0.25\text{m}$ 的半圆槽内。不计摩擦和杆 AB 的重量，试求系统平衡时，杆 AB 与水平线所夹的角 θ。

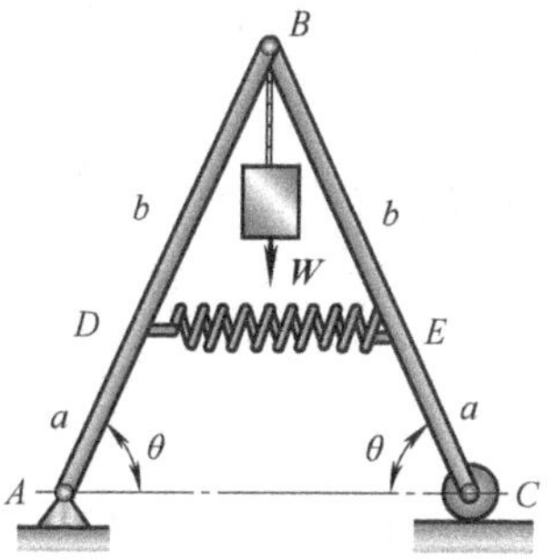

题 12-15 图

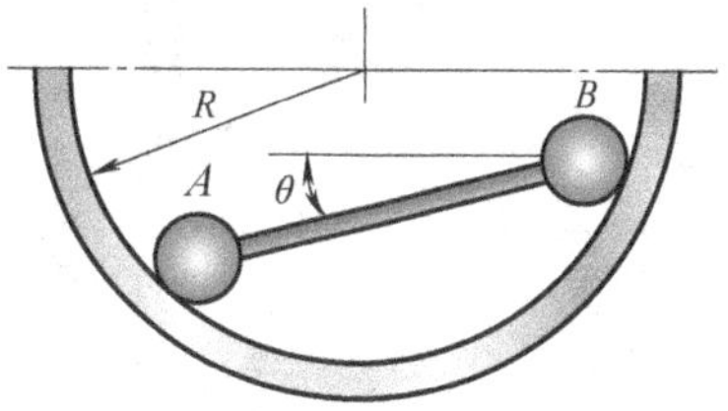

题 12-16 图

12-17 如题 12-17 图所示三角形结构，$AB=AC=BC=a$，在点 C 作用一铅直作用力 $\boldsymbol{P}$。求杆 AB 的内力。

12-18 如题 12-18 图所示用虚位移原理求桁架中杆 3 的内力。已知 $AD=BD=6\text{m}$，$CD=3\text{m}$，在节点 D 的载荷为 $\boldsymbol{P}$。

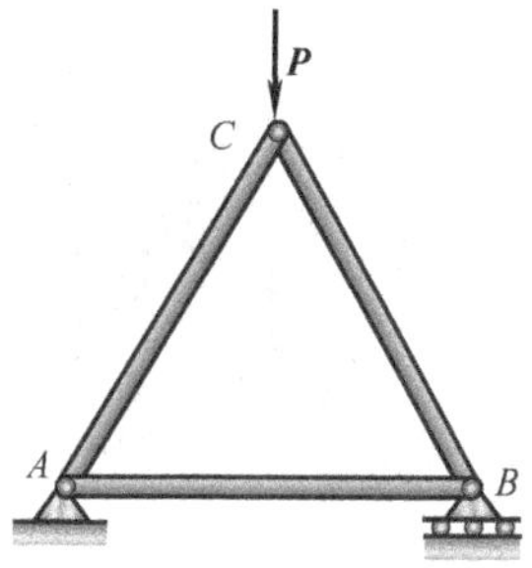

题 12-17 图

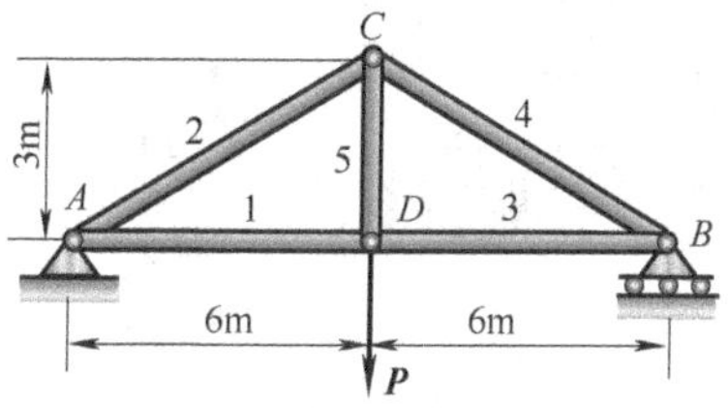

题 12-18 图

12-19 如题 12-19 图所示组合梁由铰链 C 连接梁 AC 和 CE 而成，载荷分布如图所示。已知跨度 $l=8\text{m}$，$P=4900\text{N}$，均布载荷的集度 $q=2450\text{N/m}$，力偶矩 $M=4900\text{N}\cdot\text{m}$。求支座 A、B、E 的约束力。

12-20 如题 12-20 图所示系统中，弹簧 AB 及 BC 的刚度系数均为 k，除连接 C 点的两杆长度为 l 外，其余各杆长度均为 $2l$，不考虑各杆的重量和变形。当未施加力 $\boldsymbol{P}$ 时弹簧不受力，且 $\theta=\theta_0$，求平衡位置角 θ 的值。

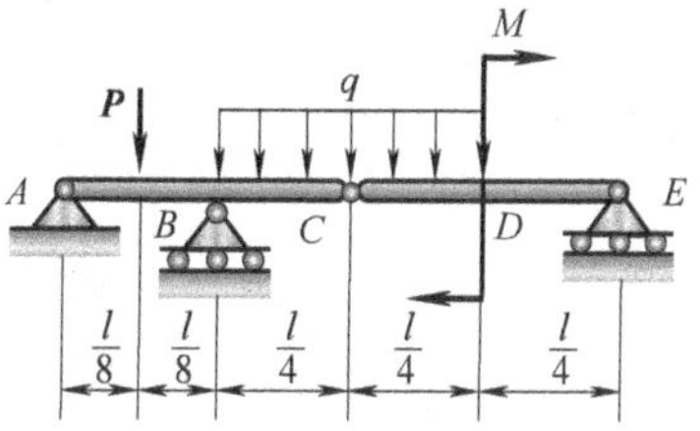

题 12-19 图

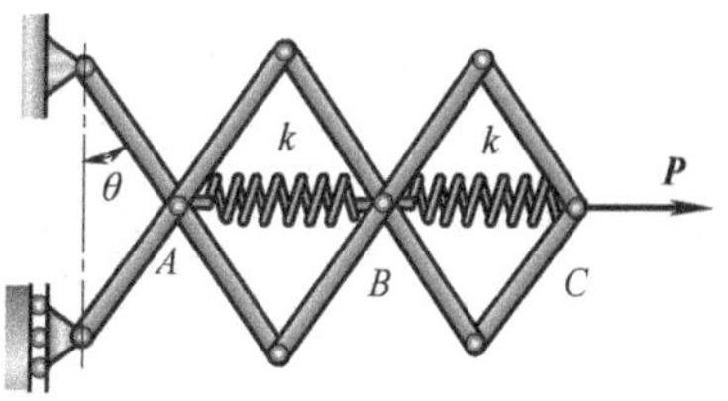

题 12-20 图

12-21 如题12-21图所示构架由直杆 AD、BC 和弹簧组成，A、B、C 均为铰链，已知弹簧的刚度系数 $k=9000\text{N/m}$，原长 $l_0=0.5\text{m}$，不计杆的质量，试求支座 B 的约束力。

12-22 如题12-22图所示，四杆铰接并借助于绳 EF 而成正方形悬挂于 A 点。E、F 均为杆之中点，每杆重均为 W。求绳 EF 的拉力。

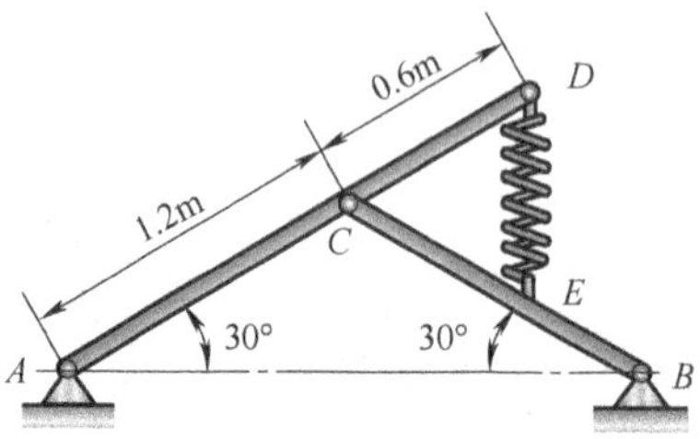

题 12-21 图

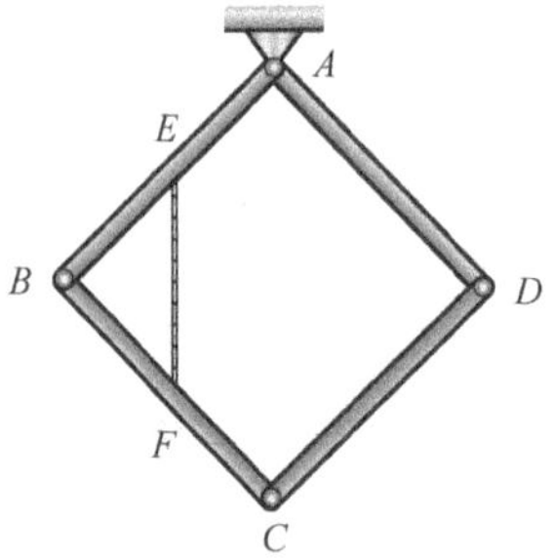

题 12-22 图

12-23 如题12-23图所示两重物，重量分别为 P_1、P_2，系在细绳的两端，分别放在倾角为 θ、φ 的斜面上，绳子绕过两定滑轮与一动滑轮相连，动滑轮的轴上挂一重物重为 W。如摩擦以及滑轮与绳索的质量忽略不计，试求平衡时 P_1 和 P_2 的值。

12-24 在鼓轮Ⅰ和Ⅱ上分别作用力矩 M_1 和 M_2，如题12-24图所示。物体 A 重为 P，其与斜面的静滑动摩擦系数为 f，斜面的倾角为 θ，鼓轮的半径分别为 r_1 和 r_2，动滑轮 B 重为 Q。如鼓轮和滑轮的摩擦以及绳索的质量忽略不计，试求物系平衡时，M_1 和 M_2 应满足的条件。

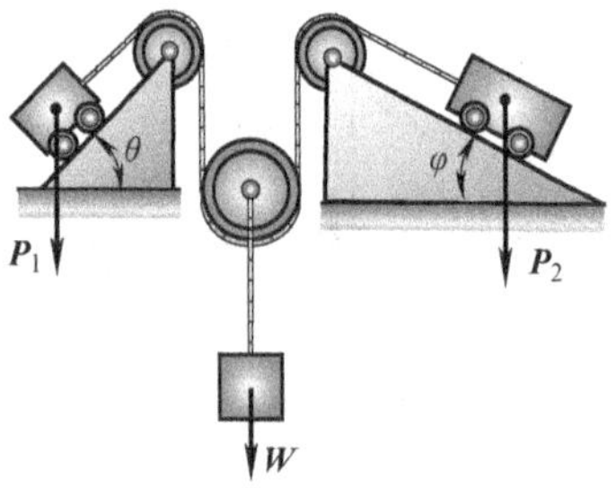

题 12-23 图

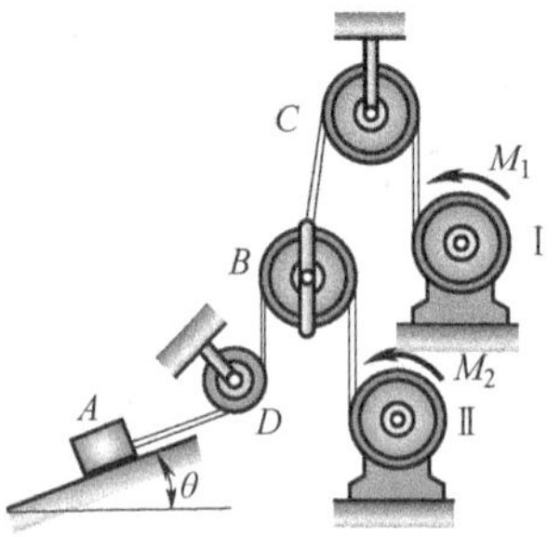

题 12-24 图

参考文献

[1] 哈尔滨工业大学理论力学教研室. 理论力学（Ⅰ）[M]. 8版. 北京：高等教育出版社，2016.

[2] 哈尔滨工业大学理论力学教研室. 理论力学（Ⅱ）[M]. 8版. 北京：高等教育出版社，2016.

[3] 刘巧伶. 理论力学 [M]. 3版. 北京：科学出版社，2005.

[4] 范钦珊. 理论力学 [M]. 北京：高等教育出版社，2000.

[5] 尹冠生. 理论力学 [M]. 西安：西北工业大学出版社，2000.

[6] 贾书惠，李万琼. 理论力学 [M]. 北京：高等教育出版社，2002.

[7] 王铎，程靳. 理论力学解题指导及习题集 [M]. 北京：高等教育出版社，2005.